韓國庭苑

韓國 庭苑

한국의 정원

주남철

KU PRESS
고려대학교
출판문화원

머리말

《한국의 정원》은 저자가 23년간 봉직해 온 고려대학교를 정년퇴임하고 새로운 삶을 시작하면서 출간하는 첫 저서로, 저자에게는 그 의미가 자못 크다. 퇴임 후에야 이 책을 내게 되었지만, 저자가 '한국 주택'을주제로 석사학위 논문을 쓴 것이 1963년이고, 한국의 정원에 대한 연구는 이미 그때부터 시작했다 해도 과언은 아니다. 처음에는 주로 한국 주택의 연구에 집중하였으나 점차 연구 대상을 확장하여 한국 건축 전반에 대해 연구논문을 발표하고 저서들을 간행해 왔다. 그리고 그러는 중에도 이 책《한국의 정원》의 출간을 위한 조사와 자료 수집을 게을리하지 않았다.

정원을 주제로 하여 발표한 첫 번째 논문은〈한국정원(韓國庭園)의 석물(石物)에 관한 연구〉(1980)이지만, 첫 번째 저서인《한국건축의장(韓國建築意匠)》(1979)에서부터《한국주택건축(韓國住宅建築)》(1980),《한국건축미(韓國建築美)》(1983, 개정판:1995)를 거쳐,《한국건축사》(2006, 개정판)를 출간하기까지, 책들 곳곳에서 정원과 관계된 내용들을 다루어 왔다.

나는 한국 건축 연구의 시작 때부터 지금까지, 한국의 건축은, 건축물과 그 건축물을 둘러싸고 있는 정원〔뜰과 동산〕이 하나로 융합될 때만이 비로소 완전한 한국의 건축이 이루어진다고 생각하여 왔다. 즉 한국의 건축과 한국의 정원은 결코 독자성(獨自性)을 지니는 독립된 존재가 아니다. 때문에 한국의 정원을 건축과 분리하여서 독립된 장으로 보거나 연구하는 것은 옳지 않다. 더더욱 한국의 정원을 현대적인 '조경'(造景)의 시각(視角)에서 연구하는 것도 잘못이라 생각하여 왔고 지금도 같은 생각이다.

한국의 건축이 완전한 건축을 이루는 것은 건축의 본질인 내부 공간과 그 내부 공간을 둘러싸고 있는 외부 공간, 즉 정원이 하나의 건축으로 합일(合一)될 때만이다. 이러한 까닭으로 이 책 《한국의 정원》 역시 《한국건축사》에서와 마찬가지로, 한국 건축의 본래 모습이 외래 양식의 유입으로 변형되고 그 전통이 단절되기 시작한 1910년 일제강점 이전까지를 연구 대상으로 하였다.

연구를 진행하여 오면서 항상 부딪치는 어려움은 바로 한국의 수많은 고전(古典)들에서 참고 문헌(文獻)을 찾고, 그것을 이해하여야 하는 일이었다. 이런 큰 어려움을 적극적으로 해결하여 연구를 지속 가능케 하고 그 결과 《한국의 정원》을 탈고하게끔 하여 준 것은 바로 '민족문화추진위원회', 지금의 '한국고전번역원'의 한국고전국역사업과 DB화 사업이었다. 한국고전번역원의 여러분들께 깊은 감사의 말씀을 드린다.

그리고 《한국의 정원》 집필 원고를 흔쾌히 받아 주었던 날부터 오늘 출판에 이르기까지 이 책의 출간에 온갖 정성을 다해 준 고려대학교출판부에도 감사의 말씀을 드린다.

끝으로 36년 동안을 동고동락(同苦同樂)의 이방인(異邦人)으로 보내다가 정년을 맞이하면서, 곧바로 '거연헌'(居然軒) 서재를 마련하여 유유자적(悠悠自適)하려고 애쓰는 모습을 말없이 보아 주고 있는 내자(內子)에게, 고마운 마음을 전하면서 머리말을 맺는다.

2009년 봄 거연헌(居然軒)에서

우회 주남철(又晦朱南哲) 씀.

차 례

제4편 정원의 여러 모습〔庭苑各論〕 113

도면 차례

사진 차례

韓國庭苑

제 1 편

정원(庭苑)의 뜻〔意味〕과 용어(用語)

사람은 자연(自然)의 대지(大地)에 발을 딛고 살기 시작하면서 비, 눈, 번개, 바람, 무서운 짐승들로부터 자신을 보호하고 살 수 있게 해 주는 보호막을 필요로 하게 되었다. 이 보호막이 바로 주거(住居)이다. 처음에는 주변에 있던 자연동굴(自然洞窟)이나 바위그늘을 찾아 그 속에서 생활하기 시작하였다. 그러나 세월이 가면서 사람들은 늘어났지만, 자연동굴과 바위그늘의 수는 더 이상 늘어나지 않아, 부득이 동굴을 만들어 생활할 수밖에 없었다. 이것이 인공동굴주거(人工洞窟住居)이다.

한반도(韓半島)를 중심으로 살던 구석기시대(기원전 60만년경-기원전 1만년경) 사람들도 처음에는 자연동굴이나 바위그늘에서 생활하였다. 그러나 점차 인지가 발달하게 되면서 강가나 바닷가에 막집〔幕住居〕을 짓거나, 한뎃집을 짓고, 짐승이나 물고기를 잡아 생활하였다. 이런 생활 모습은 구석기시대를 지나 중석기시대(기원전 1만년경-기원전 6천년경)에까지 계속되었다.

신석기시대(기원전 6천년경-기원전 1천년경) 사람들은 전 시대의 사람들처럼 짐승이나 물고기를 잡아 생활하였지만, 막집이나 한뎃집이 아니라 한층 발달된 구조의 움집〔竪穴住居〕을 짓고 생활하게 되었다.

기원전 3천 년경부터는 농사(農事)를 짓기 시작하면서 일정한 장소에 머물러 생활하게 되었고, 또 여러 사람들이 모여 마을을 이루었다. 이런 생활은 청동기시대(기원전 1천 년경-기원전 300년경)까지 계속되었다. 그리고 청동기시대에서는 움집은 물론, 땅위에 지상가옥(地上家屋)을 짓기도 하였다.

철기시대가 시작되는 기원전 300년경부터 여러 지역에 성읍국가(城邑國家)와 다음 시대(時代)의 삼국(三國)에서는 움집과 지상가옥 말고도 여러 가지의 즉, 단순한 주거공간 이외에 궁궐(宮闕), 관아(官衙), 사찰(寺刹), 도성(都省), 성곽(城郭) 등 여러 가지 건축물들을 건축하였다. 이때부터 사람들은 인공공간인 건축 속에, 풀, 꽃, 나무, 물, 돌, 바위, 동물, 새, 물고기 등 자연의 모든 것을 가져다가 본래 모습대로 이루어 놓고, 이루어 놓은 자연의 모습을 보고, 자연의 냄새를 맡고, 자연의 소리를 들으며 살고자 하였다. 이처럼 건축 속에 자연의 본래 모습을 이룸으로써, 건축은 완전한 모습을 갖춘 참다운 건축이 되었다. 이것이 바로 정원 꾸미기의 시작인 것이다.

1 정원(庭園, 庭苑)의 뜻

정원(庭園, 庭苑)은 '정'(庭)과 '원'(園), '원'(苑)의 합성어이다.《대한한사전》(大漢韓辭典)에서는, 〈삼재도회〉(三才圖會)의 그림을 곁들여, '정'(庭)을 '뜰 정'이라 풀이하고 있다.[1] '뜰 정'〔堂階前〕은 바로 집채〔堂〕의 계단 앞마당이 이룬 공간이다.

〈삼재도회〉[2](도면 1)의 남쪽 중앙에 두 짝 문짝이 열린 문간채가 있고, 북쪽 안쪽으로 집〔당(堂)〕이 서 있다. 대문간채 좌우로 남면(南面)한 담장이 뻗어 나가다가, 동서 모서리에서 다시 북쪽으로 꺾이어 당의 좌우에까지 연장되어, 당과 문간채를 둘러서 막고 있다. 그리고 담장 안은 평평한 마당인데, 나무 한 그루씩 담은 장방형 함(函)이 동쪽과 서쪽으로 각각 하나씩 놓여 있다. 두 마리 새 중에 한 마리는 대문 안 서쪽에, 다른 한 마리는 동쪽 나무 아래 있다. 이 도면은 집채인 당(堂) 앞, 담장 안의, 마당 공간 모두가 정(庭)이라는 것을 설명하는 것이다. '정'(庭)은 곧 우리의 '뜰'이다. 담장 안의, 집채부터 대문까지, 또한 집채와 집채 사이의 공간 모두를 뜻한다. 뜰은 건축(建築)과 더불어 이루어진다. 집채가 지어지고, 행랑채나 담장이 서면 곧 그 안에 수평적인 마당 공간인 뜰이 이루어진다. 즉 건축과 뜰은 동시에 이루어진다.

《조선왕조실록》(朝鮮王朝實錄) 태조(太祖) 4년 9월 29일 경신(庚申)조에, "조회받는 5간의 정전 〔…〕 전정의 동서 너비는 팔십 척이고, 남으로 일백칠십팔 척, 북으로 사십삼 척이다"(正殿, 五間受朝之所 〔…〕 殿庭東西廣各八十尺, 南一百七十八尺, 北四十三尺) 하였으니, 전각(殿閣)과 회랑(回廊)이 지어짐과 동시에 정전 앞에는 앞뜰 전정(殿庭)이 이루어진 것이다.

강희안(姜希顔)의 《양화소록》(養花小錄), 〈배화분법〉(排花盆法)에서는, "원래 화분은 정사(亭榭)의 사이에 두는 것인데 세인들이 번번이 뜰에 늘어놓으니 실로 이것이 어느 때부터 시작했는지 모른다"(本人亭榭間坐底物事 世人每置花盆以爲庭 實未知始自何時) 하였다. 화분(花盆)은 분(盆)에 흙을 담아 키우는 꽃과 그릇이다. 뜰과 같이 건축물과 건축물 사이에 이루어진 반인공적인 공간에 널리 이용한다. 들이나 집 안의 동산에서 자라는 천연의 꽃이 아닐 때에는 분에 담아 뜰에 놓아 키우거나, 뜰에 화단(花壇)이나 화계(花階)를 조성하여 심고 키우면서 완상(玩賞)한다.

그러나 반인공적(半人工的)인 공간인 뜰에도 고대로부터 나무를 심고 가꾸어 왔다. 《삼국사기》(三國史記) 〈고구려본기〉, 제1, "시조 동명성왕 유리왕조", 동명성왕 6년 가을 8월, "신비스러운 공작새가 궁 뜰에 모여들었다"(神雀集宮庭) 하였으니, 뜰에 심은 나무에 새들이 모

1 張三埴, 《大漢韓辭典》(三榮出版社, 1985).

2 王圻 · 王思義 編集, 《三才圖會》, 中, 宮室一.

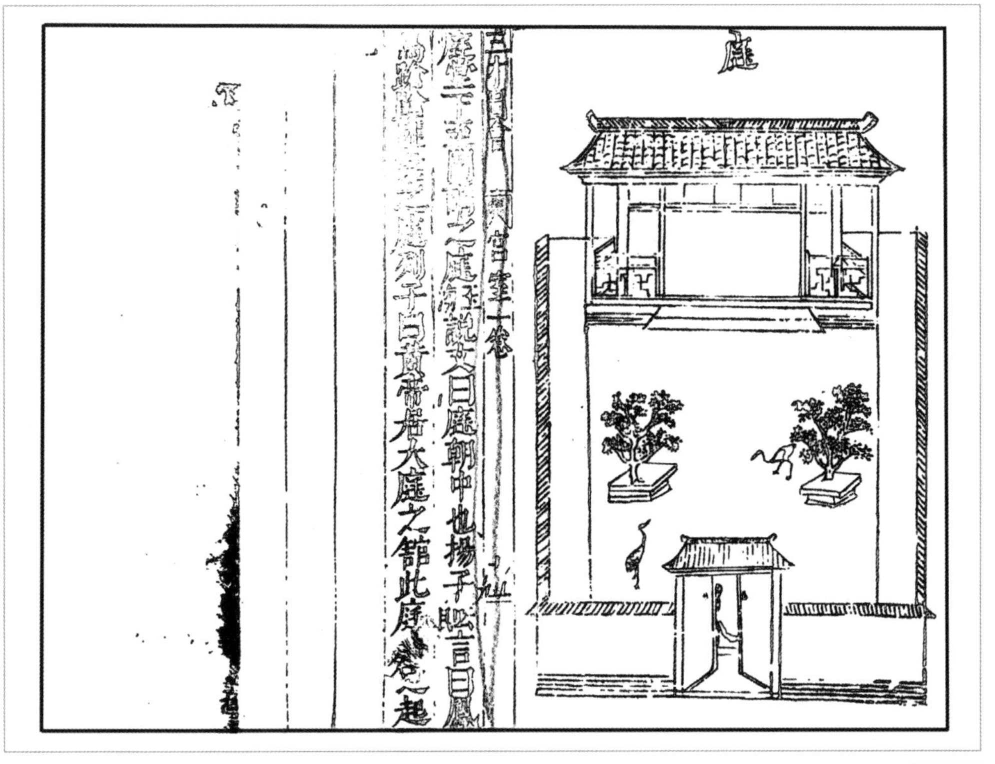

삼재도회 도면 1

여들었던 것이다. 또《양화소록》〈자미화조〉(紫薇花條)에서, "서울의 높은 벼슬아치 집안의 뜰에 이 꽃나무를 많이 심어서 높이가 한 길 남짓한 게 있더니"(都下 公侯第宅中 亦多庭埴 樹高有丈餘者) 하였으니, 자미화, 즉 백일홍과 같은 교목은 화분에 심지 않고, 흙바닥 마당인 뜰에 심은 것이다.

《조선왕조실록》에서 뜰의 용례(用例)를 살펴보면,《세조실록》24권, 7년 6월 17일 병술(丙戌)조에, "임금이 영응대군 이염의 집에 거동하고, 시위한 종친, 재추를 뜰로 불러서 술자리를 베풀었다"〔(幸) 永膺大君琰第, 召入侍衛, 宗親, 宰樞于庭, 設酌〕 하였는데, 이때 뜰은 단순한 뜰보다는 정원(庭苑)으로서의 의미가 크다. 그러나《성종실록》9권, 2년 1월 18일 신묘(辛卯)조의, "엎드려 생각하건대 신은 외람되게 잔열한 자질로 일찍이 자훈(慈訓)을 받았으니, 연하(燕賀)하려는 정에 간절하여 백관을 거느리고 뜰에 달려가서"(伏念臣, 猥將孱資, 早蒙慈訓. 情勤燕賀, 率白官而趨庭)의 뜰과,《성종실록》9권, 2년 1월 19일 임진(壬辰)조의, "뜰에 옥책을 펼치어 남다른 은총을 밝게 보이시니"(庭揚玉冊, 昭示異恩)의 뜰은 궁궐 정전 뜰〔宮庭〕의 의미이다.

'원'(園)은 "동산 원"〔圃之樊樹果所〕이라 하였으니, 곧 '동산'이다. 그리고 동산은 "과수를 심는 포(圃)"라 풀이하였다. 또 같은 사전에서 '포'(圃)는 '채전'(菜田), 또한 '곳'〔場所〕이라 풀이하고 있다. 따라서 '동산 원(園)'은 바로 "과수(果樹)를 심은 곳"이라는 뜻이다. 그러나 '원'(園)은 '囗' 자 속에 '袁'이 들어 있는 회의자(會意字)로, '囗'는 울타리가 쳐진 모습이고, '袁'은 '옷 치렁거릴 원'〔衣長貌〕이므로, 울타리 안에 과일들이 주렁주렁 달린 과수들이 있는 모습을 나타낸다. 다시 말해 원은 울타리를 치고 그 안에 과수를 심은 동산을 말하는 것이다.

한편 원과 음(音)이 같은 '원'(苑)은 "나라 동산 원"〔禁苑囿也〕이라 하였고,《사기》(史記) 주(註)에는 "새와 동물을 키우는 곳이 원이다"(養禽獸曰苑) 하였다. 즉 '원'(園)이 일반 주택의 "동산"을 뜻한다면, '원'(苑)은 "나라의 동산", 즉 궁궐에 속한 동산을 말하며, 이곳은 금수(禽獸)를 놓아기르는 곳인 '원유'(苑囿)이다.

《조선왕조실록》에서 동산〔園〕과 나라 동산〔苑〕의 용례를 살펴보면,《태종실록》28권, 14년 8월 4일 갑진(甲辰)조, "어느 날 위주(僞主)가 말을 달려 노숭의 동산에 들어갔다가 이것이 누구의 집이냐고 물으니"(一日僞主馳馬入窩之園 問與是誰家)의 동산과,《세종실록》19권, 5년 3월 3일 갑신(甲申)조, "상림원 별감 허염과 유덕생이 경복궁 동산 안의 노루와 사슴을 맡아 기르면서"(上林院別監許廉劉德 生看養景福宮園內獐茸, 出番時)의 동산은 모두 동산〔園〕을 말한다.《선조실록》41권, 26년 8월 30일 신해(辛亥)조, "겨울이면 방 안에 틀어박히고, 봄, 가을에도 동산을 돌아본 적이 없었다. 난리를 만나고부터는"(冬月則閉蟄一室, 至於春秋, 或未嘗窺苑, 自逢亂離)의 원은 나라 동산〔苑〕이다.

동산〔園〕이 집의 동산〔家園〕이라는 용례도《조선왕조실록》에서 볼 수 있다.

> 《성종실록》58권, 6년 8월 2일 무인(戊寅)조,
> 세종께서 일찍이 병환이 나서 포도를 맛보려고 했으나 절후가 늦어서 진상할 수가 없었다. 정척이 이 말을 듣고서 곧 집 동산〔家園〕에 있던 수정포도를 따서 올렸더니, 임금께서 말하기를(世宗嘗未寧, 欲嘗葡萄, 節晩無以進. 陟聞之, 卽摘家園水晶葡萄以進, 上曰).

> 《성종실록》122권, 11년 10월 18일 갑자(甲子)조,
> 하루는 어을우동이 그의 집 동산〔家園〕에 있는 것을 보고, 마침내 담을 뛰어넘어 서로 붙들고 익실로 들어가서(一日見於乙宇同在家園 遂踰墻, 相持入翼室奸之).

《성종실록》 240권, 21년 5월 27일 무인(戊寅)조,

이웃집 동산〔家園〕에까지 쫓아가 자기 아내의 옷을 찢어 벗기었습니다(追至隣家園, 脫其妻衣裂之).

한편 《대한문사전》(大漢文辭典)에는 '정'(庭)은 "당 앞의 땅"〔堂前之地〕이라 하였고, '원'(園)은 "울타리를 친 속에 여러 가지 나무와 채소를 키우고, 꽃을 가꾸는 곳"(用籬芭環圍種植蔬菜, 花木的地方)이라 하였으니,[3] 이는 《중한사전》(中韓辭典)에서 '정'(庭)은 "(앞) 뜰"이고, '원'(園)은 "(채소, 과목, 화초 따위를 가꾸는) 밭"이라 한 것과 같은 뜻임을 알 수 있다.[4] 또 《중한사전》에서 '원'(苑)은 "고대의 동물을 기르거나 식물을 키우던 곳"〔주로 제왕의 화원(花園)을 말함〕이라 하였다.

중국에서 원(苑)을 최초로 조성한 것은 건원(建元) 3년(기원전 138년)이다. 한 무제는 수도(首都) 장안(長安)에서, 흥건성(興建城) 안에는 '계궁'(桂宮)을 짓고, 명광궁(明光宮) 화성(和城) 서남쪽 밖에 '건장궁'(建章宮)을 지었는데, 이 궁이 바로 '상림원'(上林苑)이다.[5]

원(園)과 관계되는 한자(漢字)로서 '포'(圃)와 '유'(囿)가 있는데, '포'(圃)는 《대한문사전》(大漢文辭典)에서 "여러 종류의 과실수와 채소를 키우는 원(園)이다"(種植果木瓜菜的園也)라고 하였고, '유'(囿)는 "둘레 담을 친 원(園)이다"(有圍牆的園也)라고 하였으니, 포는 과수, 소채들을 심는 동산이고, 유는 울타리를 둘러친 동산을 말하는 것이다. 또 '원유'(園囿)는 "꽃나무와 새, 동물을 키우는 땅"(養育花木鳥獸之地)이요, '원포'(園圃)는 "여러 가지 오이, 과수, 채소를 심고 키우는 땅"(種植瓜果蔬菜的場地)이라 하였다.

우리의 국토는 예부터 산이 많은 다산지(多山地)였다. 전 국토의 75%가 노년기 지모(地貌)의 산지인 것이다. 때문에 집을 지을 때에는 앞에 냇물이 흐르고 뒤에 동산이 있는 '배산임수'(背山臨水) 배치를 따른다.[6] 따라서 집이 지어지면, 자연히 뜰과 동산을 이루게 되고, 이들 뜰과 동산이 바로 정원(庭園)인 것이다.

정원이라는 용어(用語)가 처음 쓰인 것은 조선시대 숙종(肅宗) 43년(1717)이다.

《숙종실록》(肅宗實錄) 59권, 숙종 43년 3월 13일 무진(戊辰)조,

[3] 葉腥陶, 《大漢文辭典》(商務印書館, 1976).

[4] 高麗大學校民族文化硏究所, 《中韓辭典》(1989).

[5] 劉敦楨, 《中國古代建築史》〔明文書局, 1943(中華民國32年)〕, p.47.

[6] 주남철, 《한국주택건축》(일지사, 1980), pp.45, 72.

헌부에서 전에 아뢴 일을 거듭 아뢰고, 또 말하기를, 각 군문의 군사가 다 땔나무를 벌채하여 스스로 대게 한 것은 대개 조금이라도 민폐를 덜기 위한 것이었습니다. 이제 듣건대, 각 영의 군사가 땔나무를 벌채할 즈음에 무덤에 기르는 소나무 개오동나무이건 마을에 심은 뽕나무 밤나무이건 묻지도 않고 모두 다 베어서 거의 남은 것이 없으며, 심하면 정원(庭園)에 불쑥 들어가 울타리를 헐기까지 한다고 하니, 당초에 폐단을 줄이려던 뜻이 도리어 백성을 해치게 되었습니다. 엄히 금단하되, 범한 자는 중률(重律)로 다스리고, 주장(主將)도 논벌(論罰)하소서(憲府申前啓. 又言: 各軍門軍人, 皆令採柴自給, 蓋所以除一分之民弊也. 今聞各營軍兵取柴之際, 不問丘墓長養之松, 檟, 村閭栽植之桑, 栗, 擧皆斫伐, 殆無餘者, 甚至突入庭園, 毁撤藩籬, 當初省弊之意, 反爲害民之歸. 請嚴加禁斷, 犯之者繩以重律, 主將亦爲論罰. 上只從末端事).

위의 기록에서 '정원'(庭園)은 일반 민가(民家)의 정원임을 분명히 하고 있다.

《숙종실록》의 기록으로, 정원이라는 용어는 같은 한자문화권(漢字文化圈)인 동양 삼국 중에서 조선(朝鮮)이 숙종 43년(1717)에 가장 먼저 사용하였고, 그 후 170여 년이 지나서야 일본과, 나아가 한때 중국이 사용한 것임을 알 수 있다.[7]

한편 '나라 동산 원(苑)'을 쓴, 정원(庭苑)이라는 용어가 처음으로 문헌에 나타난 것은 순종 4년(1911)이다.

《순종실록》(純宗實錄), 순부(純附) 2권, 4년 2월 1일 양력(陽曆)
사무분장 규정: 〔…〕제3조,〔…〕4. 궁과 제택〔궁집〕의 정원(庭苑) 및 창덕궁 안에 있는 청사와 그 부속물의 보관하여 수호하는 사항(事務分掌規程: 〔…〕第三條,〔…〕四. 宮第庭苑及昌德宮內所在廳舍竝其附屬物의 管守에 關한 事項).

뜰〔庭〕과 동산〔園〕이 합쳐진 '정원'(庭園)은 과수, 꽃 등을 심은 일반 집안의 뜰과 동산을 말하고, 뜰〔庭〕과 나라 동산〔苑〕이 합쳐진 '정원'(庭苑)은 동물을 키우고, 식물을 기르던 궁궐, 곧 나라의 뜰과 동산을 말하는 것이다. 그러나 고대로부터 조선시대, 대한제국에 이르기까

7 "1889년 《원예고》(園藝考)에서 정원(庭園)이라는 용어가 60여 곳에 쓰여졌고, 그 후 《일본원예사》(日本園藝史)에서는 〈명치정원기〉(明治庭園記)라는 제목의 글이 있었으며, 동경대학 건축과에 정원학(庭園學) 강좌가 개설되었다. 〔…〕 정원이라는 말은 일본인들이 처음으로 만들어 낸 말이고, 그 후 중국에서도 정원이라는 용어를 도입하여 한때 썼었다" (鄭瞳旿, 《한국의 정원》, 민음사, 1986, pp.21-24).

지 모두 전제군주국가(專制君主國家)였다. 전제군주국가는 "전 국토와 백성, 나라의 어느 것 하나 왕〔황제〕의 것이 아닌 것이 없었다"(普天之下 莫非王土 率土之濱 莫非王臣). 따라서 뜰과 동산도 모두 나라 임금의 것임으로, '정원'(庭園)이라는 용어보다는 나라 동산까지를 포함하는, 넓은 뜻을 가진 '정원'(庭苑)이라 함이 바른 것이다.[8]

한편 정원(庭園, 庭苑)을 기술적으로 가꾸고 꾸미는 사람을 동산바치라 하였다. 동산바치는 정원을 만들고 꾸미는 기술을 가진 장인(匠人)으로서 곧 정원사〔庭園師, 園丁〕인 것이다.[9]

2 용어(用語)

삼국시대에는 '뜰'〔庭〕과 '원'(園)이 쓰였다. 《삼국사기》 고구려 시조 동명성왕(東明聖王) 6년 가을 8월, "신령스러운 공작이 궁정(宮庭)에 모여들었다" 하였고, 유리왕(琉璃王) 2년 겨울 10월, "신령스런 공작이 왕정(王庭)에 모여들었다" 등[10] 궁정과 왕정이라는 말이 쓰였다. 신라에서는 《삼국사기》〈신라본기〉 문무왕(文武王) 상 4년 봄 2월, "왕의 능원(陵園)에 각각 민가 20호씩을 이사시키도록 하였다"라는 기록이 남아 있다.

고려는 중기에는 '원림'(園林), '임천'(林泉) 등이, 후기에는 '원림', '정원'(庭院), '임천', '화원'(花園) 등이 쓰였는데, 가장 많이 쓰인 것이 '원림'이다.[11]

《조선왕조실록》을 보면, 조선시대에도 '원림'이라는 용어가 많이 쓰였다.[12] 또한 소쇄원(瀟灑園)에서처럼 고유명사 뒤에 원(園) 자를 붙여 쓰기도 하였다. 특별한 예로서는 경복궁(景福宮) 교태전(交泰殿) 뒷동산인 아미산(峨嵋山)이 있다. 산(山)이 동산〔苑〕을 뜻하는 것이다. '뒷동산'〔後園〕이라는 말은 민가[13]는 물론 궁궐[14]에서도 많이 쓰였다.

궁궐의 뒤에 있는 동산이라는 뜻으로 쓰인 후원(後苑)[15]이라는 말은 개경의 수창궁(壽昌宮), 한양의 경복궁과 창덕궁(昌德宮)에서 가장 많이 쓰였다.

8 朱南哲, 《韓國住宅建築》(일지사, 1981), p.49.

9 주남철, 《한국건축사》 개정판(고려대학교출판부, 2006), p.451.

10 《三國史記》, 〈高句麗本紀〉, 平原王 3년 여름 4월 : "異鳥集宮庭."

11 尹國炳, 〈高麗時代의 庭苑用語에 관한 硏究〉, 《韓國庭苑學會誌》, 1권 1호(1983).

12 《조선왕조실록》, 세종 17년 4월 12일(계축); 성종 21년 9월 1일(경진); 효종 원년 7월 5일(임술); 숙종 42년 7월 1일(무오); 경종 2년 4월 12일(병인); 경종 2년 4월 13일(정묘); 경종 2년 11월 11일(임진); 정조 21년 4월 24일(갑오); 철종 4년 2월 19일(갑오), 창령위 김병주의 졸기.

13 《단종실록》 2권, 즉위년(1452) 7월 22일 계축(癸丑)조; 《고종실록》 21권, 21년 12월 3일 계미(癸未)조.

14 《태조실록》 8권, 4년 9월 29일 경신(庚申)조; 《세종실록》13권, 3년 9월 22일 임오(壬午)조; 《세조실록》 1권, 총서.

후원처럼 자리 잡고 있는 방향과 관계된 말로, '북원'(北苑),[16] '서원'(西苑[17], 西園[18]), '내원'(內苑[19], 內園[20]) 들이 있고, 출입이 자유롭지 못한 궁궐의 동산이라는 뜻으로 '금원'(禁苑),[21] 또는 '비원'(秘苑)[22]이 있다. 특히 비원을 관리하는 관아(官衙)를 '비원'(秘院)[23]이라 하였다.

'상림원'(上林園)은, 일찍이 태조(太祖) 3년 7월 11일에, '동산빛'〔東山色〕을 상림원으로 고친 후에, 세조(世祖) 12년 1월 15일에 '장원서'(掌苑署)로 이름을 바꾸었는데,[24] 이 관아(官衙)[25]는 궁궐의 정원(庭苑)의 꽃, 과일나무를 맡아본 기관이었다. 도성 북부진장방(北部

15 《태조실록》, 3년 5월 3일 신축(辛丑)조: 수창궁; 《태조실록》, 4년 9월 29일 경신(庚申)조: 경복궁; 《정종실록》, 2년 5월 1일 을축(乙丑)조: 수창궁; 《예종실록》 2권, 즉위년 11월 3일 기미(己未)조; 《성종실록》 4권, 1년 3월 15일 갑오(甲午)조; 《연산군일기》, 원년 7월 8일, 3년 1월 4일 병오(丙午)조; 《명종실록》 16권, 9년 5월 20일 기미(己未)조; 《선조실록》 8권, 7년 8월 9일 경술(庚戌)조; 《인조실록》 36권, 16년 2월 13일 정미(丁未)조; 《현종실록》 19권, 12년 6월 29일 술신(戌申)조; 《숙종실록》 24권, 18년 4월 16일 을미(乙未)조; 《경종실록》 13권, 3년 7월 18일 을미(乙未)조; 《영조실록》 73권, 27년 3월 19일 병진(丙辰)조; 《정조실록》 34권, 16년 3월 18일 정해(丁亥)조; 《헌종실록》 10권, 9년 9월 8일 정축(丁丑)조; 《숙종실록》 2권, 11년 3월 11일.

16 《태종실록》, 1년 6월 5일 임술(壬戌)조: 수창궁; 《세종실록》 13권, 3년 9월 22일 임오(壬午)조: 창덕궁; 《세조실록》 1권, 총서: 창덕궁.

17 《효종실록》 18권, 8년 2월 16일 을축(乙丑)조.

18 《성종실록》 224권, 20년 1월 17일 병자(丙子)조.

19 《세조실록》 3권, 2년 2월 24일 계해(癸亥)조; 《예종실록》 3권, 1년 1월 20일 을해(乙亥)조; 《성종실록》 3권,1년 2월 30일 을묘(乙卯)조; 《연산군일기》 21권, 3년 2월 14일 병술(丙戌)조; 《현종실록》 16권, 10년 3월 7일 경자(更子)조; 《영조실록》 7권, 1년 7월 11일 병오(丙午)조; 《정조실록》 3권, 1년 2월 26일 임술(壬戌)조.

20 《태조실록》 9권, 5년 6월 11일 정유(丁酉)조; 《세종실록》 17권, 4년 9월 20일 갑술(甲戌)조; 《연산군일기》 53권, 10년 윤4월 26일 병술(丙戌)조; 《중종실록》 34권, 13년 8월 9일 병자(丙子)조.

21 《세종실록》 51권, 13년 1월 4일 기사(己巳)조; 《세조실록》 33권, 10년 4월 20일 임인(壬寅)조; 《성종실록》 72권, 7년 10월 21일 신묘(辛卯)조; 《연산군일기》, 2년 10월 29일; 《명종실록》 31권, 20년 2월 24일 신묘(辛卯)조; 《선조실록》 10권, 9년 19일 무갑(戊甲)조; 《광해군일기》 46권, 3년 10월 18일 갑신(甲申)조; 《인조실록》 31권, 13년 7월 25일 계유(癸酉)조; 《효종실록》 11권, 4년 12월 20일 임오(壬午)조; 《현종실록》 18권, 11년 5월 13일 술진(戌辰)조; 《숙종실록》 22권, 16년 4월 28일 을축(乙丑)조; 《영조실록》 22권, 5년 5월 6일 경술(庚戌)조; 《정조실록》 1권, 즉위년 4월 24일 을축(乙丑)조; 《순조실록》 14권, 11년 3월 16 일 갑자(甲子)조; 《고종실록》 2권, 2년 5월 13일 정미(丁未)조.

22 《고종실록》 39권, 36년 8월 9일 (양력)조; 《고종실록》 43권, 40년 12월 30일(양력)조; 《고종실록》 44권, 41년 7월 15일(양력)조.

23 《고종실록》 43권, 40년 12월 30일(양력)조; 44권, 41년 7월 15일(양력)조; 44권, 41년 7월25일(양력)조; 44권, 41년 9월 15일(양력)조; 44권, 41년 12월 31일(양력)조.

24 《태조실록》 6권, 3년 7월 11일무갑(戊甲)조: "戊甲/改事沙兀爲司禁 東山色爲上林園"; 《세조실록》 38권, 12년 1월 15일 무오(戊午)조: "戊午/〔…〕上林園改稱掌苑署, 置掌苑一".

鎭長坊)에 있던 성삼문(成三問)의 옛집에 청사를 두었다. 그러나 상림원은 궁궐의 정원(庭苑)으로 지칭되기도 하였다.[26]

또한 상림원은 상림원(上林苑)으로서, 이 또한 궁원(宮苑)[27]의 뜻으로 쓰이면서 관아(官衙)[28]의 뜻으로도 쓰였다. 그러나 상림원(上林院)은 분명하게 관아 명칭으로 쓰였다.[29]

25 《정종실록》 4권, 2년 4월 6일 신축(辛丑)조; 《태종실록》 9권, 5년 3월 1일 정묘(丁卯)조; 《세종실록》 19권, 5년 3월 24일 을사(乙巳)조; 《세종실록》 31권, 8년 2월 4일 무진(戊辰)조; 《세종실록》 37권, 9년 7월 19일 을사(乙巳)조; 《문종실록》 2권, 즉위년 6월 22일 갑오(甲午)조; 《문종실록》 8권, 14년 7월 29일 을축(乙丑)조; 《단종실록》 10권, 2년 1월 12일 갑자(甲子)조; 《단종실록》 14권, 3년 4월 10일 병자(丙子)조; 《세조실록》 2권, 1년 11월 13일 갑신(甲申)조; 《세조실록》 36권, 11년 6월 19일 임진(壬辰)조; 《중종실록》 95권, 36년 6월 5일 경진(庚辰)조.

26 《태종실록》 23권, 12년 2월 18일 계유(癸酉)조; 《태종실록》 26권, 13년 7월 2일 을묘(乙卯)조; 《세종실록》 32권, 8년 4월 22일 을유(乙酉)조; 《세종실록》 43권, 11년 1월 9일 병진(丙辰)조; 《세종실록》 73권, 18년 윤6월 16일 경진(庚辰)조; 《세종실록》 116권, 29년 5월 19일 을유(乙酉)조; 《성종실록》 178권, 16년 윤4월 29일 을유(乙酉)조.

27 《세종실록》 30권, 7년 12월 25일 경오(庚午)조; 《예종실록》 2권, 즉위년 11월 26일 임오(壬午)조; 《연산군일기》 29권,4년 3월 10일 병오(丙午)조; 《선조실록》 26권, 25년 4월 14일 계묘(癸卯)조.

28 《정종실록》 5권, 2년 9월 19일 경진(庚辰)조; 《태종실록》 21권, 11년 6월 21일 경술(庚戌)조: 26권 13년 10월 20일 병인(丙寅)조; 《단종실록》 3권, 즉위년 윤9월 9일 무진(戊辰)조; 《세조실록》 5권, 2년 8월 13일 경술(庚戌)조; 《성종실록》 294권, 25년 9월 13일 무술(戊戌)조.

29 《정종실록》 4권, 2년 4월 6일 신축(辛丑)조; 《세종실록》 19권, 5년 3월 3일 갑신(甲申)조; 《세종실록》 105권, 26년 윤7월 6일 계미(癸未)조.

韓國庭苑

제2편

정원(庭苑)의 역사(歷史)

1. 삼국시대(三國時代)

2. 남북국시대(南北國時代)

3. 고려시대(高麗時代)

1. 삼국시대(三國時代)

한국 건축의 시원이 아무리 신석기시대의 움집에서부터 시작하였고, 성읍국가시대에 들어와서 여러 가지의 건축물들이 이루어졌다 하더라도 한국 정원이 이루어지기 시작한 것은 건축물의 외부 공간을 어느 정도 조형적으로 조영한 삼국시대부터라고 할 수 있을 것이다. 정원이란 건축물들을 둘러싸고 있는 외부 공간의 조형적인 설계물이기 때문이다.

1 고구려(高句麗)

건국 초기부터 궁원(宮苑)이 조성되었다. 《삼국사기》(三國史記)에는 시조 동명성왕(東明聖王) 4년 성곽(城郭)과 궁실(宮室)을 지었고, 6년 가을 8월에 신작(神雀)이 궁정(宮庭)에, 10년 가을 9월에는 "난(鸞) 새가 왕대(王臺)에 모였다"는 기록이 있다. 더욱이 제2대 유리왕 22년 겨울 12월에는 "수도를 국내(國內)로 옮기고, 위나암성(尉那巖城)을 쌓았는데, 같은 달에 질산(質山) 음지(陰地)에서 사냥하고 5일이 지나도록 돌아오지 않자, 대보(大輔)직에 있던 협부(陜父)가" 충심으로 간하자, "왕이 〔…〕 크게 노하여 협부의 직(職)을 파하고 대신 관원

(官園)의 일을 맡아 보게 하니 협부는 분하여 남한(南韓)으로 떠났다"는 기록이 있는 것으로 보아 일찍부터 궁원(宮苑)을 관리하는 직제〔관원(官園)〕가 있었으며, 초기부터 궁원을 잘 꾸며 온 것을 알 수 있게 해 준다. 또 산상왕(山上王) 24년 여름 4월, "기이한 새가 대궐 뜰〔王庭〕에 모였다"는 것과 장수왕(長壽王) 2년 가을 8월, "이상한 새가 왕궁(王宮)에 모였다"는 기록도 있다.[30]

한편 〈덕흥리 벽화 고분〉과 〈진파리 제4호 고분〉의 연못그림〔蓮池圖〕은 연못을 즐겨 조성하였음을 말해 준다.

1.1 안학궁(安鶴宮)의 정원(庭苑)

지금의 평양시 대성구역 평지에는 5세기 초엽에 건립되었던 안학궁성 터가 있고, 이 안학궁성(安鶴宮城)을 중심으로, 북쪽에 대성산성(大城山城), 동쪽에 고방산성, 서쪽에 토성들을 쌓아 도시 영역을 이루고 있었다.

궁성은 동서 두 벽이 서쪽으로 10도 치우쳐 있고, 남북 두 벽은 북쪽으로 치우쳐 있어, 뒤틀린 방형을 이루고 있다. 한 변의 길이는 622미터, 둘레는 2,488미터, 넓이는 약 38만 제곱미터이다. 성벽은 돌과 흙을 섞어 쌓았다. 밑 부분은 평균 너비 8.8미터로 안팎으로 일정 높이까지 돌로 쌓고 그 안에 진흙을 다져 넣었다. 성벽 네 모서리에는 각루(角樓) 터가 있는데, 약수리 벽화무덤이나 용강큰무덤의 벽화에서 그려진 것과 그 모습이 같다(도면 2).

궁성의 성문은 동, 서, 북벽에는 각 1개씩 있고, 남벽에는 3개이다. 남문 중앙의 문은 앞면 7간(37.5미터), 옆면 2간(10미터)이다. 동서 두 성벽 밖에는 소봉산 남쪽 골짜기에서 흘러내리는 물을 이용하여 해자(垓字)를 만들어 성벽을 방위하고 있다.

궁성 안에는 회랑으로 둘러 쌓은 여러 전각들을 배치하였는데, 총 건평 31,458제곱미터나 되는 52채의 궁전 터〔宮殿址〕가 발굴되었다. 배치의 특징은 남북을 잇는 축 위에 남궁, 중궁, 북궁을 짓고, 북궁의 동쪽 안쪽으로 동궁, 서쪽으로 서궁을 지었는데, 이들은 전체적으로 보아 비좌우대칭 균형(非左右對稱均衡)을 이루고 있다. 또 남궁보다 중궁이 작고, 중궁보다 북궁이 작은 규모이다. 이런 특징은 후일 발해의 궁궐건축에 계승된다.

남궁은 국가적인 행사를 하던 정전(正殿)으로, 중심의 1호 궁전은 기단의 동서 길이가 57.1미터나 된다. 중궁은 왕이 일상적인 업무를 보던 편전(便殿)이고, 북궁은 왕이 일상생활을 하던 침전(寢殿)이다. 그리고 동궁은 왕세자의 생활공간인 동궁(東宮)이고, 서궁은 궁전에서

30 주남철, 《한국건축사》 개정판(고려대학교출판부, 2006), pp.28-40.

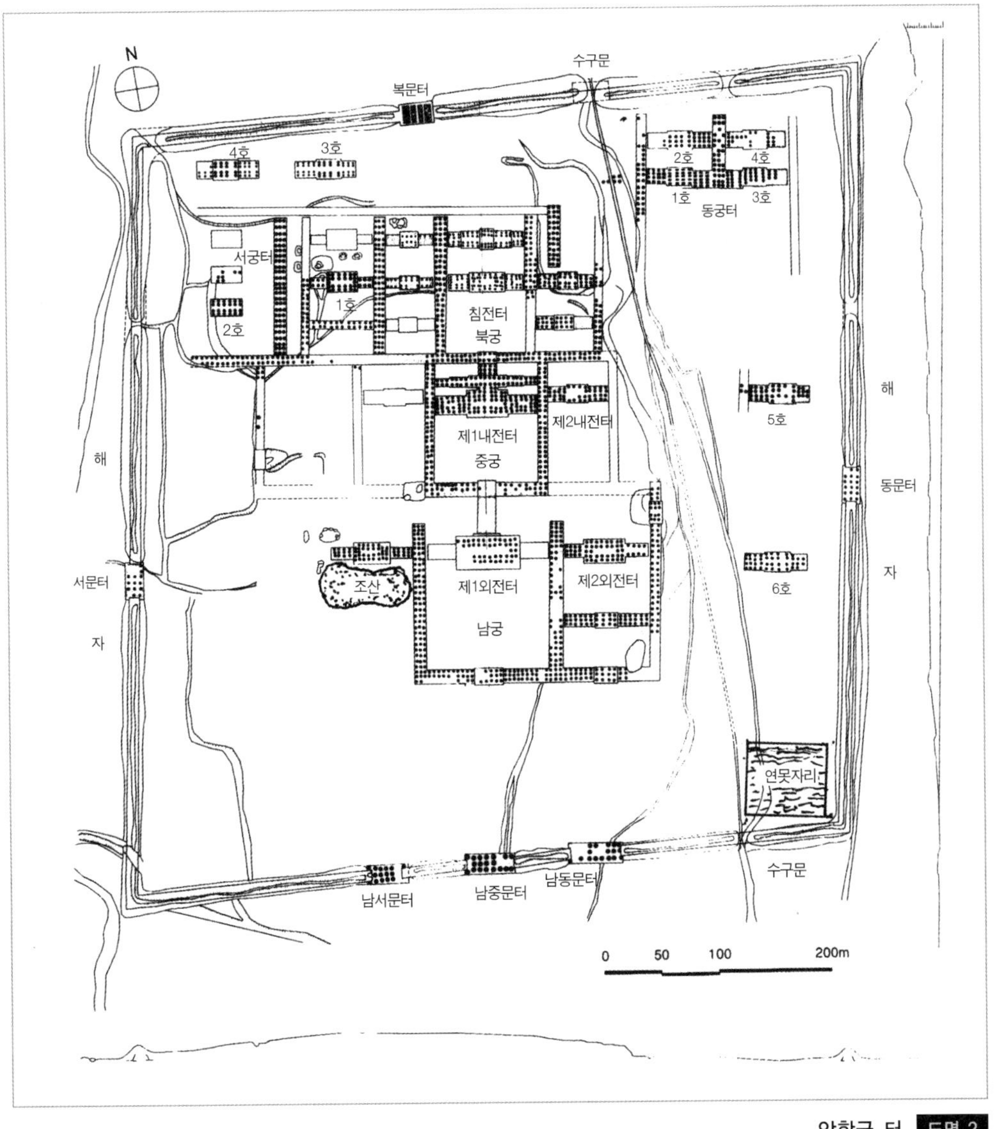

안학궁 터 **도면 2**

일하던 사람들이 살던 곳이다.

궁성 남벽 안 동쪽에 인공적으로 연못을 만들었는데, 이 연못을 채우는 물은 동서 두 궁성 벽 밖 해자에 물을 대는 소문봉 남쪽 골짜기에서 흘러내리는 물줄기의 한 줄기를 북쪽 성벽 동쪽에서 궁성 안으로 끌어들인 것이다. 이 물줄기로 연못에 물을 채우고, 넘치는 물을 남쪽 성벽 동쪽의 수구문(水口門)을 통하여 궁성 밖으로 흘려서 내보낸다.

남궁의 서쪽과 북궁 북쪽에 인공적으로 조산(造山)하고 원림(苑林)을 조성하였다. 샘물 터가 남벽으로부터 19.5미터 근처, 서벽 바깥 석축 하단부가 있는 지점에서 발굴되었는데, 안학궁 서벽 바깥쪽의 유일한 자연 샘물이다. 안학궁 안 고지대로부터 침투된 물길이 이곳에서 밖으로 용출되는 것으로 추정된다.[31]

1.2 대성산성(大城山城)[32]

대성산성은 안학궁성의 뒷산인 대성산에 있다. 동, 서, 남, 세 면은 평지에 임하였으나, 북쪽은 산줄기에 연결되었다. 남쪽 약 5킬로미터 거리에 대동강이 동쪽에서 서쪽으로 흘러내린다. 또 서쪽으로는 합장강이, 동쪽으로는 장수천이 북에서 남으로 흘러 대동강에 들어간다. 성의 동서 너비는 2.3킬로미터, 남북 너비는 1.7킬로미터이고 둘레는 7,076미터이다. 성 안의 2중 3중으로 쌓은 성벽 길이까지 합치면 모두 9,284미터이다.

대성산성 안에는 170여 개의 못 자리가 있다. 못들은 네모난 못, 둥근 못, 3각형 못 등으로, 가장자리는 돌로 쌓았다. 소문봉 동1호는 남북 장축으로 한 장방형이고, 소문봉 동2호는 앞모양이 네모나고 뒷모양이 둥근 전방후원형(前方後圓形)이다. 이들 1호와 2호는 샘과 연결되어 있어 물이 고갈되지 않고 있다. 현존 수심은 30센티미터이다. 이들 못들은 궁원의 연못은 아니고 저수지이다. 못의 물은 음용수로 사용하고, 또 끓여 성밖으로 부어 성을 방어하는 방어용수로 사용하였다.[33] 그러나 평시에는 바라보며 즐기는 못으로서의 기능을 가지고 있었다고 생각된다.

2 백제(百濟)

《삼국사기》에, "온조왕(溫祚王) 15년(기원전 4) 봄 정월 새로 궁궐을 지었는데, 검박하면서도 누하지 않고, 화려하면서도 사치스럽지 아니 하였다"라는 기록이 있는 것으로 보아 초기에는 단순히 궁궐 안에 지어진 여러 전각과 전각 사이에 자연스럽게 뜰〔庭〕이 조성되었지, 특별하게 가꾼 동산은 없었다고 판단된다.

31 고구려연구재단, 〈고구려 안학궁 조사보고서〉(2006), p.69.

32 주남철, 《한국건축사》 개정판(고려대학교출판부, 2006), pp.61-62.

33 박진욱, 《조선고고학전서(중세편 고구려)》(과학백과사전종합출판사, 1991), pp.137-143. 고구려연구재단, 〈대성산성〉, 《평양일대 고구려유적》.

온조왕으로부터 390여 년이 지난, 《삼국사기》 〈백제본기〉(百濟本紀) 진사왕(辰斯王) 7년(391) 봄 정월에는 본격적으로 궁원(宮苑)을 조영하였다. 즉 "대궐을 중수하고, 못을 파고 조산(造山)하고, 진기한 새와 기이한 꽃을 길렀다"(重修宮室 穿池造山以養奇禽異卉). 이때 조성된 연못이 《삼국사기》 비유왕(毘有王) 때의 남지(南池)[34]라 생각된다. 이 기록이 문헌상으로 처음 나타나는 구체적인 정원 가꾸기 방법인 것이다.

2.1 웅진성(雄津城)과 임류각(臨流閣)[35]

웅진성은 지금의 공주에 있는 공산성(公山城)이다. 이 성은 성왕 4년(526) 이전에 이미 축성된 것이다. 《삼국사기》 동성왕(東城王) 22년(500) 봄, "대궐의 동쪽에 임류각(臨流閣)을 지었는데, 그 높이가 다섯 장(丈, 길)이었고, 또 못을 파고 진귀한 새를 기르므로 간신(諫臣)이 상소하여 말렸으나, 듣지 않고, 대궐문을 닫아 버렸다"라고 한다. 동성왕 22년 5월 "왕은 좌우의 신하들과 더불어 임류각에서 잔치하며 밤새 실컷 즐겼다"는 기록도 있다.

임류각은 궁궐의 연회장으로 쓰였는데, 현재의 광복루에서 서쪽으로 약 150미터 떨어진 산 중복, 서향한 경사면에 임류각 터가 있다. 이곳은 진남루(鎭南樓)와 동문 터의 중간지대이고, 남측 성곽에서 약 35미터의 북쪽에 있다.

경사면을 파내어 평평한 터를 닦은 후 10.4미터×10.4미터의 정방형 건물을 세웠다. 지대석이 있는 대(臺)의 크기는 196제곱미터이고, 초석은 남측 열에 6개, 동측 열에 7개를 놓았고, 초석 간의 거리는 남측 열 2.1미터, 동측 열 1.8미터로, 정면인 남측 5간, 측면인 동측 6간의 정방형 평면을 이루고 있다. 총 42개의 초석 중 현재 31개만이 있다. 초석의 기본 형태는 방형인데, 1개의 통돌로 만든 초석과 2, 3장의 돌로 하나의 초석을 이루고 있는 것도 있다. 초석들은 상면을 다듬지 않고 울퉁불퉁한 채로 남겨 둔, 즉 그랭이질한 기둥을 세우는 덤벙주초로 되어 있다. 그랭이질 수법의 시원으로 판단된다.[36]

공산성 안의 왕궁 터는 남문인 진남루(鎭南樓) 북서쪽, 쌍수정(雙樹亭) 광장으로 불리어 온 지점으로 추정된다. 1985년 발굴된 왕궁 건물로 추정되는 건물 2동은 적심석을 갖춘 제1건물 6×4간, 제2건물 2×5간이었다.

34 《삼국사기》 〈백제본기〉 비유왕 21년 여름 5월: "대궐의 남지(南池) 안에 불이 있어 불꽃이 차바퀴와 같이 밤새도록 일다가 사라졌다."

35 주남철, 《한국건축사》 개정판(고려대학교출판부, 2006), pp.64-66.

36 같은 곳.

못과 공북루

못

공산성 안 못 **사진 1**

연못 터는 추정 왕궁 터로부터 남쪽으로 20여 미터 거리에 있었다. 바닥 직경 4.78미터, 표면 직경 7.3미터, 깊이 3미터의 대접 모양이었다. 호안은 돌로 쌓았다. 호안 안에서 출토된 연화문 와당, 파상문와당, 삼족토기, 병, 토제벼루편, 완(盌), 등잔 등으로 보아 연못의 축조 연대는 대략 5세기 말에서 6세기 초로 추정된다.[37]

공산성의 영은사(靈隱寺) 동북쪽에서도 연못 터와 누각 터를 발굴 조사하였는데, 연못 터의 축조 연대는 알 수 없었고, 건물 터는 조선시대 것이었다(사진 1).

2.2 사비성(泗沘城)과 궁궐[38]

사비성은 《삼국사기》의 소부리성(所夫里城)이고, 지금의 부소산성(扶蘇山城)이다. 백제 사비시대의 도성은 이 부소산성을 후진으로 하고, 시가지 외곽을 둘러싸고 있는 나성(羅城)을 축성하여 한국의 산성식(山城式)과 중국의 시가지포위식(市街地包圍式) 축성법(築城法)을 혼용하여 축성하였다.

부소산성은 산정을 중심으로 테뫼식 산성을 축조하고 다시 그 주위에 포곡식(包谷式) 산성을 축조한 복합식 산성이다. 이 산성은 동성왕 22년(500)경 산봉우리에 테뫼식 산성으로 축조되었고, 그 후 성왕 16년(538)에 도읍을 옮기면서 개축되고, 다시 무왕 6년(605)에 대규모로 확장된 것으로 추정된다. 부소산성에는 동, 서, 남문 터가 있고, 북쪽 금강으로 향한 낮은 곳에 북문과 수구문이 있었다고 추정된다.

사비시대의 궁궐 건축은 지금의 부여 구아 1리 현 부여문화재연구소 앞터와 익산 왕궁리에 있었다는 설들이 있으나, 결론을 내릴 수는 없다.

《삼국사기》 무왕(武王) 35년(634) 3월의 기록에, "궁궐 남쪽에 못을 파고 물을 이십여 리 밖에서 끌어들이고, 못 네 가장자리에 버들을 심고, 못 가운데에 방장선산(方丈仙山)을 모방하여 섬을 만들었다"(穿池於宮南 引水二十餘里 四岸植以養柳 水中築島嶼 擬方丈仙山)는 것으로 보아 장엄하고 화려한 궁궐 건축과 함께 궁원(宮苑)이 갖추어졌음을 알 수 있다. 특히 못의 형태는 '네 가장자리'〔四岸〕란 말로 보아 네모난 방형이며, 도가(道家)에서 말하는 삼신선산(三神仙山), 즉 방장(方丈), 봉래(蓬萊), 영주(瀛州) 세 섬〔島〕의 하나를 모방하였다는 것은 바로 도가사상(道家思想)이 정원 꾸미기에 영향을 주었음을 말해 준다(사진 2).

한편 《삼국사기》 의자왕 15년(655) 2월의 기록에, "태자궁(太子宮)을 고치고, 망해정(望海

37 安承周 · 李南奭, 《公山城 百濟推定王宮址 發掘調查報告書》(公州師範大學博物館, 1987).

38 朱南哲, 〈傳統古庭園의 復元에 관한 調査硏究〉, 《建築》, 26권 107호(대한건축학회지, 1982), p.44.

궁남지 사진 2

亭)을 건립하였다"는 것으로 보아, 이미 무왕(武王) 때에 조성한 못을 바다로 생각하여, 이 못을 바라볼 수 있는 정자의 이름을 "망해정"이라 한 것을 알 수 있다.

3 신라(新羅)

기원전 57년에 건국한 신라는 고허촌(高墟村)의 혁거세(赫居世)를 왕으로 추대하고, 처음 궁실(宮室)을 경주 남산 서록에 있는 고허촌에 지었다. 혁거세 26년(기원전 32)에는 금성(金城)에 궁실을 조영하였는데, 그 후에도 몇 차례의 궁실 중수(重修) 기록들이 《삼국사기》와 《삼국유사》(三國遺事)에 보이지만, 궁원(宮苑)에 관계된 직접적인 기록은 보이지 않는다.

다만 첨해이사금(沾解尼師今) 7년(253) 여름 4월과 미추이사금(味鄒尼師今) 원년(262) 봄 3월에, "용이 궁 동쪽 못에 나타났다"(龍見宮東池)는 기록으로 보아, 궁실 주변에 못이 있었음을 알 수 있다.

이들 궁실은 《삼국사기》의 기록으로, 초기 혁거세 21년(기원전 37)에 축성한 금성(金城)에서의 궁실이 아니라, 파사이사금(婆娑泥師今) 22년(101) 봄 2월에 쌓고, 가을 7월 금성에서 궁실을 옮겨간 월성(月城)의 궁실이다. 따라서 위에서 말하는 궁 동쪽 못〔宮東池〕은 월성의 북동쪽에 남아 있는, 후일의 안압지(雁鴨池)처럼, 인공적으로 파서 만든 못이다.

궁실이 아닌, 궁궐(宮闕)로서의 기록은 흘해이사금(訖解尼師今) 5년(314)부터인데, 이때가 삼국이 국가 체제를 갖춘 4세기 바로 직후인 점을 생각하면, 이 시기부터 궁궐다운 궁궐 건축이 월성을 중심으로 조영되었으며, 궁원(宮苑)다운 모습을 갖추기 시작하였다고 판단된다.

그 후 300여 년이 지나 통일 직전인 문무왕(文武王) 14년(674) 2월에는, 궁내(宮內)에 못을 파고 조산(造山)하고, 여러 종류의 화초를 키우고, 진기한 새와 짐승을 키웠다.[39]

[39] 《三國史記》〈新羅本紀〉 文武王 14年 二月: "宮內穿池造山 種花草 養珍禽奇獸."

2. 남북국시대(南北國時代)

1 통일신라(統一新羅)

신라는 당나라의 군사력을 끌어들여 백제와 고구려를 멸망시켰으나, 당나라의 군대는 철수하지 않고 백제 땅과 신라, 또 고구려의 옛 땅에 도호부를 두고 동방 전체를 관할하게 하였다. 따라서 신라는 당과 새로운 전쟁을 시작하여 평양에 있던 당의 안동도호부를 676년 요동성〔遼陽〕으로 옮겨 가게 하여 대체로 대동강과 원산만을 잇는 이남의 땅을 점유하는 완전한 통일이라 할 수 없는 삼국통일을 이루었다. 통일 이후에도 도성을 다른 곳으로 옮기지 않고, 월성을 중심으로 모든 궁궐 관계의 건축공사를 하였다.

삼국통일을 완수한 문무왕(文武王)은 통일 직전에도 궁원을 조성한 바 있는데, 통일 후인 문무왕 19년(679) 2월에는 궁궐을 극히 장려하게 중수하였고, 또 문무왕 19년 8월에는 태자궁

40 주남철, 《한국건축사》 개정판(고려대학교출판부, 2006), p.112. 한편 李基東은 〈라. 木簡에 보이는 洗宅에 대하여〉(《雁鴨池 발굴조사보고서》, 문화재관리국, 1978)에서, 안압지에서 출토된 木簡에 보이는 洗宅은 바로 中事省으로 이 관아는 국왕 직속의 것과 東宮 직속의 것이 따로 존재하였고, 그것이 國王과 王太子에 대한 시종의 임무를 담당한다고 밝힌 바 있다. 이것으로 보아 東宮이 바로 太子宮이라 판단된다.

인 동궁〔東宮, 태자궁(太子宮)〕[40]을 세우고 비로소 안팎 여러 문의 액호(額號)를 제정하여 궁궐을 정비하였다.

1.1 안압지(雁鴨池)와 임해전(臨海殿)[41]

《동경잡기》(東京雜記)와 《동국여지승람》(東國與地勝覽)에 "안압지는 천주사(天柱寺) 북쪽에 있다. 문무왕이 궁내에 못을 파고 돌을 쌓아 무산십이봉(巫山十二峰)을 상징하고 화초를 심고 진귀한 새를 길렀다. 그 서쪽에 임해전 터가 있는데 초석과 섬돌이 아직도 밭이랑 사이에 남아 있다" 하였다(도면 3, 사진 3).

안압지에서 발굴된 기와에는 "의봉사년개토"(儀鳳四年皆土), 전돌에는 "조로이년"(調露二年)이라는 기록이 있어, 의봉 4년은 문무왕 19년(679)이고 조로(調露) 2년은 문무왕 20년(680)이므로 《삼국사기》 동궁 창건의 기록과 일치한다. 문무왕 14년(674)에 안압지를 파고,

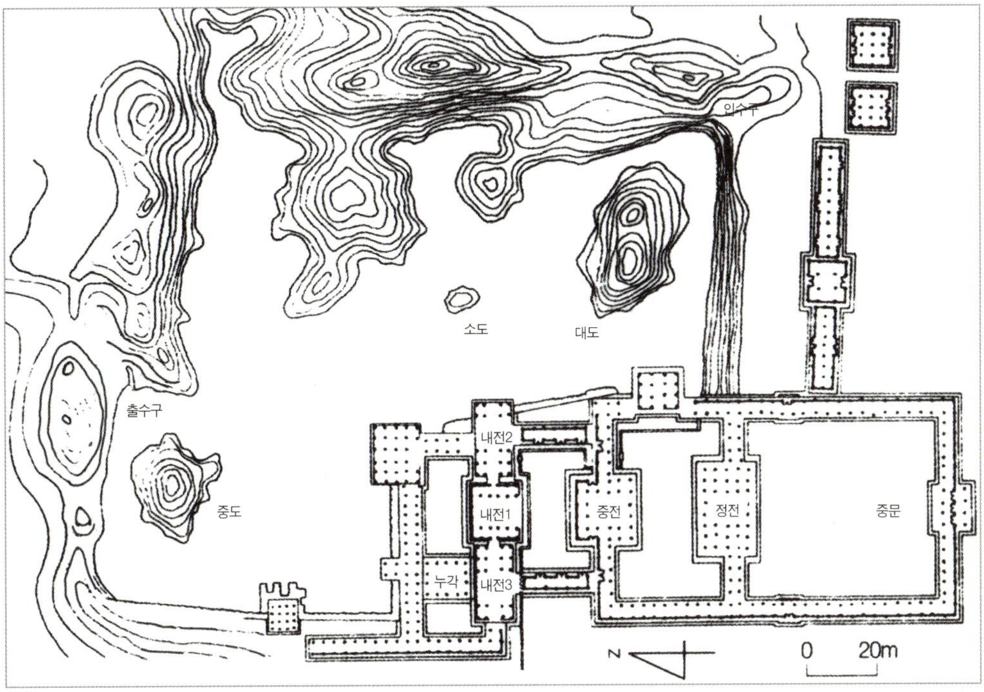

안압지 배치도 **도면 3**

41 안압지 일대는 1973부터 1975년까지 3년간 발굴 조사를 하였으며, 이에 대한 보고서가 간행되었다. 문화재관리국, 《雁鴨池 발굴조사보고서》(1978). 尹國炳, 《造景史》(一潮閣, 1978), pp.230-239. 주남철, 《한국건축사》 개정판(고려대학교출판부, 2006), pp.123-128.

전각과 못

북쪽 호안에서

북쪽 호안

협곡

입수-1단계

입수-2단계

입수-3단계

입수-4단계

출수구

물길-물확

경주 안압지 사진 3

문무왕 19년(679)에 안압지 주변에 여러 궁전을 건립하여 동궁을 완성한 것이다. 동궁의 안압지와 주변 임해전(臨海殿)은 효소왕(孝昭王) 6년(697) 9월 임해전에서 왕과 신하들이 모여 잔치하였으며, 혜공왕(惠恭王) 5년(769) 3월과 헌안왕(憲安王) 4년(860) 9월, 헌강왕(憲康王) 7년(881) 3월에 잔치한《삼국사기》의 기록들처럼, 궁중 잔치 때 쓰이던 곳이다. 또《삼국사기》경순왕(敬順王) 5년(931)에 고려(高麗) 태조(太祖)를 임해전에 머물게 하고 잔치를 베풀어 환대한 기록으로 보아, 임해전은 외국의 국빈을 모시기도 한 전각이었다.

안압지는 동서 약 200미터, 남북 약 180미터의 방형 속에 4,738평(15,658제곱미터) 크기로 판 못이다. 못 속 만들어진 크고 작은 세 개의 섬은 도가(道家)의 신선사상(神仙思想)을 반영하여, 삼신선산(三神仙山)인 방장(方丈), 봉래(蓬萊), 영주(瀛州)산을 상징하고, 또 뭍에 만든 9개의 봉우리와 더불어 무산십이봉(巫山十二峰)을 이루고 있다. 못의 남쪽 남안(南岸)과 서쪽 서안(西岸)은 직선으로 된 호안(護岸)이고, 그 반대인 동쪽 동안(東岸)과 북쪽 북안(北岸)은 자연스럽게 굴곡이 진 호안인데, 이는 직선 쪽 호안에는 임해전(臨海殿)을 비롯한 건물들이 들어서고, 자연스러운 호안 쪽은 9개의 봉우리를 이룬 동산들로 구성되기 때문이다.

발굴 유구[42]의 북안 호안 석축은 혹떠기 정도의 간단하게 가공한 돌들을 못 바닥〔池底面〕으로부터 1.4미터 내외의 높이까지 12단 내지 13단 정도 쌓은 곳이 있는가 하면, 2-3단 정도만 남아 있는 곳도 많았다. 사용된 돌의 크기는 모두 길이 20-50센티미터, 높이 15-20센티미터 정도로, 가급적 가로줄눈은 맞추려 하였고, 세로줄눈은 어긋나게 쌓았으며, 석축 내부의 적심(積心)은 점토질의 황토로 채웠다. 그리고 호안 석축 기저부의 괴임돌들은 못 바닥에 냇돌을 놓고 직경 60센티미터 정도의 둥근 돌을 1.5미터 내외 간격으로 석축에 기대어 놓았다.

한편 자연 덩어리돌은 석축 윗면에 드문드문 박혀 있었고, 호안선이 돌출된 부분에 많이 남아 있었다. 발굴되기 전에는 지반고(地盤高)가 축조 당시의 지반보다 1.6미터가량 높아져 있었기 때문에 이런 자연석의 배치는 거의 매몰되어 찾아보는 사람의 눈에 띄지 않았지만 1922년 조사 때에는 화강암과 사암의 두 가지 석질의 경석(景石) 645개가 있었으며, 불그스름한 색채의 화강암 경석은 주로 물가에 놓여 있었고, 흑록색의 사암은 주로 석가산(石假山)과 섬 위에 놓여져 있었다고 한다.[43] 또 북안 석축 서반부(西半部)와 동반부(東半部) 사이의 남북으로 놓인 호안 남단 앞에는 높이 2미터, 폭 1.5미터의 자연석이 못 속에서 돌이 떠오르는 것처럼 놓여 있었고, 이 큰 돌을 지탱하기 위한 기초석들이 주변에서 발견되었다.[44]

북안에는 출수구(出水溝)가 있다. 또 북안은 동쪽으로 나아가면서, 남쪽의 호안 북단과 좁

42 金東賢, 〈1. 雁鴨池 遺構〉, 《雁鴨池 발굴조사보고서》(문화재관리국, 1978).

43 尹國炳, 《造景史》(일조각, 1978), pp.231-233.

은 협곡(峽谷)을 형성하여 안압지에 심원(深遠)한 경관을 조성한다. 특히 서안에 건축된 전각에서 동안을 바라볼 때 마치 깊은 협곡이 있는 듯하다.[45]

동안은 호안 석축을 굴곡지게 쌓아 자연스러운 못가를 형성하면서, 크고 작은 반도(半島) 두 개를 북과 남으로 형성하고 있다. 큰 반도, 즉 북반도와 남반도 사이에 T자형 골짜기가 생겼다.

동안의 석축은 혹띠기 정도의 다듬은 돌을 10단 내지 11단 쌓아 올리고, 그 위에 자연석을 늘어놓았다. 남반도 남쪽, 동안의 석축은 높이 1.5미터 내외로 노출되었고, 석축 위에 괴석이 올려져 있었다. 동안의 동남부 모서리에는 입수구(入水溝) 시설이 있다.

남안은 단조로운 호안을 형성하는데, 석축은 동안과 같은 모습이다. 석축 위에는 부분적으로 자연석이 묻혀 있어, 원래부터 정원의 꾸미기로 놓은 듯하다.

서안 호안 석축은 5개의 건물 터가 자리 잡고 있다. 남북 방향으로 직선적인 구성을 하면서 일부 원호를 이루며 또 동쪽으로 돌출되어 있다. 이것은 각 건물 터에서 서로 못을 바라보는 것이 방해받지 않도록 한 것이라 판단된다. 제1건물 터에서 제3건물 터까지의 호안석축은 1단 호안과 2단 호안 축조공법으로 쌓았는데, 직선적인 호안은 1단으로, 약간의 곡선이나, 비스듬한 호안은 2단으로 쌓았다. 못 바닥 면 위에는 건물 터에서처럼, 자연석으로 한 단 쌓고 2, 3단째부터는 조금 거칠게 다듬은 장대석으로 바른층쌓기 하였고, 제4단부터는 정다듬의 장대석을 바른층쌓기 하였는데, 제8단까지만 남아 있다. 못 바닥에서 8단까지는 2.8미터이고 장대석의 크기는 높이 0.3미터 내외, 길이 0.6-1.5미터였다. 제1단과 제2단으로 축조한 호안 석축 위에는 군데군데 자연 덩어리돌〔塊石〕들을 배치하였다.

제일 큰 섬, 대도(大島)는 못 남쪽에 있고, 동서 51미터, 남북 30미터, 섬의 둘레 139미터이다. 면적은 1,094제곱미터(330평)이다. 장축은 서단을 기준으로 동동남으로 65도 기울어져 있는데, 호안은 못 바닥에서 1.7미터 높이까지 남아 있고, 호안 상면으로부터 높이 3.5미터 정상까지 경사를 이루면서 언덕으로 되어 있다. 이 섬은 장축 방향이 동서로 놓여 있고, 또 못의

44 鄭在鏞은 〈VIII. 造景學的考察〉(《雁鴨池 발굴조사보고서》(문화재관리국, 1978)과 〈新羅 東宮의 苑囿에 對한 考察〉(《考古美術》, 138·139, 韓國美術史學會, 1978. 9)에서 괴석의 배치 방법에 대하여 "特置, 散置, 群置, 疊置" 라는 용어를 사용하였는데, 이들 용어는 岡大路의 《中國庭園論》(1943)에서 가져온 것이다. 尹國炳의 《造景史》(일조각, 1978)에서는 이런 용어를 찾아 볼 수 없다. 제자 沈愚京 교수는 윤국병 교수(1914-1993)가 作故하기 전 "안압지 발굴 자문 때 후회스러운 일로서 인부들이 멋대로 괴석들을 방치하게 한 점" 이라 하였다고 증언한다. 필자 역시 직접 들은 바 있다.

45 鄭在鏞은 〈新羅 東宮의 苑囿에 對한 考察〉(《考古美術》, 138·139, 韓國美術史學會, 1978. 9)에서 高遠과 平遠 및 深遠의 三遠法 효과를 논한 바 있다. 그러나 산수화의 高遠, 平遠, 深遠의 三遠法은 중국 북송시대(960-1126)의 사람 郭熙(1000-1090)에 의하여 이루어진 것이다. 智順任, 《산수화의 이해》(一志社, 1991). 張彦遠, 〈林泉高致〉, 《중국회화론선집》(김기주 옮김, 도서출판 미술문화, 2002), pp.123-180, 301-308.

남안과 동안에 가까이 있어, 못의 서안 중심부, 즉 건물 터의 동쪽에서 못의 남안 쪽을 바라보면, 섬으로 가리어져 남안까지의 거리가 실제보다 더 멀어 보인다. 섬의 호안 석축은 장방형 석재를 못 바닥으로부터 12-13단 쌓았는데, 대부분 1.2미터 내외였고, 남쪽은 1.7미터 남아 있는 곳도 있었다. 동북쪽 호안은 6-7단밖에 남아 있지 않다. 기암괴석(奇巖怪石)의 배치는 당초 섬 주변 전역에서 이루어졌던 것으로 생각되며 가장 괴석이 잘 보존된 곳은 서쪽 호안 가장자리로 덩어리돌들을 눕히거나 세워서 배열하였는데 마치 인공이 가해진 배치같이 보이지 않고 자연 상태처럼 보였다. 기암괴석의 크기 및 형태는 일정치 않으나 직경 50센티미터 내지 1.5미터 정도의 것이 많았다.

중간 크기의 섬, 중도(中島)는 못의 서북쪽에 있다. 동서 33미터, 남북 30미터, 굴곡 있는 호안 둘레는 111미터, 면적은 596제곱미터(150평)이다. 석축은 바닥으로부터 장방형 석재를 12-13단 쌓아 높이 1.6미터 내외로 하고, 위에 덩어리돌을 놓아 꾸몄다.

제일 작은 섬, 소도(小島)는 중앙에 있는데, 발굴 조사 때는 전혀 보이지 않았다. 장축(10미터)이 남북 방향, 단축(7미터)이 동서 방향으로 놓였다. 호안 둘레는 30미터, 넓이는 62제곱미터(20평)밖에 되지 않는다. 잔존 호안 석축의 높이는 0.96미터이고, 그 위에 자연괴석들을 놓아 돌섬처럼 꾸몄다. 이 섬은 서안의 제2건물 터와 동안 협곡 사이로, 제2건물지에서 동안의 협곡을 곧바로 볼 수 없는 곳이다.

못 호안선 총 길이는 1,005미터이고, 섬의 호안까지 합하면 1,285미터이다. 못에 물을 대는 수로, 입수구는 동남쪽 담장 밑을 파 만들고, 바닥에 쇠막대를 꽂아 나무 잔가지와 잎사귀 등이 걸리도록 하였다. 이 수로로 받아들인 물은 제일 먼저 높이 차이를 두고 있는 두 개의 거북이 모양의 커다란 물확을 차례로 흘러, 보다 낮은 곳의 자연석으로 가장자리를 마무리한 작은 못으로 흘러든다. 이 작은 못은 동서 4미터, 남북 6미터의 크기로, 주변에 자연석들을 배치하고, 못 바닥에는 잔자갈을 깔았다. 이곳에 머물러 있던 물은 다시 덩어리돌들을 자연스럽게 놓아 작은 골짜기 모양으로 만든 물길을 따라 누조(漏槽)에 이르고, 누조에서 한 단 낮은 곳에 있는 작은 물확으로 작은 폭포 모양으로 떨어져, 물확을 채운 후 다시 넘쳐흘러 못으로 들어간다.

물이 흘러 나가는 출수구(出水溝)는 중도 동쪽의 북호안에 자리 잡고 있다. 동쪽으로 흘러 나가다가 다시 북쪽으로 흘러 나간다. 수구(水溝)는 출수구(出水口)로부터 폭 1미터 내외, 길이 10미터 정도로 장대석 바른층쌓기 한 것이고, 이의 끝 지점에 목제수구(木製水溝)가 3.35미터 동북 방향으로 놓였다. 그리고 다시 폭 0.5미터의 장대석 바른층쌓기 수구가 북쪽으로 놓였다.

못 남서쪽에 자리 잡은 건물 터에도 돌을 凹형으로 파 만든 물흐름돌 틀을 연이어 만든 수로가 있다.[46]

못 속 바닥에는 강회와 바다의 조약돌들을 깔아 물을 맑게 하였다. 본래 안압지에는 연꽃을 심지 않은 것으로 판단된다. 안압지 주변의 전각 이름인 '임해전'(臨海殿)은 바로 안압지 못을 바다로 상정하여 건축하였기에 그렇게 이름 붙인 것이다.[47]

못의 남쪽에서 담장 유구가 8개소에서 발굴되었다. 본래 못과 건물들이 배치된 지역 일대, 즉 세자궁인 동궁(東宮)의 궁장(宮墻)과 필요에 따라 세운 전각 주위의 담장, 그리고 곳곳에 사잇담이 있었던 것으로 추정된다.

1.2 포석정(鮑石亭)

포석정은 그 자리만 남아 있는데, 안압지와 다른 궁궐 정원 터이다. 《동국여지승람》〈경주포석정조〉(慶州鮑石亭條)에, "경주부 남쪽 7리, 금오산 서록에 있다. 돌을 갈아 전복 모양으로 만들어 포석정이라 하였다. 유상곡수연(流觴曲水宴)을 하던 유적이 완연하다"(在府南七里 金鰲山西麓 錬石作鮑魚形故名焉 流觴曲水遺跡宛然)라 하였다. 흐르는 물에 술잔을 띄워 술잔이 자기 앞에 이르기 전에 시를 짓고 잔의 술을 마시는 곡수연(曲水宴)을 즐기던 곳이다(도면 4, 사진 4).

지금은 돌로 타원형의 전복과 흡사한 모습으로 축조한 물도랑만 남아 있다. 본래에는 정자가 있었을 것으로 추측된다. 타원형 장축은 6.53미터, 단축 4.76미터이다. 물도랑의 너비는 약 30센티미터, 깊이 20센티미터, 전체 물도랑 길이는 22미터에 이른다.

1.3 궁궐(宮闕) 밖의 정원 유적

1.3.1 구품연지 유적(九品蓮池遺蹟)

경덕왕 10년(751) 김대성(金大成)이 창건한 불국사(佛國寺)의 청운교(靑雲橋)와 백운교(白

46 주남철, 《한국건축사》 개정판(고려대학교출판부, 2006), pp.126-128.

47 鄭在勳은 〈한국전통의 원〉(《환경과 조경》, 1996, p.56)에서, "한 변이 134센티미터, 높이가 101센티미터 되는 나무틀을 짜 넣고, 각 정(井)자형 틀 안에 진흙을 담아 연을 심었었다" 하였으나, 〈新羅 東宮의 苑囿에 對한 考察〉(《考古美術》, 138·139, 韓國美術史學會, 1978. 9)과 〈VIII. 조경학적 고찰〉(《雁鴨池》 발굴조사보고서》, 文化公報部 文化財管理局, 1978)의 어느 곳에서도 설명한 것이 없으며, 더욱이 안압지 출토 건축부재나, 유물 중에서 연꽃을 심기 위한 나무 틀과 관계된 어떠한 유물도 발굴된 바 없고, 연꽃의 존재를 입증할 구체적인 자료가 없다.

경주 포석정 **사진 4**

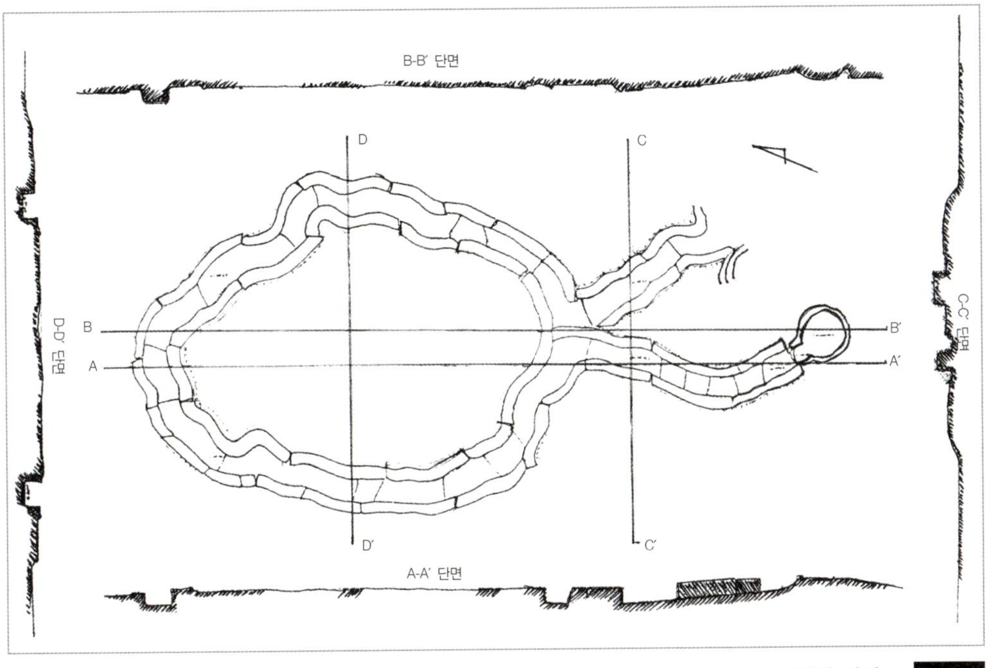

포석정 평면도 **도면 4**

가구식 축대

석루조

불국사 사진 5

雲橋) 앞에 조성되었던 연지[48]로, 전체 모습은 타원형이었다. 물이 동쪽 축대에 돌출된 석루조(石漏槽)를 통하여 축대 앞으로 떨어져, 폭포를 이루면서 연못에 흘러들게 하였었다. 연못의 연꽃과 더불어 청운교, 백운교, 회랑과 문, 축대, 그리고 석루조의 폭포 등의 그림자들로 절묘한 경관을 조성하였던 영지(影池)였다고 생각된다(사진 5).

1.3.2 용강동 원지 유적(龍江洞 園池遺蹟)

발굴 조사(1998.9.30-1999.4.10)를 하였으나 전체 모습은 밝히지 못하였다. 연못 터는 840평으로, 직선과 곡선으로 이루어진 동, 서, 남쪽 호안석축(護岸石築), 인공섬 1 · 2, 입수로(入水路), 물받이 시설, 호안 안에서의 괴석들, 건물지 1 · 2, 도로 등의 유구들을 확인하였다. 연못 바닥은 기반층 위에 갈색 점토로 두께 20센티미터로 깔아 다지고, 그 위에 20센티미터 미만의 냇돌들을 깔았다. 이 연못 유적은 성동동 전랑지(城東洞殿廊址)와 월성, 그리고 안압지와 남북 일직선상에 자리하고 있다.[49]

1.3.3 선암사 삼인당(仙巖寺三印塘)

도선선사(道詵禪師, 827-898)가 창건한 선암사(仙巖寺)에는 타원형 연지, 삼인당(三印塘)[50]이 있다. 못 가운데의 섬은 계란형이다(도면 41, 사진 49).

1.3.4 사절 유택(四節遊宅)

전성시대에는 경주에 큰 저택인 금입택〔金入宅, 일명 부윤대택(富潤大宅)〕이 35채가 있었다. 또 귀족들은 곳곳에 별장을 짓고 철따라 옮겨 가며 즐겼다. 봄에는 동야택(東野宅), 여름에는 곡량택(谷良宅), 가을에는 구지택(仇知宅), 겨울에는 가이택(加伊宅)에 머물렀다.[51]

48 崔夢龍, 〈九品蓮池調査報告〉, 《佛國寺復元工事報告》(文化財管理局, 1978), pp.60-69.

49 河眞鎬 · 金才喆, 〈慶州 龍江洞 園池遺蹟 發掘調査〉, 《고고학을 통해 본 가야》(한국고고학회, 1999). 朴景子, 《雁鴨池 造營計劃 硏究》(學硏文化社, 2001), p.76.

50 못 이름 삼인당의 삼인(三印)은 "제행무상인(諸行無常印), 제법무아인(諸法無我印), 열반적정인(涅槃寂靜印)" 등의 삼법인(三法印)을 말한다고 한다.

51 주남철, 《한국의 전통민가》(아르케, 1999), p.20. 《한국건축사》 개정판(고려대학교출판부, 2006), p.162.

2 발해(渤海)

대조영(大祚榮)은 698년 지금의 길림성 돈화(敦化) 부근의 동모산(東牟山)에 와서 진국왕(震國王)이라 칭하면서 건국하였다. 713년에 나라 이름을 발해(渤海)라 하고, 당(唐)과 수교하였으며, 한반도의 통일신라와 더불어 남북국시대를 열었다. 727년에는 일본과도 수교하였다. 그 후 755년에 수도를 동모산에서 상경용천부로 천도하였다. 문왕(文王, 734-794)대에는 당에서 안록산난(安祿山亂)이 일어난 것을 계기로 요동반도까지 지배하였고, 제10대 선왕(宣王, 818-830)대에는 문화가 번창하였다. 926년 요(遼)에 의하여 멸망되었다.

5경제(五京制)로 다섯 곳에 상경용천부(上京龍泉府), 중경현덕부(中京顯德府), 동경용원부(東京龍原府), 서경장령부(西京長嶺府), 남경남해부(南京南海府)를 두었다. 또 이들 5경부와 함께 전국에 안변부, 정리부, 칠리부 등 10부를 더 설치하여 모두 15부를 두었다.

5경 중에서 가장 중요한 도성은 흑룡강성 영안현 발해진에 있는 상경용천부로서, 755년 길림성 화룡면 서고성에서 천도하였다. 그 후 785년에는 길림성 훈춘면 팔련성의 동경용원부로 천도하였다가, 다시 794년 상경용천부로 천도하여 두 번 도성이 되었었다. 시가지 터, 궁궐 건축 터, 사찰 건축 터 등이 남아 있어 발해의 궁원(宮苑) 모습을 살펴볼 수가 있다(도면 5).

8세기 중엽 제3대 문왕 대흠무(大欽茂)가 창건한 상경용천부는 당의 장안성(長安城)을 모방한 것으로 외성(外城), 내성〔內城, 일명 황성(皇城)〕, 궁성(宮城) 등 크게 3영역으로 나뉜다. 외성 구역 안 정중앙 북쪽으로 내성이 자리 잡고, 궁성은 내성 안에 있다. 궁궐은 단기에 이루어진 것이 아니라 11대 대이진(大彝震, 830-858)대에 확장 증축한 것이다.[52]

궁성은 이를 둘러싸고 있는 내성과 외성들이 정남북을 중심으로 자리 잡고 있는 것처럼, 내성의 북쪽에 남북 자오선을 중심축으로 하여 거의 좌우대칭으로 자리 잡고 있다.

궁성의 남벽은 길이 약 600미터이고, 북벽은 약 625미터이며, 동과 서벽은 모두 약 750미터이다. 남벽 중앙에 궁성 남문인 오봉문(午鳳門)을 두고, 이 남문의 중심축이면서 궁성의 중심축이 되는 축의 북벽에 북문이 자리 잡고 있다.

궁성 안은 중심구역과 동, 서, 북쪽 구역의 4개 구역으로 나뉘는데, 동쪽, 서쪽, 북쪽 구역은 궁궐의 영역이며, 특히 동쪽 구역에 궁원(宮苑)이 있었다.

남문인 오봉문 안쪽 중심을 이루고 있는 중심 구역은 동서 620미터, 남북 720미터 크기로, 이 구역의 북쪽 중심에 장방형의 제1궁전이 있고, 그 좌우로 회랑이 건립되어 동서로 뻗었다가

52 陳顯昌, 〈唐代渤海上京龍泉府遺址〉, 《文物》, 第9輯(1980), pp.85-89. 崔茂藏 譯, 《高句麗 · 渤海文化—中國考古學者의 發掘報告書》(집문당, 1985), pp.311-322.

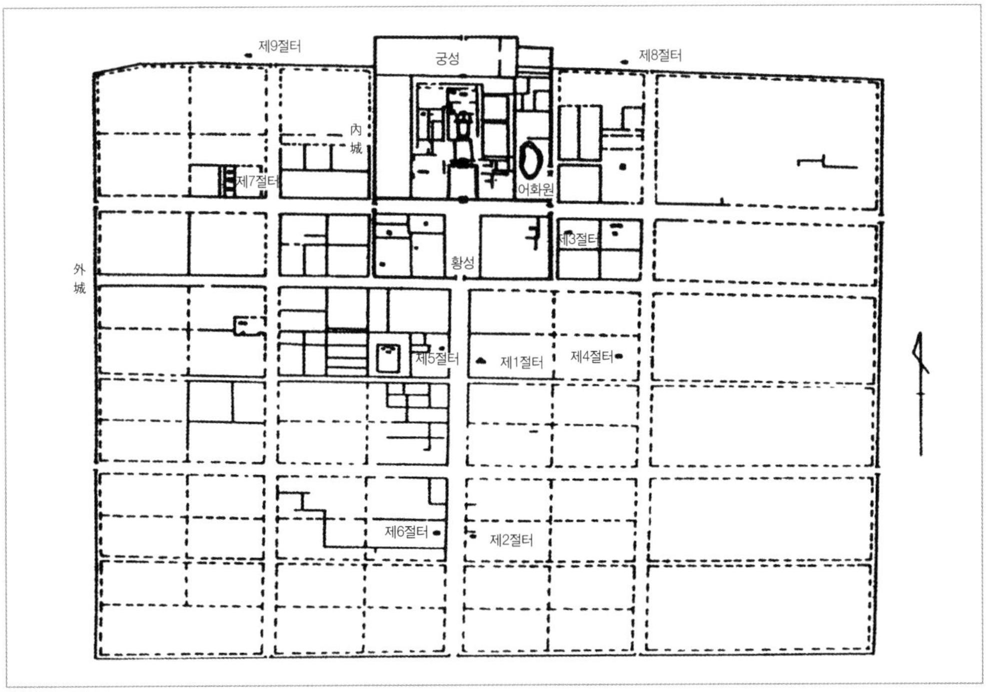

① 도성과 궁성

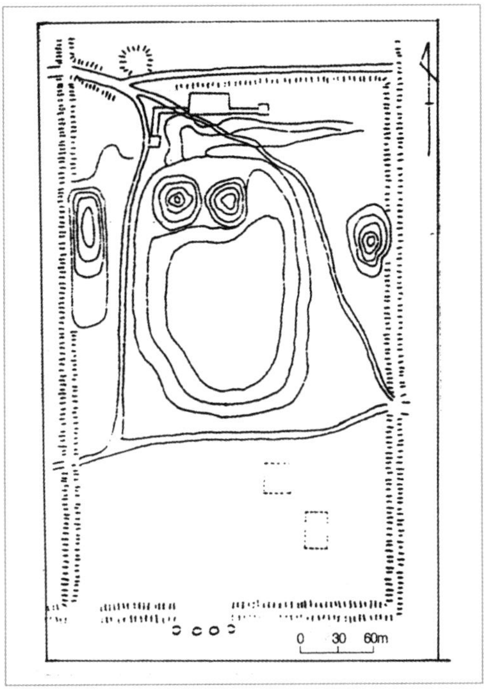

② 어화원 터

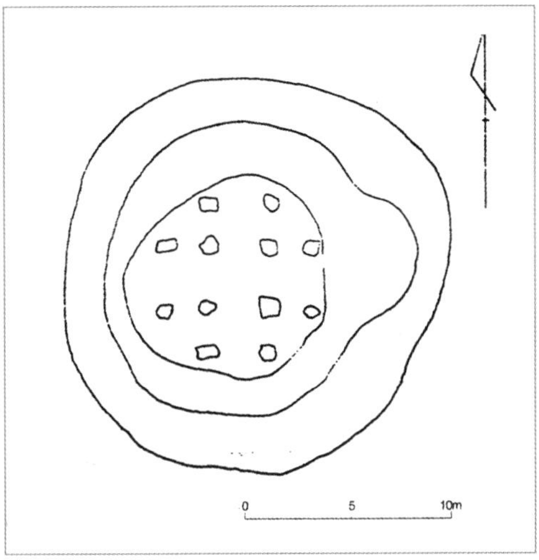

③ 정자 터

상경용천부 도성 배치도 **도면 5**

다시 남쪽으로 ㄱ자로 꺾여 동서회랑을 이룬다. 그러나 오봉문 쪽으로는 회랑을 두지 않아 개방되어 있다.

제1궁전 안쪽으로는 북으로 들어가면서 제2궁전, 제3궁전, 제4궁전, 제5궁전 들이 자리 잡고 있는데, 제4궁전까지는 회랑들로 둘러싸여 있으며, 제5궁전은 벽으로 막아 안뜰을 구성하고 있다. 궁전들은 제1궁전에서 북으로 들어가면서 제4궁전까지는 점차 크기가 작아지는 특징이 있다. 오봉문은 현존 높이 5.2미터의 높은 성벽 위에 있다. 좌우로 문길의 너비 5미터, 길이 12미터의 곁문〔夾門〕이 있다.

제1, 2궁전은 조하를 받고 공식적인 정사(政事)를 보는 정전들이다. 제1궁전인 금란전(金蘭殿)은 약 2.7미터의 높이, 가로 55.5미터, 세로 24미터의 장방형 기단 위에 자리 잡은 정면 11간 측면 4간으로 내부는 통간이다. 평면의 북쪽 내진주 5간에 벽체를 두어 아마도 그 벽 앞에 어좌(御座)를 마련하였던 것으로 추정되며, 좌우에는 경사진 회랑이 둘러 있었던 것으로 추측된다.

제2궁전 역시 금란전과 같은 모양의 평면을 이루고 있고, 단지 규모가 축소되었을 뿐이다. 제4궁전은 정면 9간 측면 5간으로 정면 21.6미터, 측면 15미터의 크기인 본채와 좌우 곁채로 이루어졌다. 본채는 동서와 북으로 회랑을 두르고, 중앙에 폭이 좁고 깊이가 깊은 방 가운데에 가로지른 벽을 두어 앞과 뒷방으로 나누었고, 그 좌우로 큰방을 각 1개씩 두었다. 중앙의 북쪽 방에는 침대로 판단되는 대가 만들어져 있었고, 좌우의 큰방에는 너비가 약 1.5미터 되는 두 줄 고래구들이 있었다. 본채 좌우의 곁채는 정면 3간 측면 3간의 정방형 평면을 이루는데 내부는 통간이다. 이 제4궁전은 분명 침전임에 틀림이 없다.

오봉문은 팔작지붕으로 추정되고, 제1궁전과 제2궁전은 우진각지붕이며, 제4궁전은 팔작지붕으로 추정된다. 이들 지붕에는 유약을 바른 기와를 잇고, 용마루 좌우 끝에 치미를 설치하고, 막새기와를 덮고, 추녀 끝은 귀면으로 장식하였다.

제1궁전에는 인동무늬의 벽돌로 기단을 쌓고 돌사자머리로 장식한 난간을 둘렀으며, 제3, 4궁전에서는 기둥 밑둥이에 풀색 유약을 바른 기둥밑둘레장식까지 하였다.

궁성 동쪽 구역은 가로 720미터, 세로 213미터의 크기로 이곳에 궁원인 어화원(御花園)이 있었다. 궁원은 북쪽이 높고 남쪽이 낮아지는 곳에 조성되었다. 북쪽에는 담벽으로 둘러막은 안뜰〔內庭〕이 여러 개 있고, 남쪽에는 인공적으로 파 만든 못이 있는데 못 속에는 밑 직경 약 30미터, 현재 높이 약 2.7미터의 파낸 흙으로 쌓은 섬이 두 개 있다. 그리고 섬 위에는 녹유(綠釉)를 바른 기와들이 출토된 팔모정 터〔八隅亭址〕가 있고, 못의 바깥 동서 두 곳의 조산(造山)에는 건물 터가 없는 것으로 보아 고구려의 조산(造山)에서처럼 기이한 화초를 심고 진귀한 새와 짐승을 기른 것으로 판단된다.

못의 북쪽에는 ㄱ자형의 긴 건물 터가 있는데, 중앙에 정면 7간 측면 4간의 본채가 있고, 그 좌우로 긴 보랑이 있고, 그 끝에 아(亞)자형 정자 터가 있다. 이 정자는 궁중 연회 때 쓰이던 것이라 판단된다.[53]

[53] 주남철, 《한국건축사》 개정판(고려대학교출판부, 2006), p.135. 리화선은 정면 3간 측면 3간의 정자 터로 추정하였으나, 초석의 배열로 볼 때, 아(亞)자형 정자라 판단된다. 리화선, 《조선건축사》(과학백과사전출판사, 1989), p.121.

3. 고려시대(高麗時代)

태조 왕건(王建)은 후고구려의 궁예〔弓裔, ?-918(경명왕 2)〕 신하로서, 궁예를 축출한 여러 장군들의 추대를 받아 경명왕 2년에 왕위에 오르고, 국호를 고려(高麗), 연호를 천수(天授)라 하여 개국하였다.

태조 2년(919) 도읍을 철원(鐵原)으로부터, 북쪽에 송악(松岳)이 둘러 있고 남쪽으로 용백산(龍岶山)을 바라보는, 본래 고구려의 부소갑(扶蘇岬)이었던 송악군과, 고구려의 동비홀(冬比忽)이었던 개성군(開城郡), 2군의 땅에 도읍을 정하여 궁궐을 창건하고 시전(市廛)을 세우고, 방리(坊里)를 가려 5부(部)로 나누었다.[54]

궁성(宮城)과 황성(皇城)은 태조 2년(919)에 송악산 아래의 궁궐 터〔만월대(滿月臺)〕와 그 남쪽에 쌓았는데, 이곳에 이미 신라 효소왕 3년(694)에 축성한 성과 이 성에 잇대어 진성여왕 10년(896)에 쌓은 발어참성(勃禦塹城)이 있었다. 발어참성의 중간쯤을 가로막아 비교적 평탄한 지역인 하반부를 황성으로 삼고, 황성 벽에서 10미터쯤 떨어진 곳에 궁궐 터를 조성, 궁궐을 세우고 궁성을 쌓았다(도면 6).[55]

[54] 《新增東國輿地勝覽》 卷4, 開城府上 建置沿革. 朴龍雲, 《고려시대 開京 연구》(일지사, 1996), pp.11-12.

[55] 주남철, 《한국건축사》 개정판(고려대학교출판부, 2006), pp.176-178.

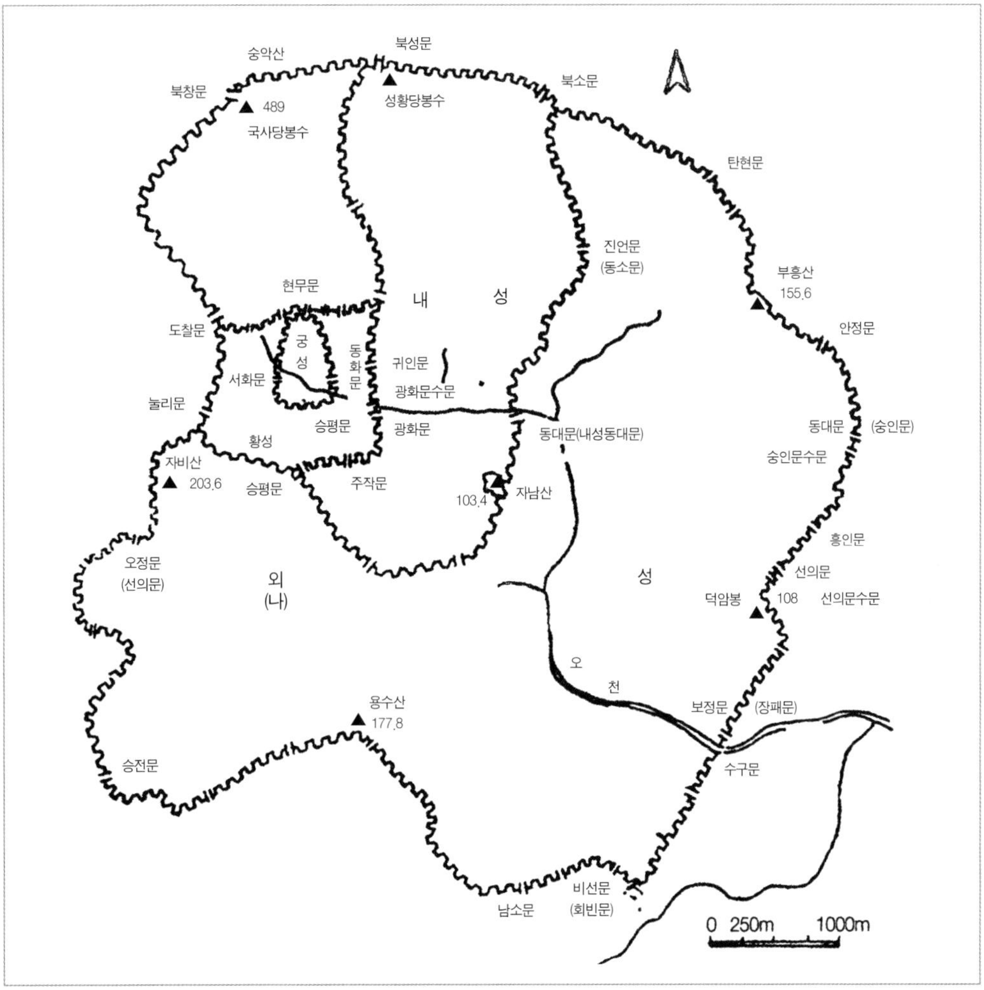

고려 도성 배치도 **도면 6**

궁성의 둘레는 2,170미터, 동서 길이 375미터, 남북 길이 725미터이고 넓이는 25만 제곱미터이다. 이를 둘러싼 황성은 전체 둘레 4,700미터, 동서 길이 1,125미터, 남북 길이 1,150미터이고, 넓이는 125만 제곱미터이다. 황성 둘레에는 외성(外城)이 둘러 있다. 외성은 현종 20년(1029) 8월에 완공되었다. 전체 둘레는 2만 9,700보(步, 혹은 1만 660보)이고, 나각(羅閣)은 1만 3천 간이며, 대문은 4개, 중문 8개, 소문 13개이다.

우왕 3년(1377)에 이 외성이 너무 커서 방어에 불리하다 하여, 내성(內城)을 쌓을 것을 논의하였다. 공양왕 3년(1391) 8월에 내성을 착공하였으나, 조선왕조의 개국으로 일시 중단되었다. 완공된 것은 조선 태조 2년(1394)이었고, 따라서 고려시대에는 실제적으로 내성은 없었다.[56] 내성은 황성의 동쪽에 자리 잡고 있는데, 전체 둘레는 11,200미터, 동서 길이 1,300미터, 남북 길이 3,700미터이다.

황성과 내성은 대부분이 돌로 쌓은 석성이고, 외성과 궁성, 그리고 일부 황성과 내성은 흙으로 쌓은 토성이다. 석비레, 진흙, 돌을 섞어 쌓았다. 성벽은 가운데 흙을 채우면서 성 밑 안팎에 돌을 쌓고, 그 위에 석비레와 붉은 진흙을 번갈아 다졌다. 성벽의 높이는 대개 9미터이다.[57]

외성〔羅城〕에는 정동에 숭인문〔崇仁門, 혹은 선인문(宣仁門), 안정문(安定門), 동대문(東大門)〕, 동남에 보정문〔保定門, 혹은 장패문(長覇門)〕, 수구문(水口門), 정남에 고남문〔古南門, 혹은 선화문(宣華門), 태안문(泰安門)〕, 서남에 승전문〔勝戰門, 혹은 광덕문(光德門)〕, 정서에 오정문〔午正門, 혹은 선의문(宣義門), 산모문(狻猊門)〕, 정북에 북창문〔北昌門, 혹은 북성문(北城門)〕, 동북에 탄현문〔炭峴門, 혹은 선기문(宣祺門)〕을 세웠다.

내성에는 동대문, 남대문, 동소문(진언문), 서소문, 북소문 등 8개의 성문이 있었고, 황성에는 11개의 문터가 알려져 있다. 정문인 광화문(廣化門)이 황성의 동남에 있고, 주작문(朱雀門)이 남쪽에, 눌리문(訥里門)이 남서에, 도찰문(都察門)이 서쪽에 있다. 궁성에는 남문으로 승평문(昇平門), 동문으로 동화문(東華門), 서문으로 서화문(西華門), 북문으로 현무문(玄武門)이 있다.[58]

내성 지역은 귀족들이 살던 곳이었고, 외성 지역에는 백성들의 집이 들어서 있었다. 대도로가 남북으로 1개, 동서로 3개가 나 있었다. 즉 남북 대도로는 비선문-남대문-북성문을 연결하고, 동서 대도로 1은 숭인문-오정문, 2는 안정문-동대문-광화문-눌리문, 3은 탄현문-진언문-도찰문을 연결한다. 가장 번화한 도로는 남북 도로와 동서 1, 2도로이다. 이들 남북 도로와 동서 도로를 경계로 하여 부, 방, 리 들이 형성되었다. 태조 2년(919)에 방리를 구분하고, 성종 6년(987)을 거쳐 현종 17년(1024)에 성안을 5부, 35방, 344리로 나누었다.[59]

법궁〔法宮, 정궁(正宮)〕은 만월대(滿月臺)[60]에 건립되었다. 만월대는 황성의 북쪽, 송악산 아래 양지 밝은 경사지를 최소한의 인공을 가하여 깎아 내고, 석축을 쌓아 여러 개의 넓은 단을 만들어 조성하였다. 궁궐의 전각들을 이 단들 위에 세웠다(도면 7).

56 《高麗史》 卷82, 兵志2 城堡 辛禑 3年; 卷113, 列傳 崔瑩傳; 卷46, 世家 恭讓王 3年 8月, 同 10月. 《世宗實錄》 卷148, 地理志 舊都開城留後司. 주남철, 《한국건축사》 개정판(고려대학교출판부, 2006), p.178.

57 리화선, 《조선건축사》(과학백과사전출판사, 1989), pp.249-251.

58 《高麗史》 卷56, 地理志 王京開城府. 徐兢, 《宣和奉使高麗圖經》 卷3, 城邑條. 주남철, 《한국건축사》 개정판(고려대학교출판부, 2006), p.178.

59 《高麗史》 卷1, 世家 太祖 2年(919) 正月; 卷56, 地理志 王京開城府.

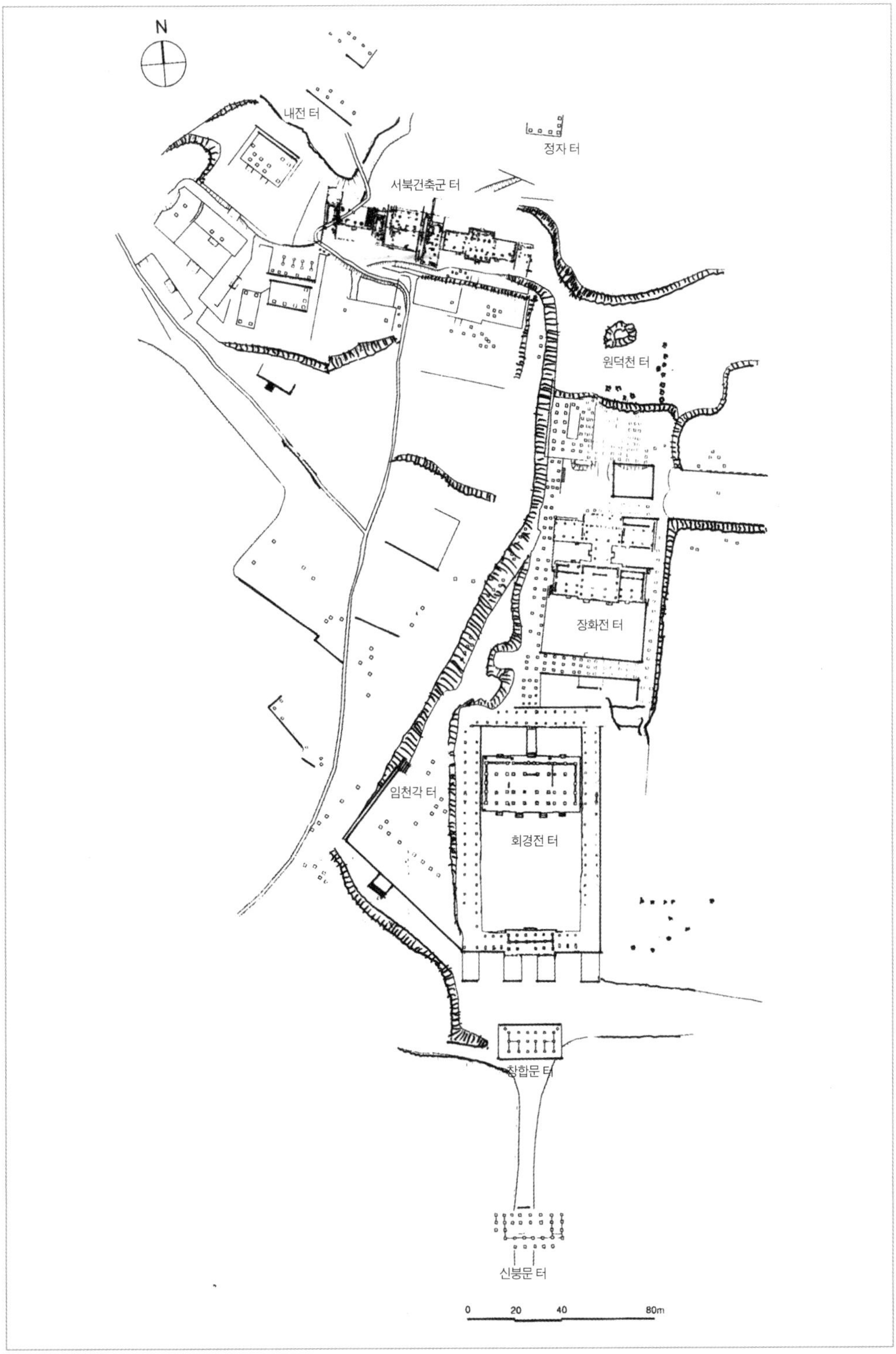

만월대 터 도면 7

궁궐의 정문은 승평문(昇平門)이다. 승평문은 중루(重樓)로 삼문 형식이며, 문짝 네 귀퉁이에는 동화주(銅火珠) 장식을 달아 화려하였다. 담장들이 연이어져 신봉문(神鳳門)까지 이른다. 승평문을 들어서면 금천(禁川)이 서쪽으로부터 흘러들어 와 동쪽으로 흘러간다. 금천의 다리 만월교(滿月橋)를 건너면 신봉문을 만난다. 이 신봉문 양쪽으로는 궁궐 담장이 늘어서고, 동쪽 춘덕문(春德門, 혹은 체통문)을 통하여 세자궁인 동궁(東宮)에 들어서고, 서쪽 태초문(太初門)으로 왕궁의 내전과 편전 등에 이른다.[61]

신봉문을 들어서면 창합문(閶闔門)에 이르고, 창합문을 지나면, 회경전(會慶殿)의 행각 앞 높은 돌계단 앞에 이른다. 이 돌계단은 동서로 2개의 계단이 짝을 이루어 놓였고, 또 좌우 회랑의 동서 끝단 앞에도 각각 계단을 놓아, 모두 4개의 계단이 마련되었다. 계단은 33단으로 높이는 5장(丈)이나 된다. 회경전 문은 삼문으로, 단청으로 칠하고 동화주로 장식하여 화려하기 그지없다.[62]

정전인 회경전은 정면 9간 측면 4간, 동서 길이 40미터나 되는 웅장한 건물로 동서 양쪽에 각각 2개의 계단을 둔 기단 위에 있다. 이 회경전 주위로 정면 13간 측면 22간의 60여 간 단회랑(單回廊)이 장방형 뜰〔庭〕을 형성하면서 둘러 있다.

회경전의 뒤 높은 터 위에는 궁내의 보물을 보관하던 장화전(長和殿)과 그 뒤에 나라의 위기가 있을 때 회의하던 원덕전(元德殿)이 자리 잡고 있고, 그 뒤에 다시 장경전(長慶殿)이 있다. 그리고 이들 전각들을 둘러싼 회랑이 남북으로 길게 뻗어 있다.

회경전, 장화전, 원덕전 등 중심 영역의 서쪽 낮은 터 태초문 안에는 선정전(宣政殿), 그 뒤에 건덕전(乾德殿), 장령전(長齡殿), 연영전(延英殿), 자화전(慈和殿) 등이 있다.

고려의 궁궐 건축은 삼국시대 고구려 궁궐이나 발해의 궁궐과 다른, 새로운 영조 양식으로 이루어졌다. 승평문, 신봉문, 창합문, 회경전의 중심축과 장화전 원덕전의 중심축이 어긋난다. 이것은 경사지에 최소한의 인공을 가하여 여러 개의 단을 만들고 그 위에 전각을 세운 것과, 단을 만들 때 자연의 지세에 조화되게 함으로써 이루어진 것이다. 이는 고려 태조가 〈십훈요〉(十訓要) 중 3개 훈요를 풍수지리에 기반을 둘 만큼, 풍수지리설에 따라 도읍의 선정이나

60 滿月臺는《新增東國與地勝覽》卷5 開城府下에 "滿月臺, 在延慶宮卽正殿前階也"라 하였으니, 이는 본래 정전의 앞 月臺를 칭한 것으로 판단된다. 그러나 후일 蔡壽〔세종 31년(1449)-중종 10년(1515)〕의《遊松都錄》에 "至本闕古基, 基因松嶽南麓, 厥勢甚高, 人言初創時, 不欲傷地脉, 故累石爲階, 高階數十尺, 礎砌縱橫數里, 〔…〕俗號滿月臺"라 한 것으로 볼 때 조선 중기 이전부터 고려 정궁이 있던 지대를 만월대라 속칭해 온 것임을 알 수 있다.

61 徐兢,《高麗圖經》卷4, 門闕, 昇平門條 참조.

62 徐兢,《高麗圖經》卷5, 宮殿一, 會慶殿條 참조.

영조 계획을 한 결과라 생각된다. 다음 서쪽에서 남쪽으로 흘러와 동쪽으로 흘러가는 객수(客水)인 금천(禁川) 광명천(廣明川)이 있다. 또 정전 기단 앞과 전문 기단 앞 중심축 위에는 옥좌의 정면성을 중시하여 계단을 놓지 않고, 동서 좌우로 2개씩의 계단을 설치한 것은 또 하나의 고려 궁궐 건축 특징이다. 한편 개경에는 정궁 외에도 수많은 이궁(離宮)이 있었다.[63]

궁궐 안이나 밖에 많은 누정(樓亭)을 건축하였고, 궁궐의 뜰인 '궐정'(闕庭)과, 특별히 가꾼 "금원"〔禁苑, 어원(御苑)〕이 영조되었다.[64] 어원에는 정자를 짓고, 화단(花壇)과 화계(花階)를 조성하고, 괴석(怪石)과 이름난 꽃들을 심었으며, 또 진기한 짐승들을 키웠다.[65] 어화원(御花苑)에 한 길이나 되는 귤나무가 자라기도 하였다.[66]

때로 석가산(石假山)을 조산(造山)하였는데,[67] 돌이나 괴석(怪石)을 첩첩이 놓아 산을 만들었고, 또 못〔池〕에 물을 끌어들이기도 하였다.[68] 한편 건물의 뒤에도 잘 가꾼 후원(後苑)을 두기도 하였다.[69]

특히 예종(睿宗)은 왕궁의 남쪽과 서쪽 두 곳에 화원(花園)을 설치하였는데, 내시들이 사치한 것으로 왕에게 곱게 보이기 위하여 대사(臺榭)를 세우며 담장〔垣墻〕을 높이고, 민가의 화

63 주남철, 《한국건축사》 개정판(고려대학교출판부, 2000), pp.180-182.

64 《고려사》 권15, 세가15, 仁宗 1년(1123) 11월 : "병자일에, 대궐뜰〔闕庭〕에서 왕이 친히 80세 이상의 남녀와 〔…〕"; 《고려사》, 세가29, 충렬왕2, 임오 8년(1282) : "5월 갑술일 禁苑에 큰 집을 짓고 張恭, 李平을 시켜 매를 기르게 하였는바, 왕이 날마다 꼭 두 번씩 와 보았으므로 두 사람은 성안의 닭과 개를 매 밥으로 무수하게 죽였다."

65 《고려사》 권14, 세가14, 예종3, 여름 4월 초하루 갑자일 : "왕이 서경에 도착하였다. 병인일에 왕이 賞安殿 뒤 화단에서 처사 郭輿를 불러보고 친히 주식을 권하였다"; 《고려사》 권31, 세가31, 충렬왕 4, 5월 계유일 : "국신고(國贐庫)의 라견(羅絹) 20필을 순마소에 맡겨 두고 궁중에서 왕이 연회를 베풀 때면 花階를 장식하게 하고, 그것이 낡아지면 바꾸어다 장식하게 하였다"; 《고려사》 권1, 세가18, 의종2, 병자 10년(1156) 겨울 10월 을해일 : "왕이 〔…〕 善救寶, 養性亭과 御苑의 화초를 두루 관람하고, 〔…〕 정자 한 채를 지어 괴석과 이름난 꽃들을 모아 놓고 養性亭이라는 현판을 붙였던 것이다"; 《고려사》 권18, 세가18, 의종2, 무인 12년(1158) 3월 갑인일 : "太平亭에서 잔치를 배설하여 주는 동시에 御苑 화초를 구경하게 하였다"; 《고려사》 권18, 세가18, 의종2, 경진 14년(1160) 3월 정유일 : "왕이 궁으로 돌아와서 〔…〕 시신들을 불러서 御苑의 화초와 진기한 짐승들을 관람하게 하였고 술과 과실을 주었다."

66 李仁老, 《破閑集》, 柳在泳 譯註(일지사, 1978), pp.234-235 : "〔…〕昨出金闥至御花苑 見橘樹高一丈 結實甚多 問苑吏云〔…〕."

67 《고려사》 권54, 지제8, 의종 6년(1160) 4월 정묘일 : "萬壽亭에서 연회를 베풀었는데 끝날 무렵 石假山이 무너지고 암탉이 울었다."

68 《東史綱目》 卷9, 上毅宗 11年(1152) : "夏四月王宴萬壽亭內侍尹彦文聚怪石築假山于壽昌宮北園構小亭號萬壽以黃綾被壁窮極奢侈〔…〕." 《新增東國輿地勝覽》 卷五, 開城府下, 淸燕閣條 : "〔…〕高麗金緣記 〔…〕 大內之側延英書殿之北慈和之南別創寶文淸燕二閣 〔…〕 或開懷以言笑或縱目以觀覽欄楯之外疊石成山庭外之際引水爲沼巘崒萬狀淸渟四澈洞庭吳會幽勝之趣生〔…〕."

69 《고려사》 권18, 세가18, 의종2, 경진 14년(1160) 9월 갑신일 : "왕이 새로 지은 藏堂後苑에 가서 주연을 베풀고 국화를 감상하였다."

초를 그 안에 몽땅 옮겨다 심었다. 그러고도 부족하여, 송나라 상인들에게서 사들이느라 국고 자금을 적지 않게 낭비하였을 뿐만 아니라, 서울과 지방에 사원을 짓기 위하여 토목공사를 한껏 벌려 놓았다. 이에 대한 여론이 물 끓듯 하므로 얼마 후에 두 화원을 모두 없애 버렸다.[70]

한편 화려한 것을 피하여, 주체가 되는 전각의 용도에 맞게, 유정(幽靜)한 맛을 위주로 어원(御苑)을 꾸미기도 하였다. 학문을 하던 보문각(寶文閣)과 청연각(淸燕閣)의 어원이 그 예이다.[71]

어원의 관리는 내원서(內園署)에서 관할하였는데, 문종 때에는 종7품의 영(令) 2명과 종8품의 승(丞) 2명을 두었다. 충렬왕 때에는 사선서(司膳署)의 관할하에 두고 승의 정원을 4명으로 늘렸다. 문종은 이속(吏屬)으로 사(史) 4명, 기관(記官) 2인, 산사(散士) 1인을 두었다.[72]

특히 의종 때에는 대궐 동쪽에 이궁(離宮)을 완성하였고, 민가 50여 채를 헐어 내고 태평정(太平亭)을 짓고, 태자에게 현판을 쓰게 하였다. 정자 주변에는 이름난 화초와 진기한 과수를 심었으며, 정자에는 이상하고 화려한 물품들을 진열하였고, 또 정자 남쪽에는 못을 파고, 못가에 관란정(觀瀾亭)을 세웠다. 관란정의 북쪽으로는 양이정(養怡亭)을 지어, 청기와로 지붕을 덮고, 양이정 남쪽에는 양화정(養和亭)을 지어 종려나무로 지붕을 이었다. 특히 옥돌을 다듬어 환희대(歡喜臺)와 미성대(美成臺)를 쌓고, 기암괴석을 모아 신선산(神仙山)을 만들고, 멀리서 물을 끌어 들여 폭포를 만들었는데, 더할 나위 없이 사치스럽고 화려하였다.[73]

어원에 지은 정자들로서는 낭원정(閬元亭), 산호정(山呼亭), 해온정(解慍亭), 만수정(萬壽亭)이 있었고[74] 누대(樓臺)로는 청원루(淸遠樓), 의봉루(儀鳳樓), 서루(西樓), 망월대(望月臺) 등이 있었다.[75]

한편 전 시대인 남북국시대까지 기록으로나 유적으로 찾아볼 수 없었던, 격구(擊毬)를 하던 구정〔毬庭, 毬場〕을 궁궐 안에 만들고 그 옆에는 양루(凉樓)를 세워 격구하는 것을 관람하였

70 《고려사》 권13, 세가13, 예종2, 계사 8년(1113) 2월 경인일 : "置花園二干宮南西宦寺競以奢侈媚王起臺榭峻垣墻括民家花草移栽其中以爲不足又購於松商費內帑金幣不貲且於京外多作寺院窮極土木物論喧騰眈而花園俱廢."

71 주 68 참조.

72 《고려사》 권77, 제제31 : "內園署 掌諸園苑 文宗置 令二人秩從七品 丞二人從八品. 忠烈王三十四年 爲司膳署所轄丞寫四人吏屬文宗置史四人記官二人散士一人." 《고려사》 권83, 지37 : "內園署 雜織將校二人, 園丘 散職將相二人."

73 《고려사》 권18, 세가18, 의종2, 정축 11년(1157) 여름 4월 초하루 병신일조.

74 《고려사》 권4, 세가4, 현종1, 목종12년(1009) 2월 기축일조; 권12, 세가12, 숙종2, 예종1, 병술(예종) 원년(1106) 5월 무술일조, 정해 2년(1107) 겨울 10월 갑자일조; 권14, 세가14, 예종3 경자15년(1120) 5월 무진일조; 권19, 세가19 , 의종3 기축 23년(1169) 3월 기미일조, 신묘 원년(1171) 9월 임자일조; 권53, 지7, 명종 원년(1175) 10월 임자일조; 권46, 세가46, 공양왕2 임신 4년(1392) 2월 계해일조; 권54, 지8, 예종 16년 5월 임신일조; 권54, 지8, 의종 6년 4월 정묘일조.

다. 사대부의 제택에도 격구장을 마련하였다.[76]

어원 밖 명승지에는 많은 누정을 짓고, 사면에 송죽(松竹)과 진기한 나무들, 아름다운 꽃〔花卉〕을 심는 것은 물론, 주변에 시냇물을 두르고, 곳곳에 다리를 놓았다. 못을 파고, 제방을 쌓아 호수를 만들기도 하였으며, 때로는 임금이 타고 즐길 배를 만들었는데, 배는 금수(錦繡)로 장식하였다.[77]

왕이 즐겨 찾던 정자로는 송악정(松岳亭), 봉래정(蓬萊亭), 안흥정(安興亭), 동락정(同樂亭), 미화정〔美化亭, 유미정(有美亭)〕, 옥촉정(玉燭亭), 마천정(馬川亭), 옥잠정(玉岑亭), 관덕정(觀德亭), 임정(林亭), 관란정(觀瀾亭), 벽파정(碧波亭), 희미정(喜美亭), 황락정(皇樂亭), 벽금정(碧芩亭), 고석정(孤石亭), 장원정(長源亭) 등이 있었고,[78] 누 건축으로는 영풍루(靈風樓), 회복루(會福樓), 가창루(嘉昌樓), 신봉루(神鳳樓), 사루(紗樓), 다경루

75 《고려사》 권18, 세가18, 의종2 무자 22년(1168) 3월 무자일조; 권21, 세가21, 강종 임신 원년(1212) 2월 임진일조; 권28, 세가28, 충렬왕1 갑술년(원종 15, 1274) 11월 을유일조, 11월 갑진일조, 세가34 충숙왕1 계축 5년(1313) 3월 갑신일조, 세가37 충목왕 병술 2년(1346) 11월 정사일조; 권53, 지제7, 고종 8년(1221) 정월 기유일조; 권112, 열전25, 李達衷조; 권132, 열전45 辛旽조; 권17, 세가17 인종3, 의종 정묘 원년(1147) 9월 갑신일조; 권30, 세가30, 충렬왕3 을유 10년(1285) 8월 을묘일조.

76 《고려사》 권1, 세가1, 태조 무인 원년(918) 9월 감오일조 ; 권11, 세가11, 숙종1 경진 5년(1100) 봄 정월 계사일조, 신사 6년(1101) 9월 갑신일조 ; 권12, 세가12, 숙종2 을유 10년(1105) ; 권18, 세가18, 의종2 경진 14년(1160) 10월 을축일조, 신사 15년(1161) 11월 임오일조 ; 권20, 세가20, 명종2 갑진 14년(1184) 겨울 10월 을해일조, 11월 기해일조 ; 권28, 세가28, 충렬왕1 병자 2년(1276) 3월 신미일조, 8월 정해일조 ; 권54, 지8, 덕종 원년 4월 신유일조, 신우 5년 8월 계사일조 ; 권129, 열전42 최충헌조 ; 권132, 열전45, 반역6 신돈조 ; 권153, 지7, 명종 7년(1172) 7월 무오일조 : "涼廳 〔…〕" ; 권29, 세가29, 충렬왕2 경진 6년(120) 5월 을사일조, 임오 8년(1282) 5월 신유일조, 계미 9년(1283) 5월 무오일조, 기축 15년(1289) 5월 계미일조 ; 권32, 세가32, 충렬왕5 계묘 29년(1303) 5월 경신일조, 갑진 30년(1304) 5월 병진일조.

77 《고려사》 권18, 세가18, 의종2, 정해 21년(1167) : "여름 4월 무인일에 왕이 하청절(河淸節)과 관련하여 만춘정(萬春亭)에 갔다.〔…〕 이 만춘정은 판적요(板積窯)에 있었다. 처음에 판적요에 정자를 지었는데, 그 안에 연흥전(延興殿)이 있고, 남쪽에는 시냇물이 둘러 있었으며, 좌우에는 송죽과 화훼를 심었다. 그리고 일곱 채의 모정(茅亭), 초루(草樓)가 있었는데, 그중 현판을 붙인 것이 네 채로서, 영덕정(靈德亭), 수어당(壽御堂), 선벽재(鮮碧齋), 옥간정(玉竿亭) 등등이요, 그 외 금화교(錦花橋)와 수덕문(水德門)이 있으며, 임금이 타는 배는 금수(錦繡)로 장식하고 비단필로 돛을 달아서 왕의 유흥을 위한 치레를 하여 놓았다" ; 권18, 세가18, 의종2 정해 21년(1167), 6월 경오일조 : "〔…〕 이에 앞서 왕이 '성동쪽 沙川의 龍淵寺 남방에 깎아지른 듯한 두어 길 되는 석벽이 강가에 서 있는데, 그것을 범바위〔虎巖〕라 부르며 그 밑에는 물이 감돌고 주위에는 수목이 울창하다' 는 말을 듣고 내시 李唐柱, 裵衍 등을 시켜 그 옆에 延福亭이라는 정각을 지었으며, 사면에는 아름다운 꽃과 진기한 나무들을 심었다. 거기에 수심이 얕아서 배를 띄울 수 없다 하여 제방을 쌓아 호수를 만들었다" ; 권19, 세가19, 의종3 경인 24년(1170) 3월 을묘일조 : "왕이 延福亭으로 옮겨 앉았다. 5월 왕이 延福亭에 갔다. 이날 밤에 배를 띄우고 시신들을 위하여 연회를 배설하였으며,〔…〕" ; 권19, 세가19, 의종3 경인 24년(1170) 윤5월 계미일조, 6월 초하루조,월 초하루 우신일조 ; 권36, 세가36, 충혜왕 신미원년(1331) 여름 4월 계미일조, 5월 신축일조 ; 열전47 신우2, 신유 7년(1381) 6월조, 계해 9년(1383) 6월조 ; 열전12, 명종 3년 ; 열전41, 반역2 鄭仲夫 의종 24년.

(多景樓), 영봉루(靈鳳樓), 부벽루(浮碧樓), 위봉루(威鳳樓), 용루(龍樓), 영호루(暎湖樓), 복주의 서루(西樓), 의춘루(宜春樓), 오봉루(五鳳樓), 풍월루(風月樓), 간락루(看樂樓) 등이 있었다.[79]

고려의 왕이 자주 찾던 못으로는 동지(東池)가 으뜸인데, 못가에는 누와 각〔구령각(龜齡閣)〕을 짓고, 주연(酒宴)을 베풀고, 시를 짓고, 또 때로는 궁술을 사열하기도 하였다. 그리고 동지와 어원에는 백학, 거위, 오리, 산양 들을 키웠다.[80] 또 동지 말고도 군인과 장정들을 동원

78 《고려사》 권8, 세가8, 문종2 정미 21년(1067) 9월 을유일조 ; 권9, 세가9, 문종3 계축 27년(1073) 3월 정사일조, 무오 32년(1078) 5월 경자일조 ; 권16, 세가16, 인종2 갑인 12년(1134) 7월 을해일조 ; 권11, 세가11, 숙종1 병자 원년(1096) 8월 초하루 경신일조, 임오 7년(1102) 8월 경신일조 ; 권12, 세가12, 숙종2(예종) 정해 2년(1107) 윤10월 경자일조 ; 권14, 세가14, 예종3 병신11년(1116) 4월 신묘일조, 신축 16년(1121) 12월 신축일조 ; 권17, 세가17, 인종3 기사 3년(1149) 9월 경자일조 ; 권18, 세가18, 의종2 정축 11년(1157) 5월 임신일조, 11월 정축일조 ; 권18, 세가18, 의종2 정축 11년(1157) 여름 4월 임인일조 무자 22년(1168) 3월 임오일조 ; 권19, 세가19, 의종3 기축 23년(1169) 2월 을미일조, 5월 신미일조 ; 권19, 세가19, 의종3 기축 23년(1169) 가을 7월 신유일조 ; 권34, 세가34, 충숙왕1 기미 6년(1319) 가을 8월 정미일조 ; 권7, 세가7, 문종1 병신 10년(1056) 12월 : "이 해에 서강의 병악(瓶嶽) 남쪽에 長源亭을 건축하였다" ; 권8, 세가8, 문종2 경자 14년(1060) 2월 계해일조, 계묘 17년(1063) 겨울 10월 임진일조, 정미 21년(1067) 4월 무술일조 ; 권11, 세가11, 숙종1 경진 5년(1100) 2월 무오일조 ; 권12, 세가12, 숙종2 갑신 9년(1104) 9월 을해일조 ; 권13, 세가13, 예종2 신묘 6년(1111) 8월 을묘일조, 임진 7년(1112) 3월 초하루 묘오일조, 계사 8년(1113) 8월 정묘일조, 세가14, 예종3 정유 12년(1117) 2월 을묘일조, 무술 13년(1118) 3월 병자일조 ; 권15, 세가15, 인종1 계묘 원년(1123) ; 권16, 세가16, 인종2 갑인 12년(1134) 9월 초하루조, 병진 14년(1136) 2월 병인일조, 8월 을묘일조 ; 정사 15년(1137) 3월 정묘일조, 9월 정묘일조, 10월 을묘일조 ; 권17, 세가17, 인종3 임술 20년(1142) 8월 정해일조, 계해 21년(1143) 8월 을미일조, 9월 계유일조 ; 권18, 세가18, 의종2 기사 3년(1149) 3월 신묘일조, 계유 7년(1153) 봄 정월 계유일조, 갑술 8년(1154) 봄 정월 병자일조, 5월 초하루 계축일조, 을해 9년(1155) 봄 정월 병자일조, 3월 경오일조, 정축 11년(1157) 봄 정월 을유일조, 8월 임술일조, 신사15년(1161) 여름 4월 초하루 계묘일조, 9월 정축일조, 임오 16년(1162) 3월 병오일조 ; 권53, 지7, 인종 15년 3월 신사일조 ; 권83, 지37 ; 권99, 열전12조 ; 권113, 열전26조 ; 권137, 열전50, 신우5 무진 14년(1388) 5월 초하루 갑신일조.

79 《고려사》 권10, 세가10 선종, 정묘 4년(1087) 겨울 10월 임신일조 ; 권11, 세가11, 숙종1 임오 7년(1102) 9월 무자일조 ; 권12, 세가12, 숙종2 병술 예종 원년(1106) 5월 경자일조 ; 권6, 세가6, 정종, 기묘 5년(1039) 겨울 11월 신축일조 ; 권7, 세가7, 문종1 병술 12년(1046) 6월 정묘일조, 갑오 8년(1054) 2월 병오일조, 병신 10년 (1056) 겨울 10월 임술일조 ; 권8, 세가8, 문종2 정미 21(1067) 2월 초하루조 ; 권9, 세가9, 문종3 계축 27년(1037) 11월 신해일조 ; 권10, 세가10 ,선종, 계해, 문종 37년(1083) 11월 무진일조 ; 권11, 세가11, 숙종1 을해년(1095) 11월 계묘일조, 경진 5년(1100) 2월 을사일조 ; 권12, 세가12, 숙종2(예종) 무자 3년(1108) 2월 신묘일조 ; 권13, 세가13, 예종3 기축 4년(1109) 2월 신축일조 ; 권15, 세가15, 인종1 갑진 2년(1124) 8월 경진일조 ; 권54, 지8, 현종 20년(1029) 2월 병술일조 ; 권13, 세가13, 예종2 임신 7년(1112) 여름 4월 병신일조 ; 권14, 세가14, 예종3 임인 17년(1122) 3월 정축일조, 병신 11년(1116) 여름 4월 초하루 갑자일조 ; 권54, 지8, 고종 6년(1219) 윤3월 임인일조 ; 권15, 세가15, 인종1 계묘 1년(1123) 5월 을미일조 ; 권18, 세가18, 의종2 무자 22년(1168) 여름 4월 을사일조 ; 권19, 세가19, 의종3 기축 23년(1169) 3월 을해일조 ; 권137, 열전50, 신우5 무진 14년(1388) 4월 임순일조 ; 권1, 세가1, 태조 무인 원년(918) 11월조 ; 권2, 세가2, 광종 무오 9년(958) 병신일조 ; 권3, 세가3, 경종 6년(982) 7월 갑진일조 ; 권17, 세가17, 의종1 병인년(1146) 4월 무오일조 ; 권

하여 높은 대(臺)를 쌓고 못을 깊이 파서 노는 장소를 만들기도 하였다.[81] 왕은 때로 제연(梯淵), 중미정 남지(衆美亭 南池), 숭수언 남지(崇壽院 南池), 중방지(重房池)에 나아갔다.[82]

성문 위에는 누(樓)를 짓고, 누 앞에는 보통 못을 팠다. 서경 당포(唐浦)의 옛 성문루 다경루(多景樓) 앞에는 못이 있었다.[83]

관아 건축에도 정원 관계 시설이 마련되었다. 객사인 순천관(順天館)에는 낙빈정(樂賓亭)이 있어, 사신을 맞이하기도 하고, 또 중국에 가는 사신들을 전송하기도 하였다.[84]

특히 서경(西京)에는 관풍정(觀風亭), 패강(浿江) 용서정(龍瑞亭), 팔경정(八景亭), 향림정(香林亭)과 같은 정자들이 있었고,[85] 단양(丹陽)에는 관어대(觀魚臺)가, 합포현〔合浦縣, 신라의 골포현(骨浦縣)〕에는 월영대(月影臺)가 있었다.[86]

제택(第宅)의 정원 또한 모든 구색을 갖추었던 것으로 생각되는데, 그중에서도 다음과 같은 제택정원이 화려하고 굉대했던 것으로 보인다.

최이〔崔怡, ?-1249(고종 36)〕는 "강도〔江都, 江華島〕에 자택을 신축하면서 도방과 사령

21, 세가21, 신종, 명종 27년(1197) 9월 을축일조 ; 권32, 세가32, 충렬왕5 무신 34년(1308) 사관의평. ; 권39, 세가39, 공민왕2 신축 10년(1361) 12월 임진일조 ; 권39, 세가39, 공민왕2 신축 10년(1361) 12월 임진일조 ; 권53, 지7, 정종6년(1040) 7월 을축일조 ; 권123, 열전36, 장순룡조 ; 권137, 열전50, 신우5 무진 14년(1388) 5월 초하루 갑신일조 ; 권55, 지9, 충선왕 원년(1308) 10월 경신일조.

80 《고려사》 권2, 세가2, 경종2 정축 2년(977) 봄 3월조 ; 권6, 세가6, 정종, 무인 4년(1038) 12월 갑신일조, 정종7 신사 7년(1041) 12월 신사일조 : "閱射干東池龜齡閣" ; 권7, 세가7, 문종1 병신 10년(1056) 9월 계사일조 : "命太子與諸王置酒東池樓召秀才崔應李曙御室忠令賦東池尋勝詩" ; 권8, 세가8, 문종2 을해 19년(1065) 가을 7월 을해일조 ; 권11, 세가11, 숙종1 병자 원년(1096) 6월 계미일조 ; 권12, 세가12, 숙종2 계미 8년(1103) 겨울 10월 임신일조 ; 권13, 세가13, 예종2 갑오 9년(1114) 8월 병인일조 ; 권14, 세가14, 예종3 을미 10년(1115) 9월 병술일조.

81 《고려사》 권3, 세가3, 목종, 임인 5년(1002) 5월 교서 : "〔…〕 徵土木勞役軍夫築高臺而作心池資游賞〔…〕."

82 《고려사》 권11, 세가11, 숙종1 임오 7년(1102) 8월 경진일조 ; 권18, 세가18, 의종2 정해 21년(1167) 3월 신유일조 ; 권19, 세가19, 의종3 기축 23년(1169) 3월 무진일조 ; 권136, 열전49 신우4 병인 12년(1386) 4월 초하루 병술일조.

83 《고려사》 권14, 세가14, 예종3 병신 11년(1116) : "〔…〕 여름 4월 초하루 갑자일에 왕이 서경에 도착하였다. 임오일에 왕이 홍복사(弘福寺)에 갔다가 당포의 옛성 문루로 옮겨 앉아 주연을 베풀고 즐기면서 문루 이름을 多景으로 명명하고, 〔…〕" ; 권54 지8 고종 6년 윤6월 임인일조 : "돌이 서경 장명포의 물 가운데서 나와 〔…〕 또 두개의 돌이 多景樓 남쪽 못 가운데서 나와 〔…〕."

84 《고려사》 권14, 세가14, 예종3 을미 10년(1115) : "여름 4월 갑인일에 王字之, 文公美 등이 송나라에 가게 되었는데, 각 省 시신과 추밀원, 承制들이 순천관 낙빈정에서 그들을 전송하였다."

85 《고려사》 권10, 세가10, 선종, 정묘 4년(1087) 겨울 10월 정해일조 ; 권19, 세가19, 의종3 기축 23년(1169) 3월 을유일조 ; 권14, 세가14, 예종3 임인 17년(1122) 3월 임오일조 ; 권19, 세가19, 의종3 기축 23년(1169) 3월 계미일조.

86 《고려사》 권57, 지11.

(司令)의 군사를 사역하여 옛 서울〔송도(松都)〕에서 재목을 수송했고, 또 소나무와 잣나무를 많이 가져와 후원에 이식하였다. 이런 물자를 모두 배로 수송해 들여오느라고 물에 빠져 죽은 사람이 많았다. 그 원림(園林)은 너비가 수십 리나 되었다." 또 "16년에는 최이가 그 이웃에 있는 가옥 일백여 동을 강점해서 구장(毬場)을 건설했는데, 동서의 너비가 수백 보요, 평탄하기가 바둑판 같았다. 매양 격구할 때면 동리 사람들을 동원하여 먼지가 일지 않게 물을 뿌렸다. 그 후 또 인가를 허물어서 구장을 넓혔는데, 전후 강점한 인가가 무려 수백 호에 달했다. 또 구정에는 3간 누가 있었는데, 또 3간을 증축하였다. 그 공사를 저녁부터 착수하여 이튿날 새벽까지 준공했다."[87]

최충헌〔崔忠獻, 1150(의종 4)-1219(고종 6)〕 또한 남산리(男山里) 자기 집 옆에 모정(茅亭)을 짓고, 소나무 두 그루를 심었다.[88]

김준(金俊)은 아들인 김애(金皚)의 집을 지으면서 남의 집을 많이 허물고 문목(紋木) 등 기이한 재목으로 대들보, 서까래, 추녀를 만들었는데, 재목들이 먼 지방에 있더라도 반드시 운반해 썼다. 그리하여 색채가 화려한 품이 비길 바가 드물었으며, 정원에 화초도 모두 진기한 품종만 취택해 심었다.[89]

장순룡〔張舜龍, 1255(고종 42)-1298(충렬왕 24)〕은 "집을 특히 호화하게 신축하였다. 기와와 자갈로 바깥담을 쌓으면서 화초무늬를 넣어 치장하였다. 당시에 이것을 장가장(張家墻)이라 하였다."[90]

한편 공경대부들은 별서(別墅)를 경영하기도 하였다.[91]

87 《고려사》 권129, 열전42, 기축 16년(1229)조 : "〔…〕 松柏埴園中園林延袤數十里", "十六年怡占奪隣舍百餘區築毬場東西數百步平坦如碁局每擊毬必使里人灌水浥塵後又壚人家廣之前後占奪無慮數百家〔…〕", "毬場有樓三間怡又增三間晚起役至訣早畢".

88 《고려사》 권21, 세가21, 희종, 무진 4년(1208) 3월 임신일조 ; 권129, 열전42, 최충헌조.

89 《고려사》 권130, 열전43, 金俊條 : "其宅多壞人家樑棟楹桷必以紋木異材雖遠必致金碧相輝壯麗無此比園囿花卉皆取奇品祺靖〔…〕."

90 《고려사》 권123, 열전36, 張舜龍조. 朱南哲, 〈韓國建築에 있어 담(墻)에 관한 硏究〉, 《韓國建築文化硏究院 論叢》 제28집(梨花女子大學校出版部, 1976).

91 《고려사》 권126, 열전39, 간신(2), 李仁任조 : "신우10년에 이인임이 그의 여종 鳳加伊를 신우에게 주었다. 신우가 그를 총애하여 자주 그 집에서 유숙하였는데, 그때마다 이인임은 피하여 別墅로 가 있었다" ; 권128, 열전41, 李義旼조 : "명종 26년에 〔…〕 그때 이의민이 彌陀山別墅에 가 있었으므로 최충헌 등은 그리로 가서 그를 죽이고 저자에 효수하였다."

1 순천관(順天館) 정원

도성의 선의문(宣義門)으로 들어가, 곧장 북으로 3리가량 가면 경시사(京時司)에 이르고, 다시 북으로 돌아 5리가량 가면 광화문(廣化門)에 이른다. 이 광화문에서 다시 서쪽으로 돌아 2리를 가면 매우 높은 산등성이 하나를 지나 좀 북쪽으로 향해 2리를 가면 곧 순천관에 이른다. 바깥문에는 방(榜)이 있고, 중문은 청수의용호군(青繡衣龍虎軍)이 지키는데, 다만 상·중절이 말에 오르내리고 하는 곳으로 쓸 뿐이다. 정청은 9영(楹)인데 규모가 장대하고 건축이 임금의 거처를 능가한다. 외랑은 30간인데 다른 물건은 두지 않고, 단지 관회 때에만 중·하절의 술 마시는 자리를 거기에 늘어놓을 뿐이다. 뜰 가운데에는 작은 정자 둘이 있고, 그 중간에 막집〔幕屋〕 3간을 만들었는데, 전에는 음악을 연주하는 곳이었으나, 지금은 왕우〔王俁〕의 상기가 끝나지 않아 전혀 볼 수가 없었다. 정청 뒤에 지나다니는 길이 있고 그 가운데 낙빈정(樂賓亭)이 세워져 있는데 좌우 두 자리를 정사와 부사의 거실로 하였다.

내랑(內廊)은 각각 12자리인데, 상절이 나누어 거처한다. 서쪽 자리의 남쪽이 관반관(館伴官)의 자리이고 그 북에다 조서를 봉안하였다. 양쪽 곁채에는 도관(道官)을 거처시킨다. 동쪽 자리에는 당(堂)이 있는데 도할관과 제할관의 자리이고, 또 그 동쪽은 서장관(書狀官)의 자리이다. 역시 낭옥(廊屋)이 있는데 심히 넓어 중·하절이 차례에 따라 거처하고 뱃사공도 거기에 거처한다. 북쪽을 상석으로 하여, 정사와 부사 이하에 각각 방자를 주어 심부름에 대비시켰다. 동쪽 자리의 남쪽 복판에는 청풍각(淸風閣)을 지었고, 서쪽 자리의 북쪽에는 산세에 기대어 향림정(香林亭)을 지었는데, 다 창을 열면 산을 대하게 되고 맑은 물이 감돌며 높은 소나무와 이름 있는 화훼가 울긋불긋 서로 그늘을 드리우고 있다. 시설물과 기명은 하나도 갖추어지지 않은 게 없다. 앞서 왕휘〔王徽, 고려 문종(文宗)〕가 이것을 세워 별궁으로 썼는데, 원풍〔元豊, 송(宋) 신종(神宗)의 연호, 1078-1085〕 연간에 조공을 바친 뒤부터는 중국의 사신을 접대할 곳이 없어 고쳐서 관사로 하고 '순천' (順天)이라 명명하였다.[92]

2 문수원(文殊院) 정원

강원도 춘성군 북상면 청평리 경운산 산기슭〔慶雲山麓〕에 자리 잡은 청평사(淸平寺)를 중심으로 하여, 절 앞과 절 북쪽 골짜기에 조성된 정원이다. 청평사는 본래 문수원(文殊院)이라 하

92 《宣和奉使高麗圖經》 卷27 "館舍 順天館條". 《국역 고려도경》(민족문화추진위원회).

문수원 정원 **사진 6**

였는데, 광종 24년(973) 당나라에서 온 영현선사(永玄禪師)가 경운산에 백암선원(白巖禪院)을 창건하였고, 그 후 문종 22년(1068)에 강원도 감찰사 이의(李顗)가 중건하고 보현원(普賢院)이라 개칭하였다. 그 후 그 아들 이자현(李資玄, 1061-1125)이 29세에 상을 당하여 인생의 무상함을 깨닫고, 경운산에 들어가 산 이름을 청평산이라 고치고, 보현원도 문수원이라 하였으며, 10여 채의 암(庵)·당(堂)·헌(軒)·정(亭)을 지었다.[93, 94]

문수원 정원은 편의상 중원(中苑), 남원(南苑), 북원(北苑)으로 나뉜다(도면 8, 사진 6).

거북바위를 오른쪽에 끼고 들어가면 구송폭포(九松瀑布)와 폭포의 북쪽에 있는 객사 터를

93 《東國李相國集》, "東文選64卷, 清平山文殊院記". 閔庚玹, 《韓國庭苑文化—始源과 變遷》(예경출판사, 1991), p.161.

94 金鎬然 · 尹國炳 · 閔庚玹, 〈高麗初期에 築造된 文殊院庭苑에 관한 調査研究〉, 《韓國庭苑學會誌》, 1(1982), pp.74-95. 鄭膧昨, 《한국의 정원》(민음사, 1986), pp.94-96. 閔庚玹, 앞의 책, pp.161-171. 강원대학교 부설 산업기술연구소, 《청평사 실측조사 보고서》(춘성군, 1984).

만나게 된다. 청평사의 서쪽 계곡으로부터 흘러내리는 개천의 왼쪽으로 영지(影池)가 있는데, 이 못은 청평사의 남쪽에 있다 하여 남지(南池)라고도 한다. 넓이는 180제곱미터이고, 남북 길이 17미터, 동서 길이는 남쪽이 8미터, 북쪽이 12미터로 전체 모습이 사다리꼴인데, 북쪽의 부용봉(芙蓉峰)의 바위를 잘 비추어 줄 수 있는 형태라 판단된다. 또 바위의 영상을 잘 비추기 위하여는 못의 수면이 조용하여야 하므로, 개천의 물을 물레방앗간 뒤쪽 큰 바위 밑으로 도랑을 설치하여 끌어들이고, 영지 북쪽 돌무더기 언덕 사이로 스며들어, 못으로 흘러들게 하였다. 흘러든 물이 고요하도록, 영지 북쪽에 수중보를 만들어 일단 물을 가두었다가 수중보의 동쪽 모서리에 25센티미터 정도 터놓은 곳으로 본래의 영지에 흘러들어 온다. 못의 물은 다시 동쪽 벽 네 곳에 만든 오목하게 들어간 모양의 출수구(出水口)로 흘러 나가고, 또 동남쪽 모서리에는 비가 많이 왔을 때를 대비하여, 못 바닥에서 75센티미터 높이에 폭 27센티미터의 도랑을 설치하였다. 도랑의 바닥 땅속에는 나무홈통〔木桶〕을 설치하였는데, 외호석축(外護石築) 사이로 흘러드는 물을 모아 배수하는 시설이라 판단된다.

영지 안에는 세 개의 돌이 있어 삼신선산(三神仙山)을 표현한다고 하는데, 후대에 설치한 것으로 판단하기도 한다. 영지의 북쪽으로는 모정 터〔茅亭址〕와 돌들을 모아 놓은 곳이 있다.

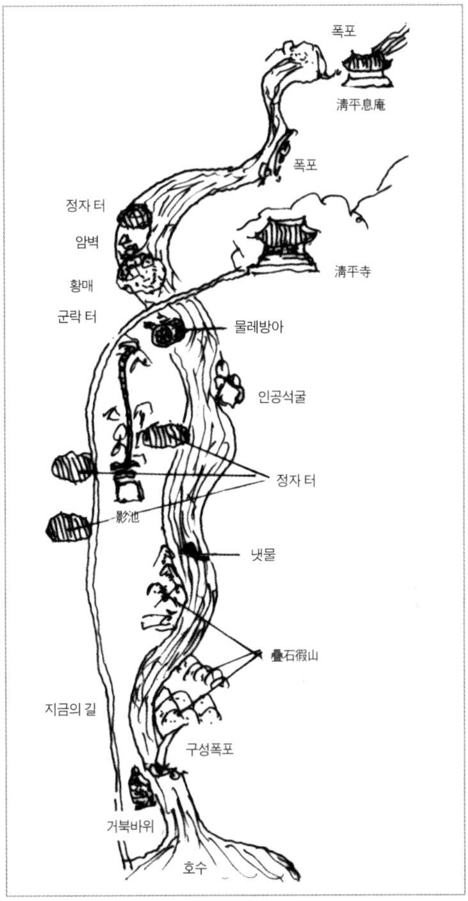

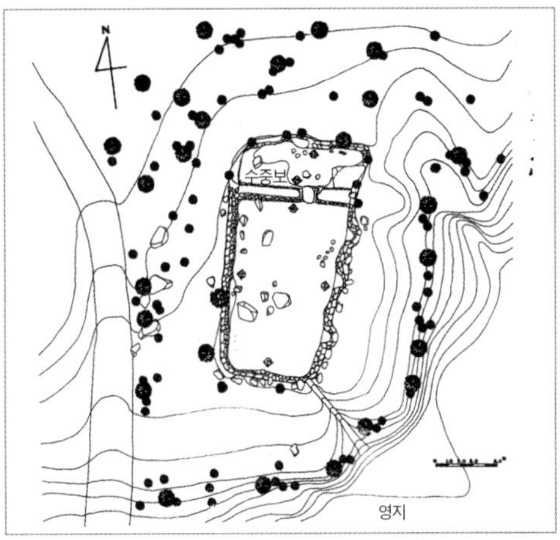

문수원 정원 **도면 8**

영지의 서쪽 냇물을 따라 올라가면 두 갈래로 갈라진 실개천 사이에 있는 남원(南苑)에 이른다. 이곳에는 좌선석(坐禪石) 3기와 거북 모양의 돌, 복희암 터〔福禧庵址〕가 있다.

한편 중원(中苑)에서 더 북쪽으로 올라가면, 청평사에 이르고, 청평사의 서쪽으로 흘러 내려오는 냇물을 따라 더 깊은 골짜기로 370여 미터 들어가면 북원(北苑)의 영역에 다다른다. 북원 영역은 이자현(李資玄)이 주로 거처하던 곳이라 한다.

이곳 냇물에는 세 번째의 폭포가 있고, 냇물 서쪽으로 석축단(石築壇)이 있다. 북쪽으로는 좌선석, 5개의 돌들을 모아 둔 곳과 모정 터가 있다. 다음 이곳에서 더 북쪽으로 들어가면 네 번째의 자연폭포가 있고, 폭포의 동쪽으로는 석축단과 좌선석, 그리고 자연바위가 있으며, 이 바위들의 서쪽 냇가에는 돌들을 깔아 아래 인공폭포에 이른다. 인공폭포의 동쪽으로는 자연바위와 돌무더기들이 있고, 다시 이 돌무더기의 서쪽으로 위의 인공폭포가 있다. 인공폭포는 북쪽으로 높이 1.7미터 폭 90센티미터의 큰 돌 3개를 중앙에 세우고, 그 위에 돌들을 첩첩이 쌓아 돌산〔石山〕 모양을 이루었다. 폭포의 높이는 2.3미터나 된다. 인공폭포의 동북쪽으로는 거북이 모양의 돌무더기가 있고, 이곳에서 더 북쪽으로 들어가면 다섯 번째의 자연폭포가 있다.

3 회암사(檜巖寺) 정원

천보산(天寶山) 아래에 있는 회암사는 고려 때 창건된 사찰이다. 충선왕(忠宣王) 5년(1313)에 보우선사(普愚禪師)가 13세의 나이로 회암사에서 출가하였으며, 공민왕 23년(1374)부터 우왕 2년(1376)까지 나옹선사(懶翁禪師)가 중건 불사를 일으켰으나 회암사에서 쫓겨나 여주 신륵사에서 주살(誅殺)되자, 문도 절간익륜(節磵益倫), 고암일승(杲庵日昇) 등이 총 262간의 전각들을 완공하였다. 조선 초에는 무학대사(無學大師)가 회암사에 머물렀으며, 태종과 세조는 회암사를 중건하였는데, 중창불사는 성종 3년(1472) 2월 세조의 왕후인 정희대비(貞熹大妃)에 의하여 이루어졌다.

사찰의 총 간수는 262간으로, 이색(李穡)의 《목은문고》(牧隱文藁), 〈천보산회암사수조기〉(天寶山檜巖寺修造記)에서의 총 262간과 《식우집》(拭疣集)의 총 간수 262간이 일치한다. 2000년대 경기도에서 발굴한 내용을 《목은문고》와 비교할 때, 발굴지 보광전(寶光殿) 터 위의 터는 고려 말 때의 모습과 같고, 그 아래 터부터는 조선시대에 여러 차례 중창, 중수한 것임을 알 수 있다. 따라서 보광전 위의 터에 조성된 뜰의 모습이 본래 고려 때의 정원(庭苑) 모습이라 판단된다(도면 9, 사진 7).[95]

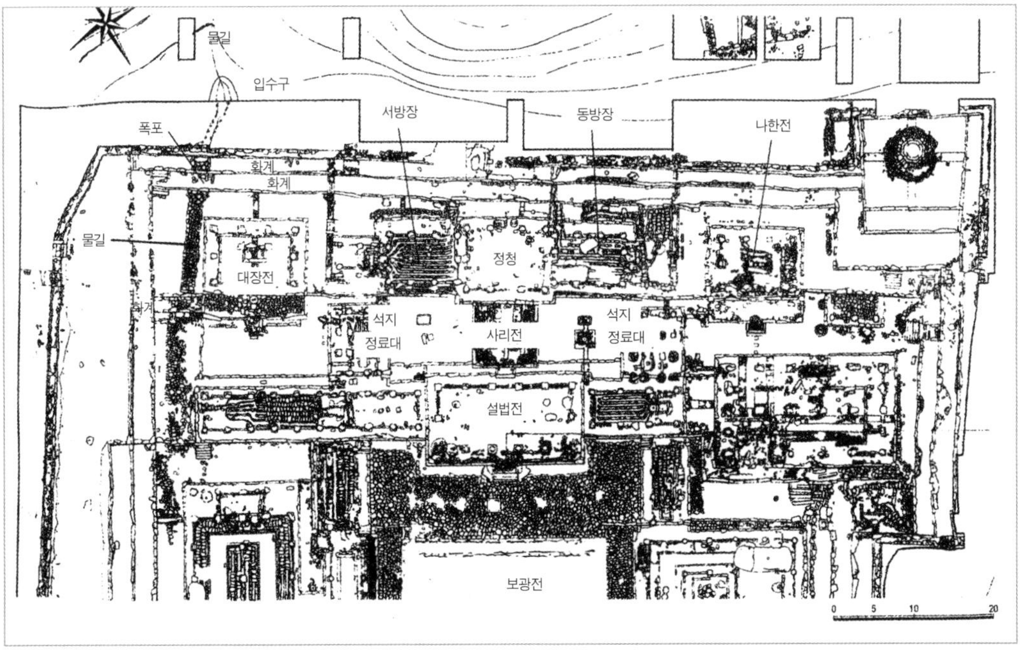

회암사 터 도면 9

발굴[96]을 통하여 밝혀진 회암사 절터 제일 높은 단 중심에 있던 정청(政廳)은 정면 3간 측면 2간으로 동서 12.4미터, 남북 10.8미터로, 사방 둘레의 초석들은 주좌를 원형 쇠시리하였으며, 장대기단돌과 기단의 귀틀돌들이 사용되었다. 정청의 동쪽과 서쪽에 동방장 터〔東方丈址〕와 서방장 터〔西方丈址〕가 있다. 정면 3간 측면 2간으로 둘레 초석은 주좌를 원형 쇠시리한 것이며, 내부에서는 구들시설이 거의 본래 모습대로 드러났다.

동방장 터의 동쪽 사잇담 너머에는 정면 3간 측면 2간의 나한전 터〔羅漢殿址〕가 있고, 서방장 터의 서쪽 사잇담 너머에는 정면 3간 측면 2간의 대장전 터〔大藏殿址〕가 있는데, 이 대장전 앞에는 답석을 깐 월대가 있고, 월대의 중앙 안쪽에는 윤장대(輪藏臺)의 원형 초석이 남아 있다.

정청과 대장전 나한전의 북쪽으로는 축대 대신 동서로 길게 두 단의 화계를 쌓아 북쪽 산자락과 절터와의 높낮이 차이를 마무리하고 있다.

정청의 남쪽에는 정면 1간 측면 1간의 사리전 터〔舍利殿址〕가 있다. 이 터의 동쪽이고, 동방장 터의 남쪽은 입실료 터〔入室寮址〕로, 정면 3간 측면 3간이다. 사리전 터의 서쪽에 시자료 터〔侍者寮址〕가 있다. 정면 3간 측면 3간이며, 내부에는 구들시설이 있다.

95 주남철, 《한국건축사》 개정판(고려대학교출판부, 2006), pp.358-361.

96 경기도박물관, 〈양주회암사지 시굴조사〉(1998), 《檜巖寺 I》(2001), 《檜巖寺 II》(2003).

회암사 정원 사진 7

사리전 터 남쪽에는 설법전 터〔說法殿址〕가 있다. 전각은 정면 5간 측면 2간이다. 그리고 이 설법전 터의 서쪽으로 정면 3간 측면 1간의 조사전(祖師殿) 터가 있고, 그 서쪽으로 정면 6간 측면 1간의 수좌료(首座寮)가 조사전과 한 채의 건물로 연이어져 있다. 설법전 아래에는 보광전 터가 있다. 다른 전각들의 마당은 맨땅 마감이나, 보광전의 기단 아래와 설법전 기단 사이 마당만은 돌들을 깔아 마감하였다.

회암사의 독특한 정원 구성은 화계에 조성된 폭포와 물길이다. 절터 제일 뒤의 골짜기에 북에서 동남으로 흐르는 작은 시냇물 줄기에서 한 가닥 물길을 서남쪽으로 뽑아, 대장전 서북쪽 화계의 제일 위의 단에 만들어 세운, 3개의 출수구를 가진 판형 석루조로 끌어들인다. 3개의 출수구로 흘러나오는 물들은 차례로 아래의 2단 화계에 떨어진다. 마지막 화계에서 떨어진 물은 대장전 서쪽의 배수로를 흘러서 설법전 서쪽의 수자료 서쪽 터 배수로로 흘러내리게 하였다. 이 대장전과 수자료 서쪽으로 흐르는 배수로는 일반적인 도랑 모양이 아니라, 평평한 바닥에 돌들을 깔아 그 위로 흘러내리게 한 넓고 평평한 '배수로' 로서, 특이한 수경(水景)을 이루고 있다.[97]

절터 안의 빗물 배수는 일반적인 모습이다. 서방장 터 북쪽의 막돌로 가장자리를 쌓은 노출된 도랑을 흐르는 빗물은 도랑의 서쪽 끝에서 남쪽으로는 암거(暗渠)로 흐르게 하고, 남쪽 끝 석축의 아래의 출수구로 흘러나와 마당 위를 흐르게 하였다. 또 마당에 흐르는 빗물들은 조사전 터 북동쪽의 집수구에서처럼, 집수구에서 모아 다시 암거로 아랫단으로 흘려 보낸다.[98]

97 주남철, 《한국건축사》 개정판(고려대학교출판부, 2006), p.361.

정청의 동방장 터와 서방장 터 앞에 석련지(石蓮池)와 정료대(庭燎臺)가 각각 1기씩 서 있고, 사찰 터 경내에 커다란 석조(石槽)들이 여러 기 남아 있다.

4 관란사(觀瀾寺) 정원

관란사는 김부식(金富軾)이 창건한 절로서, 아들 김돈중(金敦中)이 중수하고, 왕을 위하여 복을 빌었는데, 왕이 "들은즉 그대들이 나를 위하여 복을 축원한다 하니 대단히 고마운 일이다. 내가 한번 나가보겠노라" 하였다. 김돈중 등이 절의 북쪽에 초목도 없는 붉은 산에다가 근처의 주민들을 동원하여 소나무, 잣나무, 삼나무, 젓나무 등이며, 기이한 화초를 이식하고 또 단(壇)을 축조하여 왕이 휴식할 집을 신축하였는데, 단청으로 장식하였으며, 섬돌은 모두 기괴한 돌로 만들었다. 어느 날 왕이 절에 나갔는데, 김돈중 등이 절 서쪽 축대에서 연회를 베풀었는바, 장막과 그릇들이 극히 화려하고 사치스러웠으며 음식도 극히 진기한 것으로 차렸다고 한다.[99]

5 진강공(晉康公)의 모정(茅亭)

진강공 최충헌〔崔忠獻, 1150(의종 4)-1219(고종 6)〕은 남산리에 있는 제택의 북쪽 동산 작은 봉우리에 따로 집 한 채를 짓고 흰 띠풀〔白茅〕로 지붕을 덮어서 모정이라 명명하였다. 또 이인로, 이규보, 김군원(金君綏), 이공로(李公老), 김양경(金良鏡), 이윤보(李允甫)를 초청하여 모정기(茅亭記)를 짓게 하니 모두 당대에 이름난 선비들이었다. 이규보의 작품이 가장 좋다고 하여 드디어 정자에 현판으로 새겨 걸었다.[100]

98 경기도박물관 · 기전문화재연구원, 《檜巖寺 II》(2003), pp.104-105.

99 《高麗史》 卷93, 列傳11, 金富軾條.

100 李奎報, 〈晉康侯의 茅亭記〉, 민족문화추진회 편, 《李奎報詩文選》(솔, 1997), pp.279-282. 崔滋, 〈崔忠獻家詩會〉, 《補閑集》 中〔이기백 · 민현구, 《韓國文化史—高麗篇》(일지사, 1984), pp.206-207, 341-342 재인용〕.

6 유가당(有嘉堂)

두성(斗城)에서 얼마 떨어진 곳에 있는 만석동(萬石洞)은 경치가 아름답고 좋은 기운을 모은 지형인데, 사대부들이 이곳에 와서 많이 살았다. 본병 추부 상국(本兵樞府相國) 박공(朴公)도 와서 집을 다시 짓고, 이름을 지어 달라 하여 유가당(有嘉堂)이라 지어 줬다. 집은 모두 3간으로, 2간은 청사로 꾸미고, 1간은 법당으로 꾸몄다. 집 주위에는 모두 국화를 심었는데, 꽃은 열여덟 가지로 곱고도 특이하게 피었다. 또 40여 그루의 대나무가 빽빽하게 둘러서 있어 마치 강남에 온 듯하였다. 그 밖에도 기이한 화초는 이것뿐만 아니라 늦은 봄이 되어서야 볼 수 있는 것이라 다 서술할 수는 없다.[101]

7 사가재(四可齋)

이규보의 선친이 성곽 서쪽 밖에 가지고 있던 별장으로, 이규보가 물려받았다. 계곡이 깊고 경치가 아름다워 별천지 같았다. 씨 뿌려 식량을 거둘 만한 텃밭과 누에를 쳐서 옷을 마련할 만한 뽕나무, 먹을 물이 충분한 샘, 땔감을 자급할 수 있는 나무들, 이들 모두 이규보의 뜻에 흡족하여 '사가'(四可)라 이름 지었다. 일찍이 이 집에서 세 수의 시를 지었는데, 그중 하나가 〈서교초당시〉(西郊草堂詩)로서, "상쾌하다 농가의 즐거움이여 이제부터는 전원으로 돌아가리"(快哉農家樂 歸田從此始)이다. 소박한 선비의 별서(別墅)이다.[102]

8 통재(通齋) 동산

통인(通人) 양응재(楊應才)가 성 북쪽에 살면서 꽃나무를 잘 길러 정원의 경치가 아름다워 이름난 곳이다. 동산의 넓이는 사방이 40보 남짓한데, 진귀한 나무며, 유명한 과일나무들이 질서 있게 심겨 있다. 또 따로 화단을 만들고 수십 종의 꽃을 심었는데, 세상에서 흔히 볼 수 없는 것들이었다. 막 피는 것도 있고 이미 꽃이 진 것도 있어, 숲에 비치고 땅에 수 놓여 서로 뒤섞였다. 눈길을 끄는 꽃 때문에 선뜻 자리를 뜨지 못한다.

101 李奎報, 〈朴樞府有嘉堂記〉, 앞의 책, pp.255-258.

102 李奎報, 〈四可齋記〉, 앞의 책, pp.264-265.

이곳에서 더 북쪽으로 가면 바둑판과 같은 편편한 석대(石臺)가 있는데, 자리를 깔지 않아도 앉을 수 있을 정도로 정결하다. 나무에 감긴 포도 덩굴은 아래로 늘어져 마치 구슬을 꿴 갓끈과 같아 볼 만하다. 그 아래에는 물맛이 매우 달고 맛있는 돌우물이 작은 옹달샘을 이루고 있었으며, 어린 갈대가 뾰족뾰족하게 돋아나고 있었다. 주인의 청에 따라 '통재'(通齋)라 이름 지어 주었다.

"천지는 사사로움이 없는데 어찌 양응재에게만 자연의 경치와 꽃과 버들이 사사로이 주겠는가? 다만 심장(心匠)의 묘에 말미암을 뿐이다. 그렇다면 화려한 꽃과 향기로운 풀은 하늘에서 받은 것이 아니라 양응재의 손끝에서 얻은 것이요, 푸른 우물과 맑은 샘은 땅에서 솟아나는 것이 아니라 양응재의 마음에서 솟아나는 것이다."[103]

9 태재(泰齋) 동산

지주사(知奏事) 우공(于公)이 대궐 곁에 터를 잡아 집을 지었다. 옛날 정원외(鄭員外)가 살던 때는 황량한 동산과 다 쓰러져 가는 별장뿐이었는데, 공이 이곳에 정자를 지은 뒤 모든 것이 새롭게 되었다. 샘 줄기를 찾아 우물을 만들어 마시고, 또 세숫물이나 차 끓이고 약 달이는 데 필요한 물은 모두 이 우물물로 충당하였다. 또 넘쳐흐르는 샘물을 이용하여 큰 못을 만들어 연꽃을 가득 심고 거위와 오리를 놓아 길렀다. 심지어 풍헌(風軒), 수사(水榭), 화오(花塢), 죽각(竹閣)까지도 그 제도를 사치하게 꾸며, 온 천하의 경치를 모조리 정자 안으로 모아 놓았다. 공이 구릉 위의 평평한 곳을 망궐대(望闕臺)라 하고, 날개 치며 나는 듯한 곳은 쾌심정(快心亭)이라 하고, 이름을 짓지 못한 곳의 이름을 이규보에게 지어 달라 하여, 동산은 방화(芳華), 우물은 분옥(噴玉), 못은 함벽(涵碧), 죽헌(竹軒)은 종옥(種玉)이라 하였는데, 이는 모두 그 모양에 따라 지은 것이며, 이 모든 것을 포함하고 있는 재(齋)를 태재(泰齋)라 하였다. 일찍이 내한(內翰) 이인로(李仁老)가 지은 〈쾌심정기〉(快心亭記)를 명주로 만든 장지문에 써서 정자의 바른편에 세워 두고, 이규보의 〈태재기〉(泰齋記)를 그 왼편에 마주 세우려 하였다.[104]

103 李奎報, 〈通才記〉, 앞의 책, pp.265-268.

104 李奎報, 〈泰齋記〉, 앞의 책, pp.270-273.

10 냉천정(冷泉亭) 동산

운대아감(芸臺亞監) 비서성소감(秘書省少監) 손군의 정자 동산이다. 성의 북쪽 한 마을에 집을 지었는데, 주변에 높이가 두어 길이나 됨직한, 마치 쇠로 깎아 세운 듯이 험준한 큰 바위가 마루 북쪽에서부터 동쪽 구석까지 기다랗게 놓여 있다. 그 아래에는 철철 흘러내리는 차가운 샘물이 고인 깊은 웅덩이가 있었는데, 그 맑고 깨끗한 물은 실로 자랑할 만하였다. 이런 천연으로 가꾸어진 동산에 공이 정자 하나를 지었는데, 맑고 깨끗한 풍치가 산재(山齋)와 흡사하여 편안하게 노닐고 한가롭게 지낼 만하였다. 인공적으로 혹이 난 것처럼 울퉁불퉁한 기석(奇石)들을 날라다가 마치 형산(衡山)과 곽산(霍山)처럼 기이한 모양의 산을 만들어 기묘한 모습을 이루게 한 것은 조물주가 자연스레 만든 천연적인 절경만 못한 것이다. 부귀의 힘으로 모을 수 있는 것은 기이한 꽃, 이상한 나무, 진귀한 새, 기이한 짐승 같은 것뿐이다. 크고 우람찬 바위는 권력으로 어떻게 할 수 없는 것이다.

손군의 청으로 〈냉천정기〉(冷泉亭記)를 쓴 이규보는, 특이하게 빼어난 천연 그대로의 산 모습을 꾸밀 수 있었던 것은 모두 손군의 높은 이상과 뛰어난 생각이 실로 속세를 초월하여 있기 때문이라 하였다.[105]

11 최승제대루(崔承制大樓)

최우[崔瑀 ?-1249(고종 36)]가 거실 남쪽에 지은 큰 누(樓)이다. 누각 위에는 1천여 명의 손님이 앉을 만하고, 누 아래에는 수백 대의 수레들을 나란히 세워 둘 만하였다. 또한 높이가 높아 새가 날아다니는 길을 막을 만하였고, 해와 달을 가릴 만큼 우뚝하였다. 기둥을 푸른 구슬로 꾸몄으며, 옥신[106]으로 기둥을 받쳤으며, 양각한 말이 종도리를 등에 짊어지고 머리를 치켜들고 끌어당긴다. 하늘에 있는 옥루보다도 더 화려한 듯하다. 누각의 동쪽에는 불상을 안치한 감실이 있고, 불사 때 중들 수백 명을 맞아들여도 여유가 있다. 누각 남쪽에는 이웃집 수백여 호를 강제로 철거하고, 길이가 무려 400여 보나 되고 평탄하기가 숫돌과도 같은 격구장(擊毬場)을 설치하고, 수 리에 뻗쳐 담장을 쌓아 둘러막았다. 온갖 경치가 누각에 나타난다. 이규보가 최우에게 청하여 현액(懸額)을 썼다.[107]

105 李奎報, 〈孫秘書冷泉亭記〉, 앞의 책, pp.288-291.

106 옥돌로 만든 기둥밑동 둘레 장식이거나, 옥돌 초석이라 판단된다.

12 이규보(李奎報)의 사륜정(四輪亭)

농서자(隴西子, 이규보)가 설계하였으나, 실제로 지은 바 없는 이동식 정자이다.

여름에는 손님과 함께 동산에 자리를 깔고 누워서 자기도 하고 앉아서 술을 마시기도 하며, 바둑도 두고 거문고도 타며 마음 내키는 대로 하다가 날이 저물면 끝낸다. 이것이 바로 한가한 자의 즐거움이다. 그러나 햇볕을 피하여 그늘로 자리를 옮기려면, 거문고, 책, 베개, 대자리, 술병, 바둑판도 사람을 따라 이리저리 옮겨야 하는데, 자칫 잘못하면 떨어뜨리는 수가 있다. 그래서 사륜정(四輪亭)을 지으려 하는 것이다. 어린 종으로 하여금 이것을 밀어 그늘진 곳으로 옮기면, 사람을 따라 바둑과 술병, 베개, 대자리 등이 모두 정자를 따라 옮겨진다.

정자의 구조는, 크기는 사방 6척이고, 들보 2개, 기둥 4개, 대나무 서까래 위에 대자리로 덮는다. 동서남북 사면으로 난간을 두른다.

정자 평면은 사방 1척의 정간(井間)이 모두 36개이다. 6명이 앉을 수 있다. 거문고 타는 사람 1명, 노래하는 사람 1명, 시에 능한 사람 1명, 바둑 두는 사람 2명, 그리고 주인 1명, 모두 6명이다. 동쪽 4개의 정간에 2인, 서쪽 4개의 정간에 2인, 북쪽 4개의 정간에 1인, 남쪽 4개의 정간에 주인 1인이 앉는다. 북쪽과 남쪽 네 모퉁이에 가로 2간, 세로 1간의 정간이 남고, 중앙에는 12개의 정간이 되는데, 모퉁이에는 거문고, 술동이, 술병, 소반, 그릇 등을 놓아두고, 중앙에 바둑판을 놓는다. 동과 서, 양쪽에서 각각 1인씩 나와 바둑을 두고, 주인은 술잔을 가지고 한 잔씩 부어서 돌아가며 마신다. 안주와 과일 접시는 각자 앉은 틈에다 적당히 놓는다.

사륜정을 아이가 혼자 끌기 힘들어 하면 주인도 함께 끌고, 주인도 지치면 손님도 끈다. 술이 거나하게 취한 뒤에는 꼭 그늘만 찾아다닐 필요가 없고 해가 저물 때까지 놀다 그만 끝낸다. 다음 날에도 이와 같이 한다. 사륜정을 짓는 데는 취미에 맞게 할 뿐이지 꼭 옛 제도를 따를 필요가 없다. 다만 바퀴를 4개로 한 것은 사시를 본뜬 것이고, 정자를 6척으로 한 것은 음(陰), 양(陽), 풍(風), 우(雨), 회(晦), 명(明), 이상 육기(六氣)를 상징한 것이며, 두 들보와 네 기둥을 한 것은 임금을 보좌하여 정사를 도와 사방에 기둥이 된다는 것이다.[108]

107 李奎報, 〈崔承制大樓記〉, 앞의 책, pp.283-286.

108 李奎報, 〈四輪亭記〉, 앞의 책, pp.274-278.

13 기홍수(寄洪壽)의 별서(別墅)

이규보의 〈기상서퇴식재팔영〉(寄尚書退食齋八詠)은 의종(毅宗) 2년(1148)에 나서 희종(熙宗) 5년(1209)에 죽은 기홍수(寄洪壽)의 별서(別墅)를 노래한 것이다.

"새 연꽃은 물 위에 솟아 있고 수양버들은 추녀 끝에 축 늘어졌네. 붉은 옷에 비단 날개를 가진 새들은 옥소(玉沼)에 멱 감고 누런 부리와 녹색 털을 가진 새들은 금롱(金籠)에서 지저귄다. 진정(眞定)의 단 배를 옮겨 왔고, 방릉(房陵)의 고운 오얏을 심었구나. [⋯] 여기 저기 늘어선 나무들은 두목(杜牧)의 동산과 같은 대열을 만들어 있고, 걷는 듯 달리는 듯 움직이는 듯 엎드린 듯한 돌들은 기장(奇章)의 별장과 같이 흩어져 있네. [⋯] 그러나 기이한 꽃과 이채로운 풀들이 내 마음을 단청(丹青)하고, 밝은 달과 맑은 바람이 내 눈을 맑게 하네. 물이 후하고 사람이 많으니 내가 시를 짓지 않을 수가 있겠는가. [⋯] 팔영(八詠)을 읊어서 삼가 올리노라"[109]라고 하였다.

연못에 연꽃이 피어나고, 퇴식재 주변에는 버들이 자라며, 뜰에는 배나무와 오얏을 심어 절기마다 과일을 따 즐겨 먹었다. 우거진 수풀과 천연 바위들이 뜰에 여기저기 늘어져 있고, 기이한 화초들을 심어 마음껏 풍류를 즐기었던 것을 알 수 있다.

109 〈東國李相國集〉, 제2권, 古律詩(민족문화추진회 편, 1980).

제3편

정원(庭苑)의 구성(構成)

1. 구성 원리(構成原理)

2. 구성 요소(構成要素) · 구성 방법(構成方法)

1. 구성 원리(構成原理)

사람이 정원을 짓고자 하는 것은 바로, 사람이 지은 집〔建築〕에 자연(自然)을 다시 살리고자〔再生〕함에서 비롯된다. 즉 집의 집채와 집채 사이의 뜰〔庭〕과 집채 앞이나, 집채 뒤나 집채 옆의 동산에 자연을 다시 살려 놓고, 본래 자연의 하나인 사람이 자연으로 돌아가 자연의 순리(順理)대로 살고자 하는 데서 시작되었다.

사람이 사는 곳 둘레에 자연을 살리는 데에는, 자연 속에 살 터전을 마련하여 본래의 자연을 그대로 살리는 방법이 있으나, 주변의 모두를 본래의 자연물(自然物)로만 꾸밀 수는 없다. 때에 따라 어떤 것은 자연의 것을 그대로 옮겨 오고, 또 어떤 것은 사람이 만든 것을 뜰과 동산에 놓아, 이들 모두가 자연이 본래부터 이루어 놓은 것처럼 한다.

뜰과 동산에 자연을 다시 살리는 일은 어디까지나 사람의 몫이다. 그러나 사람이 함부로 하는 것이 아니다. 뜰과 동산, 즉 정원(庭苑)을 꾸미고 가꾸는 원리, 즉 정원의 구성 원리(構成原理)에 따라 여러 가지 방법으로 정원을 이루고 가꾼다.

삼국시대에도 많은 정원이 이루어졌지만, 그 구성 원리를 잘 드러내 주는 글〔文獻〕은 별로 없다. 다만 고려시대 저술인 《삼국사기》(三國史記) 〈백제본기〉 진사왕(辰斯王) 7년 봄 정월에, "대궐을 중수하고, 못을 파고 조산(造山)하고, 진기한 새와 기이한 꽃을 길렀다" (重修宮

室 天地造山以養奇禽異卉)라고 한 것이 처음이다. 또 무왕(武王) 35년 봄 3월 "궁궐 남쪽에 못을 파고 이십여 리 밖에서 물을 끌어 들이고, 못의 네 가장자리에는 버들을 심고, 못 가운데에 섬을 쌓아 방장선산을 상징하였다"(穿地於宮南 引水二十餘里 四岸植以楊柳 水中築島嶼 擬方丈仙山)라고 하여 도가(道家)의 신선사상(神仙思想)에 의하여 섬을 만들었음을 말할 뿐이었다.

정원의 구성 원리에 관한 글다운 글들로서는 고려 말 이규보(李奎報)의 글들이 처음이다. 《동문선》(東文選)에 등재된 여러 정원을 기리는 글〔撰文〕들이 바로 그것이다.

이규보는 〈박추부유가당기〉(朴樞府有嘉堂記)에서,

"두성(斗城)에서 얼마 떨어진 곳에 경치가 아름답고 좋은 기운을 모은 지형이 있는데 그 지세가 마치 금으로 만든 술잔과 같다. 여기에는 만석동(萬石洞)이라 불리는 마을이 있었는데, 〔…〕 만석의 녹봉을 받아들일 만한 경사가 있을 것 같아서인지 〔…〕 그 뒤에 사대부들이 이곳에 많이 와서 살았고 지금도 본병추부상국박공(本兵樞府相國朴公)도 와서 거처를 정하였다. 〔…〕 깨끗한 마음을 가지고 깨끗한 땅에 살면 이것이 바로 신선이지. 〔…〕 아! 총명한 몸을 보전하면서 본성을 가다듬는 군자라 할 만하다"[110] 하였다.

이 기문(記文)은 유가당(有嘉堂) 터는 좋은 기운이 모인 풍수지리(風水地理)에서의 명당(明堂)이었고, 정원을 가꾸고 꾸미는 데에는 "사람의 본성을 가다듬는 군자"로서의 몸가짐이 근본임을 말해 주고 있다.

한편 이규보는 〈태재기〉(泰齋記)에서,

"그러나 산수(山水)의 좋은 경치는 먼 곳에서 구하기는 쉬우나 가까운 곳에서 찾기란 쉽지 않다. 〔…〕 오직 깨끗한 마음가짐으로 세속과 멀어져 유람하는 자만이 얻을 수 있다. 그러므로 산수를 몹시 사랑하는 사람은 부귀의 즐거움을 누릴 수 없고, 부귀를 매우 즐기는 사람은 산수의 아름다움을 맛볼 수 없으며 두 가지를 모두 차지하는 사람은 드문 편이다. 〔…〕 지금 지주사(知奏事)우공(于公)은 부귀를 누리면서 산수의 아름다움을 얻고자 하였다. 그래서 도성도 오히려 멀다 하여 마침내 대궐 곁에 터를 잡아 집을 지었는데, 〔…〕 당시에는 그야말로 아무 쓸모없는 황량한 동산과 다 쓰러져 가는 별장뿐이었는데, 공이 이곳에 정자를 지은 뒤에는 모든 것이 새롭게 되었다. 〔…〕 이것을 보면 반드시 세속을 떠나 멀리 가서 논 연후에야 산수의 즐거움을 누릴 수 있다고 하랴?" 하였다.

정원을 잘 가꾸고 산수와 부귀 모두를 즐기기는 쉽지 않지만, 정원을 가꾸는 사람의 마음가짐과 가꾸는 방법에 따라 본래 경관이 좋지 못한 곳이라 하더라도 얼마든지 아름다운 정원을

110 李奎報, 《李奎報詩文選》, 민족문화추진회 편(솔, 1997), pp.255-258.

가꿀 수 있어 부귀와 산수를 함께 즐길 수 있는 것이다.

이규보는 정원을 짓는 사람의 마음, 즉 정원의 주인 마음이 우선한다는 점을 〈박추부유가당기〉(朴樞府有嘉堂記), 〈태재기〉(泰齋記)에서뿐만 아니라, 그의 다른 기문, 〈사가재기〉(四可齋記), 〈통재기〉(通才記), 〈손비서냉천정기〉(孫秘書冷泉亭記)에서도 밝히고 있다.

이규보가 말하는 정원 구성 원리의 기본은 정원을 이루려는 사람〔主人〕의 마음가짐〔心匠〕에 있는 것이지, 결코 정원을 직접 만드는 동산바치〔匠人〕에게 있는 것이 아니다. 그리고 이 구성 원리는 이규보보다 후대 사람인, 중국 소주(蘇州)의 오강(吳江) 사람 계성(計成, 1582-?)이 1631년에 저술하여 1634년에 간행한 《원야》(園冶) 〈흥조론〉에서,[111] "3할은 장인이요, 7할은 주인이다"(三分匠 七分主人)라고 한 말과 같은 뜻이다.

구성 원리를 말하는 조선시대의 저술로는 강희안(姜希顔)의 《양화소록》(養花小錄), 이황(李滉)의 〈도산기〉(陶山記), 〈칠언시십팔절구〉(七言詩十八絶句), 〈오언절구이십육수〉(五言絶句二十六首), 〈도산잡영〉(陶山雜詠),[112] 유박(柳璞)의 《화암수록》(花庵隨錄)과 《화암기》(花菴記),[113] 유형원(柳馨遠)의 《반계수록》(磻溪隧錄), 홍만선(洪萬選)의 《산림경제》(山林經濟), 서유구(徐有榘)의 《임원십육지》〔林園拾六志, 일명 임원경제지(林園經濟志)〕 등이 있다.

강희안〔姜希顔, 1419(세종 1)-1464(세조 10)〕의 저술인 《양화소록》(養花小錄)이 조선 초기에 이루어진 것이라고는 하나, 삼국시대부터 고려시대에 걸쳐 형성되었던 사상적 배경이나, 실제적인 정원의 구성 원리나 구성 방법들이 이 저술의 기반이 되었음에 틀림 없다.

〈양화소록자서〉(養花小錄自敍)와 《양화소록》에 붙인 강희안의 아우, 강희맹〔姜希孟, 1424(세종 6)-1483(성종 14)〕의 〈양화소록서〉(養花小錄敍)는 정원을 이루려는 목적과 그 구성 원리를 명료하게 드러낸 것이라 할 수 있다.

〈양화소록자서〉에 "아침저녁으로 살펴보면 화초 하나하나가 성질이 각각 달라서 습한 것을 좋아하는 것도 있고, 건조한 것을 좋아하는 것도 있고, 찬 것을 좋아하는 것도 있고, 따스한 것을 좋아하는 것도 있어, 가꾸고 물을 주고 햇볕을 쬘 때 한결같이 옛 법을 따랐고 옛 법에 없는 것은 견문을 살려서 하였다. 〔…〕 아! 화초는 한낱 식물이니 지각도 없고 운동도 하지 않는다. 그러나 배양하는 이치와 거두어들이는 법을 모르면 안 된다. 〔…〕 하찮은 식물도 이러하거늘 하물며 만물의 영장인 사람이랴! 어찌 그 마음을 애타게 하고 그 몸을 괴롭혀 천성을 어기고 해

111 計成, 《園冶》, 김성우 · 안대회 옮김(예경, 1993), pp.40-41.

112 權鼈, 〈李滉〉, 《海東雜錄》 五, 本朝 五(민족문화추진회).

113 정민, 〈'花庵九曲'의 작가 柳璞(1730-1787)과 '花庵隨錄'〉, 《韓國詩歌研究》 第14輯, 漢陽大學校, 2003, pp.101-133.

칠 수 있겠는가? 내 이제야 양생하는 법을 알았다. 이로 미루어 이치를 넓혀 간다면 무엇을 하든지 못할 일이 없을 것이다"[114]라고 하였다.

또 〈양화소록서〉에는 "천지의 기운이 서로 어리고 서려서 만물이 화생(化生)하니 만물은 양육이 있어야 살고 양육을 잃으면 병들어 죽는다. 이는 오직 성인이 만물을 재성(裁成)하고 보상(補相)하는 직분을 다할 뿐이요, 천지의 힘만으로도 화생의 공을 다하지 못하며, 조물주의 힘만으로도 그 능력을 다하지 못함과 같다. […] 아! 꽃은 한낱 식물이니 지식과 언어만으로는 느끼지 못하고 통할 수도 없는 것이다. 그러나 그것들이 굽고 펴고 바로 잡히고 꺾어지고 무성함이 다 나에게 달려 있고, 그것들이 어김없이 잘 자라는 것은 그 성질에 따라 천성(天性)을 온전히 하기 때문이다. 하늘이 만일 인재 선생을 오래 살게 하여 꽃 가꾸는 솜씨로 세상을 다스리게 하였더라면 그 사랑과 은혜와 이로움이 널리 백성에게 미칠 것이다. 어찌 꽃 가꾸기의 조그만 일에 기탁하여 신기한 조화의 오묘한 궁리를 하였으랴?"[115]라고 하였다.

정원을 꾸미고 가꾸는 데는 무엇보다도 천지의 기운을 서로 어리고 서리게 하여 화생케 하고, 천성을 온전케 함이 중요하다. 즉 구성 원리의 가장 중요한 덕목(德目)은 사람의 힘〔人工〕을 가하되 전혀 사람의 힘이 가해지지 않은 것처럼, 본래 자연의 천성을 온전케 한다는 것이다. 즉 "사람이 이룬 것이나, 자연이 이룬 것처럼 한다"는 것이다.

이 말은 바로 강희안보다 200여 년 후의, 중국 명말(明末) 사람, 계성(計成)이 1631년에 저술한 《원야》(園冶)[116]에서 "비록 사람에 의해 만들어진 것이라고는 하나 완연히 하늘이 만들어 낸 것과 똑같다"(雖由人作 宛自天開)라고 한 말과 맥이 이어진다.

퇴계(退溪) 이황〔李滉, 1501(연산군 7)-1570(선조 3)〕의 〈도산기〉(陶山記)를 비롯한 그의 많은 시(詩)들은 정원을 가꾸고 즐기는 주인의 마음, 정원 구성 원리와 방법을 말하고 있다.

특히 〈도산기〉[117]는 ① 터잡기〔相地〕, ② 집짓기〔建築〕, ③ 뜰과 동산〔庭苑〕 꾸미기, ④ 도산에서의 즐거움, 이상 네 가지의 내용으로 나눌 수 있다. 이들 네 가지 중에서 세 번째의 "뜰과 동산 꾸미기", 네 번째의 "도산에서의 즐거움"은 퇴계 이황이 생각하고 있는 정원의 구성 원리를 말해 주고 있고, 한걸음 나아가 조선시대 선비들이 가지고 있던 정원 구성 원리를 말해 준다(도면 33, 사진 41).

114 姜希顔, 《養花小錄》 개정판, 이병훈 옮김(을유문화사, 2000), pp.28-30.

115 姜希顔, 앞의 책, pp.23-25.

116 주남철, 《한국건축의장》 제3판(일지사, 1997), pp.154-155. 計成, 앞의 책, pp.46-47.

117 權鼈, 앞의 책.

영지산(靈芝山)의 한 줄기가 동쪽으로 나와 도산(陶山)이 되었다. […] 이 산은 그리 높거나 크지 않으며 그 골짜기가 넓고 형세가 뛰어나고 치우침이 없이 높이 솟아 […].

거기에 집짓는 일을 법련(法蓮)이라는 중이 맡았다가 […] 당사는 3간인데, 중간 한 간은 완락재(玩樂齋)라 하였으니, 이는 주선생(朱先生)의 〈명당실기〉(明堂室記)에, '완상하여 즐기니, 족히 여기서 평생토록 지내도 싫지 않겠다' 라고 하는 말에서 따온 것이다. 동쪽 한간은 암서헌(岩棲軒)이라 하였으니 그것은 운곡(雲谷)의, '학문에 대한 자신을 오래도록 가지지 못했더니 바위에 깃들여[巖棲] 조그만 효험이라도 바란다'는 시의 내용을 따온 것이다. 그리고 합해서 도산서당(陶山書堂)이라고 현판을 달았다.

당사(堂舍)의 동쪽 구석에 조그만 못을 파고, 거기에 연(蓮)을 심어 정우당(淨友塘)이라 하고, 또 그 동쪽에 몽천(蒙泉)이란 샘을 만들고, 샘 위의 산기슭을 따서 추녀와 맞대고 평평하게 단(壇)을 만들고, 그 위에 매화, 대나무, 소나무, 국화를 심어 절우사(節友社)라 불렀다. 당 앞 출입하는 곳을 막아서 사립문을 만들고 유정문(幽貞門)이라고 이름 하였는데, 문 밖의 오솔길은 시내를 따라 내려가 마을 어귀에 이르면, 양쪽 산기슭이 마주 대하여 있다. 그 동쪽 기슭 옆에 바위를 터서 터를 쌓으면 조그만 정자를 지을 만한데, 힘이 모자라서 만들지 못하고 다만 그 자리만 남겨 두었다. 마치 산문(山門)과 같아 곡구암(谷口岩)이라 하였다. 여기서 동쪽으로 몇 걸음 나아가면 산기슭이 끊어지고 탁영암에 이르는데, 그 위에는 큰 돌이 마치 깎아 세운 듯이 서 있어 여러 층으로 포개진 것이 10여 길은 될 것이다. 그 위를 쌓아 대(臺)를 만들고 우거진 소나무는 해를 가리며, 위로 하늘과 밑으로 물에는 새와 고기가 날뛰며, 좌우 취병산의 물에 비친 그림자가 흔들거려, 강산의 훌륭한 경치를 한눈에 다 볼 수 있으니, 이름을 천연대(天淵臺)라 한다. 그 서쪽 기슭 역시 이것을 본떠서 대를 쌓고 이름을 천광운영(天光雲影)이라 하였으니, 그 훌륭한 경치는 천연대에 못지않다. 반타석(盤陀石)은 탁영담 가운데 있다. 그 모양이 반타(盤陀, 평평한 것)하여 배를 매어 두고 술잔을 서로 권할 만하며, 큰 홍수를 만날 때면 물속에 파묻혔다가 물이 빠지고 물결이 맑은 뒤에야 비로소 드러난다.

나는 항상 오랜 병에 시달려 왔기 때문에, 비록 산에서 살더라도 마음을 다해 책을 읽지 못한다. 깊은 시름에 잠겼다가 조식(調息)한 뒤 때로 몸이 가뿐하고 마음이 상쾌하여, 우주를 굽어보고 우러러보아 감개한 마음이 생기면 책을 덮고 지팡이를 짚고 뜰 마루에 나가 연못을 구경하기도 하고 단(壇)에 올라 사(社, 절우사)를 찾기도 하며 밭을 돌면서 약초를 심기도 하고 숲을 헤치며 꽃을 따기도 한다. 또 혹은 바위에 앉아 샘물을 구경하기도 하고 대에 올라 구름을 바라보며, 여울에서 고기를 구경하고 배에서 갈매기와 친하면서 마음대로 시름없이 노닐다가, 좋은 경치를 만나면 흥취가 절로 일어, 한껏 즐기다가 집으로 돌아오면 고요한 방안에 쌓인 책이 가득하다. 책상을 마주하여 잠자코 앉아 삼가 마음을 잡고 이치를 궁구할 때, 간혹 마음에 얻는 것이 있으면 흐뭇하여 밥 먹기도 잊어버린다. 생각하다가 통하지 못한 것이 있을 때는 좋은 벗을 찾아 물어보며, 그래도 알지 못할 때에는 혼자서 분비(憤悱)한다. 그러나 감히 억지로 통하려 하지 않고 우선 한쪽에 밀쳐 두었다가, 가끔 다시 그 문제를 끄집어내어 마음에 어떤 사념도 없애고 곰곰이 생각하면서 스스로 깨달아지기를 기다리며, 오늘도 그렇게 하고 내일도 그렇게 한다. 또 봄에는 산새가 즐거이 서로 울고 여름에는 초목이 우거져 무성하며, 가을에는 바람과 서리가 차갑고, 겨울에는 눈과 물이 서로 얼어 빛나며 사철의 경치가 서로 틀리니 흥취 또한 끝이 없는 것이다. 그래서 너무 춥거나 덥거나, 또는 큰 바람이 불거나 큰 비가 올 때가 아니면, 어느 날이나 어느 때나 나가지 않는 날이 없고 나갈 때나 돌아올 때나 이와 같은 것이다. 이것은 곧 한가로이 지내면서 병을 조섭하기 위한 쓸데없는 일은, 비록 옛사람의 집 앞뜰도 엿보지 못했지만 스스로 마음속에 즐거움을 얻음이 얕지 않으니, 아무리 말이 없고자 하나 말하지 않을 수가 없어서, 곳곳에 따라 칠언 한 수씩으로 그 일을 적어 보았더니, 모두 18절이 되었다. 또 오언 잡영 등 26수가 있으니, 이것은 앞의 시에서 다하지 못한 뜻을 말한 것이다. […] 가정(嘉靖) 신유년 어느 날 남지(南至, 동지)에 늙고 병든 산주(山主)는 적는다.

〈도산기〉(陶山記)의 "뜰과 동산 가꾸기", "도산에서의 즐거움"에서의 정원 구성 원리나 구성 방법, 정원의 목적 등은 고대로부터 퇴계 이황에게 이어져 온 것이고, 그리고 다시 조선시대 중엽의 홍만선과 조선시대 말의 서유구로 이어진다.

홍만선〔洪萬選, 1643(인조 21)-1715(숙종 41)〕의 저술《산림경제》는 "옛사람이 화죽(花竹)을 심고 적성대로 금어(禽魚)를 기르는 것, 이것이 산림경제라 하였는데 이 말을 좋아하였으므로 이로써 내 저서의 서명을 삼는다" 하였듯이, 사람이 땅을 골라, 집을 짓고 나무와 꽃을 심고, 농사를 하는 등, 모든 생활의 지침을 밝혀 놓은 책으로, 모두 4권 4책에 16지(志)로 구성되었다.[118]

118 洪萬選,《山林經濟》(민족문화추진회).

《산림경제》 제1권 〈복거 서〉(卜居序)에서, "대개 선비는 조정에 벼슬하지 아니하면 산림(山林)에 은퇴하는 것이다. 그러나 진실로 마련해 둔 한 뙈기의 땅과 몇 간의 집이 없다면 어떻게 그 몸을 의지하여 생업(生業)을 편히 할 수 있겠는가. 그러나 복축(卜築)[119]을 계획하고 있는 사람은 경솔하게 살 곳을 결정할 수는 없는 것이다. 그것은 만약 밭을 갈고 원포(園圃)를 만들어 꽃과 나무를 심어 놓은 뒤에 거기를 살 곳으로 정하지 않고, 다른 곳으로 간다면 많은 공력만 헛되게 허비한 결과이니, 어찌 아깝지 않겠는가. 그러나 반드시 그 풍기(風氣)가 모이고 전면과 배후가 안온하게 생긴 곳을 가려서 영구한 계획을 삼아야 할 것이다. 그래서 복거(卜居)에 대한 방법을 기록하여 제1편(篇)을 삼는다" 하였다.[120]

홍만선은 지세(地勢)의 기운이 모이고, 앞과 뒤가 안온(安穩)한 산림(山林)에 터를 잡고 집을 짓거나, 별서(別墅)를 가꾸어 유유자적(悠悠自適)하는 것이 이상적인 생활이라 하였다. 이는 퇴계 이황의 〈도산기〉에서 이미 말한 원리와 같은 것이며, 이 원리는 다시 서유구로 이어진다.

서유구〔徐有榘, 1764(영조 40)-1845(헌종 11)〕는《임원십육지》(林園拾六志)[121]의 장취원(將就園) 첫머리에서, "이 동산은 특정한 장소를 고집하지 말고 천하의 산수 가운데서 풍경이 가장 뛰어난 곳을 택하여 조성하면 그만이다"이라 하면서, "산, 샘, 폭포, 시내, 들이 있고, 들에는 다시 산봉우리와 고개, 호수와 방죽, 수풀과 들판, 진펄 등이 기복을 이룬 채 변화를 보이며 펼쳐진다. 이곳이 바로 내 동산이다"라 하였다.

이는 바로 자연 속에 파묻혀 사는 은자(隱者)의 삶을 이상으로 한 것이다.

강희안, 이황, 홍만선, 서유구의 이상적인 정원은 물론 한국의 정원, 나아가 한국의 건축 모두가 이상(理想)으로 지향한 공간은 바로 조선시대의 무명시인(無名詩人)이 읊은 시조(時調)에서 극명하게 드러나고 있다.[122]

> 십년(十年)을 경영(經營)하여 초가(草家) 한 간을 지어내니
> 반 간(半間)은 청풍(淸風)이요 반 간(半間)은 명월(明月)이라

119 터를 가려 집을 짓는 것을 말한다.

120 洪萬選, 〈卜居序〉, 앞의 책.

121 徐有榘,《林園拾六志》(민족문화추진회). '林園拾六志' 는 '林園經濟志' 라고도 한다. 徐有榘,《산수간에 집을 짓고=임원경제지》"怡雲志", "衡泌鋪置", "相宅志", "贍用志", 안대회 엮어 옮김(돌베개, 2005).

122 朱南哲, 〈李朝時代住宅의 空間性〉,《建築》, 대한건축학회지 13권 34호, 1969. 12, p.67에서 金天澤의《靑丘永言》에 작자미상의 시조는 宋純(1493-1583)의 〈俛仰亭雜歌〉인바, "草廬三門" 을 "草家 한 간" 으로, '나 한 간 달 한 간에 淸風 한 간 맛겨두고' 를 '반 간은 청풍이요 반 간은 명월이라' 로, '江山은…' 을 '靑山은…' 으로 고쳐 부른 것이다.

청산(靑山)은 들일 데 없으니 둘러두고 보리라

시인은, 첫째, 터잡기로 거대한 자연의 한 지점을 택하였고, 둘째, 짓고자 한 건축 공간은 최소단위인 한 간〔一間〕의 소박한 초가(草家)였으며, 셋째, 지어진 한 간 초옥의 반 간(半間)은 청풍(淸風)으로, 나머지 반 간은 명월(明月)로 채워졌다. 넷째, 청풍과 명월로 채워진 초가의 뜰과 동산은 바로 자연의 들과 내, 산으로서, 이들은 태초부터 있어 왔던 그 자리에 그대로 있는, 본래의 자연이다.

청풍과 달빛은 본성대로 스스로 움직여 초가의 내부 공간을 채웠으나, 청산은 움직임이 없는 자연의 존재이기 때문에, 자연 그대로 제자리에 둘러 있는 것이다. 무명시인이 이루어 놓은 초가 한 간의 공간을 청풍과 달빛이 스스로 채워 준 것이다. 그러나 스스로 채워 줄 수 없고, 또 움직일 수 없는 산과 들, 냇물 등등의 자연은 본래대로 제자리에 있는 그대로 바라볼 수밖에 없다. 본래 자리에 있는 자연의 모습을 자연에 녹아 든 사람의 눈〔目〕을 통하여 마음〔心〕에 가져오고 자연의 상(像)을 짓는 것이다〔心象〕.

본래의 자연 모습을 가져와 즐기는 것이 차경(借景)이다. 일찍이 이황(李滉)은 차경(借景)의 원리에 따라 "차경정"(借景亭)을 짓고 산곡(山谷)의 경치를 즐겼다.[123] 시인이 둘러두고 본, 청산들 중, 멀리 있는 청산〔朝山〕의 모습을 바라보고 즐기는 것이 원차(遠借)이고, 앞산〔安山〕 봉우리를 차용(借用)하는 것이 앙차(仰借)이다. 들판을 내려다보고 즐기는 것이 부차(俯借)이고, 바로 옆 경물(景物)을 차용하는 것이 인차(隣借)이다. 그리고 시절마다 변하는 모습을 그때그때 때 맞추어 보며 즐기는 것이 응시이차(應時而借)[124]이다.

정원을 꾸미는 마음으로는 일정한 공간에 자연의 모든 것을 모두 갖추려 하지 않고, 자연 본래의 모습을 빌려 오는 차경 원리를 택하는 것이 가장 바람직한 마음가짐이다. 그리고 나무에 날아들어 우는 새소리, 나뭇잎새 소리, 꽃과 꽃향기를 찾아 날아드는 나비와 벌의 모습, 앞 내의 흐르는 물소리, 처마의 낙수 소리, 창호지로 스며드는 달빛, 이들을 자연스럽게 바라보고, 듣고, 향기를 맡을 수 있는 정원을 꾸미기를 으뜸으로 한 것이 바로 한국 정원의 구성 원리인 것이다.

원래 정원(庭苑)이란 동서양을 막론하고 모두 인공적인 공간에 자연적인 공간을 재생하고

123 《退溪集》(1573). 第三卷詩, 又四絕, (註)山谷借景(山谷借景亭詩序). 靑神縣尉廳, 葺城頭舊屋, 作借景亭, 下瞰史家水竹. 한국고전번역원, 1732년간 金昌翕의 《三淵集》, 彥姪書堂. 1802년간 李象靖의 《大山集》, 次韻申君晦山泉齋 등.

124 중국의 계성(計成)은 그의 저서 《園冶》, 金聖雨 · 安大會 譯(藝耕, 1993), p.307에서 차경(借景)의 원리를 정원 꾸미기에서 중요한 원리라 하였다. 차경으로는 원차(遠借), 부차(俯借), 인차(鄰借), 앙차(仰借), 응시이차(應時而借), 이상 5가지를 논하였다.

자 한 것이다. 그러면서도 도가사상(道家思想), 불가사상(佛家思想), 유가사상(儒家思想), 음양오행론(陰陽五行論) 등을 기반으로 한 인위적인 꾸밈이 있었다. 동양 삼국, 즉 한국, 중국, 일본은 정원을 자연스럽게 가꾸고 꾸미고자 한 것에는 서로 통하나, 중국의 정원은 모든 구성 요소들이 인간적인 척도(尺度)를 넘어 굉대하고, 자연스러움을 잃은 반면, 일본의 정원은 인위적이고 작위적(作爲的)이다.

오직 한국의 정원만이 인간적 척도의 소박하고, 자연스러운 공간을 이루어, 사람과 자연이 하나〔融合〕되어 자연의 순리가 자재(自在)하는 정원이다. 그리고 이러한 정원이 건축에 이루어지는 때부터 건축은 완전한 건축이 되는 것이며, 나아가 건축과 사람은 비로소 자연과 하나가 되는 것이다.

2. 구성 요소(構成要素) 구성 방법(構成方法)

1 터 잡기〔相地〕

터 잡기는 상지(相地)라 하였다.[125] 그리고 터를 가려잡고 집을 짓는 것을 복축(卜築)이라 하였다.[126] 가원(家苑)이나, 궁원(宮苑), 사원(寺苑) 등과 같이, 건축물을 영조(營造)하면, 필연적으로 뜰〔庭〕과 동산〔苑〕이 이루어진다. 이때에는 특별하게 뜰과 동산을 이루기 위한 터 잡기는 필요치 않다. 건축의 터 잡기가 바로 정원의 터 잡기와 같은 것이기 때문이다.

건축의 터 잡기는 일찍부터 풍수지리 양택론(陽宅論)에 따라 행하여 왔다.[127] 그러나 풍수지리의 피해가 커서, 서유구(徐有榘)도 《임원경제지》(林園經濟志) 〈상택지〉(相宅志)에서 풍수가(風水家)를 멀리 한다 하였다. 하지만 그가 논술한 집〔宅〕의 터 잡기는 풍수지리 양택

125 《太宗實錄》 卷8, 4年10月 甲戌條, "遂相地于鄕校洞邊命作離宮." 그러나 옛 건물터〔址〕를 살펴보고 복원할 때에는 상지(相址)라 한다. 《景慕宮儀軌》 卷4 今制改建時設都監儀 : "景慕宮改建依定奪爲之 句管無人 禮曹參判金華鎭 旣己相址亦出圖形 敦匠之役宜付熟手 戶曹參判除授 仍差改建廳堂上."

126 洪萬選, 〈卜居序〉, 《山林經濟》(민족문화추진회).

127 주남철, 《한국주택건축》(일지사, 1980), pp.61-73. 洪萬選, "卜居" 條, 《山林經濟》.

론에서의 터 잡기와 별로 다르지 않다. 왜냐 하면, 자연환경의 이점을 두루 갖춘 집터가 바로 양택론에서 말하는 명당(明堂)이 되기 때문이다.

한편 별서(別墅)나, 정(亭), 누(樓), 대(臺), 당(堂), 헌(軒) 등을 짓고 뜰과 동산을 가꾸고자 할 때에는 양택론적인 터 잡기에서 벗어나 보다 자유로웠다고 하겠으나, 이 또한 결과적으로는 양택론 터 잡기의 기본에서 벗어나지 않는다.

우리나라는 국토의 3면이 바다인 반도국(半島國)이고, 국토의 3분의 2가 노년기 지모(老年期地貌)로 이루어진 산지(山地)이므로 도처에 산과 계곡, 구릉이 있고, 시내, 강이 흐른다. 그리고 많은 지역이 바다를 면하고 있다.

터 잡기의 기본은 이러한 자연의 지세(地勢)를 잘 살피고, 자연경관(自然景觀)의 장점과 단점을 잘 알아, 장점은 더한층 키우고, 단점은 보완하여, 본래 자연이 가지고 있는 모두를 장점으로 바꾸어 주는 것이다.

터를 잡고, 집〔建築〕을 짓고, 주변 자연을 바라보고, 그 속에서 살며 즐기는 데에는 경승(景勝), 경관(景觀), 경개(景槪), 이상 세 가지 요건을 갖추는 것이 좋다.[128] 그러나 혹 세 가지 모두를 갖추지 못한다 하더라도, 정원을 가꾸는 사람의 마음에 따라 모든 것이 새롭게 된다.

고려시대 이규보(李奎報)의 글들은 별서나 정자, 누 등의 터 잡기 방법을 말해 준다.

이규보의 〈박추부유가당기〉(朴樞府有嘉堂記), 〈태재기〉(太齋記), 〈사가재기〉(四可齋記), 〈통재기〉(通才記), 〈손비서냉천정기〉(孫秘書冷泉亭記)에서, "경치가 아름답고 좋은 기운을 모은 곳", "계곡이 깊숙하고 경치가 아름다운 곳"이 좋다고 하였다. 그러나 "경치가 아름답지 못하고, 본래 볼품없는 땅이라 하더라도 정원을 가꾸는 사람에 따라 모든 것이 새롭게 된다" 하였다.

정원을 잘 가꾸고 산수를 즐길 수 있는 데에는 정원을 가꾸는 사람의 마음가짐과 가꾸는 방법에 따라 얼마든지 아름다운 정원을 가꿀 수 있고 또 부귀와 산수를 함께 즐길 수 있는 것으로, 터 잡기에는 정원을 가꾸는 사람, 주인의 마음〔心匠〕이 으뜸임을 알 수 있다.

조선시대에도 이러한 터 잡기의 정신은 그대로 계승되었다.

128 李殷昌, 〈朝鮮時代의 官衙園林研究—嶺湖南地方의 官衙園林遺蹟을 中心으로〉, 《曉大論文集》 제28집(曉星女子大學校, 1984), p.9 : "同樂亭의 園林은 亭下에서 바라다보는 景勝, 亭子 當處의 景觀, 亭子에서 내려다보는 景槪 등 三景으로 구분된다." 李奎報, 〈시랑 이수가 廻文體로 화답한〉, 《東國李相國集》(민족문화추진회) : "좋은 경치 읊조리니 흥이 길어지고"(景勝吟酣興引). 李南珪, 〈退雲亭記〉, 《修堂集》(민족문화추진회) : "대저 어떤 사람이 수고하고 노력하여 景觀이 좋은 곳을 구한 다음 정사를 지어 〔…〕." 李圭景, 〈樂土可作菟裘辨證說〉, 《五洲衍文長箋散稿》(민족문화추진회) : "卜居總論, 以地理爲上 生理次之 景槪又次之 三者缺其一 非樂土也 地理雖佳 生理乏則不能久居 生理雖好 地理惡則亦不能久居 〔…〕."

우선 번잡한 곳을 벗어나 산과 골짜기〔溪谷〕, 계류(溪流), 천연의 바위, 수림 등이 자연스럽게 어우러진 경승지(景勝地)에 터를 잡는 것이 좋다. 이런 경승지는 그 향(向)에 구애받을 필요가 없다. 자연의 모습 그대로를 적절하게 이용한다. 설사 당(堂)이나 헌(軒), 정(亭), 대(臺), 누(樓) 등을 세우기 위해 터를 다듬는다 하더라도, 꼭 필요한 만큼만 손을 댄다. 터를 잡은 곳의 경관이 본래부터 좋은 것이 더 좋다고 하겠지만, 설사 본래의 경관이 좋지만 않다 하더라도, 곳곳에 세울 개개의 건축물 좌향(坐向)은 풍수지리의 양택론에 따를 것이 아니라, 경승을 잘 완상할 수 있도록 잡으면 된다. 즉 경개가 좋도록 앉게 한다. 냇가에서는 냇물을 잘 바라볼 수 있어야 하고, 산록(山麓)에서는 주변 산과 계류, 천연의 바위 등을 잘 바라볼 수 있게 향을 잡는다. 한적한 곳을 택하여 정원을 가꾼 것으로는, 한양의 도성 밖, 부암동 백석동천 별서유적(付岩洞白石洞天別墅遺蹟)(도면 66, 사진 73), 석파정(石坡亭)(도면 67, 사진 74), 성락원(城樂園)(도면 68, 사진 75), 그리고 담양 소쇄원(潭陽瀟灑園)(도면 69, 사진 76), 영양 서석지(英陽瑞石池)(도면 70, 사진 77)[129] 등이 있다.

특히 섬 전체를 대상으로 조원한, 보길도 윤고산 부용동 별서(甫吉島尹孤山芙蓉洞別墅)(도면 71, 사진 77)는 유일무이한 것이다.

터 잡기의 실체를 잘 드러낸 글로는, 산수간(山水間) 한적한 곳을 택하여 터 잡기를 한 〈도산기〉(陶山記)이다.

> 영지산(靈芝山)의 한 줄기가 동쪽으로 나와 도산(陶山)이 되었다. 〔…〕 이 산은 그리 높거나 크지 않으며 그 골짜기가 넓고 형세가 뛰어나고 치우침이 없이 높이 솟아, 주변 산봉우리와 계곡들이 모두 이 산에 절하면서 사방으로 둘러앉은 것 같다. 왼쪽에 있는 산을 동취병(東翠屛)이라 하고, 오른쪽에 있는 것을 서취병(西翠屛)이라 한다. 동병은 청량산(淸凉山)에서 나와 이 산 동쪽에 이르러서 벌려 선 봉우리가 아련히 트였고, 서병은 영지산에서 나와 이산 서쪽에 이르러 봉우리들이 우뚝우뚝 높이 솟았다. 그 동병 서병이 마주 바라보면서 서남쪽으로 꾸불꾸불 8, 9리쯤 뻗어 내려가다가, 동병은 서쪽으로 달리고 서병은 동쪽으로 달려서 남쪽의 넓고넓은 들판의 아득한 밖에서 합세하였다. 산 뒤에 있는 물을 퇴계(退溪)라 하고, 산 남쪽에 있는 것을 낙천(洛川)이라 한다. 퇴계는 산 북쪽을 돌아 낙천에 들어 산 동쪽으로 흐르고, 낙천은 동병에서 나와 서쪽으로 산기슭 아래에 이르러 넓어지고 물이 깊어졌다. 여기서 몇 리를 거슬러 올라가면 물이 깊어 배가 다닐 만한데, 금싸라기와 같은 모래와 옥 같은 조약돌이 맑게 빛나며, 검

129 주남철, 《한국건축사》 개정판(고려대학교출판부, 2006), pp.485-487.

푸르고 차디차다. 여기가 이른바 탁영담(濯纓潭)이다. 서쪽으로 서병의 벼랑을 지나서 그 아래의 물까지 합하고, 남쪽으로 큰 뜰을 지나 부용봉(芙蓉峯) 밑으로 들어가는데, 그 봉이 바로 서병이 동병으로 와서 합세한 곳이다. 처음에 내가 퇴계에 자리 잡고, 시내 옆에 두어 간 집을 얽어 짓고, 책을 보관하고 옹졸한 성품을 기르는 처소로 삼으려 하였더니, 벌써 세 번이나 자리를 옮겼으나 번번이 비바람에 허물어졌다. 그리고 그 시냇가는 너무 한적하여 가슴을 넓히기에 적당치 않기 때문에 다시 옮기기로 작정하고 산 남쪽에 땅을 얻었던 것이다. 거기에는 조그마한 골짜기가 있는데 앞으로는 강과 들이 내려다보이고, 깊숙하고 아늑하면서도 멀리 트였으며, 산기슭과 바위들은 선명하며 돌우물은 물맛이 달고 차서 이른바 비둔(肥遯)할 곳으로 적당하였다.

궁궐(宮闕), 관아(官衙) 등의 건축과 한양의 많은 제택들은 도성 안의 터에 자리하기 때문에, 대개는 번잡한 곳이 될 수밖에 없고, 또 이 때에는 양택론에 따라 좌향을 정하게 된다. 그러나 궁궐과 제택의 일부는 대부분 뒷동산이나, 산자락을 끼고 터를 잡은 것이라, 본래 터의 자연 경관을 최대로 살리는 정원을 이루게 되었다.

경복궁(景福宮), 창덕궁(昌德宮) 후원들은 바로 천연의 산자락과 골짜기, 냇물 들을 정원의 중요한 구성이 되도록 하였다.

김조순(金祖淳)의 옥호정(玉壺亭)(도면 45)은 도성 안에 자리 잡고 있었으나, 북악(北岳) 주봉(主峰) 동쪽 아래의 산자락과 냇물, 골짜기 들을 중심으로 정원을 이루고 있다. 낙산 아래의 산자락에 자리 잡은 인평대군 궁집〔麟坪大君宮家〕(도면 42)이나, 운현궁(雲峴宮)(도면 44, 사진 51) 또한 그렇다.

2 건축(建築)

정원은 뜰과 동산 모두를 말하는 것이므로, 건축이 이루어지면 정원도 함께 이루어진다. 따라서 궁궐이나 관아, 제택 등에서는 내부 공간을 이루는 건축이 주가 되고, 외부 공간을 이루는 뜰과 동산은 부차적인 것이다. 그렇다하여 건축이 외부 공간 없이 내부 공간만으로 이루어진다면, 건축으로서의 가치는 없으며, 존재할 수도 없다. 외부 공간은 내부 공간과 함께 건축의 목적이다.

그러나 별서(別墅)는 궁궐, 제택 등의 정원과는 달리 본래의 자연 속에 최소한의 인공을 가

하여 집을 짓게 된다. 천연의 산림, 산자락, 바닷가, 강가 등을 완상하면서 휴식을 취하기 위하여 짓는 건축물들이 바로 정(亭), 누(樓), 대(臺), 사(榭), 당(堂), 헌(軒) 들이다.[130]

자연 속에 이들 건축물들이 일단 지어지고 나면, 이들 건축물들의 내부 공간은 정원을 보며 즐기는〔완상(玩賞)〕 중요한 공간이고, 또 내부 공간을 형성하는 건축물은 바로 자연의 점경물(點景物)이 되어, 자연의 한 부분으로서 보며 즐기게 된다.

정, 누, 대 등의 건축물들이 이루고 있는 건축의 입면(立面)은 정원 속에 큰 시각적 구성 요소가 된다. 즉 기단, 초석, 기둥, 창방, 평방, 인방, 보로 구성되는 축부(軸部), 그리고 이 축부의 표피를 이루는 벽체와 창호, 공포대(栱包帶), 축부 위의 처마, 지붕, 그리고 부차적인 난간, 단청(丹靑) 들은 서로 서로 관계되어, 건축의 모습〔外觀〕을 이루면서, 나아가 정원 구성의 중요한 자리를 차지한다.

2.1 정(亭), 정자(亭子)

정자는 제택이나 공공건축의 한 부속채로서 짓거나, 정자 단독으로 짓는다. 전자의 경우는 강릉

강릉 해운정 사진 8

130 주남철, 〈정자〉, 《이화사진일기》(이화여자대학교출판부, 1983), pp.3-5. 주남철, 《한국건축사》 개정판(고려대학교출판부, 2006), pp.456-459.

화성 방화수류정 사진 9

영암 영보정 사진 10

고성 청간정 사진 11

의 해운정(海雲亭)(사진 8), 선교장의 활래정(活來亭)(사진 54), 경복궁 향원정(香遠亭)(사진 24)이 있고, 화성(華城)의 방화수류정(訪花隨柳亭)(사진 9)은 성곽 위에 세운 것이다. 후자의 경우로는 전북 임실군 지사면 석계리의 봉남정(鳳南亭), 안동 풍산읍의 삼구정(三龜亭)(사진 85) 등이 있다.

이들 정자들은 제택의 후원 동산이나, 자연경관이 수려한 산정(山頂)에 짓는 산정(山亭), 넓은 들판에 세우는 야정(野亭), 연못가에 세우는 연정(蓮亭), 시냇가나, 동산 안에서 폭포를 마주보는 곳에 시내를 가로 질러 세우거나,[131] 시냇가에 세우는 계정(溪亭), 바닷가에 세우는 해정(海亭), 남새밭과 떨어진 언덕에 세워 식물이 자라는 모습을 바라보는 포정(圃亭)[132] 등

131 徐有榘, 〈산수간에 집을 짓고〉, 《林園經濟志》, 안대회 엮어 옮김(민족문화추진회, 2005), p.75.

132 같은 책, p.74.

이 있다.

제원군의 관란정(觀瀾亭)은 산정에 터를 잡아 서강의 굽이굽이 흐르는 물결을 바라보고, 청원 옥화리 추월정(秋月亭)은 강가에, 예천 초간정(草澗亭)(사진 86), 함양 거연정(居然亭)은 시냇가에, 영암 영보정(永保亭)(사진 10)은 들 가에, 고성 청간정(淸澗亭)(사진 11)은 바닷가에 지은 정자들이다.

대나무 숲 울타리 옆에는 대나무를 얽어 죽정(竹亭)을 만드는데, 여섯 모나 여덟 모로 만든다.[133] 또 늙은 측백나무 네 그루를 심어 회백정(檜柏亭)을 만든다. 화장죽(花匠竹)을 사용하여 새끼로 묶어 지붕을 만들어서 정자를 완성한다.[134] 묘정(茆亭)은 산속에서 자라는 껍질을 가진 늙은 종려나무 가지 네 개로 기둥을 만들고, 흰 띠로 지붕을 얹거나, 종려나무 껍질 조각으로 지붕을 덮는다.[135]

평면이 방형인 사모정, 육각형인 육모정〔六隅亭〕, 팔각형인 팔모정〔八隅亭〕 등이 있고, 부용정(芙蓉亭)(사진 27)과 같이 아(亞)자의 변형도 있다.

소박한 정자는 막돌 허튼층쌓기 기단에 막돌초석을 놓고, 네모기둥을 세운 민도리집 구조이다. 지붕은 홑처마 초가지붕이나, 기와지붕을 이루고, 평난간과 띠살 들어열개 창호를 주로 택한다. 화려한 정자는 다듬은돌 바른층쌓기 기단, 다듬은돌 초석, 네모기둥, 두리기둥, 익공식 구조를 이룬다. 평난간은 물론 계자난간과 띠살, 아자, 완자살 등, 다양한 살짜임의 들어열개 창호를 설치한다. 그리고 홑처마 또는 겹처마의 기와지붕을 이룬다.

정(亭)의 바닥은 우물마루로 구성하고, 애련정(愛蓮亭)(사진 27)처럼 사방을 창호 없이 개방하거나, 향원정(香遠亭)(사진 24)처럼 사방에 여닫이나, 들어열개 창호를 설치한다. 또 체화정(棣禾亭)(사진 83)에서처럼 온돌방과 우물마루를 다 함께 들이고 사방에 창호를 설치하여 여름과 겨울, 사시사철 머물러 쉴 수 있게 하기도 한다.

2.2 누(樓)

수려한 자연경관이나 인공경관을 이루고 있는 산정(山頂)이나, 언덕, 냇가, 강가, 바닷가, 연못가 등에 건립한다. 강원도 삼척의 죽서루(竹西樓)(사진 88)는 바닥이 청(廳)으로만 이루어진, 강가에 세운 강루(江樓)이고, 남원의 광한루(廣閑樓)(도면 23, 사진 31)는 청과 온돌방 모두를 갖추

133 같은책, p.78.

134 같은책, p.79.

135 같은책, pp.79-80.

어 연못가에 세운 것이다.

누는 보통 이층집 모양을 이룬다. 일층 바닥은 자연 상태로 남겨 두거나, 토단이나 장대석 기단을 쌓고, 막돌초석, 네모뿔대의 초석이나 장주형 초석을 놓고, 누하주(樓下柱)를 세운다. 누하주는 네모기둥이거나 두리기둥이다. 누하주 위에 설치하는 바닥은 장방형 평면으로, 우물마루 바닥의 청이거나, 청과 함께 온돌방을 설치하여 추운 겨울을 나기도 한다.

익공식 구조로 팔작지붕을 이룬다. 평난간보다 계자난간을 더 선호한다. 창호 없이 개방될 때가 많다. 창호를 설치할 때에는 띠살 들어열개 창호가 일반적이다. 도성, 읍성, 궁성의 성문에는 누문을 짓는다. 아래로는 출입하고 위의 마루에서는 도성, 읍성, 궁성의 밖과 안을 두루 살피는 기능을 전담하게 하는데, 이를 문루(門樓)라고도 한다. 숭례문(崇禮門), 수원 화성의 장안문(長安門), 창덕궁의 돈화문(敦化門) 등은 문루로 지은 것이다.

한편 궁궐의 전각에도 부속된 누를 세워 휴식을 취하게 한다. 경복궁 대비전인 자경당(慈慶堂)의 청연루(淸讌樓)가 있고, 궁궐에 독립 건물로 지어 경회루(慶會樓)(사진 24)처럼 사신을 맞아 잔치를 하기도 하며, 주합루(宙合樓)(사진 27)처럼 규장각(奎章閣)을 두어 도서관 기능과 휴식 기능을 겸하기도 한다.

사찰 건축에서도 누문을 건립한다. 봉정사(鳳停寺)의 누문, 부석사(浮石寺) 안양루(安養樓)는 모두 누 아래에서 위의 마당으로 올라서는 누하 진입(樓下進入)의 누문이고, 해인사의 구광루(九光樓)(도면 38, 사진 46)는 누 안으로 진입하여, 밖으로 나가는 누문이다. 화엄사의 보제루(普濟樓)(도면 39, 사진 47)는 누 앞을 돌아 대웅전 마당으로 진입하는 누이다. 사찰의 누에는 종과 북, 목어, 운판의 사물(四物)을 매달고 예불을 인도하기도 한다. 이 누를 종루(鐘樓), 또는 고

함허루

정면

월성 양동마을 심수정 사진 12

광산 김씨 종가의 탁청정 사진 13

루(鼓樓)라 한다. 또는 누 건축이지만 범종각(梵鐘閣)이라 편액하기도 한다.

향교와 서원에서도 누를 건축하고, 누 밑으로 출입하고, 누 위에서 시를 짓고, 휴식을 취한다. 관아, 객사 건축에서도 누를 건립한다. 《탁지지》(度支志) 〈호조본아전도〉(戶曺本衙全圖)(도면 18)를 보면 후원 연못가에 누정이 건립되어 관원들이 휴식을 취하였던 것을 알 수 있다. 밀양 영남루(嶺南樓)(사진 30)는 바로 밀양객사의 부속 건물로서 지어진 누이다. 또 강릉 동헌인 칠사당(七事堂)의 동쪽에도 누가 건립되어 있다. 구례 운조루(雲鳥樓)(도면 58, 사진 65)는 사랑채 대청 옆에 세운 누이나, 정작 "운조루"(雲鳥樓) 편액은 대청 남벽에 걸려 있으며, 이 편액명이 곧 이 제택의 택호(宅號)가 되었다.

또 누와 정이 하나의 채로서 건립되어 공존하는 경우도 있는데, 월성 양동마을의 심수정(心水亭)(사진 12)은 ㄱ자형 평면으로, 이 채의 ㄱ자로 꺾어진 곳에 누를 달아 내고 "함허루"(涵虛樓)라 편액하고 있다. 또 광산 김씨 종가의 탁청정(濯淸亭)(사진 13)은 일층 바닥을 지면에서 높게 하여 누처럼 세웠으나, 정이라고 하였다.

2.3 각(閣)

각은 누와 비슷한 모양새로 혼용되는데, 여기서 누각(樓閣)이라는 용어가 나오게 되었다. 일반적으로 누가 장중한 맛을 갖고 있다면 각은 날렵한 모습을 이루게 된다. 각이나 누는 수려한 경관을 이루고 있는 곳에 건립된다.

궁궐 건축에서 한 채의 건물 속에 각으로서 자리 잡고 있는 경우도 많다. 〈동궐도〉(東闕圖)의 '문화각'(文華閣), '학몽각'(鶴夢閣)이 그 예로, 소주합루 북쪽에 자리 잡은 맞배기와집 서쪽을 '문화각'(文華閣), 동쪽을 '수방재'(漱芳齋)라 하였다. 또 각은 때로 합(閤)이라 이름 짓는 경우도 있다. 연영합(延英閤) 속에 세 개의 편액 '영연합'(英延閤), '천지장남지궁'(天地長男之宮), '학몽합'(鶴夢閤)이라 하였다. 각은 일반적으로 장방형 평면의 익공식 구조로 팔작지붕을 이룬다.

2.4 당(堂)

당은 당당한 집채를 말하는 것으로 별서의 중심 되는 곳에 남향으로 지어 정원 전체를 완상하도록 한다. 또 주택, 궁궐, 향교, 서원, 관아 등에서 중심 되는 건물로 세워 그 건축의 주된 기능을 다함과 동시에, 그 건축 앞에 구성된 뜰을 바라보며 유유자적할 수 있도록 한다.[136]

소쇄원(瀟灑園)의 제월당(霽月堂)(도면 69, 사진 76)은 정면 3간 측면 1간 중 1간은 온돌방이고 2간은 대청인데, 일반 저택의 집채와 같은 모양이다. 그러나 이런 모습은 때로 정(亭)이라 편액되기도 한다. 때문에 주택의 당과 구별하기 위해 중국에서는 이를 '화당'(畵堂, flower hall)이라 불러 왔다.[137]

대부분 장방형 평면의 민도리집 구조이나 때로 익공식 구조를 이루며, 주로 팔작지붕을 이룬다.

2.5 헌(軒)

헌은 당처럼 주택, 궁궐, 관아, 서원 등에서 건립되어 몸채로서의 기능을 다하면서, 한편 단독으로 별서에 건립된다.

서유구(徐有榘)는 동산 안에서 훤히 터 밝고 상쾌한 곳을 택하여 송헌(松軒)을 짓고, 창 여덟 개를 영롱하게 내고, 좌우에는 푸른 솔 몇 그루를 심되 가지와 동아리가 검푸르고 예스러우며, 구불구불하여 그림처럼 아름다운 소나무를 골라 심는다 하였다.[138]

강릉의 오죽헌(烏竹軒)은 본래 권씨가(權氏家)의 별당 건축이었고, 경북 안동 임하면의 지례동 오류헌(知禮洞 五柳軒)은 사랑채의 편액명으로, 이 주택의 택호(宅號)이다.

창덕궁 후원 애련지(愛蓮池) 북쪽 산등성이 아래, 높은 터에는 기오헌(寄傲軒)과 의두합(倚斗閤)(사진 27)이 자리 잡고 있어 애련지 주변 풍광을 완상할 수 있다.

일반적으로 장방형 평면의 민도리집 구조이나, 익공식 구조의 홑처마 팔작지붕을 이룬다.

2.6 대(臺)

돌이나 흙으로 높고 평평한 바닥을 형성하여 누처럼 건물을 세우고 '○○臺'라 편액한다. 경승

136 朱南哲 外,《韓國傳統建築—第三輯 樓亭建築》(大韓建築士協會, 1996), pp.32-33.

137 유병림 · 황기원 · 박종화 외,《朝鮮朝 庭園의 原型에 관한 研究》(서울대학교 환경대학원부설 환경계획연구소, 1989), p.24.

138 徐有榘, 앞의 책, p.80.

양양 의상대 사진 14

지에 세운다. 또 궁궐 내에 건립하기도 하고 성내의 높은 지역에 세우기도 한다. 강릉의 경포대(鏡鋪臺)(사진 89)는 경포호(鏡鋪浩) 호숫가에 지은 대이다. 남한산성의 수어장대(守御將臺)나 수원화성(水原華城)의 동장대(東將臺), 서장대(西將臺) 들은 성 안에 세운 대이다. 이는 군사들을 독려하고 주변을 살필 수 있게 세운 건물들이다. 일반적으로 장방형 평면의, 익공식 구조로, 겹처마 팔작지붕을 이룬다. 그러나 때로 작은 정자처럼 짓고 이를 '○○臺' 라 이름하기도 한다. 양양의 의상대(義湘臺)(사진 14)는 의상대가 있었던 터라고 추정되는 곳에 1925년 건립한 것이다.

2.7 사(榭)

높은 대 위에 지은 집을 말한다. 물가나 꽃밭가 등 경관이 수려한 곳에 짓는다. 창덕궁 후원의 폄우사(貶愚榭)는 장방형 평면의 민도리집 구조로, 겹처마 맞배지붕을 이루고 있다.

3 마당

《큰사전》[139]에 "집 앞이나 뒤에 또는 어떠한 곳이나 닦아 놓은 단단하고 평평한 땅"이라 하였다. 옛말로는 '맏'이라 한다. 이 마당은 회랑(回廊)이나 담장 등, 건축물로 둘러싸게 되거나, 아니면 자연의 들, 강 또는 산자락과 이어지게 된다. 건축물로 둘러싸인 마당은 흙바닥 마감으로 비워 두기도 하지만, 여러 가지 석물들을 늘어놓고, 화단을 만들어 화초를 심고 가꾸며, 또 정심수(庭心樹)를 비롯한 여러 종류의 나무를 심기도 한다. 때문에 엄밀한 의미로 마당은 땅바닥만을 뜻하지만, "뜰〔이〕, 집 안의 앞뒤 혹은 좌우로 가까이 있는 평평한 땅"(옛말 뜰)이라고 한《큰사전》의 풀이대로, '마당'을 바닥으로 한 공간이 바로 '뜰〔庭〕'인 것이다.

건축물 앞쪽의 마당을 앞마당, 뒤쪽 마당을 뒷마당, 옆쪽의 것을 옆 마당이라 부르고, 그 공간을 앞뜰〔前庭〕, 뒤뜰〔後庭〕, 옆뜰〔側庭〕이라 한다. 마당을 마감하는 방법으로는 흙바닥마감이 가장 일반적이다. 그러나 궁궐의 정전(正殿) 마당〔政庭〕은 박석(薄石)[140]들을 깔아 마감한다(사진 24). 박석은 보통 부정형으로, 표면은 거칠다. 매끈하게 다듬으면, 햇빛의 난반사로 눈이 부시고, 비올 때 넘어지기 쉽기 때문이다. 예외적인 것으로 양동마을 월성 손씨(月城孫氏) 문중의 서당인 안락정(安樂亭) 앞마당이 있다. 잔돌을 깔아 마감하고, 곳곳에 바위와 화초, 나무를 심었다.[141]

마당은 건축의 수평적인 요소로서, 이 마당에 자리 잡은 수직적 요소인 나무, 화초, 석물, 굴뚝 등과 한 공간 속에서 시각적으로 대비(對比)를 이루면서 공간을 통합한다. 특히 수직적 요소들의 그림자들은 시간의 흐름에 따라 길었다가 짧아지고, 또 희미하였다가 확실해지며, 또 이와는 반대의 현상을 이루어 뜰을 시각적으로 흥미롭게 한다.

139 한글학회,《큰사전》(을유문화사, 1947).

140 세종 때에 매도(煤島)에서 박석을 좌우수병과 사재감에서 실어와 선공감으로 하여금 때를 잡아서 전정(殿庭)에 깔게 한 기록이 있다.《世宗實錄》卷58, 14年 10月 乙巳條: "安崇善金宗瑞等啓 薄石多在煤島 宜當事簡時 遣左右水站及司宰監船隻載來 鋪地殿庭 上曰 其愈諸 繕工監 待簡時爲之."

141 주남철,《韓國建築美》개정판(일지사, 1995), pp.434-436.

4 동산〔苑〕· 조산(造山)과 가산(假山)

전 국토의 3분의 2가 산지인 까닭으로 일반적으로 뒤로는 산을 끼고, 앞으로는 내가 흐르는〔배산임수(背山臨水)〕 곳에 집터를 잡게 된다. 따라서 자연히 뒷동산을 가지게 된다. 궁궐의 동산인 경복궁 후원(後苑)은 북악(北岳) 산자락과 이어진 큰 동산이고, 창덕궁 후원에는 크고 작은 동산들이 여기저기 있어, 여러 골짜기를 이루고, 또 내가 흐른다. 인평대군(麟坪大君) 궁집〔宮家〕은 낙산〔駱駝山〕 남쪽 산자락〔南麓〕을 동산으로 하였다(도면 42).[142]

조산은 인공적으로 만든 동산이다. 천연의 동산이 없을 때나, 또는 풍수지리 양택론에 따라 비보(裨補) 차원에서 인공으로 만들기도 한다. 조산의 조성은 삼국시대부터 이미 이루어졌다. 《삼국사기》 백제 진사왕(辰斯王) 7년(391)에는 "봄 정월, 대궐을 중수하고, 못을 파고 조산(造山)하고, 진기한 새와 기이한 꽃을 길렀다"(重修宮室 穿池造山以養奇禽異卉)라고 하였다.

고구려의 안학궁 터〔安鶴宮址〕(도면 2)에서는 남궁 서쪽과 북궁 북쪽에 조산하였고, 신라 동궁의 안압지(雁鴨池)(도면 3, 사진 3)에서도 연못의 동북쪽에 조산하였다. 연못 속의 3개의 섬 봉우리와 합쳐 모두 12개의 봉우리를 만들어 무산십이봉(巫山十二峰)을 이루고 있다.[143]

고려에서도 조산을 쌓았다. 예종(睿宗)은 대내(大內)에 보문각(寶文閣)과 청연각(淸讌閣)을 지었는데, 이에 대한 〈김연기〉(金緣記)[144]에 "난간 밖에는 돌을 쌓아 산을 이루고, 뜰 가에는 물을 끌어대어 못을 만들었다. 우뚝우뚝한 온갖 형상과 맑게 고인 물은 사방이 환하니"(欄楯之外 疊石成山 庭除之際 引水爲沼 峭崒萬狀淸渟四澈)라고 하였다.

조산의 전통은 조선시대에 이어졌다. 태조(太祖) 때에는 종묘(宗廟)를 영건하면서 정전의 남쪽이 허(虛)하여 조산하였고, 태종은 다시 태종 9년(1409)에 태조 때 만들었던 가산을 증축하였다(도면 35, 사진 43).[145]

경복궁 교태전(交泰殿) 후원 동산인 아미산(峨嵋山)은 조산이다(도면 10, 사진 24).

도성 수구문(水口門) 안, 훈련원 동북쪽에, 시내 남쪽과 시내 북쪽에 각각 지기(地氣)를 모으기 위하여 조산을 쌓았다. 영조 36년(1760) 경진년(庚辰年)에는 버드나무를 시내 양안(兩岸)에 심어 무너지는 것을 방지하고, 이를 식목소(植木所)라 하였다.[146]

142 주남철, 《궁집》(일지사, 2003), pp.75-85.

143 주남철, 《한국건축사》 개정판(고려대학교출판부, 2006). 金壽興, 《退憂堂集》, 卷之十, 雜著, 南行錄(한국고전번역원).

144 古典刊行會, 《新增東國輿地勝覽》, pp.104-105.

145 주남철, 《한국건축사》 개정판(고려대학교출판부, 2006), p.340.

146 서울특별시사편찬위원회 간, 《서울史料叢書 第一, 東國輿地備攷》(1956), 卷之二 〈漢城府〉, 山川-假山條.

조산(造山)과 가산(假山)은 다르다. 가산(假山)은 석가산(石假山)의 준말이다.[147] 그러나 가산이 조산과 같은 뜻으로 쓰이기도 하였다. 《국조보감》(國朝寶鑑) 7권 세종조 3, 세종 26년 갑자(甲子)조에는 "궁성의 길을 막고 성내에다 가산(假山)을 만들어 지맥을 보충하게 하기를"이라 하였다.

함안 무기 국담(舞沂菊潭)은 장방형 지당인데, 이 못 중앙의 둥근 섬 윗면에 여러 개의 길쭉한 돌들을 세워 가산을 만들고, 이를 석가산(石假山)이라 불렀다(사진 81). 또 함양 정병호 씨 집 사랑채 누마루 앞에는 낮은 조산을 만들고 여러 개의 돌들을 놓아 석가산(사진 61)을 이루고 있다.

《임원경제지》(林園經濟志)는 연못가에 석가산을 만드는 방법을 말하고 있다.

"물에 불린 조약돌을 쓰되, 이 돌을 얻을 수 없을 때는 연한 돌을 가져다가 깨서 괴석(怪石)을 만든다. 괴석을 연못가에 첩첩이 쌓아서 산을 만들되 바위와 골짜기가 그윽하고 깊숙하게 만들고, 단풍나무, 소나무, 오죽(烏竹), 진달래, 철쭉, 패랭이꽃, 백합, 범부채와 같은 꽃과 나무를 심는다."[148]

뜰 가운데 석가산을 높이 쌓고, 또 아름다운 나무와 기이한 화초를 심기도 한다.

《미수기언》(眉叟記言) 기언별집(記言別集) 제9권, 〈석가산기〉(石假山記)에는 "숭정(崇禎) 13년(인조 18년, 1640) 9월에, 목(穆)이 남해를 구경하고 낭주〔浪州, 부안(扶安)의 옛 이름〕를 지나다가 숙구(叔舅) 한한옹(閑閑翁)을 서호(西湖) 장륙와(藏六窩)에서 뵈었다. 뜰 한가운데에 몇 층을 쌓아 올린 석봉(石峯)이 있었는데 높이는 쳐다보아야 할 정도였고, 파란 돌들이 뾰족뾰족하게 솟았으며, 울멍줄멍하게 서로 엇갈린 사이에는 아름다운 나무와 이상한 꽃을 심었으며"[149]라고 하였다. 때로 천연의 바위를 이용하기도 한다. 다산(茶山) 정약용(丁若鏞)은 "어느 날 매화나무 아래를 산책하다가 〔…〕 돌을 쌓아 단(壇)을 만들었다. 〔…〕 동쪽 못가로 가 그 주변을 넓히고 대오(臺塢)도 새로 만들어 아름다운 꽃과 나무들을 심었다. 그리고 거기 있는 바위를 이용하여 가산(假山)을 하나 만들었는데, 구불구불 굽이지게 하여 샘솟는 물이 그 구멍을 통해 흐르게 하였다"라고 적었다.[150]

147 한글학회는 《큰사전》에서 '조산'(造山)은 "쌓아서 만든 산"이라 하고, '가산'(假山)은 "석가산(石假山)의 준말"이라 하였다.

148 徐有榘, 〈산수간에 집을 짓고〉, 《林園經濟志》, 안대회 엮어 옮김(민족문화추진회, 2005), p.47.

149 민족문화추진회, 《眉叟記言》, 記言別集 제9권 : "崇禎十三年九月. 穆游南海上. 過浪州. 省叔舅閑閑翁於西浩藏六窩. 見庭中石峯數重. 其高可仰. 蒼然ㅁ屼. 磈礧相支. 間埴桂木異奔.〔…〕"

150 《茶山詩文集》, 弟五卷, 詩(한국고전번역원).

5 석축(石築), 석단(石段), 화계(花階), 석계(石階), 식단(植壇)

부석사 석축 **사진 15**

새로 닦은 집터는 구릉이나 산자락, 또는 냇가에 면하게 됨으로써 자연히 집터 주변에는 경사진 면이 남게 되고, 집터와 집터 사이에 높낮이가 다른 면이 생긴다. 이들 경사진 면이나, 높낮이가 다른 면은 단(段)을 지어 지면을 고르고 마무리하게 된다.

마무리 방법으로는 석단이나 석축을 쌓는다. 막돌로 허튼층쌓기하거나 바른층쌓기하고, 또 다듬은 돌로 허튼층쌓기하거나 바른층쌓기한다.

영주 부석사(浮石寺)의 뜰에는 돌로 쌓은 석축의 석단이 모두 9개가 있다(사진 15). 화엄사(華嚴寺)의 각황전(覺皇殿) 앞에는 장대석 바른층쌓기의 석축을 쌓아 아랫마당과의 높이 차이를 마무리하였다(사진 47).

화계(花階)는 석단 위의 바닥 면에 화초나, 나무를 심은 것이다. 동산이나 담장 아래에 몇 단의 석단을 쌓아 화계를 이룬다. 정다산 초당(丁茶山草堂)의 화계는 막돌 허튼층쌓기이고, 창덕궁 후원 연경당(演慶堂) 선향재 뒷동산의 화계(사진 27)는 사고석 바른층쌓기 화계이며, 종묘(宗廟) 정전(正殿)의 화계는 장대석 바른층쌓기이다(사진 43).

창덕궁 정전인 인정전(仁政殿) 뒤에도 화계가 조성되었었는데, 연산군은 시위(侍衛)하는 사람이 많이 들어갈 수 없다 하여, 화계를 철거하여 뒤뜰을 넓혀, 더 많은 시위하는 사람을 마련하라 하였다.[151]

《임원경제지》에서는, "화계(花階) […] 서재 남쪽과 북쪽 뜰의 담장 아래에는 돌을 쌓아서 계단을

151 《燕山君日記》 권60, 11년 15일 병신(丙申)조 : "仁政殿後庭狹窄, 侍衛人不能多入, 其撤殿後花階, 使之敞豁 侍衛人加磨鍊."

만든다. 여기에 화훼(花卉)를 심고 분경(盆景)을 진열하는 것이 옳다. 계단을 하나 만들기도 하고 혹은 두세 계단으로 만드는데, 땅의 높낮이에 따라 정한다. [⋯] 계단 위에는 대나무 난간으로 두르는데 반죽(班竹)을 쓰는 것이 아름답다. 혹은 나무로 만들기도 하는데 신회를 발라두면 비바람에 잘 견딘다. 만일 색깔이 있게 하려면 석간주(石間硃)나 석록(石綠)을 사용하여 법제유(法製油, 오동나무 기름)를 회와 섞어서 바르면 나무 사이에서 빛이 휘황할 것이다"[152]이라 하였다.

마당이나 동산에서, 낮은 곳에서 높은 곳으로 올라가려면 몇 단의 돌계단, 즉 석계를 만든다. 창덕궁 낙선재(樂善齋) 뒷동산 상량정(上涼亭) 마당으로 오르는 석계는 다듬은돌 석계이다(사진 27). 전체 높이 3분의 2 지점에 계단참을 두고, 방향을 바꾸어 나머지 3분의 1을 올라간다. 방향의 변화를 주어 흥미롭다.

마당이나 화계에 원형, 방형의 단(壇)을 쌓고, 나무를 심어 식단(植壇)을 이루기도 한다(사진 48, 구룡지와 식단).

6 징검돌, 돌길〔石道〕, 전돌길〔磚道〕

건물의 기단 아래부터 다른 건축물에 이르는 길이나, 다른 시설물에 이르기 위해 딛고 걸어야 하는 마당에는 징검돌들을 발걸음에 맞추어 놓거나, 돌을 깔아 돌길을 만들고, 또는 전돌〔塼〕을 깔아 전돌길을 만들기도 한다.

징검돌들은 시각적으로 하나의 돌덩이〔石塊〕이고, 또 넓은 면(面)으로 인지되지만, 한편으로 점(點)과 점이 이어져서 이루어진 선(線)으로 인지된다. 돌길이나 전돌길에서도 선적으로 인지되는 것은 마찬가지다. 그리고 선들이 가지는 방향성(方向性)은 뜰과 동산에 시각적으로 흥미와 풍요로움을 준다.

창덕궁 후원 폄우사(貶愚榭)에 이르는 징검돌들은 갈지자〔之〕 걸음으로 딛고 가게끔 놓여 있다(사진 27). 시각적으로는 물론 이들 징검돌들을 딛고 이동할 때의 행위에 즐거움을 주고 있다.

돌길로 특수한 것은 궁궐 정전 월대 앞이나, 정문으로부터 정전으로 이르는 길인 어도(御道)이다. 어도는 길 세 폭으로 이루어지는 삼도(三道)의 중앙 가장 높은 길이고, 이 어도의 좌우에는 보다 낮은 한 폭의 길이 붙어 있다. 중앙 폭의 길 어도는 임금의 길이고, 좌우 폭의 길은 신하들의 길이다. 종묘(宗廟) 정전으로 이르는 삼도에서는 중앙이 신도(神道)와 향로(香路)

152 徐有榘, 앞의 책, p.253.

를 함께한 신향로(神香路)이고, 동쪽이 어로(御路), 서쪽이 세자로(世子路)이다(사진 43). 문묘(文廟) 대성전(大成殿)에서는 정문인 삼문(三門)에서 신로가 시작되어 대성전 기단의 서계(西階)에 이른다(사진 32).[153]

지방 향교의 대성전이나 일반 사묘의 앞에는 방형 전돌을 깐 전돌길을 놓는다.

7 물〔水〕

냇물, 강, 호수, 바다, 폭포 들은 모두 본래의 자연이다. 물과 함께 그 모습을 보고 즐기며, 또 물 흐르는 소리, 파도 소리, 물 떨어지는 소리를 들으며 즐긴다. 일반적인 정원이나 별서에서는 의도적으로 냇물을 안으로 끌어들이고, 물을 모아 못으로 흘러들게 한다. 끌어들일 물이 없을 때에는 샘을 파서 물을 얻는다. 정원에서 물을 얻고, 물을 다루는 방법으로는 분출(噴出), 자일(自溢), 폭포〔瀑布, 懸瀑〕, 잠류(潛流)가 있다.

첫째, 분출은 물을 솟아나게 하는 방법이다. 샘〔泉〕과 우물〔井〕을 파서, 땅속의 수맥(水脈)으로부터 물이 솟아오르게 하여〔噴出〕,[154] 그 물을 모아 쓴다. 물이 저절로 솟아오르는 분출은 물을 다루는 방법 중 하나이나, 자연의 모습을 깨트리는, 인위적으로 높이 솟게 하는 분수(噴水)는 결코 택하지 않는다. 물을 다루는 방법은 모두 자연스럽게 한다. 두 번째는 샘에서 차고 넘쳐흐르는 물을 물길을 따라 못으로 흘러들게 하여 채우는 것이다. 샘에 차고 넘쳐 나는 것이나, 우묵한 곳에 흘러들었다가 넘쳐 나는 것을 자일이라 한다. 신익성(申翊聖)의 〈쌍수정기〉(雙樹亭記)에서의 "정수자일"(井水自溢)[155]이 바로 그것이다. 세 번째는 물의 천성대로 높은 곳에서 낮은 곳으로 흐르게 한다. 냇물이나, 강물은 자연스럽게 높은 곳에서 낮은 곳으로 흘러내려가 바다로 흘러든다. 때로 흘러가는 도중에 높은 곳에서 낮은 곳으로 떨어진다. 이를 '폭포' 라 한다. 폭포는 '현폭' (懸瀑)[156]이라고도 하고, 또 '비천' (飛泉), '현천' (懸泉), '홍천' (虹泉), '현단' (懸湍)이라고도 한다.

153 李相海, 〈3. 廟 · 壇 · 祠〉, 《서울建築史》(서울특별시사편찬위원회, 1999), pp.364-367.

154 尹拯, 《明齋先生遺稿》 卷之三十二, 銘, 〈寒泉亭銘〉: "架木編茅爲小亭 而遊息於其上, 亭側有活水 自巖縫噴出 渟而爲泉 瀉而達澗 甘冽淸瑩 可飮可玩."

155 申翊聖, 《樂全堂集》 卷之七, 〈雙樹亭記〉, 1682년(숙종 8) 간(민족문화추진회). 중국에서도 自溢이라 한다. 岡大路, 《中國庭園論》, 金永彬 譯(中文出版社, 1987), pp.198-199.

156 중국에서도 懸瀑이라 한다. 岡大路, 앞의 책, pp.198-199.

조경〔趙絅, 1586(선조 19)-1669(현종 10)〕의 《조용주동사록》(趙龍洲東槎錄) 〈청견사〉(淸見寺)에, "청견사 앞에는 넓디넓은 바다, 청견사 뒤에는 폭포 떨어지는 소리"(淸見寺重溟闊淸見寺後懸瀑鳴)의 폭포가 바로 '현폭' 이다.

네 번째로는 본래부터 땅속으로 흐르거나, 흐르던 물을 땅으로 스며들게 하여 땅속으로 흐르게 한다. 이것이 바로 '잠류' (潛流)이다. 권근〔權近, 1352(고려 공민왕 1)-1409(조선 태종 9)〕의 《양촌선생문집》(陽村先生文集) 권37에, 〈비명류—유명조선국보각국사비명〉(碑銘類—有明朝鮮國普覺國師碑銘)에 "높으면 곧 낮아지고 낮아지면 곧 그치게 됩니다라고 대답하고, 물은 어찌하여 개울을 이루는가? 하니, 바다가 숨어 흐르는〔잠류〕 곳마다 개울이 됩니다"(逢高卽下 遇下卽止 問水何到成渠 曰 大海潛流 到處成渠)라 하였고, 채수〔蔡壽, 1449(세종 31)-1515(중종 10)〕의 《나재집》(懶齋集) 권1, 기(記), 〈석가산폭기〉(石假山瀑記)에, "땅속 잠류로 나온 물은 동쪽 못까지 이른다"(引水由地中潛流 到池東邊) 하였다. 잠류는 바로 땅 속으로 흐르는 물이다.[157]

7.1 샘터〔泉〕, 우물〔井〕[158]

샘터나 우물은 생활용수를 공급해 주며, 못에 물을 채워 넓은 수경(水景)을 이루고, 또 방화용수(防火用水)를 마련해 준다.

샘은 거듭 새로 솟아나는 모습으로 부(富)의 모습과 "새롭게 거듭나는 모습"을 심상(心想)에 심어 준다.

서울 자하문 박씨가의 샘터는 다듬은돌로 장방형 틀을 만들고, 그 바닥에 2개의 정방형 물확〔水確〕을 배치하고, 다시 정방형 물확 속에 더 작은 정방형과 원형의 확을 두어, 샘에서 솟아난 물이 물확의 홈을 따라 확에 고였다가 샘터 밖으로 흘러나가게 하였다. 방형과 원형의 대비(對比)가 흥미를 주면서도, 방형의 반복으로 주조성(主調性)을 이루어 전체적으로 통일성을 이루게 하였다(사진16).[159]

경주의 탑동 김헌용 가옥 마당 남쪽에 옛 우물이 남아 있다(사진17). 막돌로 사방 둘레를 한줄쌓기하고, 그 안의 바닥은 막돌 판석을 깔았다. 중앙에 원형 우물이 있다. 넓고 두꺼운 판석으로

157 《敬亭先生集》 卷之七, 〈燕槎紀行, 五言律百韻〉, "灤水潛流玉"(민족문화추진회). 중국에서도 潛流라 한다. 岡大路, 앞의 책, pp.198-199. 주남철, 《한국건축의장》 개정판(일지사, 1985), pp.163-168.

158 주남철, 《韓國建築意匠》(일지사, 1979), p.199.

159 같은 책, pp.199-201.

자하문 박씨가 샘터 사진 16

경주 탑동 김헌용가 우물 사진 17

팔각형 안에 원형의 구멍을 내어 두레박으로 물을 길을 수 있게 마무리하였다. 이 갓돌은 바닥보다 조금 높아 바닥에 떨어진 물이나, 빗물이 우물 속으로 흘러들지 못하도록 하였다.

운현궁(雲峴宮)의 우물이나 경복궁 교태전의 우물들도 모두 화강석으로 마무리하였는데, 한층 정교하고 아름답다(사진51,24).

뜰이나 동산 가까이에 샘물 줄기가 없을 때에는 멀리서 샘물을 끌어온다. 끌어오는 기구를 홈통, 또는 물대롱〔水筒〕[160]이라 한다.

서유구(徐有榘)는 《임원경제지》에서, "임홍(林洪)의 《산가청사》(山家淸事)에 나오는 대나무를 쪼개어서 샘물을 끌어오는 법(剖竹引泉法)을 이용한다" 하였다. 이 글의 주(註)에는 "큰 대나무를 취하여 대마다 속을 뚫어서 위아래가 서로 끊어지지 않고 이어지도록 한다〔連筒〕. 이것을 평지에 놓기도 하고, 혹은 계곡 위에 시렁을 얹어 걸치기도 하여 물을 끌어들여 연못이나 부엌, 욕실 등에 물을 댄다"라고 하였다.[161]

물을 끌어오는 홈통은 돌로 만들기도 한다. 이를 돌홈통〔石筒〕[162]이라 한다. 일반적으로는

160 《甫吉島識》, "물대롱은 옛날에는 후원에서 샘물을 끌어들여 지붕마루를 넘겨, 뜰 가운데로 떨어지게 하고, 큰 나무통으로 받아 사용하였는데 지금은 西窩 뒤쪽으로 옮겨져 있다"(水筒 舊自園後 引泉 橫越屋脊落於庭中 承以大槽 今移在西窩後).

161 徐有榘, 앞의 책, pp.49-50.

162 《甫吉島識》: "대 위에는 돌을 쌓아 가산을 만들었는데, 허리 부분에 구멍 하나를 뚫어 그 가운데 물홈통〔石筒〕을 끼워놓고 뒤에서 숨은 물대롱〔隱筒〕으로 물을 끌어들여 구멍을 통하여 연못으로 쏟아지게 하고 이를 비래폭(飛來瀑)이라 불렀다. 물이 차면 가산 뒤로 옮겨 작은 언덕에 대는데 그 언덕에는 단풍나무, 산다나무, 소나무들이 서 있다(臺上 疊石爲假山 高可丈餘 〔…〕 腰鑿 〔…〕 口中插石筒 自後隱筒引水 由竇中揷於池 號飛來瀑 水滿則移筒假山之後 臨以短屏 皐皆楓茶疎松).

샘물이나 계곡의 물을 끌어오는 홈통은 나무로 만든다. 직경 12센티미터 정도 되는 둥근 나무를 절반으로 갈라서, 속을 파내어 만든다. 그리고 이런 홈통을 2-3개 이어서 연못이나 물통〔水槽〕으로 물을 끌어들인다. 다산 초당(茶山草堂)에서는 나무홈통으로 연못에 물을 끌어들이고, 선암사(仙巖寺) 무우전(無憂殿)에서는 나무홈통으로 석수조(石水槽)에 물을 채운다(사진 49).

7.2 못〔池〕, 지당(池塘), 연못〔蓮池〕과 섬〔島〕

못은 땅을 넓게 파서, 물을 모아두는 것이다. 당(塘)이라고도 한다. 이는 당(塘)이 '못을 파 물을 댄다' (鑿池注水)는 뜻이 있기 때문이다. 〈동궐도〉(東闕圖) 부용정(芙蓉亭)의 못에 '塘' 이라 표기하였다. 한편 지당이라고도 한다. 못인 지(池)와, 못의 가장자리 두둑(방죽, 방축)을 일컫는 당〔塘, 陂也堤岸〕을 아울러 말하기 때문이다.

흔히 못을 연못이라고 하나, 이는 엄밀히 말해 연꽃〔蓮〕을 키우는 못을 말한다.

못은 못 바닥에 샘이 있어, 솟아나는 물로 못을 채우고, 넘치는 물은 출수구(出水口)로 흘려보낸다. 못에 샘이 없을 때에는 못 가까운 곳의 샘에서 흘러나오는 물을 물길과 입수구(入水口)로 흘러들게 하고, 넘치는 물을 출수구로 흘러나가게 한다. 또는 못보다 높은 곳에서 흘러내리는 냇물이나, 빗물을 도랑으로 모아, 입수구로 흘러들게 한다. 이렇게 만들어진 못은 아름다운 수경(水景)을 이룬다.

문헌에 처음으로 못이 나타나는 것은 백제 진사왕(辰斯王)[163] 때이고, 그림으로는 고구려의 '덕흥리 벽화 고분' 과 '진파리 제4호 고분' 이 있다. 유구로는 고구려의 안학궁성의 못 터〔池址〕(도면 2), 백제의 공산성 임류각(臨流閣) 못(사진 1), 신라의 안압지(雁鴨池)(사진 3)가 있다. 이들은 모두 삼국시대부터 못을 파고 물을 채워 정원의 중요한 수경(水景)을 이루어 온 것을 입증한다.

못은 고대부터 네모나게 판 방지(方池)[164]와 둥근 못인 원지(圓池), 물이 구부러지는 곡수지(曲水池), 그리고 천연의 못인 자연지(自然池)가 있다. 이 중에서 고대부터 방지가 제일 많이 조성되었다.

못에는 못 안에 섬〔島〕을 만드는 것과 섬을 만들지 않는 것으로 나뉜다. 섬은 하나, 혹은 둘, 또는 셋을 만드는데, 이 섬은 신선(神仙)이 산다는 신선세계의 방장(方丈), 봉래(蓬萊), 영주

163 《삼국사기》, 〈백제본기〉, 진사왕 7년 춘 정월조: "重修宮室 穿池造山以養奇禽異卉."

164 주남철, 《한국건축사》 개정판(고려대학교출판부, 2006), p.68. 《삼국사기》, 〈백제본기〉, 백제무왕 35년 3월조: "穿池於宮南引水二十餘里 四岸植以楊柳 水中築島嶼 擬方丈仙山."

(瀛洲)의 세 산 중에서 하나나, 둘, 또는 셋을 모방한 것으로, 곧 도가(道家)의 신선사상(神仙思想)에 따른 것이다.[165]

무왕 때의 궁남지(宮南池)(사진 2)에는 섬이 하나 있고, 수원 화성 하남지(下南池)에는 두 개, 안압지에는 세 개의 섬이 있다(사진 3). 강릉 선교장 연못의 섬은 네모난 방도(方島)이다(사진 54). 경회루(慶會樓) 못에도 작은 방도(方島)가 두 개, 큰 방도가 하나 있는데, 큰 방도에는 경회루가 서 있다(사진 24).

섬은 둥근 원도(圓島)와 네모난 방도(方島), 그리고 타원형, 다각형의 섬도 있다. 이들 여러 가지 모양의 섬들 중에서 원도가 가장 많다.

못 중에서 방지와 둥근 섬인 원도를 많이 만드는 것은《여씨춘추》(呂氏春秋)에 "하늘의 도는 둥글고 땅의 도는 모지다"(天道圜地道方)고 한 것에 근본을 둔 것이다. 또 노자(老子)《도덕경》(道德經)에 이르기를 "사람은 땅을 본받고, 땅은 하늘을 본받으며, 하늘은 도(道)를 본받고, 도는 자연을 본받는다"(人法地 地法天 天法道 道法自然)라고 하였다. 이는 곧 '천원지방'(天圓地方)을 말함이다. 즉 네모난 방지는 땅, 음(陰)을, 둥근 섬은 하늘〔天〕, 양(陽)을 뜻하는 것으로 음양오행론(陰陽五行論)에 따른 것이다.[166]

또 안압지에서처럼 섬이나, 못가의 뭍에 봉우리 12개를 만들기도 하는데, 이는 무산십이봉(巫山十二峰)을 상징한다.[167]

못에는 불가(佛家)의 사상을 상징하는 연꽃을 심는다. 불국사의 '구품연지'(九品蓮池)는 대표적인 예이다. 안압지에는 물을 맑게 유지하기 위해 바닥에 강회와 자갈들을 깔았는데, 연꽃을 심지 않은 것은 '임해전'(臨海殿)에서 바다를 바라보는 듯한 연상(聯想)을 얻기 위함이었다. 도산서당(陶山書堂) 정우당(淨友塘)에는 퇴계(退溪) 이황(李滉)이 염계(濂溪) 주돈이(周敦頤)의〈애련설〉(愛蓮說)을 기려 연꽃을 심은 것으로, 불가적(佛家的)인 것이 아니다.[168]

이처럼 고대부터 못을 구성하는 데에는 음양론(陰陽論), 도가사상(道家思想), 불가사상(佛家思想) 등이 모두 복합적으로 영향을 끼쳤다.

그러나 못에 연(蓮)을 키우는 이유가 연꽃을 완상(玩賞)하거나 연꽃이 불가를 상징하기 때문만은 아니다. 못에 연을 심으면, 나무를 심은 못 가운데 섬이 못의 물을 정화하듯이, 물이 깨

165 주남철,《한국건축의장》, 제3판(일지사, 1997), p.206.

166 李奎報,《東國李相國集》,〈四輪亭記〉. 鄭介淸,《愚得錄》,〈愚得錄序〉. 李瀷,《星湖僿說》2卷, "天地門" "天圓地方." 주남철,《한국건축의장》개정판(일지사, 1985), p.169.

167 주남철,《한국건축의장》개정판(일지사, 1985), p.170.

168 權鼇,〈李滉〉,《海東雜錄》, 18絕句 淨友塘.

끗해지게 된다. 연밥, 연잎과 연근을 취하여 식용과 약용으로 쓸 수 있어 실용성도 있다. 조선시대 장원서(掌苑署)의 과원색(果園色)들은 동대문외지(東大門外池), 어의동지(於義洞池), 남대문외지(南大門外池), 반송지(盤松池)를 관리하여, 각기 결실되는 것들을 모두 지직(池直)이 대궐에 납부하였다.[169]

또 못에서는 뱃놀이도 하였는데, 안압지에서는 목선(木船)이 발굴되었고, 〈동궐도〉(東闕圖)에서는 부용정(芙蓉亭) 지당과 그 외의 여러 못에 배가 떠 있는 것을 볼 수 있다. 그러나 배가 있다 하여 꼭 뱃놀이를 위한 것만이 아니고, 연못을 관리하기 위한 것이기도 하다.

때로 풍수지리의 비보술(裨補術)을 따라 못을 파기도 하였다. 숭례문 밖에 못을 파고 숭인문 안에 조산(造山)한 것이 그 예이다.[170]

못은 그 자체로서도 아름다운 수경(水景)을 이루지만, 수면(水面)에 주변의 나무, 정자 그리고 하늘을 비추어 줌으로써 보다 풍요로운 수경을 이루게 된다. 이처럼 주변의 영상을 받아 비추어 주는 못을 영지(影池)라 한다. 절〔寺刹〕에서는 절 주변의 산봉우리〔山影〕, 탑〔塔影〕, 부처〔彿影〕의 영상을 비추어 줄 목적으로도 만들어졌다.[171]

《산림경제》에서는 연못 만드는 법과 연못을 만들 때 피하여야 할 점들을 열거하였다.

- 집의 뒤편에 동산을 만들어 과실나무를 심고, 집의 좌우편에는 남새밭을 만들어 채소를 심는다. 집의 남쪽 한 면을 비워 두고 위아래에 연못을 파되 하나는 작고 하나는 크게 만든다. 작은 연못에는 연을 심고 큰 연못에는 물고기를 기른다.
- 물이 맑으면 순채(蓴菜)를 심고 물고기를 기르며, 물이 흐리면 연꽃을 심는다.
- 형국(刑局) 내에 물이 모여 있는 곳이 있으면 빙 둘러 둑을 쌓고 떡갈나무 말뚝을 죽 심어서 둑을 보호한다. 흐르는 물을 통하게 할 수 있다면 순채를 심고 물고기를 기르며, 물이 혼탁하다면 연꽃을 심는다. 연못의 얕은 곳에는 왕골, 갈대 등속을 많이 심는다. 연못의 물을 나누어 하류로 이끌어서 논이나 미나리 밭에 관개한다.
- 집에 바짝 근접한 곳에 큰 연못을 만들어서는 안 된다. 〔…〕 위아래에 두 개의 연못을 만들어야 한다. 위에 만든 연못은 사방이 5, 6보쯤 되는 규모로 벽돌과 돌을 쌓아 만들고, 부용과 물풀을 심어서 지팡이를 짚고 나막신을 신은 채 소요할 만한 장소로 만든다. 아래에 위치한 연못은 땅의 형편에 따라서 넓이를 조절하는데, 크면 클수록 좋

169 《掌苑署謄錄》 供上式: "東大門外池 於義洞池 南大門外池 盤松池 各隋其結實使各其池直摘納."

170 《成宗實錄》 卷174, 16年 正月 辛卯條: "定都漢陽 鑿池於崇禮門外 造山崇仁門內 皆用道詵裨補之術."

171 沈愚京 · 康勳, 〈韓國古代寺刹에 있어서 影池의 象徵的 意味와 修景的 價值〉, 《韓國庭苑學會誌》, 2권7호(1988).

초당과 석상 / 못 / 못, 섬, 화계 / 각자 바위

정다산초당 사진 18

다. 이 연못은 도주공(陶朱公)의 양어법(養魚法)을 모방하여 만드는 것이 좋다.[172]

- 물길이 없어 연못을 팔 수 없을 때에는 분지(盆池)를 만든다.[173] 수원(水源)이 없을 경우, 큰 항아리를 죽 이어서 땅에 묻고 항아리와 항아리 사이의 빈 공간에 갈대나 부들을 심는다. 언뜻 바라볼 때 그것이 항아리인 줄을 눈치 채지 못한다.

못의 두둑(방죽)은 진흙을 다져 쌓거나, 막돌 허튼층쌓기, 다듬은돌 바른층쌓기 등으로 마무리한다. 다산초당(茶山草堂)의 못 두둑은 막돌 허튼층쌓기이다(사진 18). 혜원(蕙園)의 〈소년행락도〉(少年行樂圖)에는 후원에서 한때를 즐기는 모습이 그려져 있는데, 버드나무에 맨 그네에 올라가는 사람, 연당(蓮塘) 가의 기녀(妓女) 같은 여인들 등이 그려져 있다. 凸 모양이거나, ㄴ자 모양으로 추정되는 연당의 두둑은 벽돌〔塼〕을 바른층쌓기하고, 장대석 갑석으로 마감하였다.

못가에는 고대로부터 버들을 심었다. 《산림경제》에서는 "참나무를 심으면 좋고, 물에는 왕

172 徐有榘, 앞의 책, p.44.

173 같은 책, p.45.

골, 쑥, 갈대를, 섬에는 신나무, 소나무, 오죽, 두견화, 철쭉, 석죽, 백합 등을 심으면 좋다"고 하였다.

못 가운데 섬 위에나, 못가에는 정자를 짓는다. 섬 위의 정자로는 경복궁 향원정(香遠亭)(사진 24)이 있고, 못가의 정자로는 안동 체화정(棣禾亭)(사진 82)이 있다. 창덕궁 후원 부용정(芙蓉亭)(사진 27)처럼 일부는 못 속에, 일부는 뭍에 걸쳐 짓기도 한다. 특히 단원(壇園) 김홍도(金弘道)의 〈규장각도〉(奎章閣圖)를 보면, 부용정 북쪽부터 넓은 방지의 둥근 섬까지 나무다리〔木橋〕가 놓여 있고, 섬 위에는 둥글게 다듬은 커다란 소나무가 서 있으며,[174] 못에는 나무배〔木船〕가 떠 있다.

7.3 물길〔水路〕

정원에는 크고 작은 물길들이 있다. 후원 동산의 골짜기를 흐르는 물길〔溪流〕이 있고, 못에 물을 끌어들이기 위해 인공적으로 만든 물길이 있다. 뜰이나 동산의 빗물을 집터 밖으로 내보내는 물길이 있고, 또 생활폐수를 내보내는 수채인 개골창도 있다. 보통 빗물과 함께 내보낸다. 물길은 크기가 커지는 순에 따라 도랑〔水渠〕, 시내, 내, 강이라 한다.

골짜기를 흐르는 작은 물길인 개울을 간수(澗水)라 한다. 간수는 바위로 덮인 골짜기를 흐른다 하여 석간(石澗), 석간수(石澗水)라 하고, 주변의 소나무 숲이나 대나무 숲이 있으면 송간(松澗), 죽간(竹澗)이라 한다.

물길은 바닥과 두둑 모두를 흙으로 구성하거나, 바닥에 돌을 깔고, 두둑을 막돌 허튼층쌓기, 다듬은돌 바른층쌓기 하여 꾸미기도 한다. 또 물이 잘 흐르도록 물이 흘러드는 곳에서 흘러 나가는 쪽으로 기울어지게 하고, 그 바닥에는 일정한 간격으로 턱을 두어 물이 고였다가 넘쳐흐르게 하는 무넘기를 둔다. 때로 물길 가의 나무 뿌리를 보호하기 위해 뿌리 쪽을 감싸 물길 쪽으로 불거지게 하고, 반대편 두둑은 우묵하게 파이게 한다. 창덕궁 후원 연경당 앞 물길이 이런 모습이다(사진 27).

물길의 겉으로 드러난 도랑을 거(渠), 또는 개거(開渠), 명거(明渠)라 하고 땅속에 숨은 도랑을 음(淫), 또는 암거(暗渠)라 한다.[175] 설사 지표에 있다 하더라도 흐르는 물이 보이지 않도록 넓적한 돌로 덮어 만든 물길도 암거(暗渠)이다. 한편 수챗물이 흐르는 작은 도랑을 구거(溝

174 국립중앙박물관소장의 〈태평성시도〉(太平城市圖, 작자미상)에서 화분에 심은 분재를 옮겨가는 모습이 그려져 있는데, 이의 모습을 크게 하면 바로 김홍도의 〈규장각도〉 연못의 섬에 그려진 소나무 모습과 같다.

175 徐有榘, 앞의 책, pp.269-270.

渠)라 한다. 이들 물길들은 정원에 방향성을 주고, 또 주변의 바닥과의 재질감의 대비로 중요한 시각 요소가 된다.

냇물을 정원으로 끌어들여 흐르게 한다. 옥산서원(玉山書院)에서는 서쪽에서 동쪽으로 흐르는 계류를 무변루(無邊樓) 서쪽 담장 밑으로 끌어들여 무변루 앞으로 흘러, 동쪽 담장 밑으로 흘려보내고 있다(사진 39). 소쇄원(瀟灑園)에서는 오곡문(五曲門) 옆 담장 밑으로 끌어들인 냇물을 광풍각(光風閣) 앞 골짜기로 흘려보낸다. 그리고 흘러가는 물길은 도중에 자연스럽게 폭포(瀑布)를 이루고 있다(사진 76).

물길이 밖으로 나아가는 곳에는 수문(水門)을 세운다. 주로 성곽에 많이 세운다. 흥인지문(興仁之門)의 옆 오간수문(五間水門)이나, 화성(華城)의 남수문(南水門), 북수문(北水門)이 있다. 물길이 나아가는 수문 중에서 은밀하게 만든 수문을 은구(隱溝)라 하였는데, 《화성성역의궤》(華城城役儀軌)에 그 모습이 그려져 있다.

때로는 물을 끌어들이고, 또 흘려보내면서, 특이한 폭포 즉 현폭(懸瀑)을 이루기도 한다. 회암사(檜巖寺) 현폭이 그것이다. 산골짜기의 냇물에서 한 가닥을 뽑아내어 뒤뜰 축대(築臺) 위로 끌어들이고, 이를 축대 상면과 수직면을 덮어 아래로 떨어지게 하여 특이한 모습의 현폭을 이룬다. 떨어진 물들은 도랑이 아니라 작은 돌들을 넓게 깐 바닥 위로 흐르게 하였다(사진 7). 현폭은 흐르는 그 모습과 더불어 흐르면서 떨어지는 물소리가 즐거움을 준다.

7.4 다리〔橋〕[176]

도랑, 개울, 시내, 내, 강에는 다리를 놓아 건너다닌다. 다리는 나무로 만든 나무다리〔木橋〕, 돌로 만든 돌다리〔石橋〕, 줄다리가 있다. 나무다리는 긴 나무를 가로질러 놓은 외나무다리, Y자 모양의 나뭇가지를 거꾸로 물길 바닥에 꽂고, 그 위에 나뭇가지들로 엮어 다리 바닥 판을 만든 살래다리, 그리고 가로지르는 굵은 나무〔桁〕들로 다리 바닥 판을 받치는 형교(桁橋)가 있다. 경복궁 향원정 다리는 나무다리로 형교이다. 〈동궐도〉(東闕圖)에는 여러 곳에서 나무다리를 볼 수 있다(도면 15).

돌다리는 크고 넓적한 징검돌을 물길 바닥에 늘어놓아, 이 돌들을 딛고 건너는 징검다리가 가장 소박한 것이다. 또 두꺼운 돌판을 한 장, 또는 여러 장 건너 질러 놓은 돌(판)다리도 단순하다. 구조적으로 보다 튼튼한 다리로는 귀틀을 짜고 디딤돌들을 놓아 만든 형교와 돌로 홍예

176 주남철, 《한국건축의 장》 제3판(일지사, 2005), p.204. 주남철, 〈한국의 옛다리〉, 《이화사진일기》(이화여자대학교출판부, 1988).

(虹蜺, 虹霓, 아치)를 틀고, 바닥판을 놓은 홍교(虹橋)가 있다.

경복궁 금천의 영제교(永濟橋)는 홍교이고, 경회루의 돌다리는 형교이다(사진 24). 창덕궁 후원 연경당 장락문 앞의 돌다리는 두꺼운 판석을 한 장 놓은 돌판다리이다(사진 27). 줄다리는 두 강 언덕에 칡넝쿨이나 삼과 같은 자연의 재료로 꼬아 만든 밧줄이나 쇠사슬을 걸어 만든 다리로 조교(弔橋), 현교(縣橋)라 한다.

8 석물(石物)[177]

석물은 물이나 괴석(怪石)을 담는 등 여러가지 쓰임에 맞추어 큰 돌덩어리〔石塊〕를 다듬어 뜰과 동산에 놓아두는 정원 구성물의 하나이다. 담겨진 물이나 괴석 자체뿐만 아니라 석물 자체로서도 정원에 아름다움을 더해 주는 기능을 갖는다.

석물에는 정원용이 아니라 무덤〔墳墓〕에 놓는 것도 있는데, 이들은 보통 혼유석(魂遊石), 상석(床石), 망주석(望柱石) 등과 같이 '○○석(石)' 이라 하고, 정원용은 대개 석함(石函), 석상(石床) 등처럼 '돌' 〔石〕이 앞에 와, '석○○' 이라 한다.

8.1 물확〔水確〕

물확은 돌확〔石確〕이라고도 한다. 본래 돌절구의 움푹 파인 구멍을 확(確)이라 하여, 곧 돌절구를 뜻하게 되었다. 고구려 안악 제3호분의 벽화에 돌절구와 공이, 그리고 방아를 찧는 여인과, 돌절구 앞에 있는 여인이 그려져 있고, 붉은 글씨로 "대"(碓)라 씌어져 있는데, 대는 방아대를 말한다. 이미 삼국시대부터 디딜방아와 돌절구〔石確〕가 생활용구로 쓰인 것을 알 수 있다.

물확의 시작은 이처럼 곡식을 빻기 위하여 시작된 것이지만, 곡식을 빻은 돌절구를 씻어 내기 위하여, 확에 담은 물에 하늘이 비치고, 주변의 나뭇잎들이 떨어져 아름다운 모습을 보여 주게 되자, 뜰에 놓는 석물의 하나로 이용하게 되었다. 물확은 사랑채나 누정 주변의 뜰에 놓아, 물을 담아 하늘을 담고 나뭇잎들을 담는다. 좁은 물의 표면은 비추어진 하늘로 공간적인 확장을 이루어 준다. 그러나 외암리 이참판 고택의 기단 위의 물확(사진 19)은 '하늘' 이나 '달' 을 비추

177 주남철, 《한국건축의장》 제3판(일지사, 2005), pp.188-199. 주남철, 〈한국정원의 石物에 관한 硏究〉, 《건축》, 93호(대한건축학회, 1980).

기림사 물확

이참판 고택 물확

물확 사진 19

는 영지(影池) 몫을 하거나, 손씻기〔洗手〕에 쓰이기도 한다.

물확의 모양은 원형, 다각형, 특수형으로 나뉜다. 원형이 가장 소박하고 일반적이다. 특수형으로는 경복궁 교태전 후원 아미산(蛾眉山)의 것으로, 거북이 모양의 받침대 대석(臺石) 위에 용틀임을 한 물확을 놓았다. 아미산의 다른 물확은 복련(伏蓮) 장식의 대석 위에 앙련(仰蓮) 모양의 물확을 놓았는데, 물확 가장자리에는 개구리 네 마리가 조각되어 있다. 두 마리는 물로 기어들어 가는 모습이고, 두 마리는 기어 나오는 모습이다. 서로 동작의 대비(對比)를 이루면서 정적(靜的)인 물확에 동적(動的)인 요소를 주고 있다(사진 24).

8.2 석지(石池) · 석련지(石蓮池)

직육면체의 큰 돌 윗면 안쪽을 보다 작은 직육면체의 모양으로 파내어 물을 담고 연(蓮)을 키우는 석물이다. 석련지라고도 한다. 못을 팔 형편이 못 되는 뜰에 늘어놓아 연을 키운다. 물확처럼 파란 하늘, 주변 수목의 그림자를 받아 아름다운 경관을 이룬다. 경주 최부잣집〔崔埴氏家〕 사랑마당에는 연꽃 모양을 한 연엽형(蓮葉形) 석련지가 있다(사진 60).

8.3 석함(石函)

기괴한 형상이나, 아름다운 돌〔괴석(怪石)〕을 담아 뜰에 늘어놓은 것으로, 괴석을 받쳐 준다는 뜻에서 괴석대(怪石臺)라고도 한다. 《양화소록》(養花小錄) 〈괴석조〉(怪石條)에서, "우리나라에는 완상할 만한 괴석이 여러 종류가 있으나, 모두 산에서 캔 것"이라 하면서, "경천사(敬天寺) 북쪽 3-4리 되는 곳에서 괴석이 많이 난다" 하였다. 또 "정로(鼎爐) 안에 놓아두면 물을 끌어 올려 괴석 꼭대기까지 이르고 이끼가 끼어 침수향(沉水香) 같아, 침향석(沉香石)이라 부른다"라고 하였고, "괴석을 담는 정로(鼎爐)는 자기를 사용한다"라고 하였다.

《산림경제》 제2권 〈양화(養花)조〉, "괴석(怪石)항"에서는 《양화소록》에서와 같이 언급하면서, "수락산(水落山)에서 산출되었다는 괴석봉(怪石峯)은 돌질이 굳으면서도 물을 빨아올리는데 빛깔은 검푸르다" 하였다. 작은 괴석은 정로(鼎爐)에 담아 문갑(文匣) 위에나, 기단 위에 올려놓고 완상한다. 그러나 큰 것은 석함에 담아 뜰에 놓고 완상한다. 정원에 괴석을 놓는 것은 신라 안압지(雁鴨池) 동산에서 그 실물을 찾아볼 수 있다. 《고려사》(高麗史)에도 기록이 있다. 의종(毅宗) 10년(1156) 겨울 10월조에, "선구보라 하였고, 선구보 옆에 정자를 짓고, 그 옆에 괴석을 모으고 이름난 꽃을 키웠으니, 정자 이름을 양성정이라 하였다"(扁曰善救寶又構亭其側聚怪石名花扁曰養性)라고 하였다.

석함의 모양은 괴석을 담는 함의 평면에 따라 정방형, 다각형, 특수형의 셋으로 나눌 수 있다. 창덕궁 낙선재 한정당(樂善齋閑靜堂) 기단 아래에는 높은 돌기둥〔石柱〕 위에 연꽃을 새긴 육각형 함을 얹어 놓고, 괴석을 담아 놓았다. 아름다운 수직적인 경관을 이루고 있다(사진 25).

또 낙선재 후정의 석함(사진 25)은 호족반(虎足盤) 받침대 위의 팔각형 함이 괴석을 담고 있다. 함에는 "소영주"(小瀛洲), 괴석에는 "비운옥립"(飛雲玉立)이라 새기고 "윤황후인"(尹皇后印)이라 낙관(落款)이 되어 있다. 신선사상(神仙思想)의 표현으로 동산바치가 함과 괴석 전체를 하나의 작품으로 생각한 것을 알 수 있다.

8.4 석상(石床), 석탑(石榻)

석상은 넓적하고 편편한 모양의 돌을 뜰에 놓아 그 위에 걸터앉거나 또는 그 위에서 차(茶)를 끓여 마시며 쉬는 석물이다. 평평한 자연암반의 것과 다듬은 판석 모양의 두 가지가 있다. 판석 모양의 것은 분묘의 상석(床石)과 모양새는 거의 같으나, 그 기능과 명칭은 다르다. 또 좁고 긴 석상은 석탑(石榻)[178]이라고도 하며, 원통형으로 걸터앉는 돌을 돈(礅)이라 하는데, 고려시대에는 청자로 만든 청자돈(靑瓷礅)을 실내와 정원에서 많이 사용하였었다.

강진 정다산초당(丁茶山草堂) 앞뜰에는 커다란 자연석 석상이 놓여 있다. 이 석상은 다조(茶竈)라 이름하고 초당 뒤의 샘〔약천(藥泉)〕에서 길어 온 샘물로 차를 끓이면서 휴식을 취하곤 하였다(사진 18).

178 李圭景, "夫子廟墓辨證說", "釋敎梵書佛經辨證說" 등, 《五洲衍文長箋散稿》(민족문화추진회). 徐慶淳, 《夢經堂日史》(민족문화추진회). 李南珪, 〈玉壺亭記〉, 《修堂集》, 제6권(민족문화추진회).

자하문 박씨가 대석과 석함 사진 20

한편 창덕궁 낙선재 후정 산정(山亭)인 상량정(上凉亭) 앞뜰 석상은 장방형의 두꺼운 판석을 괴임돌 네 개로 받쳐 놓았는데, 그 자체만으로도 정자 주변 공간을 아름답게 꾸미고 있다(사진 25). 백석동천 별서유적의 계류 옆에 놓인 석상은 석탑(石榻)이다(사진 73).

8.5 대석(臺石)

화초분이나 등불, 또는 해시계와 같은 천문기기들을 받쳐 놓은 석물이다. 《양화소록》〈사계화월계화부조〉(四季花月桂花附條)에, "즉 작은 분에 나누어 대 위에 놓으면 완상함이 가장 좋다"(卽分植童盆 上坮上 看玩最可) 하였다. 이곳의 분에 나눠 심어 올려놓은 대(坮, 臺)가 바로 화초분을 올려놓는 대석(臺石)인 것이다. 또 석함을 받쳐 놓기도 한다(사진 20). 이 밖에도, 서원의 강당 앞이나 사묘의 앞뜰에 놓고, 밤중에 광솔 가지를 태워 뜰을 밝히는 정료대(庭燎臺), 해시계를 올려놓는 일구대(日晷臺), 혼천의(渾天儀)를 올려놓는 일성정시의대(日星定時儀臺) 등이 있다(사진 27).

8.6 노둣돌〔下馬石〕

말을 타거나 가마를 타고 내릴 때 딛는 석물이다. 커다란 직육면체에 가까운 자연석으로 된 노둣돌을 솟을대문 밖, 좌향으로 오른쪽에 놓아두는 경우와, 단면이 ㄴ자 모양의 다듬은돌을 기단 석계(石階) 앞이나 대문 앞에 놓아두는 두 가지가 있다. 전자의 경우는 정읍 김동수가, 외암리 이참판 고택, 안국동 윤보선 전 대통령가 등에서 볼 수 있고, 후자는 개성 숭양서원(崇陽書院) 삼문 기단 석계 앞과, 낙선재와 연경당(演慶堂) 기단 석계 앞에서 볼 수 있다. 특히 숭양서원의 노둣돌은 면마다 조각을 한 것으로, 노둣돌 본래의 기능을 하는 것이지만, 낙선재와 연경당의 것은 말을 타고 내릴 때 딛는 기능을 하기보다는 하나의 석물로서 뜰에 경관을 조성해 주는 역할이 크다(사진 27).

8.7 석조(石槽)

큰 돌덩이를 깊게 파내어 물을 담아 두는 물통이다. 주로 절의 승방 마당에 놓는다. 보통 해인사 석조처럼 장방형 직육면체 모양이다(사진 21). 특수한 것으로는 부여 석조와 공주 반죽동 석조가 전하여 오는데, 이들은 모두 백제시대 것으로 원형으로 연꽃 모양을 이루고 있는 커다란 석조들이다(사진 21). 부여의 동남리사지(東南里寺址)에는 금당 앞에 탑 대신 석조(石槽) 두 개가 동, 서로 있었다.[179]

8.8 석루조(石漏槽)

집터 안의 빗물이나 도랑물을 집터 밖으로 흘려 내보내는 곳, 또는 월대 위의 빗물이 월대 아래로 흘러내리는 곳이나, 못에 물을 끌어들일 때, 물길 끝에 놓는 석물이다(사진 27).

창덕궁 후원 애련지(愛蓮池)의 입수구로 쓰인 석루조는 연경당의 앞 암거(暗渠)의 물을 받아 폭포를 이루면서 아래 물확으로 떨어지게 하고, 물확에 가득 찬 물은 다시 넘쳐, 즉 자일(自溢)로서 못으로 흘러들게 하고 있다(사진 27). 부용정(芙蓉亭) 연못의 석루조는 용두(龍頭) 모양이다(사진 27).[180] 서북쪽 계곡에서 흘러드는 물을 받아서 못으로 흘러들게 한다. 가장 일반적인 모양은 성벽이나 담장에 설치하는 것이다.

179 주남철, 《한국건축사》 개정판(고려대학교출판부, 2006), p.76.

180 석루조 좌우 식석(飾石)의 이화무늬〔李花紋〕로 보아 순종(純宗) 때의 것으로 생각된다.

부여 석조

해인사 석조

도갑사 석조

석(수)조 사진 21

8.9 식석(飾石)

돌을 깎고 다듬어 만든 하나의 조형물로서, 그 자체만으로 뜰을 아름답게 꾸며 주는 석물이다. 경복궁 자경전(慈慶殿) 기단 앞에는 장주형(長柱形) 돌기둥 위에 해태상을 조각한 식석이 있다(사진 24). 한편 창덕궁 후원의 식석(사진 27)은 계단의 소맷돌 기능을 겸하고 있으며, 자하문 박씨가의 대석(臺石)(사진 20)은 식석(飾石)의 역할도 하고 있다.

9 굴뚝〔煙突, 煙埃〕[181]

굴뚝은 건축의 부속물로서, 정원의 직접적인 구성 요소는 아니다. 즉 건축의 온돌방이나 부엌에 필수적으로 설치되는 것이다. 아궁이나 부뚜막에 땐 불의 열과 연기는 온돌방의 구들 고래를 통과하면서 구들장을 덥히어 난방하거나, 부뚜막의 솥에 열을 공급하여 조리를 가능케 한다. 연기는 굴목을 지나 굴뚝을 통하여 바깥으로 빠져나간다. 청동기시대부터 벌써 온돌의 시원 양식인 'ㄱ자형 줄구들'이 방 안에 설치되었고, 굴뚝은 방 밖에 축조되었다. 고려시대인 13세기 이전에 이미, 아궁이는 방 밖에, 구들은 방바닥 아래 모두에 축조되는 '바닥구들', 즉 온돌(溫突)로 발달하면서도 굴뚝만은 여전히 방 밖에 축조되어 조선시대까지 이르고 있다. 특히 건축물에서 떨어진 곳, 뒤뜰이나 화계 위에 독립적으로 축조되고, 그 모습도 다양하기 때문에, 화계 위의 화초, 석물, 그리고 이들 뒤로 선 담장들과 더불어 뜰을 구성하는 중요한 수직적인 시각 요소가 되었다(사진 22).

굴뚝을 축조하는 데는 여러 가지 방법이 있다.

① 간이형(簡易形)

처마 밑이나 기단의 위나 중간에 만든 것이다. 또 뜰 가운데 낮게 축조한다. 보통 흙과 돌로 축조한다. 의성 김씨 종가에서는 안방 앞 툇마루 밑에 간이형 굴뚝이 있어 아침저녁에 불을 때면, 흰 연기가 안마당에 낮게 퍼진다. 또 외암리 건재 고택(영암댁) 사랑채 동쪽 기단 중간에 굴뚝 구멍이 있어, 사랑방에 불을 맬 때에는 흰 연기가 마당에 낮게 퍼지어 뜰에 구름 바다〔雲海〕를 이루게 된다. 내소사의 굴뚝 또한 간이형으로 운해(雲海)를 이룬다(사진 22).

181 주남철,《한국건축의장》제3판(일지사, 2005), pp.180-188.

굴뚝 사진 22

② 독립형(獨立形)

중인집이나 제택, 궁궐, 사찰 등에서 건물과 떨어진 마당에 독립적으로 축조된다. 경복궁 교태전 후정 아미산(峨嵋山)의 굴뚝은 육각형으로 화려하다. 교태전 굴목에서 굴뚝까지, 땅속으로 연도(煙道)를 묻어 연기를 굴뚝으로 뽑아낸다. 때문에 이러한 독립형에서는 겨울 눈 덮인 마당에서 연도 위 눈만이 먼저 녹아, 뜰에 색다른 경관을 형성한다 (사진 22).

③ 복합형(複合形)

굴뚝과 담장을 같이 축조한 것으로, 경복궁 자경전(慈慶殿) 뒤뜰의 굴뚝은 담장과 담장 사이에 축조하여, 굴뚝과 담장의 역할을 함께 하고 있다. 굴뚝 면에는 십장생도(十長生圖)가 그려져 뒤뜰에 아름다운 모습을 이루고 있다(사진 24).

굴뚝은 흙과 돌, 벽돌과 돌로 쌓거나 서로 섞어 쌓기도 한다. 굴뚝의 가장 높은 곳에 있는 연기 배출구는 벽돌이나 돌로 마무리하는 것이 일반적이지만, 오지항아리 밑을 도려내어, 이를 거꾸로 굴뚝에 씌워, 바람이 역류되는 것을 막기도 한다. 제택(第宅)이나 궁궐의 굴뚝은 기와지붕을 하고, 그 위에 연가(煙家)라고 하는 집 모양의 토기를 얹어 연가의 창 구멍으로 연기를 배출한다.

굴뚝의 모습은 그 마감 수법에 따라 여러 가지 모습을 이루어, 뜰과 동산에 독특한 경관을 조성한다. ① 흙+막돌쌓기, ② 검은벽돌+기와+연가, ③ 붉은벽돌+기와+연가, ④ 흙+기와편+돌+기와지붕, 이상 네 가지 꾸밈새가 있다.

굴뚝의 구성재는 주건축과 담장의 구성재와 같은 재료로 이루어지고, 또 굴뚝 면의 장식무늬는 담장이나, 창호와 난간의 살짜임새와 같은 모양새를 이룬다. 즉 주제의 통일성을 이루면서, 무늬가 놓여진 곳의 변화로, 통일성 속의 변화(variety in unity)를 주어 흥미를 일으킨다.

10 울타리, 생울, 담장(墻, 垣墻)[182]과 문(門)[183]

건축이나, 뜰과 동산, 집터 주변으로 담장을 쌓아 공간을 구획하고, 또 수직적인 경관을 이룬

182 주남철, 〈한국건축의 담(墻)에 관한 연구〉, 《한국문화원연구논총》, 28집(이화여자대학교, 1976). 주남철, 《한국건축의장》 제3판(일지사, 1997), pp.211-212.

다. 그리고 담장에는 문을 세워 담장 안과 담장 밖을 드나들게 한다.

경복궁은 사방으로 담장〔궁장(宮墻)〕을 쌓고, 동서남북으로 사대문〔四大門—광화문(光化門), 건춘문(建春文), 영추문(迎秋門), 신무문(神武門)〕을 세웠다. 또 궐내(闕內)의 각 전각들 주변으로 담장이나 회랑, 행랑을 세워 공간을 나누고 있다. 〈동궐도〉(東闕圖)에서는 전각(殿閣)들 앞마당에 판장(板墻)을 세워 시야(視野)를 차단하면서, 공간분화(空間分化)를 이루고 있음을 볼 수 있다. 교태전(交泰殿)에서는 남쪽과 동서쪽은 행랑으로 둘러막고 후면은 동산인 아미산(峨嵋山)을 쌓고, 아미산 뒤로 궁장을 세워, 아미산에 설치한 굴뚝, 수목들과 함께 수직적인 경관을 이루고 있다(사진 24).

제택이나 향교, 서원 등 모든 건축에서 담장을 쌓는 것은 일반적이다. 그러나 별서(別墅)나, 누(樓), 정(亭), 대(臺) 등에서는 담장을 일부 쌓거나, 전혀 쌓지 않을 때가 많다. 이는 주변의 자연공간을 시각적으로 차단하지 않으려는 의도에서이다.

담양 소쇄원(瀟灑園)에서는 제월당(霽月堂) 왼쪽, 언덕 위에서부터 담장을 쌓아, 북쪽 골짜기부터 흘러내리는 냇물이 흘러드는 곳에서 ㄱ자로 꺾이고, 이곳에 오곡문(五曲門, 현재 자리만 있음)을 세웠다. 오곡문 동쪽으로 다시 담장을 쌓아 뻗어나가다가, ㄱ자로 꺾어 남쪽으로 나아가 멈추어, 전체적으로 남쪽 면이 트인 ㄷ자형의 공간을 이루고 있다. 냇물은 오곡문 동쪽 담장 밑의 큰 방형의 구멍으로 담장 안 계곡으로 흘러내린다(사진 76).

담장 중에서 내외담〔內外墻〕은 특수한 것이다. 대문을 들어섰을 때, 앞쪽 특히 안채가 곧바로 들여다보이지 않도록 앞을 가로막도록 쌓은 담이다. 대문간의 폭보다 약간 넓다. 양동마을의 손동만씨집 사랑채 침방과 안채 건넌방 사이에 동쪽으로 돌출된 담장은 남성적인 공간인 사랑채와 여성적인 공간 안채에서, 향나무가 서 있는 사랑채 동쪽 사랑마당을 시각적으로 공유하면서도 독립적인 경관을 확보해 주는 내외담이다(사진 58).

담장은 축조 방법에 따라 ① 가시나무나 탱자, 개나리, 무궁화 등 자연생의 산 나무를 심어 담으로 한 생울〔生垣〕, ② 나뭇가지, 수수깡, 싸릿가지 등으로 성기게 엮은 울타리〔이락(籬落), 파리(笆籬), 바자울(芭子籬)〕, ③ 대나무를 엮어 만든 죽책(竹柵), ④ 통나무를 땅에 박아 만든 목책(木柵), ⑤ 나무기둥을 일정한 간격으로 땅에 박고 가로로 인방을 보낸 후 여기에 널판장을 붙인 판장(板墻), ⑥ 막돌로 허튼층쌓기한 막돌담(돌각담), 사고석으로 바른층쌓기한 사고석 담, ⑦ 흙, 지푸라기, 석회들을 섞어 쌓은 토담, ⑧ 벽돌로 쌓은 벽돌담, ⑨ 벽돌과 돌을 혼용한 복합형 등 여러 종류가 있다.

이들 담은 시각적으로 사고석이나 벽돌을 반복하여 쌓아 강한 통일성을 이루지만, 한편 단

183 주남철, 《한국건축의장》, pp.170-181. 주남철, 《한국의 문과 창호》(대원사, 2001), pp.171-180.

농가
쌍계사
법주사
송광사
낙산사

담장 사진 23

조로움을 면치 못하는 경우가 있어 담 중간에 일정한 간격으로 둥근 돌을 박아 변화를 꾀한 일월담〔日月墻〕이 있다. 낙산사(洛山寺)나 창덕궁 낙선재 상량정(上涼亭)과 승화루(承華樓) 사잇담이 일월담이다(사진 23).

그러나 보다 화려한 담장은 화초장(花草墻), 화문장(花紋墻)이다. 담벽에 길상문자〔수복(壽福), 강녕(康寧), 부귀(富貴), 다남(多男), 만수(萬壽), 쌍희 희(囍) 등〕를 문채(文彩)로서 구성하거나, 상서로운 동물 즉 학, 사슴 등을 문채로 구성하며, 매(梅), 난(蘭), 국(菊), 죽(竹) 등이나 귀갑문〔龜匣文〕, 완자문〔卍字文〕, 영롱문(玲瓏文) 등을 문채로 구성한다. 특히 장생불사한다고 생각한 열 가지(해, 산, 달, 물, 돌, 구름, 솔, 학, 거북이, 불로초, 사슴)를 무늬로 한 십장생무늬담〔十長生文墻〕은 귀하다(사진 23, 24, 25, 26, 27, 74).

또 경사지에 쌓은 막돌 담장이나 사고석 담장들은 경사면을 따라 경사지게 쌓지 않고, 막돌, 지대석, 사고석, 벽돌, 지붕 들은 수평지게 쌓고, 적당한 곳에서 고저차를 마무리할 단을 형성한다. 때문에 담장의 지붕이 경사지를 따라 평행하게 내려오지 않고, 단과 단을 지으면서 내려와, 전체적으로 율동적인 모습을 이루게 한다(사진 25).

문은 굵은 나뭇가지, 싸릿가지 등으로 얽어 만든 사립문〔자문(柴門)〕, 굵은 나무의 문울거미에 대나무살로 엮은 바자문, 널판으로 만든 널문, 판장문이 있다.

집터의 둘레 경계선을 따라 쌓은 둘레담(바깥담)에 세우는 문은 궁궐, 관아, 향교, 서원, 제택 등에 따라 다르다. 궁궐 궁장(宮墻)에 세우는 대문은 장대석으로 쌓고, 홍예를 틀어 출입구를 만든 육축(陸築) 위에 중층 우진각지붕의 문루를 세운다. 대문짝은 두꺼운 판장으로 만들고 국화쇠로 장식한다. 그러나 궁궐 후원의 둘레담에는 일각(대)문〔一脚(大)門〕, 사주문(四柱門)을 세운다.

관아에는 중층 문루, 일각(대)문, 사주문을, 향교에는 평삼문(平三門)이나 중층 문루를, 서원은 일각(대)문, 사주문이나 중층 문루를 세운다. 제택은 솟을삼문이나, 솟을대문간 행랑채를 세운다. 동산 둘레담에는 사립문, 바자문, 일각(대)문 등을 세운다. 집 안의 담장에는 사립문, 바자문, 일각(대)문, 사주문을 세운다.

11 식재(植栽)

삼국시대부터 조선시대에 이르기까지 뜰〔庭〕과 동산〔苑〕에는 여러 종류의 식물들을 심고 키워 왔다. 식재에 관한 기록들이 있는 문헌으로는 《삼국사기》(三國史記), 《삼국유사》(三國遺

事), 《고려사》(高麗史), 《동국이상국집》(東國李相國集), 《파한집》(破閑集), 《동사강목》(東史綱目), 《동국통감》(東國通鑑), 《양화소록》(養花小錄), 《신증동국여지승람》(新增東國輿地勝覽), 《반계수록》(磻溪隧錄), 《산림경제》(山林經濟), 《임원십육지》〔林園拾六志, 임원경제지(林園經濟志)〕 등이다.

나무의 모양〔수경(樹景)〕, 그 열매, 꽃, 향기, 그리고 나무가 갖고 있는 상징성 등을 얻기 위하여 심고 가꾸는 나무〔木〕에는,[184]

교목(喬木, 키가 3미터 이상인 나무)

① 복숭아〔桃〕: 열매, ② 오얏나무〔李〕: 열매, ③ 매화〔梅〕: 꽃, 향기, ④ 느티나무, 회화나무〔槐〕: 수경, 상징성, ⑤ 은행나무, 살구나무〔杏〕: 열매, 상징성, ⑥ 버들, 능수버들〔楊柳, 垂柳〕: 수경, ⑦ 대추나무〔棗〕: 열매, ⑧ 잣나무, 노송나무〔柏, 檜〕: 열매, 수경, 상징성, ⑨ 소나무, 반송〔松, 盤松〕: 수경, ⑩ 대나무〔竹〕: 죽순, 수경, 상징성, ⑪ 석류〔榴〕: 열매, 수경, 상징성, ⑫ 무궁화〔槿〕: 꽃, ⑬ 오동〔桐〕: 수경, 재목, ⑭ 앵두〔櫻桃〕: 열매, ⑮ 단풍〔楓〕: 수경, ⑯ 포도〔蒲桃, 葡萄〕: 열매, ⑰ 삼나무〔杉〕: 늘푸른 성질, ⑱ 뽕나무〔桑〕: 잎, 재목, ⑲ 백일홍, 배롱나무(百日紅): 꽃, 도구재, ⑳ 동백나무〔冬栢, 山茶花〕: 꽃, 귤나무, ㉑ 유자〔橘樹, 柚子〕: 열매.

관목(灌木, 키 3미터 미만)

① 산수유(山茱萸): 열매, ② 장미(薔微): 꽃, ③ 소엽맥문동(小葉麥門冬), 목필화(木筆花), 서대초(書帶草): 꽃, 열매, ④ 해당화〔海棠〕: 꽃, ⑤ 서화(瑞花), 천리향(千里香): 꽃, ⑥ 두견화(杜鵑花): 꽃.

꽃을 완상하고, 향기를 맡으며, 꽃과 열매를 식용으로 이용하는 꽃〔花草〕과 풀〔草〕로는,

① 연꽃〔芙蕖〕, 연밥, 연잎, 연근: 식용 및 약용, 꽃, 상징성, ② 난초(蘭草): 꽃, 상징성, ③ 작약〔함박꽃(芍藥)〕: 꽃, ④ 국화(菊花): 꽃, 차와 술, 상징성, ⑤ 장미(薔微): 꽃, ⑥ 창포

184 주남철, 《한국건축의장》, 제3판(대원사, 1997). 鄭矒旿, 〈韓國造景植物의 史的考察〉, 《全南大 演習林報告》 2호(1977). 鄭矒旿, 《한국의 정원》(민음사, 1986). 鄭矒旿, 〈東國李相國集의 造景植物考〉, 《演習林硏報》 5(1982). 尹國炳, 《造景史》(一潮閣, 1978). 尹國炳, 《造景學》(一潮閣, 1978).

(菖蒲) : 잎, 머리감기, ⑦ 파초(芭蕉) : 잎, ⑧ 월계화(四季花), 사계화(月季花) : 꽃, ⑨ 금전화(金錢花) : 꽃, ⑩ 모란, 목단〔牧丹〕: 꽃, 수경, ⑪ 치자화(梔子花), 첨포(簷葡), 목단, 월도(越桃) : 열매, 향기, ⑫ 양귀비(楊貴妃), 앵속(罌粟) : 꽃, 열매, ⑬ 패랭이꽃, 석죽화(石竹花) : 꽃, ⑭ 백일홍〔紫薇花, 百日紅〕: 꽃.

화초는 작은 화단(花壇)을 만들어 심는 경우와 화계(花階)에 심는 방법이 있다. 또 화초분(花草盆)에 심어 대석(臺石) 위에 올려놓기도 한다.

넝쿨 짓는 식물로 취병(翠屛)[185]을 만들어 뜰이나 전각 월대 위에, 또 화계 위에 세워 담장처럼 공간을 구획하고, 시선(視線)을 가린다. 〈동궐도〉(東闕圖)에는 동궁(東宮)의 소주합루(小宙合樓) 월대 위와 앞마당에, 또 주합루(宙合樓) 화계, 어수문(魚水門) 양쪽으로 취병(翠屛)이 길게 늘어서 있다(도면15).

풀로는 잔디, 새, 갈대 등이 있는데, 마당에는 잔디를 심지 않는다. 분묘(墳墓)에만 심는다.

나무는 건조한 땅에 심어야 할 적송, 금송, 졸참나무, 매화, 향나무 등과 습한 땅에 심는 잣나무, 수양버들 등이 있다. 또 양지에는 은행, 소나무, 잣나무, 매화, 느티나무 등을, 음지에는 주목, 비자, 동백 등을 심는다. 잘 골라 식재한다.

나무를 심을 때에는 수풀을 이루도록 심거나, 한두 그루만을 심어 누정과 함께 수직적 경관을 조성하기도 한다. 양동마을의 심수정(心水亭) 함허루(涵虛樓) 앞에는 큰 느티나무가 자라고 있다. 담양 소쇄원의 동구에는 대나무숲이 조성되어 있고, 강릉 해운정 앞에는 백일홍이 심겨 있다. 또 마당이나, 화계의 한 곳에 장대석이나 막돌로 식단(植壇)을 쌓고, 빼어난 수경(樹景)을 이루는, 예컨대 '낙락장송' (落落長松)과 같은 나무를 한 그루 심는다(사진48).

궁궐의 궁문(宮門) 안에는 느티나무〔槐木〕를 심는다. 중국 주대(周代)의 궁궐 문정(門庭)

185 취병(翠屛)은 대나무나 나뭇가지로, 역U자형이나, 이와 비슷한(⎍) 틀을 만들고, 틀에 넝쿨 짓는 식물들이 감아 올라가게 한 것이다. 화계 위에서는 흙바닥에 직접 넝쿨 짓는 식물을 심는다. 그러나 〈동궐도〉의 전각 앞 월대위의 취병은 나무틀 속에 장방형 나무상자를 줄지어 놓고, 이 나무상자에 담은 흙에 식재하여 취병을 만든 것으로 추정된다. 백종철 · 김용기는 〈朝鮮時代 宮闕에 造成된 翠屛의 特性에 關한 硏究〉《한국정원학회지》 Vol.19, No.36.(2001.6)에서 '대나무 유인취병' (竹誘引翠屛), '호석취병' (護石翠屛), '화분취병' (花盆翠屛)으로 분류 명명한 바 있다.

186 "公孤職掌圖說 下," 〈周禮秋官〉, 尹鑴, 《白湖全書》 第30卷, 雜著(민족문화추진회).

187 李瀷, "片言折獄" 《성호사설》(민족문화추진회). 〈成宗實錄〉 卷171, 15年10月 庚午條 : "先是 兩殿移御昌慶宮 則墻外恐有通望處 今該司廣植易盛雜木 至是 該司請以果木種之 傳于承政院 今予受曖味之言 予意如柳木易盛之木 欲雜植之翳掩望處 今工曹請植果木 此非予之本意也 外間聞之 必以予爲種樹園池而玩好也 如此則無乃曖味互其令掌苑署奴隷 速種柳木."

에 느티나무가 세 그루가 있었는데, 삼공(三公)이 그 세 느티나무〔三槐〕를 향해 서서 천자(天子)에게 조회를 하였기 때문에, 그 이후 삼괴(三槐)를 삼공에 비유하게 되었다. 왕궁을 괴신(槐宸)이라 하기도 하고, 삼공의 지위를 괴위(槐位)라고도 하였다.[186]

때로 궁궐에서 차폐(遮蔽)를 목적으로 빨리 자라는 잡목들을 심게 하였는데, 버드나무가 대표적이다.[187]

향교나 서원에는 은행나무를 심는다. 이는 중국 산동성(山東省) 곡부현(曲阜縣) 공자(孔子) 성묘(聖廟)에 〈행단〉(杏壇)이란 비가 서 있어, 학문을 닦는 곳을 행단이라 부르게 되었기 때문이다.[188] 또 은행나무 이외에 괴목(槐木)인 회화나무를 심는다. 이는 당(唐) 낙양(洛陽)의 회화나무 숲에서 선비들이 책을 팔고, 강론을 하던 것에서, 회화나무를 학자수(學者樹)라 하고, 회화나무 밑 시장을 괴시(槐市)라 한 것에 연유된다.[189]

홍만선(洪萬選)과 서유구(徐有榘)에 따르면 나무 심기에는 길흉(吉凶)이 있다.[190]

- 주택에서 왼편에 흐르는 물이 없고, 오른편에 큰길이 없으며, 앞편에 연못이 없고, 뒤편에 구릉이 없다면, 동쪽에는 복숭아와 버드나무를 심고, 남쪽에는 매화와 대추나무를 심으며, 서쪽에는 치자와 느릅나무를 심고 북쪽에는 사과나무와 살구나무를 심는다.
- 나무는 집을 향하는 것이 길하고 집을 등지는 것은 흉하다.
- 집의 동쪽에 살구나무가 있는 것은 흉하고, 북쪽에 배나무가 있고, 서쪽에 복숭아나무가 있으면 사는 사람 모두가 음탕하고 사악한 짓을 한다.
- 동쪽에 버드나무를 심으면 말이 불어나고, 서쪽에 대추나무를 심으면 소가 불어난다. 중문에 회화나무가 있으면 3대가 되도록 부귀를 누린다.
- 집의 뒤쪽에 느릅나무가 있으면 갖가지 귀신들이 접근하지 못한다. 안마당에 나무를 심으면 한 달 안에 재물 천만 금을 흩뿌리게 된다.
- 큰 나무가 난간에 가까이 있으면 질병이 끊이지 않고 찾아든다.
- 안마당에 나무를 심으면 주인이 이별을 겪게 된다.
- 집의 사방에 대나무만을 심어서 푸른빛이 울창하게 하면 생기가 왕성해질 뿐만 아니

188 李圭景, 《五洲衍文長箋散稿》(민족문화추진회), 〈人事篇〉, "論禮類 墓冢祠碑, 夫子廟墓辨證說."

189 李圭景, 《五洲衍文長箋散稿》(민족문화추진회), 〈經史篇〉, "經傳類, 論語經, 匏瓜辨證說."

190 洪萬選, 《山林經濟》(민족문화추진회), 〈卜居條〉, pp.159-162. 徐有榘, 《山林經濟=林園拾六志》, 제1권, 卜居; 제2권, 養花(민족문화추진회).

라 속된 기운이 자연히 사라진다.

- 뜰 앞에 오동나무를 심으면 주인이 하는 일이 방해받는다.
- 집 안에 파초를 많이 심으면 안 된다. 시간이 흐르면 재앙의 빌미를 불러일으키고 손해를 불러들이니 음양이 꺼리는 바다.
- 문(門)과 마주한 곳에 나무를 심으면 흉하다.
- 마당 한가운데 나무가 있으면 한가롭고 곤궁하다.[191]
- 집 안에 뽕나무를 심고 아울러 무궁화와 복숭아를 심으면 종내 평안하게 지낼 수 없다.

나무 심기의 가장 중요한 원칙은 한반도의 기후가 사계절이 뚜렷한 만큼, 늘푸른나무, 침엽수(針葉樹) 수종을 심기보다는, 철 따라 봄이면 움트고, 여름이면 잎이 무성하고, 가을이면 단풍들며, 겨울이면 가지마다 눈꽃이 소담하게 피는 활엽수(闊葉樹)를 위주로 심어, 시간의 흐름에 따라 수경(樹景)의 변화를 느끼면서 자연과 하나가 되는 것이다.[192] 굳이 침엽수인 소나무〔松〕를 앞뜰이나 뒷뜰에 심을 때에는 식단(植壇)을 쌓고 한 그루 심는다. 아니면 뒷동산의 천연 소나무숲을 두고 즐길 뿐이다.

191 문(門) 안에 나무〔木〕가 서면 '한가로울, 가로막을 한(閑)' 이 되고, 마당〔口〕 가운데에 나무〔木〕를 심으면 '곤할 곤(困)' 이 된다. 따라서 문과 마주한 곳이나, 마당 가운데에 나무를 심으면 흉한 것이다. 그래서 마당 한가운데 심는 나무를 정심수(庭心樹) 라 하지만, 한 가운데가 아닌 마당가에 심는다.

192 주남철, 《한국건축의장》(일지사, 1979).

韓國庭苑

제4편

정원의 여러 모습〔庭苑各論〕

1. 궁궐(宮闕)의 정원〔宮苑〕
2. 관아(官衙)와 객사(客舍)의 정원
3. 학교 건축과(學校建築) 정원
4. 묘(廟) · 단(壇) · 사(祠)의 정원
5. 사찰(寺刹)의 정원
6. 민가(民家)의 정원
7. 별서(別墅)
8. 정(亭) · 당(堂) · 헌(軒) · 누(樓) · 대(臺) · 사(射)

1. 궁궐(宮闕)의 정원〔宮苑〕

태조 이성계는 1392년 개경의 수창궁(壽昌宮)에서 즉위하여, 새 나라 조선(朝鮮)을 개국하였다. 즉위 다음 해인 태조 2년(1393) 2월부터 태조 3년 8월까지 새 도읍지를 찾아 계룡산(鷄龍山), 개경의 선점(鐥岾), 한양의 무악(毋岳), 부소(扶蘇) 등 여러 곳을 돌아보았으나 모두 불가하다고 결정하였다. 태조 3년 8월 12일 기묘(己卯)에 천도에 대한 신하들의 반대에도 불구하고 한양(漢陽)으로 행차하여, 13일 경진(庚辰)에 한양을 새 도읍터로 정하였다. 고려 남경(南京)의 이궁 터〔離宮址〕가 협소한 점을 고려하여, 그 남쪽을 둘러보고 백악(白岳)을 주산으로 궁궐을 조성하고 한양을 도성으로 할 것을 결정하고, 정도전 등에게 한양의 종묘, 사직, 궁궐, 시장 등의 터를 정하게 하였다.

한양으로의 천도는 태조 3년(1394) 10월 25일에 단행하여 법궁(法宮)이 건축되지 못한 상태라, 우선 옛 한양부의 객사(客舍)를 이궁(離宮)으로 사용하였다. 한양은 일찍이 도선(道詵)의 비기(秘記)에 오얏 이씨〔李〕 성(姓)을 가진 사람, 즉 "李씨"의 500년 도읍지라 하였다. 조산(祖山)을 북한산(北漢山), 북현무(北玄武)인 주산(主山)을 북악〔北岳, 또는 백악(白岳)이라고도 함〕으로 하여, 좌청룡으로 낙타산(駱駝山), 우백호로 인왕산(仁旺山), 남주작(南朱雀)인 안산(案山)으로 남산〔木覓山〕, 조산(朝山)으로 관악산(冠岳山)이 둘러 있다. 또

한 서쪽, 즉 지금의 청운동과 삼청동에서 흘러나오는 내수(內水)가 동대문에서 외수(外水)로 흘러들고, 이 외수는 좌측 동쪽에서 우측 서쪽으로, 도성 밖의 남쪽에서 흘러 나간다.[193]

1 법궁(法宮)-경복궁(景福宮)

1.1 창건[194]과 중건(重建)[195]

태조 3년(1394) 9월 1일 '신도궁궐조성도감'(新都宮闕造成都監)을 설치하여, 12월 3일 황천후토신(皇天后土神)과 산천신(山川神)에게 종묘(宗廟)와 궁실(宮室)의 영건(營建)을 고사(告祀)하고, 4일부터 공사를 시행하였다. 태조 4년(1395) 9월 29일 경신에 법궁인 경복궁(景福宮)을 준공하여, 태조 4년 12월 28일에 입궐하였다.

경복궁의 가장 안쪽에 내전(內殿)인 연침(燕寢) 강녕전(康寧殿)을 두고, 그 남쪽에 후일 사정전(思政殿)이라 한 보평청(報平廳)을 배치하였다. 보평청 남쪽으로 정전(正殿)인 근정전(勤政殿)을 세우고, 근정전을 동, 서, 남, 북, 행랑(行廊)으로 둘러싸고, 남행랑의 중앙에 근정전의 정문인 근정문(勤政門)을 세웠다.

궁궐의 전체적인 배치는 《주례고공기》(周禮考工記)의 〈삼문삼조〉(三門三朝)의 궁제(宮制)에 따랐다. 제왕의 궁궐에는 치조(治朝), 외조(外朝), 연조(燕朝)의 삼조(三朝)와 삼문(三門)인 고문(皐門), 응문(應門), 묘문(廟門)이 있다.[196]

치조는 임금이 정사(政事)를 보는 영역이고, 외조는 신하들이 모여 국사를 논의하고 임금에게 진언하는 영역이며, 그리고 연조는 내조(內朝)라고도 하며, 왕과 그 가족들이 기거하며 쉬는 사적인 생활 영역이다. 고문은 궁궐의 정문인 광화문(光化門), 응문은 외조와 치조를 연결하는 근정문(勤政門)이며, 묘문(廟門)은 종묘(宗廟)의 정문이다.

근정전과 보평청(후일 사정전)의 영역은 치조의 영역이고, 강녕전과 연생전, 경성전 등은 모두 연조의 영역에 속한 전각들이다. 삼군부(三軍府)와 중추부(中樞府), 상서사(尙書司) 등과 같은 각사(各司)들은 궐내에 들어와 있는 관아(官衙)로서 외조에 속한 것이며, 궁궐 정

[193] 朱南哲, 《한국건축사》 개정판(고려대학교출판부, 2006), pp.216-218.

[194] 같은 책, pp.231-238.

[195] 같은 책, pp.238-268.

[196] 《周禮》, 池載熙 · 李俊寧 解譯(자유문고, 2002), p.545. 朱南哲, "경복궁(景福宮) 궁제(宮制)와 삼문삼조(三門三朝)", 《건축사연구》 96호(제23권 제5호) 한국건축사학회 2014년 10월.

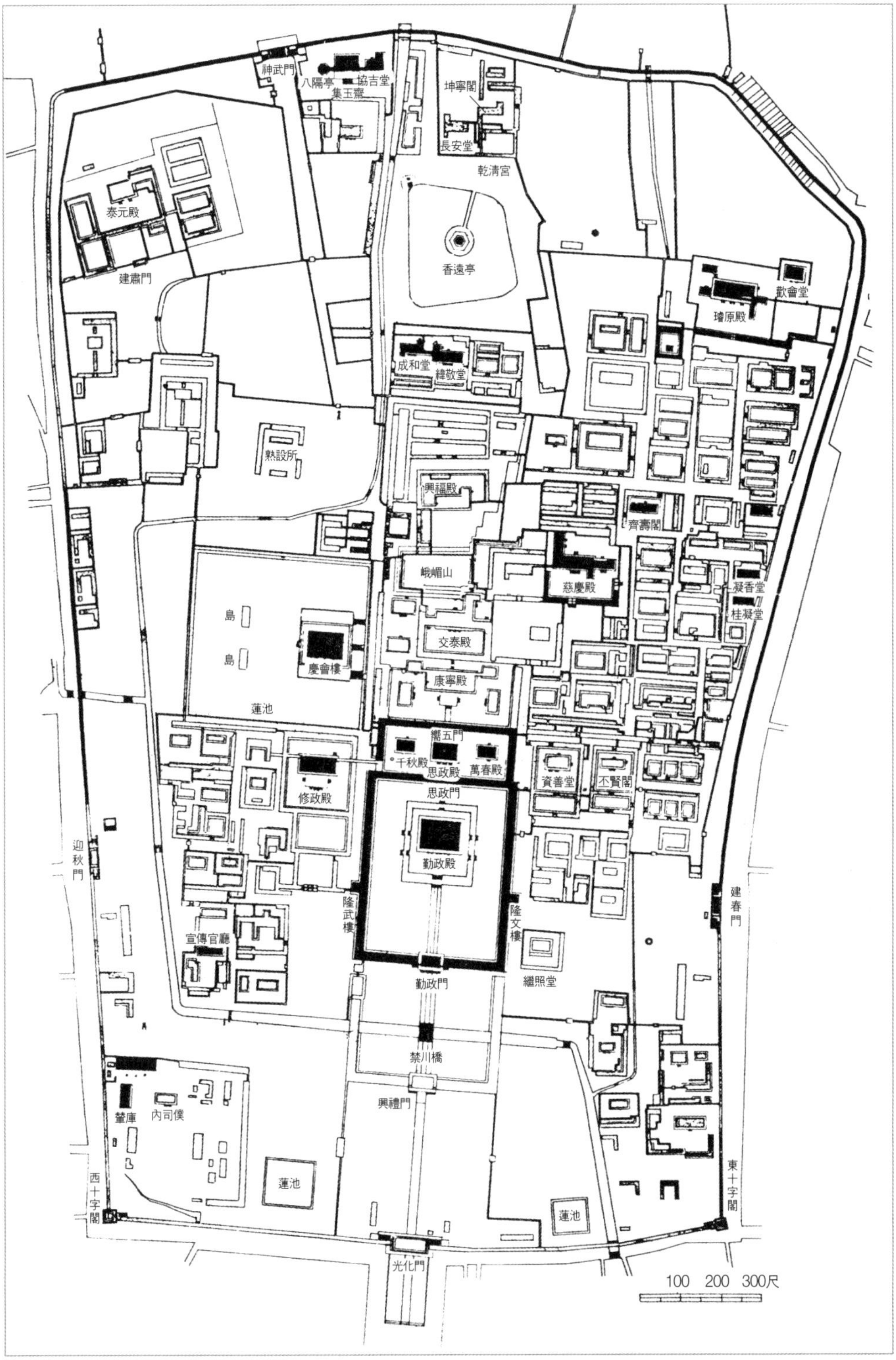
神武門
八隅亭
協吉堂
集玉齋
坤寧閣
長安堂
乾清宮
泰元殿
建肅門
香遠亭
歡會堂
璿原殿
成和堂
緝敬堂
欽設所
興福殿
齊壽閣
峨嵋山
慈慶殿
凝香堂
桂凝堂
島
島
交泰殿
慶會樓
康寧殿
蓮池
嚮五門
千秋殿
思政殿
萬春殿
資善堂
不賢閣
修政殿
思政門
勤政殿
迎秋門
建春門
隆武樓
隆文樓
宣傳官廳
緝照堂
勤政門
禁川橋
興禮門
輦庫
內司僕
西十字閣
東十字閣
蓮池
蓮池
光化門
100 200 300尺

경복궁 배치도 **도면 10**

근정전 전정

근정전 전정

어도와 삼중계

경복궁 사진 24

문(正門) 광화문 밖 남쪽 양쪽에 늘어선 의정부(議政府), 삼군부(三軍府), 육조(六曹), 사헌부(司憲府) 등의 각사들은 궐 밖의 관아들로 외조인 것이다. 따라서 궁궐 안에서의 외조는 광화문과 근정문 사이의 공간이고, 광화문이 고문이고, 근정문이 응문이며, 사정전 북행랑 중앙에 자리 잡은, 후일의 향오문(嚮五門)이 노문(路門)이다.

정종은 정종 1년(1399) 3월 13일 경복궁을 떠나, 개경으로 환도(還都)하였고, 다음 태종은 태종 4년(1404)에 다시 한양으로 재천도(再遷都)하였으나, 경복궁을 비워 둔 채 태종 5년(1405) 10월에 완공을 본 이궁(離宮) 창덕궁(昌德宮)을 법궁처럼 사용하였다.

태종은 태종 6년(1406) 이후 여러 번에 걸쳐 경복궁 수리를 명하였고, 태종 11년에는 경복궁 궁성의 서쪽 모퉁이에서 명당수를 끌어들여 금천(禁川)이 되도록 하였다.

세종은 창덕궁에서 경복궁으로 옮겨 경복궁을 법궁으로 사용하면서 여러 건축 공사를 시행하였다. 특히 세종 8년(1426)에는 태조 때 세운 궁궐의 오문(午門)을 홍례문(弘禮門)이라 하고, 궁성의 정문을 광화문, 금천 위의 석교(石橋)를 영제교(永齊橋)라 하였으며, 세종 9년에는 동궁(東宮)을 지어 세자의 궁을 마련하였다. 세종 15년(1433)에는 그간 세우지 못하였던 궁성의 북대문인 신무문(神武門)을 건립하여 궁궐의 사대문을 모두 마련하였다. 세종 22년(1440)에는 중궁(中宮, 왕비)의 처소인 교태전(交泰殿)을 짓게 함으로써 비로소 연조(燕朝)의 틀이 갖추어지게 되었다.

경복궁은 선조 25년 4월 임진왜란으로 모두 불타게 되어, 고종의 중건 때까지 빈터로 남게 되었다. 임진왜란으로 전소되었던 경복궁의 중건(重建)은 고종(高宗) 때 이루어졌다. 대원군 이하응(李昰應)의 강력한 중건 의지를 받아들인 대왕대비가 고종 2년(1865) 4월 2일 경복궁 중건을 하교하고, 고종 2년 4월 13일 중건 역사를 시작하여 고종 4년 10월경 중건이 실현되었다. 그러나 고종 13년(1876) 11월 4일 큰 화재를 만나 내전 830여 간이 소실되어 고종 25년(1888)에 이르러 재차 중건하게 되었다.

경복궁은 계좌정향(癸坐丁向)으로 그 좌향(坐向)을 잡고, 궁성의 정문으로 광화문을 세우고 좌우 궁장(宮墻)의 동쪽 끝과 서쪽 끝에 각루(角樓)로 동십자각(東十字閣)과 서십자각(西十字閣)을 세웠다. 이들 동서 각루에서 북쪽으로 ㄱ자로 꺾어 들면서 궁장을 쌓아 북쪽 끝에서 다시 ㄱ자로 꺾어, 전체적으로 장방형에 가까운 궁성(宮城)을 형성하였다.

궁성의 동문은 건춘문(建春門), 서문으로 영추문(迎秋門), 북문으로 신무문(神武門)을 세우고, 협광문(協光門), 향욱문(嚮旭門)과 같은 소문(小門)들을 세웠다. 특히 건춘문 북쪽부터 신무문에 이르기까지는 궁성 안쪽으로 한 겹의 또 다른 궁성을 쌓아, 이중의 궁성을 이루고 있다. 궁성 북쪽으로 주산(主山)인 백악에 이르기까지의 넓은 터에는 후원〔後苑(北苑)〕을 조성하였다(도면 10, 사진 24).

1.2 공간 구성

1.2.1 치조(治朝)

치조는 정전(正殿)인 근정전(勤政殿)과 그 행각(行閣), 편전(便殿)인 사정전(思政殿), 만춘전(萬春殿)과 천추전(千秋殿), 그리고 수정전(修政殿)과 경회루(慶會樓) 등으로 구성된다.

1)근정전(勤政殿)과 행각(行閣)

치조의 으뜸 전각은 근정전(勤政殿)이다.《궁궐지》(宮闕誌)에 "수조하정전"(受朝賀正殿)이라 하였으니, 임금이 백관의 조하를 받는 정전이다.

근정전은 두 단의 월대(月臺) 위에 기단을 설치하고 세운, 정면 5간 측면 5간의 중층 다포식(多包式) 건축이다. 용마루와 합각마루는 양성을 하고, 취두와 잡상, 용두로 장식한 팔작지붕을 이루고 있다. 전후 면과 좌우 측면, 사방을 모두 벽체 없이 솟을빗꽃살 창호로 마감하였고, 내부는 상하 통간(通間)이다.

근정전 사방을 이익공 행각〔行閣, 행랑(行廊), 월랑(月廊)〕으로 둘러싸고 있다. 정전 남쪽 중앙에 정문인 근정문(勤政門)을 세우고, 좌우로 각 15간씩 복랑(復廊)으로 건립하여 남행각을 이룬다. 남행각 근정문 좌우 첫 번째 간에는, 동쪽으로 일화문(日華門), 서쪽으로 월화문

(月華門)을 세웠다. 남행각의 동서 끝에서 북쪽으로 ㄱ자로 꺾여 동서로 각각 42간씩 복랑으로 건립하여 동행각과 서행각을 이루고 있다. 이 동서 복랑의 북쪽 끝에서는 다시 ㄱ자로 꺾여 33간의 곳간〔庫間〕이 동서 복랑 사이를 연결하고 그 중앙에 자리 잡은 사정문(思政門)으로 편전인 사정전 영역으로 출입한다.

근정문은 정전의 정문으로 삼문(三門)이다. 중앙 어간이 18척 어문(御門)이고, 좌우 측간은 16척 협문(夾門)이다.

동행각과 서행각의 15간과 16간에는 행각 밖으로 돌출시킨 누가 건립되었는데, 동쪽이 융문루(隆文樓)이고, 서쪽이 융무루(隆武樓)이다. 서행각에는 내삼청(內三廳)이 자리 잡고, 융문루 북쪽에서는 내삼청,[197] 예문관(藝文館),[198] 향실(香室)[199]이 자리 잡고 있다.

근정전 뜰〔庭〕의 구성에서 가장 두드러진 것은 근정전 기단 아래에 설치된 이중 월대와 월대 정면의 삼중계(三重階)이다.

근정전 월대는 상하(上下) 이중 월대로서, 《태조실록》 4년 9월 29일(庚申)의 기록에 따르면, 안심 50척이고, 전면 넓이가 112척 5촌이며, 동, 서, 북 세 곳에 계단 3개가 있는데, 이들 동계(東階), 서계(西階), 북계(北階)의 넓이가 각각 15척이다. 근정전의 정면 계단은 3단으로 윗층계〔上層階〕의 높이는 4척, 디딤돌이 5단이고, 중계(中階)의 사면 넓이는 각각 15척이며, 아래층계〔下層階〕의 높이는 4척, 디딤돌이 5단이다.

사방으로 돌난간을 둘렀는데, 엄지기둥에는 방위에 맞추어 12지상〔十二支象〕의 돌 조각을 법수(法首)로 하였고, 복련(伏蓮)과 앙련(仰蓮)을 아래위로 새긴 하엽 동자(荷葉童子)를 놓고, 이 위에 팔각형 난간 두겁대를 놓았다. 정면의 계단은 삼중계로서, 중앙에 봉황을 새긴 면석을 놓아 마무리하였다. 상월대 안쪽, 근정전 기단의 동서 두 모서리에는 큰 화로가 놓여 있어 밤중에 뜰을 밝히는 화톳불을 지핀다.

근정전의 월대를 중심으로, 이를 둘러싼 행각의 안쪽 마당은 부정형의 박석(薄石)을 깔아 마감하였는데, 행각의 기단 앞에서 폭이 좁고 긴 화강석 테두리 돌로 마감하여, 전체적으로 부정형의 박석들이 반듯한 테두리 속에 정돈된 모습을 이루도록 하였다.

197 내삼청은 내금위(內禁衛), 겸사복(兼司僕), 우림위(羽林衛)의 총칭인데, 이들은 모두 궁궐을 지키고 임금님을 호위하던 금군위(禁軍衛)의 관아고, 내금위는 태종 7년(1407)에, 겸사복은 태종 9년(1409)에, 우림위는 성종 23년(1492)에 만든 금군 부대로 효종 3년에 내금위, 겸사복, 우림위를 합하여 내삼청으로 하였다.

198 예문관은 사명(詞命)의 제찬(制撰)을 담당하던 관아로 조선 초기에는 국사(國史)를 관장하던 춘추관과 함께 예문춘추관을 두었다가, 태종 1년(1401)에 예문관과 춘추관으로 분리하였다.

199 향실은 궁중에서 쓰는 향촉들을 관장하던 곳이다.

중앙 어문 앞으로부터 월대의 아래 어계(御階)까지는 중앙이 높고 좌우가 낮은 삼도(三道)로 이루어진 어도(御道)[200]와 연이어져 있다. 삼도의 좌우로는 품계석(品階石)들을 늘어 세웠다. 이들 품계석들은 월대 아래부터 동서 좌우로 정일품, 종일품, 정이품, 종이품, 정삼품, 종삼품, 정사품, 종사품, 정오품, 정육품, 정칠품, 정팔품의 순으로 서 있다. 조하(朝賀) 때 백관이 이들 품계석들의 품계에 따라, 동쪽에는 문반(文班)이, 서쪽으로는 무반(武班)이 제자리를 찾아 늘어서게 된다.

때로 박석 마감의 마당 위에서 행사가 있을 때, 차일(遮日)을 치게 되므로, 박석에 차일 고리[201]가 박혀 있고, 월대 위 근정전의 기둥과 창방에도 차일 고리가 꽂혀 있다. 이처럼 근정전의 뜰에는 식재나 기타 석물(石物)들이 없는 것은 이 뜰이 임금이 조하를 받는 정정(政庭)이기 때문이다.

2) 편전(便殿) 영역

근정전 뒤의 사정문(思政門)을 들어서면 중앙에 사정전(思政殿), 동쪽에 만춘전(萬春殿), 서쪽에 천추전(千秋殿)이 자리 잡고 남북과 동서에 한 간 폭의 행

경회루, 강녕전

경회루

경회루 석교

경복궁 사진 24

[200] 《태종실록》 8년 3월 26일(을해) : "宦者 尹興阜와 尹德興 등 네 사람을 巡禁司에 가두었다가 조금 뒤에 석방하였다. 임금이 太上王의 避病所에 나아가 問安하고 돌아오는데 호위사 諸員 세 사람이 御道를 범하고 지나갔기 때문에, 임금이 興阜 등의 考察하지 못한 죄를 책한 것이었다." 《세종실록》 즉위년 11월 9일(을묘) : "또 궁정에서 책을 받는 의식을 아뢰었는데, 〔…〕 또 내명부(內命婦)의 조회하는 자리를 전정(殿庭) 어도(御道)의 동 · 서쪽에 설치하고, 옹주 이상의 자리는 동 · 서쪽의 윗자리에 자리 잡되 북쪽을 향하고, 〔…〕."

[201] 방화용(防火用) 쇠고리를 전각에 달기도 한다. 《세종실록》, 세종 13년 신해(1431) 1월 21일(정묘)조 : "근정전 등에 쇠고리를 달아 화재에 대비토록 함."

각들이 둘러 있다. 이 세 전각은 편전(便殿)들이다.

세 편전의 남행각은 편전 쪽에서 쓰는 곳간들이고, 북행각은 중앙에 강녕전에 출입하는 향오문(嚮午門)을, 또 동쪽에 안지문(安至門), 서쪽에 용부문(用敷門)을 두고 나머지 모든 간들은 강녕전 쪽에서 사용하는 청(廳)들이다. 그러나 동행각과 서행각은 방과 아궁이부엌, 청으로 구성하고 서행각에는 용신당(用申堂)과 협태당(協苔堂)이라 편액하였고, 동서행각 남쪽 모서리에는 우물이 각 1개씩 있다. 왕의 수발을 드는 내관들이나 기타 신하들이 머물러 그때그때 임금을 수행하던 곳이다. 3개의 편전은 월대 없는 장대석 바른층쌓기 기단 위에 서 있다. 3개의 기단 주위로부터, 사정문 좌우의 행각까지는 모두 흙바닥 마감이고, 식재(植栽)하지 않고 석물(石物)들을 설치하지 않았다.

3) 수정전(修政殿) 영역

근정전 서행각의 융무루 전면을 잇는 선상에 줄행랑이 서 있다. 이 줄행랑 서쪽 첫 번째는 영양문(榮陽門)이다. 영양문 안쪽에 중첩된 행랑이 있다. 다시 그 안쪽 행랑 중앙에 수정문(修政門)이 있다. 이 수정문으로 문 안쪽 넓은 마당에 자리 잡은 수정전에 이른다.[202]

수정전은 앞에 월대를 두고 월대 주위는 흙바닥으로 마감하였다. 몇 그루의 나무들이 식재되었다. 한때 기단 아래의 나무 밑둥이에 노둣돌을 옆으로 눕혀 꽂아 놓은 적이 있었는데, 이는 일제(日帝)가 저지른 만행(蠻行)이었다.

4) 경회루(慶會樓)와 지당(池塘)

경회루는 편전인 사정전, 천추전의 서북방, 그리고 수정전의 북쪽에 자리 잡고 있다. 경회루의 초창은 태종 12년이며,[203] 현존하는 경회루는 고종 4년 4월 20일에 상량하여 중건하였는데, 외국 사신의 접대처로 건립한 것이다.

넓은 방형의 연못 속에 방형의 큰 섬 하나와 방형의 작은 두 개의 섬을 만들고, 큰 섬 위에 경

202 이 수정전은 오늘날 현존하는 건물이나, 이를 둘러싼 행랑들은 〈북궐도형〉에서도 금무(今無)라 기록되어 있다. 이는 《고종실록》 4년(1867) 11월 1일, "교하여 가로되 法宮殿閣과 諸司가 이미 차제로 영건되었다" 하였고, 11월 8일에 "영건도감에서 추후 영건된 당의 호칭과 문의 이름을 아뢰었다" 고 하면서 수정전과 내행각 남문을 수정문, 봉래문, 동문을 동화문, 서문을 경숙문, 〔…〕 등으로 기록한 것을 보면 고종 때 복원하였다는 것이 판명된다. 그러나 고종 13년(1876) 11월 초 4일에 경복궁에 화재가 나 교태전, 인지당, 〔…〕 강녕전 등 팔백삽십여 간이 타서, 고종 25년(1888) 4월 2일에 중건소에서 자경전, 함원전, 경성전, 연생전, 흠경각의 정초를 이달 26일로 추택하였음을 아뢴 것과 그 후의 기록에 수정전 일곽에 대한 기록이 없는 것으로 보아, 화재 시 불탄 것을 그후 사정에 의하여 행각들을 복원하지 않은 것이라 판단된다.

회루를 세웠다. 그리고 뭍과 큰 섬은 세 개의 돌다리로 연결하고 있다.

경회루는 정면 7간 측면 5간의 이익공 누각 팔작집으로, 아래 누하주는 돌로 된 기둥〔石柱〕으로 모두 48개인데, 바깥 둘레기둥〔外柱〕은 네모기둥〔方柱〕이고, 안쪽 기둥〔內柱〕은 두리기둥〔圓柱〕이다. 〈경회루전도〉(慶會樓全圖, 丁學洵, 1865)에 의하면, 경회루는 이층, 삼중(三重), 합 35간, 48개 기둥으로 되어 있는데, 제1중의 3간은 정당(正堂)으로 천지인삼재(天地人三才), 8개의 기둥은 8괘(卦)를 상징한다. 제2중의 12간은 헌(軒)으로 1년 12달, 16개의 기둥은 16을 상징, 매 간 4개의 문짝이 있어, 64괘를 이룬다. 제3중 24개의 기둥은 24방(方)의 월절후(月節候)를 이룬다. 돌다리는 양의(兩義)를, 방지(方池)는 천원지방(天圓地方)을 나타낸 것이다. 동(銅)으로 만든 용 두 마리를 못 북쪽에 넣어 불을 막도록 하였다.[204]

방지의 크기는 남북 113미터, 동서 128미터인데, 세 개의 돌다리〔石橋〕 중에서 제일 남쪽의 돌다리에는 어도(御道)가 설치되었고, 중앙의 돌다리와 북쪽의 돌다리에는 어도가 없다. 팔모의 난간 두겁대를 하엽(荷葉)으로 받치고, 난간 기둥에는 석수(石獸)를 앉혀 법수(法首)를 이룬다. 방지의 호안(護岸)과 섬의 호안은 모두 장대석으로 마감하였고, 경회루 누각이 선 큰 섬의 둘레에도 하엽으로 두겁대를 받치고 있는 돌난간들을 둘렀다. 또 서쪽 중앙에는 선착장으로 내려가는 돌계단을 설치하고, 이들의 난간 기둥 법수에도 석수를 앉혔다.

큰 섬의 서쪽에 남과 북으로 자리 잡은 두 개의 섬은 소나무 숲이 우거졌는데, 이들을 만세산(萬世山)이라 한다.

못〔池塘〕의 바닥은 동쪽이 높고 서쪽이 깊게 되어 있고, 서남쪽 호안에 출수구(出水口)가 있으며, 이곳이 가장 깊다. 또 세 개의 물길이 못 바닥에 있다. 한 줄기는 동북쪽 호안, 즉 세 개의 돌다리 밑을 통하여 남으로 흐르다가 호안에 부딪혀 서쪽으로 나간다. 두 번째 물길은 북쪽

203 《태종실록》, 태종 11년 8월 9일 무술(戊戌)조에, "궁 서쪽에 못을 팠는데, 동서가 170척이고, 남북이 150척이었다. 〔…〕 중간에 작은 누각을 지었는데 밝고 화려하다" 하였으며, 12년 4월 초 2일 병진(丙辰)조에 "새로 큰 누각을 경복궁 서측 모퉁이에 지었다. 공조판서 朴子靑에게 명하여 감독케 하였는데, 제도가 굉장하고 창활하였다. 또 못을 파서 사방으로 둘렀다. 궁궐의 서북쪽에는 본래 작은 누각이 있었는데 태조가 창건한 것이었다. 上께서 협착하다 하여 고쳐 지은 것이다"라 하였다. 또 동왕 12년 4월 26일 경진(庚辰)조에 "경복궁 서루가 이루어졌다" 하였으며, 동왕 동년 5월 16일 을해(乙亥)조에 "경복궁 새 누각의 이름을 慶會라 하였다. 〔…〕 내가 이 누각을 지은 것은 중국 사신에게 잔치하거나 위로하는 장소로 하고자 하는 것이지 내가 놀거나 편안하자는 것이 아니다. 실로 慕華樓와 더불어 뜻이 같다. 네가 가서 河崙에게 일러 이름을 정하여 아뢰어라. 김여지가 복명하였는데, 경회루로 정하였다" 고 기록되어 있다. 《궁궐지》에 의하면, 단종(端宗) 원년 계유(癸酉)에 유생들에게 경회루에서 친시(親試)를 보였으며, 세조(世祖), 원년(元年) 병자(丙子)에는 경회루에서 활쏘기를 살펴보았고, 또 집현관을 불러 경(經)을 강(講)하게 하였다. 다른 임금들도 강이나, 친시, 활쏘기를 살펴보았다.

204 문화재청, 《慶會樓—實測調査 및 修理工事報告書》(2000), pp.89-91.

호안을 따라 서쪽으로 흐르다가 소나무 숲이 있는 두 섬 사이로 흘러 서남쪽 출수구로 향한다. 세 번째 물길은 북쪽 호안을 따라 계속 흘러 서쪽 호안에 부딪혀 남으로 흘러 출수구에 이른다.

평시에는 동북쪽 입수구(入水口)를 통하여 흘러든 물과 북쪽 호안 못 바닥에서 솟아오르는 물이 못을 채우고, 비가 많이 올 때에는 북쪽 호안의 세 개의 용두(龍頭)로 된 누조(漏槽)가 물을 쏟는다.[205]

1.2.2 외조(外朝)

외조는 홍례문(興禮門)과 외행각(外行閣), 그리고 이의 서쪽으로 빈청(賓廳)을 위시한 각사(各司)들이 자리 잡고 있다.

1) 흥례문(興禮門)과 외행각(外行閣)

광화문을 들어서면 마주한 곳에 홍례문〔옛이름 홍례문(弘禮門)〕이 자리 잡고 있다. 이 홍례문은 궐 안에서 첫 번째 맞이하는 궁문이다. 광화문과 홍례문까지는 폭이 넓은 한 줄의 돌길〔石道〕, 즉 어도(御道)가 조성되어 있고 동서로 담장이 서 있다. 서쪽 담장의 용성문(用成門) 밖, 광화문 가까이에 섬이 없는 넓은 방지(方池)가 있고, 동쪽 담장 밖에도 섬이 없는 작은 방지가 있다.[206]

홍례문에서 근정문까지 이루어진 마당은 박석(薄石)들을 깔았다. 서쪽에서 동쪽으로 금천

영제교

영제교 서수

경복궁 사진 24

[205] 같은 책, pp.92-93.

[206] 《북궐도형》(北闕圖形)에는 서쪽 방지만 있으나, 《조선고적도보》(朝鮮古蹟圖譜)에는 동 · 서에 모두 있다.

(禁川)이 흐르고, 금천 주변에는 몇 그루의 나무들이 식재되어 있고, 금천 위에는 금천교(禁川橋)인 영제교(永濟橋)를 놓았다. 이 영제교를 건너 근정문에 이른다. 영제교는 2개의 홍예를 틀고, 돌 귀틀과 바닥 판으로 구성되었다. 이 영제교 양쪽 금천 냇가에는 네 마리의 서수(瑞獸)가 있는데, 냇물로 기어들어 가는 모습이다. 금천은 궁성의 서북방에서 끌어들인 물을 홍례문과 근정문 사이 동서 행각의 서쪽 수각(水閣) 밑으로 흘러들게 하여 동쪽 수각 밑으로 흘러 나가게 하였다.

홍례문에서 시작된 삼도(三道)로 된 어도가 금천교를 건너 근정문에 이르는데, 근정문 가까이에서 한 가닥을 서쪽으로 꺾어 서행각에 둔 유화문(維和門)까지 연결하였다. 이는 유화문 밖에 있는, 대신들이 모여 정사를 논의하던 빈청과 연계시킨 것이다.

홍례문은 근정문과 마찬가지로 어간 18척, 좌우 변간 16척의 중층 우진각 다포집이다. 이 문의 좌우로 2간 폭의 행각이 뻗어 나가다가 ㄱ자로 꺾이어 북쪽으로 뻗어 나아가 근정전 남행각과 사잇담을 두고 맞닿아 있다. 홍례문 동쪽의 남행각과 동행각은 청과 방 그리고 방에 불을 때는 아궁이부엌들로 구성되었는데, 남행각은 결속색(結束色)[207]이다. 홍례문의 남행각의 서쪽과 서행각도 2간 폭 모두가 청과 방 그리고 불 때는 아궁이부엌인데, 남행각은 마색(馬色),[208] 정색(政色)[209]이고, 서행각은 내병조(內兵曹)이다.

서행각의 북쪽 단에는 유화문(維和門)이 있고 그 북쪽에 4간의 기별청(奇別廳)이 자리 잡고 있다. 유화문은 어간이 15척, 측간이 14척 외3포 내5포라 한 것으로 보아 근정문보다 작은 규모의 문으로 궁궐 서쪽에 있는 빈청(賓廳)과 연결되는 문이고, 기별청은 2간의 온돌방과 2간의 청으로, 승정원에서 처리한 일을 아침에 기별지(奇別紙)에 적어서 반포하는 일을 맡아보는 관아이다.

2) 빈청(賓廳)과 각사(各司)

홍례문 서행각에 있는 유화문 밖으로 나아가면 따로 쌓은 담장 속에 정면 5간 측면 2간의 빈청이 있고 그 서쪽에 정면 4간 측면 2간의 건물이 동향으로 자리 잡고 있다.

207 결속색은 병조(兵曹)의 한 분장(分掌)으로 궁궐 안에서나 임금이 거동할 때 일반들이 떠들거나 질서를 어지럽히는 것을 막던 부서로서 결속빗이라고도 한다.

208 마색은 병조의 한 분장으로 말을 길러 바치게 하는 입마(立馬), 공행(公行)의 일정표를 각 역(驛)에 발송하던 노문(路文), 공행시 종인(從人), 마필(馬匹)의 숙식 등을 명하고, 초료(草料) 등에 관한 일을 관장하던 곳이다.

209 정색은 무비사(武備司)의 속칭으로 병조의 한 분장으로서 군적(軍籍), 마적(馬籍), 병기(兵器), 군사 훈련(軍士訓練) 등을 관장하였다.

빈청은 대신들이나 비국〔備局, 비변사(備邊司)〕의 당상들이 모여 정사를 의논하는 곳이다. 빈청을 둘러싼 담장 서쪽과 북쪽으로는 선전관청(宣傳官廳), 정원(政院)을 위시한 여러 각사들이 각각 행랑과 담장으로 둘러싼 독자적인 영역을 이루면서 경회루의 남쪽 담장까지 배치되어 있다. 이들 각사들의 뜰은 아무런 꾸밈 없이 흙바닥 마감인 것으로 판단된다. 각사들의 서쪽에는 냇물이 북에서 흘러내려 와 남쪽으로 돌아서 홍례문 서행각의 수각 밑으로 흘러 금천(禁川)으로 바뀐다.

1.2.3 연조〔燕朝, 내조(內朝)〕

연조는 강녕전(康寧殿), 교태전(交泰殿), 자경전(慈慶殿)과 기타 여러 전각들로 구성되어, 치조(治朝) 영역의 북쪽에 자리 잡고 있다. 이들 내전들은 고종 2년(1865) 9월 17일 각 전당과 각 문의 현판 서사관을 정하여, 일차적으로 중건하였으나, 고종 10년 12월 10일 자경전의 화재와 고종 13년 11월 4일의 대화재로 불타게 되어, 다시 고종 25년에 복구하고, 상량문을 지었다.[210]

1) 강녕전(康寧殿), 교태전(交泰殿) 및 그 주변 건물

연조(燕朝)의 으뜸 전각은 강녕전으로 왕의 정침(正寢)이고, 버금가는 교태전은 왕비의 정침이다.

강녕전은 치조의 편전인 사정전 북쪽 중앙에 선 향오문(嚮五門)을 들어서면 전면 중앙에 자리하고 있다. 전면에 월대를 둔 높은 기단 위에 정면 11간 측면 5간의 남향한 전각이다. 향오문으로부터 월대까지는 어도(御道)가 설치되고 월대의 전면과 양 측면에 월대로 오르내리는 계단이 있다. 용마루를 두지 않은 이익공무량각(二翼工無樑閣)이다.

강녕전 전면의 동서 좌우에 자리 잡은 연생전(延生殿)과 경성전(慶成殿)은 동소침(東小寢), 서소침(西小寢)으로, 강녕전을 축소한 모습이다. 동소침의 북쪽, 강녕전의 동쪽에 정면 4간 측면 3간의 연길당(延吉堂)이 남향하여 있고, 서쪽에는 같은 규모의 응지당(膺祉堂)이 자리 잡고 있다.

강녕전을 둘러싼 행랑 동쪽에는 흥안당(興安堂), 계광당(啓光堂), 수경당(壽慶堂), 남쪽에는 청심당(淸心堂), 연소당(延昭堂), 건의당(建宜堂)이 있다. 동쪽은 방과 청으로, 남쪽에서는 청으로만 구성되고, 서쪽 행랑은 당(堂) 이름 없이 방과 청, 주(廚)로 구성되어 있다. 이

210 주남철, 《한국건축사》 개정판(고려대학교출판부, 2006), pp.253-266.

강녕전

어정

아미산

석련지-아미산

굴뚝-아미산

괴석과 석함-아미산

물확-아미산

물확-아미산

식석-자경전

석련지-함화당

십장생무늬 굴뚝-자경전

경복궁 사진 24

행랑은 임금의 시중을 들던 사람들이 이용하던 공간이다.

강녕전 북쪽에는 줄행랑이 동서로 길게 뻗어 있고, 그 중앙에 양의문(兩儀門)이 있어 이 문으로 왕비의 침전인 교태전에 출입한다. 교태전은 정면 9간 측면 4간의 용마루가 없는 무량각(無樑閣), 단층 팔작지붕의 이익공집이다.

교태전의 동쪽에는 원길헌(元吉軒), 서쪽에는 함홍각(含弘閣)을, 동북쪽으로 건순각(健順閣)을 두어, 이들 각 채들과 이어진 행각으로 교태전을 둘러싸고 있다. 또 교태전의 남서쪽에는 흠경각(欽敬閣)이 남향하여 있고, 또 서쪽으로 함원전(含元殿)이 남향하여 있다.

교태전의 높은 기단 정면에는 삼중계(三重階)가 설치되었고, 이 중 중앙의 석계(石階)와 양의문까지는 어도가 놓이고, 어도와 교태전, 흠경각, 함원전, 그리고 교태전 좌우의 각 헌(軒)과 행각의 기단 사이의 뜰은 흙바닥 마감이다.

교태전의 북쪽으로는 동산인 아미산(峨嵋山)을 쌓아 후원(後苑)을 조성하였다.

아미산은 동쪽의 건순각, 중앙의 교태전과 함홍각, 서쪽의 함원전 북쪽 기단 아래의 마당 북쪽으로, 3단의 장대석 석단(石段)을 쌓아 화계(花階)를 조성하고, 그 위쪽으로 동산을 조산(造山)하였다. 담장을 쌓아 이 동산을 둘러막았는데, 담장은 동쪽 원길헌 동쪽 면에서 시작되어, 세 번 서쪽으로 ㄱ자로 꺾여, 아미산 북쪽을 돌아 서쪽에서 남쪽으로 나오면서 한 번 꺾여 함홍각의 북쪽 측면과 연이어진다. 담장에는 동쪽으로 연휘문(延輝門), 건순문(健順門), 원지문(元祉門), 서쪽으로 함형문(咸亨門), 선장문(善長門)을 세워 후정으로 드나들게 하였다.

화계에는 꽃나무를 심고 괴석함(怪石函)과, 함월지(涵月池)와 낙하담(落霞潭), 두 물확〔水確〕들을 늘어놓고, 또 4개의 육각형 굴뚝을 세웠다. 굴뚝은 장대 기단 위에 붉은 벽돌을 쌓아 벽체를 만들고, 벽체 각 면에는 장방형 무늬판을 끼워 장식하였다. 벽체 위쪽으로는 소로, 장여, 굴도리, 서까래 등을 표현하는 벽돌들을 쌓고, 육모기와지붕을 조성하였다. 지붕 위에는 연가(煙家)들을 놓아, 연가의 창구멍으로 연기를 뽑아내도록 하였다. 아미산 화계에는 매화, 모란, 앵두, 철쭉, 반송 등이 식재되어 있고, 동산에는 배나무, 느티나무, 뽕나무 등으로 수풀이 조성되어 있다. 아미산 서쪽 화계 아랫마당에는 원형 우물이 있다.

2) 흠경각(欽慶閣)과 함원전(含元殿)

교태전 서행각 너머에는 남쪽으로 흠경각이, 북쪽으로 함원전이 있고, 이들 두 전각을 서행랑으로 둘러싸고 있다.

흠경각은 본래 세종 때 짓고 그 속에 옥루(玉漏)를 설치하였던 전각이었으나, 고종 때의 〈북궐도형〉에 보이는 흠경각은 내전각(內殿閣)의 하나이다. 흠경각과 함원전은 모두 정면 6간,

측면 4간의 장대석 기단 위에 세운 단층 이익공 겹처마 팔작집이다.

흠경각과 함원전 서쪽에 남북으로 길게 뻗은 행랑은 자선당(資善堂), 융화당(隆化堂)이다. 이 서행랑 너머 서쪽으로 경회루(慶會樓)가 있다. 이들 두 전각의 둘레 마당은 흙바닥 마감으로 이렇다 할 식재(植栽)나 석물(石物)들이 없다.

3) 자경전(慈慶殿)과 그 주변 건물

자경전은 대비전(大妃殿)으로, 왕비의 정침인 교태전의 동북방에 자리 잡고 있다. 고종이 철종(哲宗)의 법통을 잇게 됨으로써 대비가 된 철인왕후(哲仁王后)의 전각으로 건립한 것이다.

자경전은 〈북궐도형〉에 정면 10간 측면 4간의 장방형 평면에 동쪽으로 청연루(淸讌樓)라 이름 하는 누가 돌출되어 있고, 그 동쪽으로 협경당(協慶堂)과 접하여 있다. 또 서쪽에서 북쪽으로 2간 폭으로 6간이 돌출되어 있다. 그리고 남쪽으로는 ㄷ자형 행각이 동서로 길게 서 있다.

높은 기단 위에 이익공 단층으로, 겹처마 팔작지붕인데, 용마루에는 양성을 하였고, 용마루 끝은 치미로, 합각마루 끝은 용두로, 추녀마루는 잡상으로 장식하였다.

앞뜰과 뒤뜰은 모두 흙바닥 마감의 마당이고, 기단 아래에는 식석(飾石)이 서 있다. 뒷마당을 둘러막은 담장은 붉은 벽돌로 쌓고, 기와지붕을 얹었다. 특히 중앙 대청과 동쪽 온돌방 후면과 마주하는 곳에는 십장생 무늬로 벽체를 장식한 굴뚝을 쌓아, 담장 사이에 세우고, 지붕 위에 연가(煙家)들을 놓아 연기를 뽑아낸다.

서쪽 담장의 바깥 면들은 모두 쌍희 희〔囍〕, 목숨 수(壽) 등의 길상문자무늬〔吉祥文字紋〕, 매란국죽(梅蘭菊竹) 등의 식물무늬〔植物紋〕 등으로 장식하여, 대비전(大妃殿) 담장으로서의 격을 높이고 있다.

4) 흥복전(興福殿)과 주변 건물

흥복전은 교태전 후원 동산인 아미산 뒤 넓은 터에 자리 잡고 있는데, 동쪽으로 자미당을 사이에 두고 대비의 침전인 자경전과 연이어져 있다. 뒤로 북으로는 동서로 길게 뻗은 행각들이 줄줄이 늘어서 있고, 행각 밖으로 담장이 둘러싸고 있다.

정면 9간 측면 3간으로 장대석 기단 위에 세운 단층 초익공 겹처마 팔작집으로 용마루와 합각마루, 추녀마루는 양성을 한 위에 기와를 얹어 치장하고, 치미와 용두로 장식하였다. 평면이 교태전, 자경전 등 내전의 중심평면과 같은 양식을 이루고 있다. 이 전각은 대왕대비(大王大妃)가 된 조대비(趙大妃)의 전각이다. 한편 고종이 이 전각에서 각국 공사들을 접견함으로써 치조 영역의 전각으로도 사용하였다. 주변 마당은 흙바닥 마감이고, 설치된 석물이나, 특별한 식재는 없었던 것으로 추정된다.

5) 집경당(緝敬堂)과 함화당(咸和堂)

집경당과 함화당은 흥복전의 북쪽 터에 동, 서로 자리 잡고 두 전각 사이를 남북으로 선 담장이 막고 있다. 집경당은 장대석 기단 위에, 정면 간, 측면 2간 반 단층 굴도리 홑처마 팔작집이고, 함화당은 정면 7간 측면 2간 단층 굴도리 홑처마 팔작집이다.

이들 두 전각의 후정 담장 너머에는 향원정(香遠亭)과 지당(池塘)이 연이어져 있는 것을 볼 때 이들 두 전각들은 내전의 중요한 전각들이었다고 판단된다. 그러나 고종 때 이들 전각에서도 내각 회의와 사신을 접견하기도 하였었다.

함화당 후정에는 장방형의 석련지(石蓮池)가 있고, 그 북쪽으로 본래 담장이 둘러 있어, 향원정 연못〔池塘〕과 격리되어 있었다.

한때 일인들이 집경당과 함화당 두 전각의 누하주 사이로 도랑을 내어 향원정 지당(池塘)의 물을 앞쪽에 만든 못으로 끌어들인 때가 있었다.

6) 향원정(香遠亭)과 못〔池塘〕

향원정은 집경당 북쪽에 위치한 못의 섬 위에 자리 잡고 있다. 〈북궐도형〉에 따르면, 경복궁 내에는 육우정〔六隅亭, 육모정〕이 두 채, 팔우정〔八隅亭, 팔모정〕이 한 채 있는데, 향원정은 못의 섬 위에 선 중층 육우정이다.

경회루가 사신을 접대하는 공적인 공간이라면 이 향원정은 궁궐 내에서 휴식을 취하는 사적인 공간인 것이다. 〈북궐도형〉에 의하면 현재 향원정 남쪽에 자리 잡고 있는 나무다리〔木橋〕 취향교(醉香橋)가 본래에는 향원정 북쪽에 놓여 있었다. 또 남쪽 중앙에 정중문(正中門)을 세우고, 좌우로 담장을 세웠고, 동쪽으로도 담장을 세웠었다. 서쪽으로는 북쪽 궁궐 담장의 수문(水門)으로 흘러드는 개울이 남북으로 흐르고 있었다. 이 개울 서쪽으로는 담장과 보현당(寶賢堂) 동행각이 남쪽으로 뻗어 나온 행각으로 둘러 막혀 있고, 북쪽으로는 건청궁(乾淸宮) 남행각과 담장이 일부 막고 있어, 하나의 독립된 휴식공간을 이루고 있었다.

향원정은 외일출목, 이익공의 중층 육모정〔六隅亭〕으로, 겹처마, 육모 지붕 중앙에 절병통을 놓아 마감하였다. 장대석 기단 위에 주형 주초석을 세우고, 육모 기둥을 세웠다. 남과 북, 두 곳에 돌계단을 설치하고, 일층 둘레에는 평난간을 이층에는 계자난간을 둘렀다. 정자의 여섯 면에는 아자살 들어열개 사분합창호를 달았다.

연못의 서북쪽 모서리에는 "열상진원"(冽上眞源)이라 새긴, 구성이 뛰어난 어정(御井)이

경복궁 사진 24

있다. 서북쪽 지대와 어정과의 지대는 상당한 높이 차이가 있어, 직선과 반원으로 구성된 축대로 단 높이의 차이를 처리하였다. 반원형 석축 앞에 원형의 도랑을 두고, 그 속에 방형의 우물을 두었다. 이 우물에서 나오는 물은 두 단 낮은 작은 반원형의 수구(水口)로 흘러나와, 그 앞의 작은 물확에 고였다가, 다시 이것의 축(軸)과 비껴 선 낮은 석조(石造)의 도랑에 의해 연못으로 흘러드는 것을 볼 수 있다. 원형과 방형의 대조가 반복(反復)의 원리에 의해 변화 있는 통일성을 이루고 있다(사진 24).[211]

7) 건청궁(乾淸宮) —곤령각(坤寧閣), 복수당(福綏堂), 장안당(長安堂)

향원정 북쪽 터에는 행각과 담장으로 둘러쌓은 공간에, T자형 장안당, ㄱ자형 곤령각, 一자형 복수당이 자리 잡고 있다. 이들 전각들은 중앙에 대청을 두고 좌우로 방들을 배치하였다.

[211] 주남철, 《한국건축의장》 제3판(일지사, 1997), p.201.

〈북궐도형〉에는 제일 남쪽 행각에 "건청궁"(乾淸宮)이라 명기되어 있다. 장안당, 곤령각, 복수당들은 건청궁의 전각들이다. 건청궁 터는 대원군이 잡았고, 건청궁에 어진(御眞)을 봉안한 기록이 있다. 한편 고종 22년(1885)에 이 건청궁에서 일본 대리 공사를 접견하는 등 건청궁을 고종의 새로운 궁으로 활용하였다.

건청궁의 마당은 담장과 행각으로 둘러 싼 속을 흙바닥으로 마감하였고 특별한 석물이나 식재는 없었던 것으로 판단된다.

8) 보현당(寶賢堂)과 집옥재(集玉齋)와 팔우정(八隅亭), 협길당(協吉堂)

건청궁 일곽의 전각들이다. 향원정의 서북방, 궁장(宮墻)의 북장(北墻)에 자리 잡은수문을 통하여 흘러드는 냇물〔禁川〕의 동서로 곤령각(坤寧閣), 집옥재, 팔우정 들이 있다.

고종 12년 무렵 왕과 왕후의 처소를 이곳으로 옮겨 일상 집무를 주로 이곳에서 보았다.[212]

집옥재는 아관파천(俄館播遷) 이전까지 서재(書齋)로 사용되던 곳으로 보현당과 집옥재에서 고종이 각국의 사신들을 접견하고 신임장을 받았으며, 집옥재 별실에는 어진을 봉안하기도 하였다.

장대석 높은 기단 위에 세운 정면 5간 측면 3간의 단층 맞배집이다. 공포는 익공식이 가미된 주심포식이다. 특히 정면 기단 앞에는 삼중계(三重階)가 설치되었는데, 중앙 위 단에는 면석이 있고, 좌우 양쪽 소맷돌은 용틀임 모양의 특이한 것이고, 중앙 좌우의 소맷돌은 장방형 장대석 끝단에만 용두를 틀었다. 또 초석들도 특이한 형태이고, 창호들 또한 화려한 살짜임새를 보여 주어, 뜰의 구성에 풍요로운 시각적 요소를 가미하고 있다.

집옥재의 서쪽으로 일부 중층의 복도와 연결된 팔우정은 장대석 한 벌대 팔각 기단 위에 장주형 초석들을 놓고 세운 중층 정자이다. 공포의 구성은 주상포와 주간포를 가진 다포식인데, 일출목 첨차와 운공으로 구성하였다. 홑처마 팔모지붕으로 중앙에 절병통을 두어 마무리하였다. 하층에는 평난간을 두르고, 상층에는 계자난간을 둘렀다. 팔면 모두 사분합의 간결한 아자살 변형의 창호를 달았다. 좌우 측벽은 벽돌벽이다. 이 팔우정과 집옥재, 협길당의 마당은 흙바닥 마감이고, 몇 그루의 나무들이 심긴 것으로 추정된다.

9) 문경전(文慶殿), 회안전(會安殿)과 주변 건물

중전의 정침인 교태전 후원 아미산 서북쪽, 경복궁 서궁장의 안쪽에는 남북으로 긴 장방형으로 담장을 둘러쌓은 속에 문경전이 자리 잡고, 그 서쪽의 이름을 알 수 없는 건물 서북쪽에

212 이태진, 《고종시대의 재조명》(태학사, 2000), pp.287-305.

회안전이 자리 잡고 있으며, 이들 북쪽에 태원전(泰元殿)이 있다.

국상이 나면 궐내에 발인(發靷) 때까지 왕과 왕후, 대비의 관들을 모셔 두는 빈전(殯殿)과 3년 동안 신위(神位)를 모셔 두는 혼전(魂殿)을 짓는데, 문경전은 혼전으로, 태원전은 빈전으로 지은 것이다.

고종 27년 4월 17일에 대왕대비가 승하하였을 때 태원전을 빈전으로 하여 국장산능도감을 설치하고, 문경전을 혼전으로 하였던 것이다. 또 고종 32년 10월 15일에는 왕후 민씨의 승하를 영포하고, 문경전을 혼전으로, 태원전을 빈전으로 하였다.[213]

회안전은 국상 때를 대비한 전각이므로, 전각 남쪽 행각으로부터 전각 앞까지 복도가 건립되었고, 그 남행각 중앙에 자리 잡은 출입문인 융소문(隆昭門)이나, 장유문(章猶門)이 삼문으로 그려졌으며, 이 남행각 동남쪽으로 뻗어나간 곳에 제실(齊室)이 있고, 또 그 동쪽에 따로 건립된 숙설소(熟說所)가 마련되었다.

태원전은 빈전으로 사용되었는데, 본래는 태조대왕의 신본어진(新本御眞)을 비롯하여 숙종대왕의 어진 등을 봉안하고 단오제(端午祭)를 거행하던 전각이라, 앞에는 문경전에서처럼 복도가 시설되어 있다. 이들 영역은 제사와 관계된 공간인 만큼, 마당은 흙바닥 마감이고 특별하게 정원을 꾸민 것은 없다.

1.2.4 동궁(東宮)

궁궐 내에는 왕세자의 궁인 동궁을 마련하여 세자와 세자빈을 거처하게 한다. 궐내의 동쪽에 자리 잡고, 정전(正殿), 편전(便殿), 침전(寢殿)의 전각들을 갖추어 작은 궁궐과 같은 모습을 이룬다.[214]

1) 계조당(繼照堂), 춘방(春坊), 계방(桂坊)과 그 주변 건물

〈북궐도형〉에는 근정전의 동쪽, 궁성의 동문인 건춘문(建春門)의 안쪽 터에는 계조당과 "금무"(今無)라 표기된 춘방, 주방 등 여러 채의 건물들이 그려져 있다.

계조당은 남쪽과 동쪽에 행각을 두르고, 서쪽과 북쪽에 담장을 쌓았는데, 그 평면은 정면 5

213 《고종실록》 27권, 고종 27년 4월 17일 : "大王大妃昇遐 殯殿以泰元殿 爲設殯殿 國葬山陵都監, 十八日 魂殿以文慶殿爲之 下內帑錢五十萬兩干三都監 〔…〕; 고종 32년 乙未 10월 15일조 : "王后閔氏昇遐頒布 殯殿以泰元殿爲之 魂殿以文慶殿爲之 李載冕壬總護使."

214 주남철, 《한국건축사》 개정판(고려대학교출판부, 2006), pp.246-267.

간 측면 3간으로 중앙에 대청을 두고 전후좌우에 툇간을 둔 것으로 추정된다. 이 계조당은 세자의 수조당(受朝堂)이다.

계조당의 북쪽에는 행랑과 담장으로 둘러쌓은 곳에 여러 채의 건물들이 각 마당 속에 자리 잡고 있는데, 그중 춘방은 정면 4간 측면 2간으로 중앙 2간 폭은 대청이고, 좌우 1간 폭은 방이라 추측된다. 이곳은 왕세자의 시강원(侍講院)이다.

춘방 앞 남쪽에는 세자의 시위를 맡던 계방〔일명 익위사(翊衛司)〕이 있고, 춘방과 계방의 서쪽에는 문기수청(門旗手廳)이 있으며, 이의 서쪽으로 무예별감(武藝別監)의 으뜸장수 통장(統將) 관아인 통장청(統將廳)이 자리 잡고 있는데, "금무"(今無)라 명기되어 있다.

춘방의 북쪽 터에는 동에서 서로 나아가며, 행랑으로 둘러싼 3채의 건물이 나란히 서 있는데, 첫 번째와 두 번째가 원역처소(員役處所), 세 번째가 오상방(五相房)인데, 모두 "금무"라 표기되어 있다. 원역(員役)은 이서(吏胥)의 하나인 아전(衙前)이고, 오상방(五相房)은 고종 때 악공(樂工)들에게 처용무(處容舞)를 가르치던 장악원(掌樂院)의 한 부서이다. 이들 영역에는 행각과 담장 안, 마당은 모두 흙바닥 마감이고, 특별한 식재는 없다.

2) 비현각(丕顯閣)과 자선당(資善堂) 및 등촉방(燈燭房), 수라간〔水剌間〕 등

비현각과 자선당은 궁궐 동쪽 담장에 건립한 작은 대문인 연청문(延淸門)의 서북쪽이고, 오상방의 북쪽인, 사정전(思政殿)의 동쪽 터에 자리 잡고 있다.

비현각은 세자의 편전(便殿)이다. 정면 6간 측면 2간의 장방형 평면으로, 동쪽에 앞뒤로 방을 두고 그 서쪽으로 정면 3간 측면 2간의 대청, 다음 정면 1간 측면 2간의 방, 다시 전후 방 1간씩을 두었다.

비현각의 서쪽 자선당은 세자의 침전(寢殿)이다. 정면 7간 측면 4간의 장방형 평면을 이루는 전각으로 중앙에 대청, 그 좌우로 방을 두고, 주위를 툇마루와 협실로 둘러싸고 있다. 고종 때 경복궁을 중건하면서 일차적으로 복원되었으나, 그 후 화재로 소실되어 다시 중건된 것이다. 비현각과 자선당의 외곽은 장방형 행랑으로 둘러싸여 있는데, 이 행랑은 방과 청, 아궁이 부엌〔廚〕으로 구성되었다. 또 비현각 서쪽 행랑과 자선당 동쪽 행랑 사이에 측간(厠間)들이 3간 있고, 비현각 동쪽에 수라간 등이 자리 잡고 있는 것으로 보아 동궁을 모신 궁중 나인들이 거처하던 곳이라 생각된다.

1.3 후원(後苑)

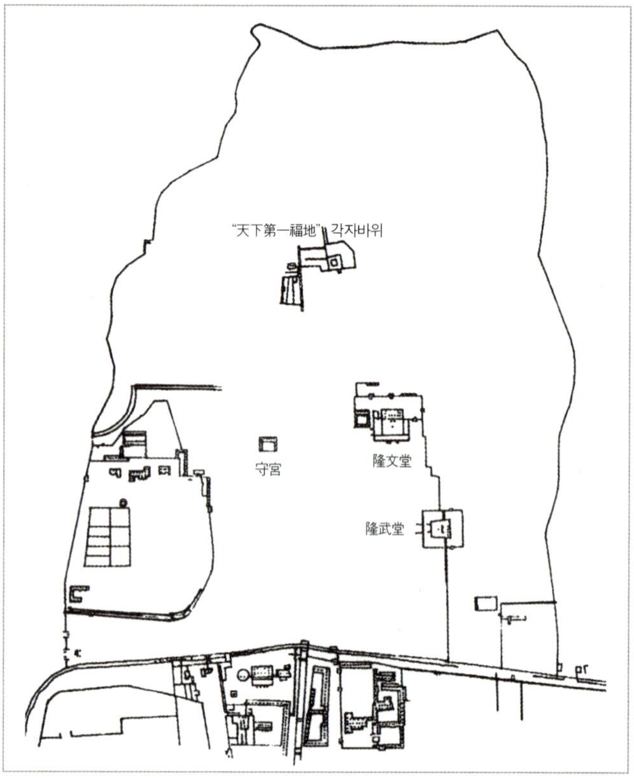

경복궁 후원 도면 11

경복궁 궁성의 북쪽 밖으로, 백악(白岳) 아래까지 넓은 곳 모두를 후원(後苑)으로 조성하였다. 태조 때 연못을 파고, 또 노루와 사슴을 기르기 시작하여 조성되기 시작하였다.[215]

〈북궐도형〉에는 후원의 중앙, 남북축의 동쪽에 융문당(隆文堂)이 남향으로 자리 잡고, 그 서쪽에 춘안당(春安堂)이, 다시 춘안당의 서쪽, 경복궁 남북 중심축에 수궁(守宮)이 자리 잡고 있다. 융무당(隆武堂)은 융문당의 남쪽 터에 서향으로 자리 잡고, 이 융무당의 서쪽에 경농재(慶農齋)가 있다. 융문당의 북쪽 백악의 산자락 깊은 곳에 옥련정(玉蓮亭)과 "천하제일복지"(天下第一福地)라 각자가 있는 바위가, 그리고 융무당의 남동쪽에 수궁(守宮)과 금위군직소(禁衛軍直所)가 자리 잡고 있다(도면11).

1.3.1 융문당(隆文堂)과 융무당(隆武堂)

남향으로 높은 월대 위에 자리 잡은 융문당은 중앙에 대청을 두고 좌우로 방을 두었으며, 같은 모양의 평면을 이루는 융무당은 서향으로 높은 월대 위에 자리 잡고 있다. 고종 때 이곳 융문당과 융무당이 있는 곳을 경무대(景武臺)라 부르고, 이곳에서 문무전시를 시행하였다. 또 후원을 북원(北苑)이라고도 하였으며, 이곳에서 왕과 왕세자가 '향궐망배'(向闕望拜)의 의식도 거행하였다.

215 같은 책, pp.267-268.

융문당 서쪽의 춘안당은 융문당의 부속 건물로 ㅁ자형 평면을 이루며, 또 그 서쪽의 수궁은 ㄷ자형 평면으로 방, 청, 주(廚), 헛간 들로 구성된 ㄷ자형 평면의 건물인데, 이곳은 경복궁을 지키는 군사들이 머물러 있던 곳이다.

1.3.2 경농재(慶農齋), 대제제(大齊齊), 지선당(至善堂)과 그 주변 영역

후원의 서쪽에는 따로 쌓은 담장 속 중앙에 경농재가 있고, 그 좌우로 대제제, 지선당이 자리잡고 있다. 또 그 남쪽 넓은 터에 논〔畓〕으로 추정되는, 한 변이 기운 장방형의 평면이 그려져 있고, 또 담장의 남쪽에 화풍문(和豊門)이라 불리는 대문이 그려져 있다.

이곳은 임금이 경농을 장려하는 의식을 갖던 곳으로, 창덕궁 후원의 청의정(淸漪亭)과 그 앞에 조성된 작은 논과 같은 기능의 공간이다.

1.3.3 오운각(五雲閣), 벽화당(碧華堂), 천하제일복지(天下第一福地)

후원의 백악 아래에는 "천하제일복지"라는 각자(刻字)가 있는 바위가 있고, 서쪽에 오운각과 벽화당이, 동쪽으로 수십 단의 계단을 딛고 올라선 곳에 옥련정(玉蓮亭)이 있다.

이곳은 천연의 숲과 바위, 냇물, 샘 들을 그대로 후원의 요소로 살리고, 곳곳에 당(堂)과 각(閣), 헌(軒), 정(亭)을 지어 궁궐의 후원을 조성한 것이다(도면11).

2 이궁(離宮)

조선의 이궁은 창덕궁, 창경궁, 경희궁, 경운궁이었다. 이 가운데 창덕궁과 창경궁은 조선 초에 영조되었다.[216]

2.1 창덕궁(昌德宮)

태종 4년(1404) 9월 1일 이극, 신극례를 조성도감제조로 삼고, 9월 9일 윤신달 등을 한양으로 보내 이궁 터를 잡도록 하여, 10월 6일 재천도하기로 결정하고 이궁을 짓도록 함으로써 창덕궁

216 같은 책, pp.268-287.

의 창건이 시작되었다. 태종 5년(1405) 10월 19일 완공되고, 10월 25일 이름을 창덕궁이라 하였다.

완공된 창덕궁은 정침청(正寢廳)이 3간, 동서 침전(寢殿)이 각각 2간, 동서 천랑(穿廊)이 각각 2간, 남천랑이 6간, 동서 소횡랑(小橫廊)이 각각 5간인데, 동서 행랑(行廊)에 접(接)하였고, 북행랑이 11간, 연속되어 있는 서별실(西別室)이 3간, 동서 행랑이 각각 15간, 동루(東樓)가 3간, 상고(廂庫)가 3간이고, 그 나머지 양전(兩殿)의 수라간 · 사옹방(司饔房) 및 탕자세수간(湯子洗手間) 등 잡간각(雜間閣)이 총 118간인데, 이상은 내전(內殿)이다. 편전(便殿)이 3간, 보평청(報平廳)이 3간, 정전(正殿)이 3간이고, 월대(越臺)는 동서 넓이 63척 9촌, 남북 깊이 33척, 상층(上層)은 계고(階高)가 3척 5촌, 중층(中層)은 광(廣)이 5척, 계고(階高)가 4척 1촌이며, 앞뜰[殿庭]은 남북 넓이 117척 남짓하고, 동서 넓이가 156척 남짓하며, 동변(東邊)은 상층이 3간, 중층이 5간, 행랑이 9간이고, 서변(西邊)은 상층이 3간, 중층이 4간, 행랑이 9간이며, 대문(大門)이 3간, 좌우 행랑이 각각 9간, 승정원청(承政院廳)이 3간, 동행랑이 10간, 남행랑이 4간, 북행랑이 4간, 외행랑이 5간, 외루(外樓)가 3간이다.

그 후 태종 11년(1411) 3월 18일 창덕궁에 누각과 침실(寢室)을 짓게 하고, 또 진선문(進善門) 밖에 돌다리를 놓도록 하였는데, 이 돌다리가 금천 위에 놓은 금천교(錦川橋)이다. 또 태종 12년(1412) 5월에 대궐 궁궐의 정문인 돈화문(敦化門)을 짓고, 태종 13년(1413) 1월에는 궐문 밖에 하마표목(下馬標木)을 세우고, 큰 종을 주조하여 돈화문에 걸도록 하였으며, 태종 18년(1418)에는 인정전이 좁아 헐고 다시 짓도록 하여 궁궐의 규모를 갖추도록 하였다(도면12, 사진25).

세조(世祖) 때에는 조계청(朝啓廳)을 선정전(宣政殿)이라 하는 등 각 건축물의 이름을 정하였고, 성종 6년(1475)에는 대제학 서거정(徐巨正)이 창덕궁과 경복궁의 각종 문중에 액호(額號)가 없는 것들에 각각 2개의 이름을 편액하여 아뢰니 임금이 낙점(落點)하여 정함으로써 이궁으로서의 면모를 갖추게 되었다.

창덕궁 또한 경복궁과 마찬가지로 임진왜란으로 불탔다. 선조 40년(1607)에 다시 짓기 시작하여 광해군 즉위년인 1608년 10월에 1차적으로 끝나고, 다시 광해군 2년(1610) 봄에 공사를 시작하여 9월에 마감되었다. 그러나 인조반정 때 많은 전각들이 불타, 인조 25년(1647)에 다시 중건하게 되었다.

정조 즉위년(1776) 9월에는 창덕궁 금원(禁苑)의 북쪽에 규장각을 세우고, 정조 원년(1777) 2월에는 창덕궁과 창경궁을 수리하였다. 그러나 순조 33년(1833)에 큰 화재가 있어 다시 중건하게 되었다.

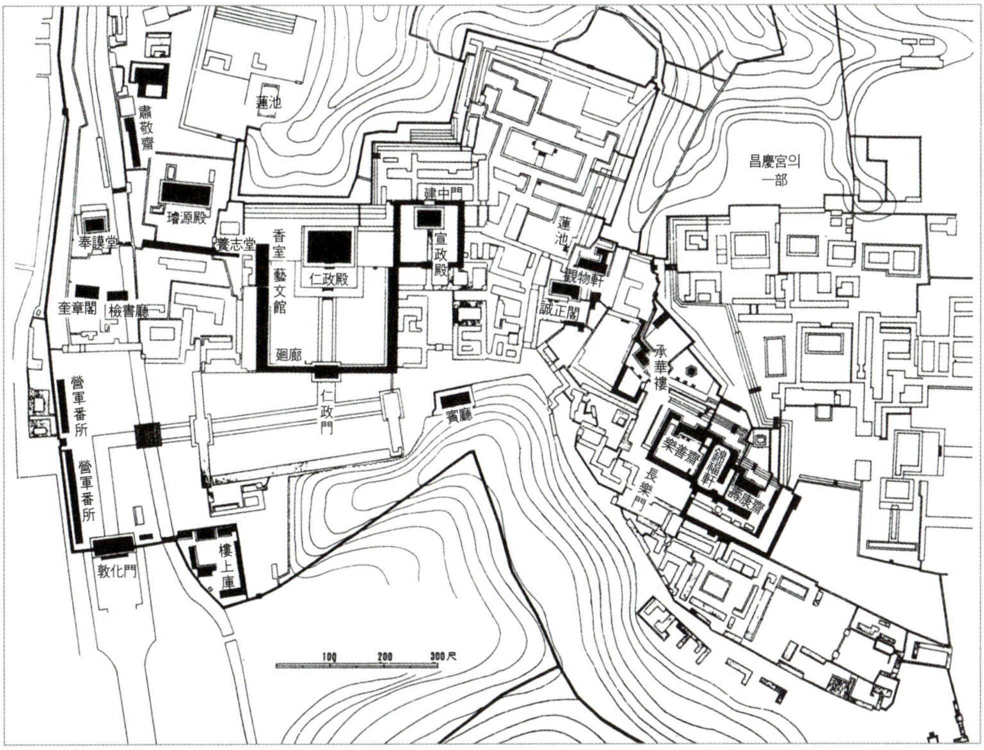

창덕궁 배치도 **도면 12**

인정전과 전정

금천교

서수-금천교

월대, 삼중계-인정전

굴뚝-희정당

월대-대조전

후정-대조전

화계-대조전 후정

화계와 식단-대조전 후정

굴뚝-대조전 후정

돌계단-대조전 후정

돌계단-대조전 후정

창덕궁 사진 25

궁궐의 배치는 각 전각들을 지세에 따라 자연스럽게 배치하여 조선 5대 궁궐 중 가장 자연스러운 모습을 이루고 있다. 창덕궁의 전체 모습은 〈동궐도〉(東闕圖)[217]와 현존 유구를 통하여 살펴볼 수 있다.

217 주남철 외, 《동궐도 읽기》(창덕궁관리사무소, 2005).

2.1.1 돈화문(敦化門), 금천교(錦川橋)와 진선문(進善門)

창덕궁 궁궐의 정문은 돈화문이다. 정면 5간 측면 3간의 중층 다포식 우진각집으로, 용마루, 내림마루에는 양성을 하고, 취두와 용두, 잡상으로 장식하였다. 돈화문 앞으로는 긴 월대(月臺)를 설치하였다. 월대의 중앙에는 어도가 있고, 이 어도는 기단 앞 삼중계의 중앙 어계에 이른다. 월대 앞에는 말을 매어 두는 하마표목(下馬標木)[218]이 두 개 놓이고, 그 앞에 노둣돌〔下馬石〕이 각각 하나씩 놓여 있다. 이 월대의 밖 마당은 흙바닥 마감이다.

남쪽의 궁궐 정문인 돈화문을 들어서서 북쪽으로 나아가다가 동쪽으로 꺾인 곳에 있는 금천교를 건너면 진선문과 그 양옆의 행각을 만나게 된다. 금천교(錦川橋)는 북쪽으로부터 남쪽으로 흐르는 금천(禁川) 위에 놓인 금천교(禁川橋)의 이름이다.

금천 바닥 위에 홍예를 두 개 틀고, 그 위에 장대석으로 귀틀을 짜고, 판돌을 깔았다. 다리의 좌우로는 난간을 세웠는데, 난간의 네 곳 엄지기둥 위에는 석수(石獸)를 앉혔다. 들어갈 때는 서로 마주보고 앉아 있으나, 진선문 쪽의 다리를 건너는 곳의 엄지기둥에는 진선문 쪽으로 앉아, 고개를 돌려 마주보는 형상이다. 또 금천 바닥 홍예의 뿌리 앞에 놓인 남쪽 석수는 돌사자이고 북쪽 석수는 거북으로서, 서로 다른 모습이다. 전체적으로 변화를 두어 흥미를 주면서도 조형적으로 통일성을 이루고 있다.

금천 바닥은 박석을 깔았는데, 금천교 밑에서는 물이 잘 흐르도록 바닥 중앙으로 도랑을 만들었다. 금천교 좌우 금천 변에는 괴목(槐木), 능수버들, 복사꽃이 많이 식재되어 있었다. 돈화문 안에서 진선문에 이르기까지, 그리고 금천교 주변의 마당은 모두 흙바닥 마감이다.

2.1.2 진선문(進善門), 숙장문(肅章門)과 인정전(仁政殿) 외행각(外行閣)

진선문을 들어서면 맞은편 안쪽으로 서향한 숙장문을 마주하게 되고, 그 문과의 중간에서 다시 북쪽으로 꺾인 곳에 인정문이 서 있다.

진선문부터 숙장문까지 한 줄 어도가 놓여 있고, 숙장문 가까이에서 한 가닥이 꺾이어 북쪽의 인정문 기단의 어계에 이른다. 외행각 안쪽으로는 내병조(內兵曹), 호위청(扈衛廳), 상서원(尙瑞院), 배설방(排設房)등 외조(外朝)의 부서들이 자리 잡고 있다.

외행각 마당은 모두 흙바닥 마감이고, 식재나 석물은 없다.

218 《태종실록》 25권, 13년 1월 21일(신축)조. ╱▔╲ 자 모양의 나무틀로 중국에서는 목마자(木馬子)라 한다. 《三才圖會》.

2.1.3 인정문(仁政門), 내행각(內行閣)과 인정전(仁政殿)

인정문은 정전(正殿)의 정문으로 이 문의 양쪽으로부터 행각이 시작되어 뻗어 나가다가 다시 북쪽으로 꺾이어 인정전을 감싸면서 ㄷ자 모양을 이루고 있다. 행각으로 둘러싼 ㄷ자형 마당 안에는 인정문으로부터 어도가 그 북쪽 높은 월대에 놓인 삼중계에까지 이르고, 월대 위에 정전인 인정전이 자리 잡고 있다.

인정전은 임진왜란 이후인 광해군 원년(1609)부터 다시 짓기 시작하여 다음 해 중건되었다. 인조반정 때에도 화재를 면하였으나 순조 33년(1833)에 불타 순조 34년(1834)에 또다시 지었다.

장대석으로 바른층쌓기 한 두 단의 월대 위에 다시 장대석 기단을 쌓고 다듬은 돌 초석을 놓아 두리기둥을 세운, 외3출목 내4출목 다포식 건축이다.

평면은 정면 5간 측면 4간으로 입면은 중층이나 내부는 통층이다. 바닥은 본래 전을 깐 전(塼) 바닥이었으나 순종 때 서양식 건축의 실내양식 영향으로 쪽마루로 바뀌었고, 이때 새롭게 커튼, 전등 시설과 전등갓 등이 서양식으로 장식되었다. 평면의 중앙 어간의 뒤쪽으로 어좌가 마련되었고 일월오봉병(日月五峯屛)이 둘러쳐져 있다. 천장은 우물천장으로 특히 중앙에 보개천장을 만들고 봉황새 한 쌍을 그려 위엄을 더하였다.

하층 축부의 중앙과 뒤쪽 중앙에 문짝들을 달기 위하여 문지방만을 놓았으나, 나머지 모든 간에는 높은 머름을 짜 넣었고, 솟을빗꽃살창을 달고, 상층에는 교창을 짜 넣었다. 처마는 겹처마이고 용마루와 합각마루, 추녀마루는 양성을 하였으며 용마루 양끝에는 취두를, 합각마루와 추녀마루 끝에는 용두를 얹고 추녀마루 위에는 잡상을 늘어놓아 장식하였다. 현재의 용마루에는 인정문에서처럼 5개의 이화문장(梨花紋章)의 장식을 두었는데 이것은 후일 1930년대 일제강점기에 설치한 것이다.

인정전 내행각에는 관광청(觀光廳), 서방색(書房色), 악기고(樂器庫), 내삼청(內三廳), 향실(香室) 들이 자리 잡고 있다.

인정전 월대 앞 중앙에 자리 잡은 어도의 동쪽과 서쪽에 정1품으로부터 시작되는 품계석들이 늘어서 있다. 내행각 기단석부터 안쪽 어도의 양쪽과 월대 아래까지의 마당은 박석들을 깔아 마무리하고, 일체의 식재나 석물들은 두지 않아 엄숙한 의전 공간(儀典空間)을 이루고 있다.

〈동궐도〉에는 인정전 뒤로 장대석 바른층쌓기의 석축단(石築壇) 5단을 축조하여 화계(花階)를 이루고 있는데, 꽃이나 나무는 식재되지 않았다. 그러나 《조선고적도보》에는 인정전 뒤로 소나무와 회화나무 들이 보인다.[219]

2.1.4 선정전(宣政殿)

인정전의 동북쪽에 편전인 선정전이 자리 잡고, 이 전각의 주위로는 내행각과 외행각이 둘러 싸고 있다.

한 단의 월대 위에 세운 정면 3간 측면 3간의 단층 외3출목 내4출목 다포식 공포의 팔작집이다. 〈동궐도〉에 의하면 마루는 양성을 하였으나, 현재의 선정전은 양성을 하지 않고, 취두와 용두, 잡상으로 장식하였는데, 특히 궁궐 건축 중 유일한 청기와집이다.

선정전의 어간부터 내행각 정문과 외행각의 정문까지는 양쪽 벽체가 없는 천랑(穿廊)으로 연결되었고, 그 바닥인 어도와 행각 기단까지의 마당은 모두 흙바닥 마감이다. 전정(殿庭)에는 식재가 없다.

2.1.5 희정당(熙政堂)과 대조전(大造殿)

선정전의 북쪽에 여러 행각이 있고 그 동북쪽으로 희정당과 그 뒤로 서남향 한 내전 대조전 영역이 자리 잡고 있다.

희정당은 《궁궐지》에 "편전으로 시사(視事)를 하는 처소"라 하였다. 〈동궐도〉에는 중층 누각으로 정면 5간 측면 3간의 팔작집으로 그려져 있어 지금의 모습과는 다르다. 현재의 희정당은 순조 때 화재로 소실되어 복원한 것을, 1917년 대조전을 비롯한 여러 건물들이 재차 화재를 입자 다시 복원한 것으로, 이때 내부를 양식(洋式)으로 꾸몄다.

〈동궐도〉에는 희정당 뒤에 남북으로 설치한 중층 행각이 대조전 남행각의 정문인 선평문(宣平門)에까지 연이어져 있다. 또 희정당의 동쪽 마당에는 네모난 연못이 그려져 있으나, 지금은 없다. 앞마당에는 검은 벽돌과 붉은 벽돌로 쌓은 아름다운 굴뚝이 서 있다.

희정당의 북쪽으로 자리 잡은 대조전은 왕비 정침(正寢)으로 태종 5년(1405)에 건립하였으나 임진왜란 때 불타 광해군 때 다시 지었고, 인조반정(1623) 때 또 불타 인조 25년(1647)에 다시 지었다.

지금의 대조전은, 순종(純宗) 때 불에 타 복원한 것이 1917년 다시 불타게 되자, 일제가 복구한다는 명분으로 이미 헐어 낸 경복궁의 수천 간 전각 부재의 극히 일부만으로 재건한 것이다. 〈동궐도〉의 모습과는 다른 바가 많다.

정면 9간 측면 4간으로, 외부로 노출되는 기둥은 네모기둥이고 안쪽 기둥들은 두리기둥이

219 문화재관리국, 《창덕궁 원유(苑囿)》(1989).

다. 이익공집으로, 주간의 창방 위에는 화반과 운공들을 놓아 도리 장여를 받치고 있다. 겹처마 팔작지붕이나 용마루가 없는 것은 내전의 표시이다. 합각마루와 추녀마루는 양성을 하였고 용두와 잡상을 놓았다.

대조전의 월대와 마주한 행각의 중앙에, 돌계단을 둔 높은 기단 위에 솟을대문을 세웠다. 월대와 대문 사이에는 어도가 있고 월대 네 귀에는 물을 담아 방화 용수로 쓰는 드무가 있다.

대조전 뒤쪽으로는 남북으로 길게 뻗은 행각을 두어 경훈각과 연결하였으며, 또 장대석 바른층쌓기 한 석단들을 두어 화계를 이루고, 그 위쪽으로 담장을 쌓아 아름다운 후정을 조성하였다. 특히 석단 위에는 검은 벽돌과 붉은벽돌로 무늬를 놓아 쌓은 운치 있는 굴뚝이 서 있다. 또 화계의 석단 한 곳은 3면을 돌출시켜 식단(植壇)을 쌓고, 그 위에 나무 한 그루를 심어 변화를 주고 있다. 석단 동쪽으로는 사선으로 올라가면서 폭이 좁아지는 석계가 후정 위 터의 가정당(嘉靖堂) 앞뜰로 들어서는 천장문(天章門)까지 놓여 있어 시각적으로 정적인 후정 공간에 역동성을 주고 있다. 이 계단과 천장문은 1912년경에 가정당(嘉靖堂)[220]을 세울 때 함께 세운 것이 확실하다. 대조전 뒷마당〔後庭〕에는 괴석을 담은 석함이 몇 기 놓여 있다(사진 25).

2.1.6 성정각(誠正閣), 중희당(重熙堂), 유덕당(維德堂), 낙선재(樂善齋)

지금의 희정당과 대조전 영역의 동남쪽에는 내의원(內醫院)이 있고, 이의 동남쪽 터에 낙선재가 자리 잡고 있다. 그러나 〈동궐도〉에는 본래 희정당의 동남쪽에 성정각과 중희당, 유덕당 등이 있는데, 이들은 동궁(東宮)의 영역[221]이었다. 중희당은 동쪽으로 이구와(貳口窩)와 소주합루(小宙合樓)와 이어졌으며, 또 이들의 동북쪽에 연영합(延英閤)과 천지장남궁(天地長男宮)이 있었으며, 그리고 취운정(翠雲亭)과 수강재(壽康齋)가 있었다. 이들 취운정과 수강재는 모두《궁궐지》(宮闕志)에는 창경궁에 속한 건축물이었다.

낙선재는 바로 수강재, 취운정을 포함하는 넓은 영역에 지은 궁궐 속의 제택형(第宅形) 건축이다. 낙선재 영역에는 수강재, 석복헌(錫福軒), 취운정, 한정당(閒靜堂), 상량정(上凉亭), 승화루(承華樓), 삼삼와(三三窩), 칠분서(七分序)가 자리 잡고 있다. 낙선재는 처음 언제 지었는지 알 수 없으나, 영조 32년(1756) 병자년 화재로 소실된 사실은 정조 12년 12월 5일자 실록의 기록으로 알 수 있다.

헌종 12년(1846) 왕의 연침(燕寢)으로 중건되었고, 곧 이어 헌종 14년(1848) 빈(嬪)의 처

220 이년노, 〈III. 일제강점기 경운궁의 건축적 변화〉, 《덕수궁 복원정비계획》(문화재청, 2005), pp.154-155.

221 주남철, 《한국건축사》 개정판(고려대학교출판부, 2006), p.277.

소로 석복헌을 지었다. 낙선재에는 "보소당"(寶蘇堂)이라는 편액이 걸려 있다(사진25).

낙선재의 정원은 크게 3개의 영역으로 나누어진다. 행랑채 바깥뜰과 보소당 앞뜰, 그리고 뒤뜰, 즉 후정이다. 현재 바깥뜰은 넓은 빈 마당으로, 행랑채와 수십 보 떨어진 곳에, 단층 사모정〔四隅亭〕 한 채와, 잔디와 작은 관목, 그리고 큰 수목 몇 그루가 심어져 있다. 그리고 그 한 곳에 이화문(李花紋)이 조각된 식석(飾石)이 하나 놓여 있다.

정문인 솟을대문 장락문(長樂門)을 마주하면, 장락문 좌우의 행랑 방화장(防火墻)이 솟을대문과 함께 시야에 들어온다. 방화장은 장대석의 지대석(地臺石) 위에 사고석 바른층쌓기하고, 그 위쪽으로 검은 벽돌들을 바른층쌓기 하여 마무리하였는데, 이들 벽돌들은 아랫단에서 윗단으로 올라가면서, 벽돌의 길이와 높이가 작아진다. 이로써 방화장 전체에 점이성(漸移性, gradation)을 주고 있다.

장락문을 들어서면 마주 보이는 낙선재 몸채 지붕과 행랑채 지붕 처마 사이로, 후정 위 터에서 있는 상량정이 시야에 들어와, 두 지붕선 사이의 함몰된 부분을 채워 주고, 그 아래 몸채의 창호들이 이루어 놓은 아기자기한 살짜임새가 시각적인 풍요로움을 이루고 있다. 이러한 안뜰의 구성은 낙선재 대청에서 안뜰을 바라볼 때에도 마찬가지이다. 기단 아래에는 노둣돌〔下馬石〕이 놓여 있고, 흙바닥 마감인 정갈한 마당 주위로는 장락문 동쪽 행랑채 창호들의 역동적인 숫대살변형 살짜임새와, 석복헌과의 사잇담 담장무늬들이 서로 어우러져 뜰 전체를 시각적으로 풍요롭고 아름답게 꾸미고 있다.

낙선재의 뒤뜰 후정은 폭이 좁고 긴 장방형 마당과 이의 북쪽으로 다섯 단의 석단을 쌓은 화계로 조성하였다. 화계 앞에는 커다란 석지(石池)를 놓아 물을 채우고, 연잎을 띄웠으며, 화계 위에는 괴석을 석함〔石函, 석분(石盆)〕에 담아 놓았다. 그중 하나는 호족반(虎足盤) 받침의 석함인데, 석함 면에는 "소영주"(小瀛洲), 괴석 면에 "비운옥립"(飛雲玉立)이라 새겨져 있고, 그 아래 "윤황후인"(尹皇后印)이라 낙관(落款)이 되어 있다. 이는 곧 석함과 괴석이 삼신선산(三神仙山)의 하나인 영주산을 상징하는 도가사상(道家思想)의 표현이며, 또한 정원을 가꾼 동산바치가 이 석함과 괴석 모두를 윤황후의 작품으로 생각한 것임을 알 수 있다.

화계 위에는 굴뚝〔煙突〕이 서 있고, 동쪽으로 위 터의 산정(山亭)인 상량정으로 올라가는 돌계단이 있는데, 곧은 직선이 아니라, 몇 단 올라가서 꺾이어 일각대문과 마주한다. 또 화계에는 식재가 되어 있어, 이들의 그림자들이 상량정 마당과의 사이에 선 담장에 드리운다. 또한 담장의 무늬들이 이들 석함과 괴석, 굴뚝, 식재, 그림자 등등의 시각적 요소들과 어우러져 시각적으로 풍요로운 경관을 조성하고 있다. 계단 동쪽의 담장은 경사진 바닥을 따라 내려오면서, 지대석, 장대석, 사고석, 벽돌 들을 모두 수평으로 쌓고, 이에 맞추어 상부의 지붕을 쌓았기 때문에,

승화루

담장

낙선재 앞뜰

낙선재 후정

석함-소영주

상량정

일월문

한정당과 괴석대

석련지-송화루

괴석함-한정당

창덕궁 **사진 25**

곳곳에 높이 차이를 맞추기 위한 단을 지어 역동적인 모습을 이루고 있다.

낙선재 위 터에 자리 잡은 상량정은 평원루(平遠樓)라고도 하는데, 중층 육모정이다. 높이가 낮은 이중 육모 기단 위에 장주형 초석을 세우고, 그 위에 육모기둥을 세워 운공 형태의 몰익공을 평방 없이 기둥과 창방 위에, 주상은 물론 주간에도 놓았다. 처마는 겹처마이고, 지붕 중앙에는 절병통을 놓아 마무리하였다. 정자 마루 주위로는 계자난간을 두르고, 북쪽에 나무 층계를 놓아 정자에 오르내린다. 정자 기단 앞에는 넓은 장방형의 석상(石床)이 하나 놓여 있고, 정자 북쪽으로는 긴 서고(書庫)가 자리 잡고 있다.

상량정의 동쪽 담장에 선 일각대문을 열고 들어서면, 한정당(閒靜堂) 앞뜰이 된다. 이곳은 낙선재 동쪽의 석복헌 뒤뜰 화계 위 터이다. 한정당은 정면 3간 측면 2간의 단층 홑처마 팔작집이다. 네모기둥에 굴도리를 얹었는데, 창호의 살짜임새를 비롯하여 전체적으로 우아한 건물이다.[222]

기단 앞에는 장주형 대석 위에 괴석을 담은 석함을 놓아, 그 앞쪽에 줄지어 놓은 키 작은 괴석분들과, 석복헌으로 내려가는 석계의 대석들과 수직적 대비를 이루어서, 한적한 마당에 동적인 감흥을 주고 있다.

한정당의 동남쪽, 수강재(壽康齋) 뒤 화계 위의 터에는 취운정이 동남향으로 자리 잡고 있다. 상량정 서쪽으로는 남북으로 담장이 길게 서 있다. 이 담장의 중앙에는 원형의 문 울거미를 이룬 월문(月門)을 세우고, 양쪽으로 아름다운 화초담〔花草墻〕과 일월담〔日月墻〕을 연이어 쌓았다. 월문을 나아가면, 반듯한 마당이고, 이 마당 아래터에는 승화루(承華樓), 의신각(儀宸閣), 삼삼와(三三窩), 칠분서(七分序)가 있는, 바로 승화루 윗마당이다.

이 승화루 윗마당에서 상량정 지붕과 그 아래의 월문, 그리고 담장무늬들은 모두가 서로 어우러져 승화루 윗마당 전체를 아름답게 꾸미고 있다.

2.2 창경궁(昌慶宮)[223]

창경궁은 본래 세종에게 양위한 태종이 거처할 궁궐로 지은 수강궁(壽康宮)으로 시작되었다. 성종 14년(1483) 이 수강궁 옛터에 대비들을 모시기 위한 새 별궁을 짓기로 하여 성종 15년(1484)에 완공하였다. 이때 전(殿)으로는 명정전(明政殿), 문정전(文政殿), 수녕전(壽寧殿), 관경전(觀慶殿), 경춘전(景春殿), 인양전(仁陽殿), 통명전(通明殿), 당(堂)으로는 양화당(養和堂), 여휘당(麗暉堂), 각(閣)으로는 사성각(思誠閣) 등의 전각들을 지었다. 선조 25년(1592) 임진왜란으로 불타게 되자 광해군 8년(1616)에 본래의 동향으로 다시 세웠다. 인조 2년(1624) 이괄의 난으로 또 한 번 많은 전각들이 불타 인조 11년(1633)에 다시 지었다.

일제는 일제강점기에 치조(治朝)의 전각인 명정전과 연조(燕朝)의 내전들인 환경전(歡慶殿), 경춘전, 통명전, 양화당, 집복헌(集福軒), 연춘헌(延春軒), 통화전(通和殿) 들만을 남기고, 수천 간의 전각들을 헐어 내고 식물원과 동물원을 지어, 창경원(昌慶苑)으로 격하시키는 만행을 저질렀다(도면 13, 사진 26).

2.2.1 홍화문(弘化門), 명정문(明政門)과 명정전(明政殿) 영역

창경궁의 정문은 홍화문이다. 정면 3간 측면 2간의 중층 우진각집으로, 공포는 다포식이다. 지붕의 용마루와 내림마루는 모두 양성을 하고, 취두와 용두, 잡상을 놓아 장식하였다.

〈동궐도〉에는 홍화문 안쪽 좌우에, 동에서 서쪽으로 남북 행각이 명정문 좌우의 행각 끝까지

222 2005년도 보수 때 1920년대의 건축으로 판명되었다.

223 주남철, 《한국건축사》 개정판(고려대학교출판부, 2006), pp.269-285.

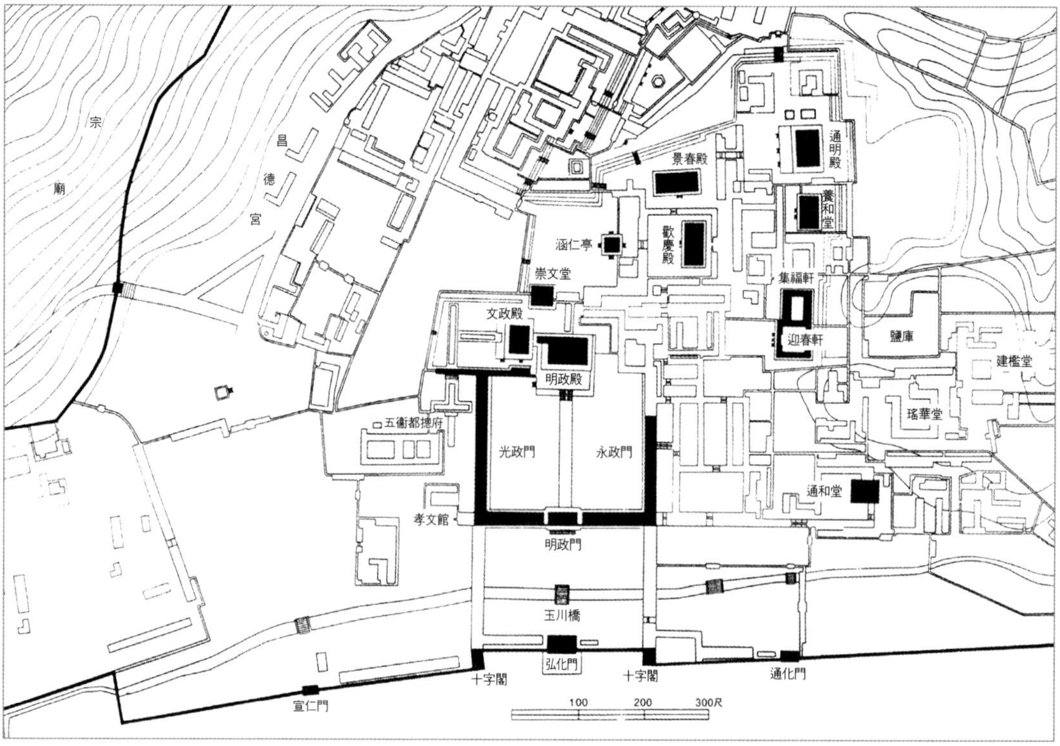

창경궁 배치도 **도면 13**

이어져, 명정전 외행각을 이루고 있다. 또 홍화문 기단 아래 두 벌대 장대석 쌓기 월대(月臺)가 있었고, 그 안쪽으로 월대부터 옥천교(玉川橋)를 건너 명정문 기단 앞 삼중계에 이르기까지 중앙에 어도를 둔 삼도(三道)가 조성되어 있다. 삼도는 1980년대 복원한 것이다. 〈동궐도형〉(東闕圖形)에는 없었다.

동향한 궁궐의 정문인 홍화문을 들어서면 금천이 북에서 남으로 흘러가고 이 개천 위에 금천교인 옥천교가 있다. 옥천교를 건너면 정전의 정문인 명정문에 이른다.

옥천교(玉川橋)는 조선 성종 15년(1484)에 세운 것으로 생각된다. 길이 9.5미터, 폭 5.8미터로, 금천 바닥의 중앙에 초석을 놓아, 이 초석 위에 동서 양쪽으로 뻗은 홍예 아치의 뿌리를 놓고, 두 개의 홍예를 형성하였다. 홍예 위에 장대석으로 귀틀을 짜고, 마루널 모양의 판석을 귀틀 사이에 깔아 다리 바닥을 형성하였다. 다리의 양쪽에는 엄지기둥을 세우고 이 엄지기둥 사이에 같은 간격으로 기둥을 세웠다. 기둥과 기둥 사이에 난간 두겁대석을 끼우고, 이들 난간 두겁대와 기둥 사이에, 하엽을 부조하고 안상을 파낸 넓은 판석을 끼워 마무리하였다. 다리의 양쪽 엄지기둥에는 서수(瑞獸)를 조각하여 앉혔는데 앞쪽의 두 마리는 서로 마주 보고 있고,

옥천교와 명정문

옥천교

명정전과 전정

함인정 화계와 담장

함인정

샘과 입수로-통명전

통명전 방지

열천-통명전

화계와 담장-통명전

춘당지

창경궁 사진 26

안쪽 두 마리는 명정문 쪽을 바라보게 하여 변화를 이루고 있다. 홍예 뿌리 앞에 있던 서수는 없어지고, 지금은 그 받침돌만이 남아 있다.

금천 양쪽 천변에는 버들과 매화로 보이는 나무들이 몇 그루 심긴 것이 〈동궐도〉에 보인다.

홍화문과 마주한 명정문(明政門)은 명정전의 정문이다. 높은 장대석쌓기 기단 위에 세운, 정면 3간 측면 2간의 다포식 건축이다. 일반적으로 정전의 대문 지붕은 우진각인데, 이 명정문은 팔작지붕이다. 용마루, 합각마루, 추녀마루는 모두 양성을 하였고, 취두와 용두, 잡상을 놓아 치장하였다.

명정문을 들어서면 마주한 곳에 법전(法殿)인 명정전이 서 있다. 두 단의 월대 위에 기단을 쌓고, 정면 5간 측면 3간으로 세운 다포식 건축이다. 겹처마 팔작지붕의 지붕마루는 모두 양성을 하고, 취두와 용두, 잡상을 놓아 치장하였다.

명정문 좌우의 남행각과 북행각, 그리고 이들 행각의 양쪽 끝에서 서쪽으로 뻗은 남과 북, 두 행각은 명정전 내행각을 이룬다. 내행각 마당은 박석(薄石)을 깔아 마감하였고, 명정문 월대부터, 명정전 월대의 삼중계까지는 어도를 중앙에 둔 삼도가 놓여 있다. 삼도 좌우로는 품계석(品階石)들이 놓여 있으나, 〈동궐도〉에는 이들 품계석들이 없다. 그러나 〈동궐도〉 창덕궁 인정전에는 품계석들이 그려져 있다. 《조선왕조실록》에 정조 1년 9월 6일(무진), 인정전 품계석을 세운 기록이 있는 것으로 보아, 명정전 품계석들은 〈동궐도〉를 그린 순조 이후에 세운 것으로 판단된다.

2.2.2 경춘전(景春殿)과 화계(花階)

경춘전은 왕후의 침전(寢殿)이다.[224] 정면 7간 측면 4간의 단층 겹처마 팔작지붕의 이익공집이다. 장대석 바른층쌓기 기단 위에 네모뿔대의 초석을 놓고, 네모기둥을 세웠다. 지붕의 용마루와 합각마루, 추녀마루는 모두 양성을 하고, 취두와 용두, 잡상을 놓아 치장하였다. 〈동궐도〉에는 높은 기단 위에, 정면 7간 측면 3간의 팔작집으로, 기단의 동면과 남면에 목조계단을 놓아 1층 바닥에 오르게 되어 있어, 현재의 경춘전과 다른 모습이다. 또한 경춘전의 서쪽과 남쪽으로는 넓은 마당이 있고, 북쪽 측면에서 시작되어, 서쪽으로 나아가다가, 한번 남쪽으로 꺾고, 다시 서쪽으로 꺾은 판장담이 둘러쳐져 있고, 이 판장담의 서쪽 끝에서 남쪽으로 네 단의 화계가 길게 조성되었다. 제일 위의 화계 서쪽으로는 남북으로 벽돌담이 길게 늘어서서 막고 있다. 두 번째 화계와 네 번째 마지막 화계 위에는 매화가 줄지어 서 있고, 네 번째 화계에는 느티나무도 한 그루 서 있다.

2.2.3 통명전(通明殿)과 지당(池塘)

통명전은 《궁궐지》의 "정종 14년 정월에 불이 나 순종 33년 계사년에 중건한 것이다" 라는 기록

224 주남철, 〈동궐도 세우기〉, 안휘준, 주남철, 정재훈, 전상운, 《동궐도 읽기》(문화재청 창덕궁사무소, 2005), pp.75-79.

으로 보아 본래 불타기 전에는 왕비의 정침(正寢)으로 사용되었다고 판단된다. 지금의 통명전은 순조 34년(1834)에 중건된 것이다.

정면 7간 측면 4간의, 세 벌대 기단 위에 네모뿔대의 초석을 놓고, 네모기둥을 세워, 이익공을 놓은 단층팔작집이다. 지붕의 용마루는 없고, 합각마루와 추녀마루는 양성을 하였는데, 용두와 잡상을 놓아 장식하였다.

〈동궐도〉에는 남쪽 정면의 기단 앞에는 넓은 한 단의 월대가 그려져 있다. 통명전의 서쪽과 북쪽으로는 화계가 조성되고, 제일 윗단의 안쪽으로는 벽돌담장이 서 있고, 일각 대문이 하나씩 서 있다. 또 통명전의 서북쪽 화계 앞에는 어정(御井)이 하나 있고, 월대 서쪽으로는 장방형 지당이 그려져 있으며, 이 지당의 북쪽으로 지당에 물을 공급하는 어정과 물길이 그려져 있다. 이러한 〈동궐도〉의 모습은 현재의 모습과 거의 같으나, 다만 지당이 〈동궐도〉보다 더 북쪽으로 놓여 있는 것과, 지당의 서쪽에 남북으로 쌓은 담장 안쪽으로 장독들이 줄지어 있는 장고(醬庫)가 없는 점이 다르다.

현재의 지당은 폭이 좁고, 남북으로 긴 장방형(5.2미터×12.8미터)으로, 사면 연지 둘레에는 두겁대를 하엽으로 받치고 있는 돌난간을 세웠으며, 전각의 정면 툇간과 이어지는 돌다리를 놓아 지당을 가로지르고 있다. 이 돌다리의 남쪽에 원형대석 하나를 세우고, 돌다리의 북쪽으로 석함 2기를 세웠다. 또 연지의 북쪽으로는 어정과 물길이 있어, 지당에 물을 공급하고 있다.

2.3 후원(後苑)[225, 226]

창덕궁과 창경궁 북쪽으로는 넓은 후원이 조성되어 있는데, 이는 본래 창덕궁의 후원이다. 궁궐의 정원이라는 뜻에서 금원(禁苑), 궁궐의 북쪽에 있다 하여 북원(北苑), 또 뒤쪽에 위치한 정원이라는 뜻에서 후원(後苑)이라 불러 왔다. 고종 때에는 비원(秘苑)이라고도 하였다(도면 14, 사진 27).

후원이 조성되기 시작한 것은 조선 초기인 태종 때부터이다. 《태종실록》 6년(1406) 4월에 "창덕궁 동북쪽에 해온정(解慍亭)을 지었다"라는 기록이 있다. 해온정 앞에는 못이 있어 잔치를 벌이고 등(燈) 놀이를 하였는데, 태종 14년(1414)에 신독정(愼獨亭)이라 이름을 고쳤다. 태종 6년 5월 27일에는 인소전(仁昭殿)을 짓고 같은 해 8월 태조(太祖)의 두 번째 정비인 신의왕후(神懿王后)의 신위를 이곳에 모셨다. 2년 뒤에 문소전(文昭殿)으로 이름을 바꾸었다.

225 주남철, 《비원》(대원사, 1990).

226 주남철, 《한국건축사》, 개정판(고려대학교출판부, 2006), pp.463-474.

《세조실록》 5년(1459) 9월 26일자에 후원 좌우에 못을 팠다는 기록이, 또 7년(1461) 11월 열무정(閱武亭)에 행차하였다는 기록이 있다. 이로 보아 열무정은 세조 5년에 못가에 세운 정자라 생각된다. 예종 때에는 후원에서 적을 뒤쫓아 공격하는 군사 훈련인 습진(習陣)이 행해져 열무정에 행차하였다는 기록도 보인다. 또 《궁궐지》에는 열무정 북쪽에 사정기(四井記)를 쓴 비석이 있다고 하였는데, 현재 부용정(芙蓉亭) 북쪽에 있는 부용지의 서쪽에 마니(摩尼), 파리(玻璃), 유리(琉璃), 옥정(玉井) 4개 샘의 유래를 기록한 사정비각(四亭碑閣)이 서 있어, 열무정은 이 언저리에 있었다고 생각된다.

세조 8년(1462) 정월 동쪽 담장을 더 바깥쪽으로 쌓기 위하여 그 안쪽에 있던 집 73채를 헐고, 둘레 4,200자(약 1,272미터)로 새 담장을 쌓았으며, 세조 9년(1463)에는 북쪽으로도 58채의 집을 헐고 새 담장을 쌓아 지금의 성균관에 가깝게 확장 공사를 하였다.

성종 8년(1477) 3월 3일 선공감에 명하여 후원에 채상단(採桑壇)을 쌓고 왕비가 양잠을 장려하였으니, 이는 후일 1911년 주합루 서향각(書香閣)에 양잠소를 만들게 한 것과 통하는 일이다.

연산군 때에는 후원에서 난잡한 놀이가 행해지는 등 많은 불미스러운 일들이 일어났는데,

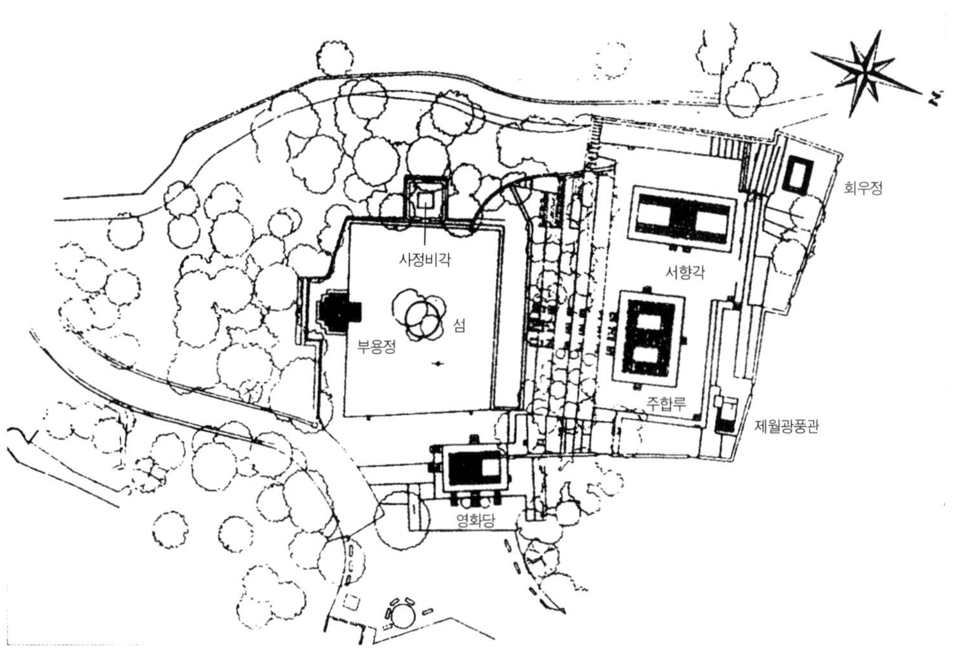

창덕궁 부용정·주합루 일곽 도면 14

동궐도(부분 : 고려대학교 소장) 도면 15

연산군 3년(1497) 초 서쪽 담장을 높게 쌓아 궁담 바깥의 백성들이 궁담 안에서 벌어진 난잡한 놀이를 보지 못하게 하였고, 더구나 9년에는 동쪽과 서쪽 궁담 아래의 민가들까지도 철거하였으며, 10년(1504)에는 성균관이 가깝다 하여 다른 곳으로 옮기라고까지 하였다. 연산군 11년(1505)에 짓게 한 서총대(瑞葱臺)는 1천여 명이 둘러앉을 수 있는 넓이로, 돌을 10자 높이로 쌓고 돌난간을 두르게 하였다. 대 앞에 큰 못을 파게 하여 양쪽에서 배를 띄우도록 하였는데, 감독만 900명이고 일꾼들은 수만 명에 달하였으나, 다행히 연산군이 왕위에서 물러나게 되어 공사는 중단되고, 그동안 건설되었던 시설은 중종 때 모두 철거되었다.

선조 7년(1574) 8월 9일에는 후원 정자 2간을 증축하였는데, 여염집이 내려다보일 지경이어서 대간들이 간하였으나 듣지 않았고, 또 16년(1583) 9월 8일에 말을 달려 기사(騎射)를 시험케 하도록 길을 만들라 하였는데, 이도 선대에 없는 일이라 하지 않는 것이 좋다 하였으나 가납(嘉納)지 않았다고 한다.

2.3.1 후원의 구성

현재의 후원은 모두 5개의 큰 지역으로 구성되었다. 첫째 지역에는 부용지를 중심으로 그 주변의 부용정, 주합루, 영화당, 사정기비각, 서향각, 희우정, 제월광풍관 등의 건물들이 늘어서 있다. 이 지역의 등성이 너머로는 둘째 지역과 접해 있다. 둘째 지역에는 기오헌과 의두각, 애련지와 애련정, 그리고 연경당이 들어서 있는데, 이 영역은 다시 고개 너머의 셋째 지역과 연이어 있다. 셋째 지역은 관람정과 그 연못, 존덕정과 연지(蓮池), 승재정과 폄우사가 있는 지역이다. 그리고 이 지역은 산등성이 너머의 옥류천 지역과 연이어져 있다. 넷째 지역에는 옥류천을 중심으로 취한정, 소요정, 어정, 청의정, 태극정 등이 자리 잡고 있다. 다섯째 마지막 지역은 신선원전(新璿源殿)을 지은 서북방 지역이다.

그리고 이들 다섯 곳의 큰 지역들이 연이어진 사이사이 곳곳에 청심정, 빙옥지, 능허정 등 여러 정자와 샘들이 있다. 그러나 순조(純祖) 때 그린 〈동궐도〉에 따르면,[227] 창경궁의 동쪽 월근문(月覲門)에서 북쪽 건무문(建武門)에 이르는 지역과 주합루 서쪽 산 넘어 골짜기를 위시하여, 곳곳에 여러 건축물들이 흩어져 있었던 것을 알 수 있다. 특히 《동국여지비고》(東國輿地備攷)에는 상림십경(上林十景), 즉 후원에서 볼 수 있는 열 가지의 빼어난 경치로, "관풍춘경"(觀豊春耕), "망춘문앵"(望春聞鶯), "천향춘만"(天香春晚), "어수범주"(魚水泛舟), "소요류상"(逍遙流觴), "희우상련"(喜雨賞蓮), "청심제월"(淸心霽月), "관덕풍림"(觀德楓

[227] 주남철, 〈동궐도 읽기—후원〉, 안휘준, 주남철, 정재훈, 전상운, 《동궐도 읽기》(문화재청 창덕궁사무소, 2005), pp.108-136.

부용정과 못

섬

부용정

부용정에서

석루조

석루조

영화당

어수문과 주합루

어수문

어수문과 주합루

주합루

주합루 북 · 서면

석단

물길과 석단

괴석함

일성정시의대

제월광풍관

희우정

일월담장

후원 사진 27

林), "영화시사"(暎花試士), "능허모설"(凌虛暮雪)을 들고 있다.[228]

1) 부용정(芙蓉亭)과 연못

이곳의 진입은 창덕궁과 창경궁이 만나는 낙선재 뒤쪽 지점에 서 있는 두 개의 대문 중 서쪽의 대문으로 이루어진다. 이 대문은 창덕궁의 내의원(內醫院) 동쪽 담장을 끼고 북쪽으로 들어오면서 만나게 된다. 동쪽 대문으로는 창경궁에 드나들 수 있다. 이 서쪽 대문을 지나면 창경궁과 창덕궁 담장 사이로 난 긴 언덕길이 나오고, 이 길을 따라 올라가면 고갯마루에 서게 된다. 이곳에서 가쁜 숨을 가다듬는 동안 부용지 주변의 부용정, 영화당, 주합루와 멀리 펼쳐진 후원의 모습이 원경(遠景)으로 한눈에 들어와 심상에 한 폭의 그림이 이루어진다.

이러한 좁은 공간에서 상승하면서 넓은 시야를 전개시켜, 경관의 변화를 주는 수법은 셋째 영역인 관람정 지역으로부터 넷째 영역인 옥류천 지역으로 접근할 때를 비롯하여 후원 곳곳에서 접하게 된다.

부용정은 숙종 33년(1707)에 본래 택수재(澤水齋)로 지은 것을 정조 16년(1792)에 고쳐지으면서 부용정이라 하였다. 정면 3간 측면 4간 되는 아(亞)자형 평면을 기본으로 하였는데 남쪽에 자리 잡은 동산 쪽으로 평면의 일부를 돌출시켜 아자 평면의 변형을 이루고 있다.

정자는 운두가 낮은 장대석을 한 벌대로 쌓은 낮은 기단 위에 서 있다. 기단 위에 다듬은 8각형 초석을 놓고 원주를 세우고, 주두(柱頭)와 익공(翼工) 2개를 놓아 굴도리를 떠받친 이익공, 겹처마 팔작집이다.

정자의 두 측면과 남면 기단 위에는 돌계단을 놓아 툇마루에 올라서게 하였고, 북쪽은 연못 속에 팔모 장주형 초석을 2개 놓아 두 기둥을 세웠다. 전면 창호들은 모두 접어 들쇠에 매달게 되어 있고, 안에는 우물마루를 깔고, 중앙 1간과 못 쪽 1간을 모아 2간을 주변 간과 다르게 꾸몄는데, 3면에는 불발기 창호를 달았다. 불발기 모양은 8각 교살, 원형의 귀갑살, 네모의 정자살 등 다양하다. 천장은 우물천장이다.

툇마루에 두른 난간은, 연못 쪽은 계자난간이고 남쪽 동산 쪽은 평난간이다. 또 기둥마다 초서체(草書體)로 한시(漢詩)들을 새긴 주련(柱聯)들이 걸려 있어, 이들 시구를 감상하노라면 저절로 시흥(詩興)에 젖고, 더더욱 부용정의 공간 정서(空間情緒)에 몰입하게 된다.

정자의 남쪽 낮은 동산은 단이 지게 흙을 파내어 고르고 그 가장자리를 장대석으로 마무리하여 화계를 만들고, 꽃을 심고 괴석을 담은 석함을 놓아 치장하였다.

228 서울 特別市史編纂委員會刊, 《東國輿地備攷》(1956) 卷之一, 〈京都〉, 苑囿條. 전영옥, 《조선시대도시조경론》(일지사, 2003), p.41.

부용정 북쪽의 장방형 연못은 세로 34.5미터, 가로 29.4미터로, 연못 가장자리는 장대석들을 바른층쌓기 하였고, 또 연못 가운데에 장대석 바른층쌓기로 섬 주위를 마무리한 둥근 섬을 두었다.

연못의 물은 지하에서 솟아오르고, 또 서쪽 계곡에서 내려오는 물을 용머리 석루조(石漏漕)를 통하여 받아들인다. 〈동궐도〉에는 석루조가 없는 것으로 보아 후대에 제작된 것이고, 또 배가 2척 떠 있는 것으로 보아 뱃놀이도 한 것을 알 수 있다. 연꽃은 그려져 있지 않다. 단원(檀園) 김홍도(金弘道)의 〈규장각도〉(奎章閣圖, 1776년경)에는 부용정 뒤에서 둥근 섬까지 다리가 놓여 있다. 둥근 섬 중앙에는 둥글게 나뭇가지들을 가꾼 큰 소나무가 서 있고, 섬 둘레에 난간이 서 있다. 못에는 연꽃들이 떠 있고, 배 2척이 그려져 있다.

연못의 물은 동쪽 연못 가장자리에 뚫어 놓은 수구(水口)로 흘러 나가, 항상 일정한 수위를 유지한다. 수구가 있는 연못 가장자리 장대석 하나에는 물고기 한 마리가 새겨져 있다. 이는 물고기가 변하여 용이 된다는 것을 상징한다. 동측 연못가에는 영화당(暎花堂)이, 서측 연못가에는 사정기비각(四井記碑閣)이 서 있다.

2) 주합루(宙合樓), 어수문(魚水門), 서향각(書香閣), 제월광풍관(霽月光風觀), 희우정(喜雨亭)

주합루는 부용정 연못의 북쪽 높은 언덕 위에 서 있는 이층 다락집으로, 정조(正祖) 원년(1777)에 처음 세우면서 아래층에는 왕실의 도서를 보관하는 규장각을 두고, 그 위층에는 열람실을 두었다.

누는 장대석 바른층쌓기 높은 기단 위에 다듬은돌 초석을 놓고 밖으로는 방주(方柱)를 세우고, 안쪽으로는 두리기둥을 세웠다. 기둥 윗몸에 익공 2개를 놓은 이익공 양식이다. 가구는 칠량가로서 모두 굴도리를 사용하였고, 천장은 이층 툇간을 제외한 안쪽만 우물천장으로 마감하였다. 지붕은 부연을 둔 겹처마의 팔작지붕으로, 용마루는 양성을 하였고, 용마루 끝에는 취두(鷲頭)를 얹고 추녀마루에 잡상(雜像)들을 얹어 치장을 하였다.

평면은 정면 5간 측면 4간으로, 1층과 2층 모두 기둥 밖으로 계자난간(鷄子欄干)을 둘렀다. 특히 계자난간의 1층 귓기둥〔偶柱〕 모서리에서 난간 두겁대가 45도로 맞물리는 곳은 철물 장식으로 보강하였다.

1층은 장방형 평면 안쪽에 세운 기둥을 따라 띠살 창호들을 달아 정면 3간, 측면 2간의 큰 공간을 만들었는데 그 둘레는 1간 폭으로 개방하였다. 이 큰 공간은 중앙만이 우물마루이고, 양쪽 1간씩은 온돌방으로 하였다. 2층의 누에서는 중앙 3간, 측면 2간의 기둥 아랫부분은 우물마루에 붙여 하방(下枋)을 돌림으로써 바깥 앞쪽과 안쪽을 구분하였다. 이런 바닥 자체에 높낮이 차를 두고 좌석의 높고 낮음을 표시하고자 한 수법은 후일 경복궁 경회루에서도 이루어진다.

주합루의 정문인 어수문(魚水門)은 장대석을 잘 다듬은 심방석(心枋石)을 두고, 그 위에 심방목(心枋木)을 놓아 중앙에 네모 기둥을 단단히 세웠다. 기둥 양쪽에는 정교한 조각을 한 용지판(龍枝板)을 붙여 이것이 심방목에 짜 물림으로써 문짝을 달았을 때 좌우 두 기둥이 움직이지 않도록 하였다. 기둥 위쪽에는 사방으로 평방을 두르고 여기에 안팎 삼출목(三出目)의 공포를 짜 얹었다. 겹처마 우진각지붕에 용두를 얹어 치장하였다.

어수문 앞에는 소맷돌에 구름무늬를 조각한 돌계단이 있고, 또 좌우에 지붕을 곡면으로 한 작은 문이 하나씩 있어 이들 모두가 합쳐져 주합루의 외삼문처럼 꾸몄다. 이 구름무늬로 치장한 소맷돌은 높은 터 위에 자리 잡은 누의 편액에 쓴 주합루(宙合樓)의 뜻과 조화되는 장식무늬이다. 어수문 낮은 터부터 주합루가 자리 잡은 위 터까지는 중앙에 놓은 돌계단 좌우로 장대석 바른층쌓기 한 석단들을 여러 층 놓아 마무리하였다. 이 석단에는 꽃과 나무를 심고, 일성정시의대(日星定時儀臺)를 놓았다. 또 〈동궐도〉에 따르면, 본래 어수문 좌우의 작은 협문 옆으로 푸른 넝쿨을 말아 올리는 취병(翠屛)을 세웠다.

주합루 서쪽 산등성이에 쌓은 담장은, 주합루 쪽인 안쪽은 전돌로 일월성신담〔日月星辰墻〕을 쌓고, 그 바깥 면은 막돌 담장으로 마무리하여, 안팎 공간의 격(格)을 달리하고 있다.

주합루 서쪽에는 서향각(書香閣)이 동향하여 있고, 주합루 뒤의 높은 터 위, 동쪽에는 제월광풍관(霽月光風觀)이, 서쪽에는 희우정(喜雨亭)이 있다. 이들 두 집채의 온돌방은 사람이 점유할 수 있는 가장 작은 공간으로서, 들어열개 창호를 모두 접어 들쇠에 매달면, 창밖으로 하늘과 땅, 달과 별, 그리고 주합루, 부용정 등의 건축물들이 서로 어우러져 독특한 경관을 이룬다.

3) 금마문(金馬門)과 기오헌(寄傲軒), 의두각(倚斗閣), 불로문(不老門)과 애련정(愛蓮亭)

영화당 동쪽 넓은 마당을 지나 후원 안쪽으로 들어서면 왼쪽으로 비교적 넓은 두 계곡 사이의 넓은 터에 이르는 금마문이 서 있고, 금마문 옆 담장 중간에는 담장을 끊어 2개의 다듬은돌 초석을 놓고 한 장의 통돌을 ㄷ자 모양으로 깎아 세운 불로문이 있다. 지금은 문짝을 달았던 돌쩌귀 구멍 자리만 남아 있고 문짝은 없다. 《궁궐지》와 〈동궐도〉에 의하면 불로문 앞에는 불로지(不老池)가 있었다.

금마문을 들어서면 왼쪽인 남쪽 축대 위에 작은 집채, 기오헌(寄傲軒)과 의두각(倚斗閣)이 서 있다. 이들 집채들은 순조(純祖)의 효명세자(孝明世子)가 짓고, 공부를 하던 곳이다. 기오헌 남쪽 축대 위, 서쪽에는 "초연대"(超然臺), 동쪽에는 "추성대"(秋聲臺)라 각자한 장대석

금마문

기오헌과 의두각

추성대 각자

초연대 각자

불로문

애련정과 못

후원 사진 27

들이 놓여 있다.

불로문에 들어서면 오른쪽으로 넓은 네모난 연못〔方池〕이 있고, 이 북쪽 연못가에 숙종 18년(1692)에 지은 애련정이 있다. 정면 1간, 측면 1간 되는 사모정으로, 남쪽 전면의 두 기둥은 연못 속에 놓은 장주형 초석 위에 세우고, 뒤쪽 북쪽의 두 기둥은 장대석 한 벌대 기단 위에 놓은 운두가 낮은 다듬은돌 초석 위에 세웠다. 공포는 이익공 양식이다. 겹처마 사모지붕 중앙에는 절병통을 얹어 마무리하였다.

기둥과 창방 아래에 낙양판을 붙여 정자 안에서 밖으로 경관을 내다볼 때나 연못가에서 정자를 바라볼 때 한층 아름다움을 더해 주고 있다. 특히 정자 사방으로 두른 난간은 초석 위쪽으로 계자각을 세워 이 위에 정자 밖으로 돌출된 아자살로 궁창부를 꾸민 평난간을 받치고, 난간 안쪽에는 걸터앉을 자리를 마련하였다.

애련정 연못, 서쪽 단 위에는 석루조가 있다. 연경당 쪽에서 흘러드는 물줄기를 받아 단 아래의 둥근 물확에 떨어뜨려 연못으로 흘러들게 한다(사진 27).

4) 연경당(演慶堂)과 그 주변

애련정 서쪽 넓은 터에는 방지(方池)와, 방지 서북쪽으로 순조 28년(1828)에 효명세자가 지은 연경당이 있다.[229]

연경당은 효명세자가 당시의 궁집〔宮家〕를 모방하여 지은 제택의 하나로서, 솟을대문간 행랑채〔外行閣〕, 중문간 행랑채〔南行閣〕, 사랑채〔演慶堂〕, 선향재(善香齋), 농수정(濃繡亭), 안채〔內堂〕, 아랫채〔西行閣〕, 반빗간〔飯婢間, 北行閣〕으로 구성된, 총 120간의 대저택이다.

솟을대문간 행랑채 바깥마당에는, 서쪽 계곡에서 흘러 온 도랑물이 행랑채 밑으로 흘러나와, 솟을대문 장락문(長樂門) 앞으로 흘러 다시 남쪽으로 돌아 흘러나간다. 도랑의 벽은 장대석으로 쌓았고, 바닥은 돌판을 깔았는데, 곳곳에 물이 일정 수위를 넘으면 흘러넘치게 하는 무넘기를 두었다. 또 도랑가에 심은 나무를 보호하기 위하여 둥글게 도랑 안쪽으로 돌출시키고, 반대쪽 벽은 오목하게 쌓았다.

도랑의 동쪽에는 방지(方池)가 있는데, 본래 못 가운데 둥근 섬이 있었다. 도랑 위에는 돌판다리〔石板橋〕을 놓고, 다리 서쪽에 장방형 괴석함을 놓았다. 석함 네 모서리에는 개구리가 조각되어 있다. 기어들어 가는 놈과 기어나오는 놈으로 모두 네 마리이다. 정적인 석함에 동적인 요소를 주고 있다. 또 도랑가에는 측우기대석, 괴석함 들이 늘어 있다.

사랑마당은 흙바닥 마감으로 기단 앞에서 약간 높게 장방형의 높은 마당을 이루고, 그 서쪽으로 방행의 낮은 식단(植壇)을 쌓고 정심수(庭心樹)를 심고, 식단 앞에 작은 석상(石床)을 놓았다. 또 안채와의 사잇담 아래에 또 다른 단을 이루어, 석함들을 늘어놓고, 기단 돌계단〔石階〕 앞에는 노둣돌〔下馬石〕을 하나 놓았다.

서청(書廳)인 선향재(善香齋) 뒤뜰 동산 위에 산정사랑인 농수정이 있다. 동산의 남서쪽으로 여러 단의 화계를 쌓았다. 농수정에 오르는 돌계단과 화계 위에는 돌난간을 둘렀다. 안채 앞마당

229 주남철, 《연경당》(일지사, 2003). 주남철, 〈효명세자 영건기록에 관한 연구〉, 《대한건축학회논문집-계획계》, 21권 10호(대한건축학회, 2005.10).

물길과 무넘기

방지

다리와 도랑

다리와 도랑

석함

연경당 사랑마당

연경당 사랑마당

정심수와 석상과 석함

연경당 사랑마당

농수정 석계

화계와 농수정

연경당 안채

대석

후원 사진 27

또한 흙바닥 마감인데, 동쪽 사잇담 쪽으로 안마당의 정심수가 있고, 정심수 밑둥이에는 괴석들이 꽂혀 있다. 이는 정심수를 시집보낸다는 의미를 가진다고 한다. 또 사잇담 꺾이는 곳에 육모 대석이 하나 놓여 있다. 화초분의 대석이거나, 밤중에 등불을 놓아 뜰을 밝히는 정료대(庭燎臺)이다.

5) 관람정(觀纜亭)과 그 주변

불로문 앞을 지나 더한층 후원의 안쪽으로 접어들면, 왼쪽 꺾인 곳에 관람정과 연못을 만나게 된다. 관람정은《궁궐지》에 "선자정"(扇子亭)이라 기록되어 있다.〈동궐도형〉에는 크고 작은 원형 3개가 한곳에 모여, 호리병과 같은 모습의 연못을 이루고 있다. 그러나〈동궐도〉에는 이 지역에 작은 방지 두 개와 원지 하나만 그려져 있는 것으로 보아, 고종 연간에〈동궐도형〉처럼 정자와 연못이 조성된 것으로 판단된다(도면16).[230]

관람정은 그 평면이 부채꼴인 선자정이다. 6개의 초석 위에 단면이 둥근 기둥을 세웠는데, 4개의 기둥은 연못 속에 발을 담그고 있다. 홑처마 우진각지붕 모양으로 용마루와 추녀마루를 만들고 용마루 양끝에는 용두(龍頭)로 치장하였다. 바닥은 우물마루로 최근 복원하였다. 땅에 오르는 계단 쪽만을 빼고 나머지 둘레에는 아름다운 평난간을 두르고, 기둥에는 운각판(雲刻板)을 달았다.《조선고적도보》(朝鮮古蹟圖譜)에는 관람정 주변으로 소나무, 느티나무 들이 숲을 이루고 있다. 또 옛 사진[231]에는 관람정 동쪽으로, 남쪽 연못가와 서쪽 연못가를 가로지르는 다리가 있다.

관람정 남쪽 언덕 위에는 승재정(勝在亭)이 자리 잡고 있다. 장대석을 두 벌대로 쌓은 정방형 기단 위에 팔모로 다듬은 초석을 놓고 두리기둥을 세워 익공을 놓아 결구하였다. 처마는 겹처마이고 사모지붕 중앙에 절병통을 놓았다. 사방에 궁창부가 이층으로 된 평난간을 두른 툇마루를 놓고 네짝 완자살 무늬의 들어열개 문짝들을 달았다.

6) 존덕정(尊德亭)과 연지(蓮池)

관람정을 지나 안쪽으로 조금만 들어가면 육모정 정자인 존덕정과 커다란 못이 있다. 못의 물이 차서 넘치면 개천으로 흘러서 관람정 정자 앞의 못으로 흘러들게 된다. 도랑에는 홍예를 튼 아름다운 돌다리가 있다. 다리는 엄지기둥과 법수, 하엽 받침의 난간 두겹대, 안상 조각의 궁창부로 아름답게 꾸몄다.

돌다리를 건너기 전 양쪽에는 석함이 좌우에 하나씩 놓여 있고, 다리를 건너면 왼쪽에 키가 높은 대석이 있다. 본래 이 대석 위에는 괴석을 담았던 석함이 놓여 있었다.[232]

정자는 육모 평면의 각 모서리에 둥근 원기둥을 세워, 주두와 첨차로 공포를 짠 주심포식으로, 기둥 사이에는 화반을 놓아 주심도리를 받치고, 또 창방 아래는 빗살무늬 문짝과 꽃살 교창을 반반씩 달았다. 빗살무늬 문짝 아래는 문설주와 인방이 짜여지고, 꽃살교창 아래는 낙양각

230 문화재청,《창덕궁 반도지 보수 · 정비공사 준공보고서》(2002). 2001년 6월-2002년 6월에 진행된 보수 · 정비공사에서 1920년대 보수한 호안석 등을 발굴한 바 있음.

231 최종덕,《일본궁내청소장 창덕궁 사진첩》(문화재청 창덕궁관리소, 2006), p.41.

232 韓國文化財保護協會,《韓國의 古宮》(1980), p.197. 李海善이 1958년 촬영.

을 두었다.

내부 천장은 앞뒤 안쪽 기둥 위에 들보를 걸고 이 2개의 들보 위에 다시 원형의 주두와 첨차로 짜여진 대공을 놓아 6각형 우물천장을 받치고 있다. 천장은 꽃살교창과 그 아래 낙양각과 더불어 용상(龍床) 위의 보개천장(寶蓋天障)과 같은 모습을 이루고 있어 화려하다. 지붕은 이층이다.

〈동궐도〉에는 이층 지붕 모양의 정자가 있으나 이름은 없고 또 그 앞쪽에는 단지 네모난 못만이 그려져 있으나, 〈동궐도형〉에는 현재와 같은 모습인 것으로 보아 고종 때 지금처럼 고쳐진 것이라 생각된다.

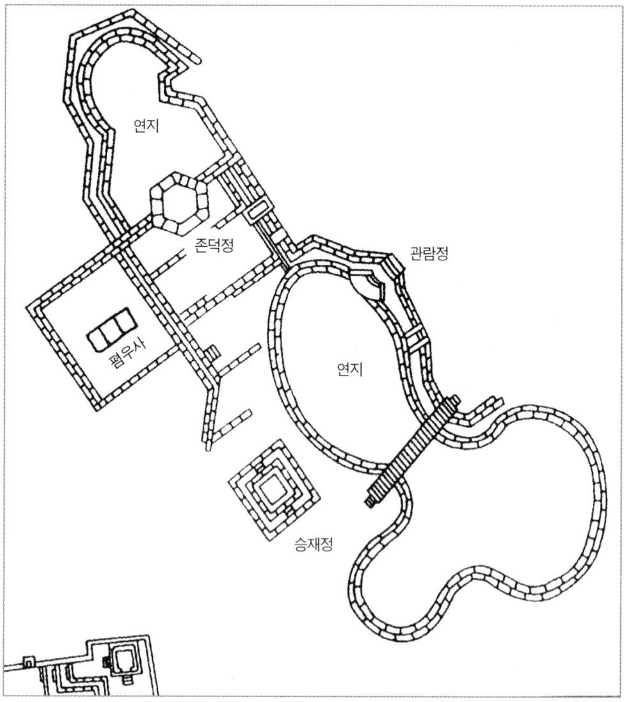

관람정과 그 주변(동궐도형-부분) **도면 16**

돌다리 남쪽 언덕 위에는 폄우사(貶愚榭)가 자리 잡고 있다. 정면 3간 측면 1간의 단층 맞배집이다. 한 벌대 장대석 기단 위에 다듬은 초석을 놓고 네모기둥을 세워 익공으로 결구한 초익공집이다. 존덕정 앞마당에서 이 폄우사 앞으로 오르는 길에는 "갈지자"〔之〕 걸음걸이에 맞추어 디디고 걷게 한 징검돌들이 놓여 있다.

7) 청심정(淸心亭)과 빙천(冰泉)

청심정은 존덕정 골짜기와 연경당 뒤쪽 골짜기 사이에 있는 언덕 위에 자리 잡고 있다. 《궁궐지》에는 숙종 14년(1688)에 고쳐 지었다고 하며, 또 남쪽 뜰에 돌을 파서 빙옥지(氷玉池)를 만들었고, 동쪽 좁은 골짜기와의 사이에 홍예교를 쌓아 이를 통해 왕래하였다고 하나 현재 빙옥지만 있고 홍교는 없다.

정면 1간 측면 1간의 사모정으로 한 벌대 기단 위에 12각형으로 다듬은 초석을 놓고 가는 두리기둥을 세워 굴도리로 결구한 민도리집 구조이다. 홑처마 사모지붕으로 중앙에 절병통을 놓아 마무리하였다. 평난간을 둘렀는데 석계가 있는 정면의 중간만 난간을 두르지 않았다. 정자 정면 조금 떨어진 곳에는 "빙옥지"(氷玉池)라 각한 석지가 있고, 거북이 한 마리를 놓아 정자

승재정

관람정

관람정

존덕정 주변

존덕정 주변

석교, 석함

존덕정 주변

폄우사 앞 징검돌

빙천계곡

빙천계곡

방천계곡

빙옥지와 청심정

후원 사진 27

를 바라보게 하였다.

청심정과 빙옥지가 있는 터의 아래 골짜기에는 빙천이 있다. 이곳은 연경당 서쪽에서 북쪽으로 난 오솔길을 따라 올라가다가 왼쪽의 골짜기로 접어든 곳이다. 무더운 한여름에도 양쪽 언덕 위의 우거진 나무숲에 햇볕이 가려 그 어느 곳보다도 시원한 그늘을 이루고 있다.

물을 모아 흘려보내는 가장 높은 곳에서부터 물이 흘러내리는 가장 낮은 터에까지 몇 개의 단으로 나누었다. 냇물이 일단 석루조를 통하여 한 단 낮은 곳으로 떨어지면 이곳 천연의 넓적한 바위에 홈을 파 만든 물확에 물을 모았다가 다시 아랫단으로 흘려보내게 하였다.

이런 수법은 옥류천의 물굽이와 작은 폭포를 만든 수법이나 경복궁 향원정 샘터에서의 수법들과 모두 일맥상통하는 것이다. 그리고 이곳 빙천의 냇물이나 이 골짜기에 흘러내리는 물들은 작은 냇물을 이루어, 연경당 서쪽 행랑 마당 밑을 통과하여 행랑채 밑으로 흘러나와 연경당 장락문 앞을 흐르고 있다.

8) 옥류천(玉流川)과 그 주변

존덕정으로부터 가파른 오솔길을 따라 산등성이에 오르면 시원한 북쪽 숲이 한눈에 들어오고 낮은 북쪽 계곡에 이르는 또 하나의 오솔길을 돌아 들어서면 정자들과 옥류천을 만나게 된다.

첫 번째 만나는 정자가 취한정(聚寒亭)인데, 〈동궐도〉에 그려진 것으로 보아 순조(純祖) 30년(1830) 이전에 이미 건축된 것을 알 수 있다. 정면 3간 측면 1간으로 장대석 한 벌대의 낮은 기단 위에 네모뿔대의 다듬은 초석을 놓고, 네모기둥을 세워 납도리로 결구한 민도리집이다. 홑처마 팔작지붕으로, 바닥에는 마루를 깔고, 사방에 벽체나 창호를 설치하지 않고 개방하였으며, 평난간을 둘렀다.

취한정 위쪽 옥류천가에는 인조 14년(1636)에 건립한 소요정(逍遙亭)이 자리 잡고 있다. 본래 이름은 환서정(歡逝亭)이다. 정면 1간 측면 1간의 사모정으로 섬처럼 따로 쌓은 장대석 기단 위에, 아래는 네모나게 위는 둥글게 다듬은 초석을 놓고 둥근 기둥을 세워 익공으로 결구하였다. 홑처마 사모지붕인데, 중앙에는 절병통을 놓아 마무리하였다.

소요정과 취한정 앞쪽을 흐르는 옥류천은 북악산(北岳山) 동쪽 산줄기의 하나인 응봉(鷹峯) 산록으로부터 흘러내리는 계류와 어정을 파서 흘러나오는 물로 작은 시내가 되어 흐르게 하였다. 특히 어정 옆 커다란 바위 소요암(逍遙岩) 앞쪽에는 물이 돌아 흐르게 둥그런 홈을 팠으며, 돌아 흐른 물은 다시 폭포가 되어 떨어진다. 이것을 만든 때는 인조 14년(1636)이다. 바위에는 인조가 "옥류천"(玉流川)이라고 제명하였고, 또한 숙종의 오언절구(五言絶句)를 새겨 놓았다.

> 폭포를 이루며 떨어지는 물은 삼백 척이나 되고, 저 높은 하늘로부터 온 것이네, 이를 보노라면 흰 무지개가 일고, 온 골짜기에 천둥번개를 치네(飛流三百尺 遙落九天來 看是白虹起 翻成萬壑雷).

어정에 이르기 위해서는 옥류천 위에 놓인 작은 다리를 건너는데 이 다리 아래 물속에는 작

옥류천 도랑

옥류천

옥류천

다리와 물확

다리와 물확

청의정

청의정 주변

다래나무 앞 석석

후원 사진 27

은 디딤돌 하나와 물확이 있다. 물확은 네모지고 가운데 물 괴는 곳은 둥근 원형으로 태극무늬가 새겨져 있다. 디딤돌을 딛고 이 물확에 가득 찬 물로 손을 씻는다.

어정은 돌난간을 두르고 정갈하게 꾸몄는데 〈동궐도〉와 〈동궐도형〉에는 옥류천과 오언절구만 있고 어정은 보이지 않는 것으로 보아 후대에 만든 것으로 판단된다. 어정 안쪽으로는 청의정(淸漪亭)이 자리 잡고 있다. 이 정자는 궁궐 안에서 초가지붕을 한 특이한 정자로 지금은 하나만 남아 있다.

정자를 앉힌 곳은 소요정에서처럼 지면보다 한 단 낮게 터를 고르고 여기에 장대석 한 벌대로 기단을 쌓았다. 기둥머리는 작은 포작을 짜서 팔각형의 도리를 받치고 그 위에 팔각형 지붕을 형성하고 짚으로 이엉을 이어 마감하였다. 바닥 네 가장자리는 마루에 오르는 곳만 남겨 두고 안상으로 궁혈을 치장한 평난간을 둘렀다.

정자의 꾸밈새는 지붕 아래는 극히 아기자기하여 공예적이고 또 단청을 하여 화사하기 이를 데 없는데 지붕만은 초가로 하여 소박하기 그지없어 묘한 대비를 이룬다. 임금은 이 정자 앞쪽에 만든 논에 손수 모를 내어 벼를 심고 또 그 수확으로 얻은 볏짚으로 이 정자의 지붕 이엉을 잇게 하여, 농사의 막중함을 행동으로써 백성들에게 일깨워 주었다.

청의정 북쪽 바로 옆에는 태극정(太極亭)과 용산정(龍山亭)이 자리 잡고 있다. 이들 두 정자는 이 골짜기의 마지막 정자들이다. 태극정은 인조 14년(1636)에 처음 세웠는데 처음에는 운영정(雲影亭)이라 하였다. 장대석 세 벌대 쌓기한 높은 기단 위에 안쪽으로 다시 한 벌대의 기단을 쌓고 그 위에 다듬은 초석을 놓아 두리기둥을 세워 굴도리로 결구한 정면 1간 측면 1간의 겹처마 사모정이다.

태극정 아래쪽의 용산정은 정면 5간 측면 1간의 긴 장방형 평면을 이룬 특이한 정자인데 2간이 대청이고, 2간이 온돌방, 1간이 부엌으로 되어 있다. 이 정자의 용도는 임금이 청의정을 비롯한 옥류천 지역에 나왔을 때 다과상 등을 마련하던 곳으로 생각된다.

2.3.2 후원의 식생(植生)

후원에 자라고 있는 식물들은 후원 조성할 때에 심은 것에서부터 근년에 심은 것들에 이르기까지 다양하다. 1973년의 한 자료에 의하면 목본식물이 102종이며 이 가운데 자생종 87종, 도입종이 16종이라 한다. 또 침엽수 18종 가운데 외래종이 7종이라 한다. 전체로 볼 때 17퍼센트가 침엽수라고 밝히고 있다. 1976년 창덕궁 사무소의 조사에 의하면 수령이 약 300년 이상으로 추정되는 나무들로는 느티나무가 으뜸인데 전체 거목 79주 가운데 37주라 한다. 그 다음은 은

행나무로 2주, 회화나무 2주, 주목(朱木) 10주, 밤나무 2주, 매화나무 1주로 밝혀졌다. 특히 수령 600년으로 추정되는 다래나무와 향나무는 후원을 만들 당시부터 심겨 자라 온 것으로 판단된다.

조선시대 말기인 1800년대 말에 심은 것으로, 즉 수령 100년 이상의 나무로는 느티나무, 은행나무, 다래나무, 주엽나무, 주목, 회화나무, 밤나무, 향나무, 매화나무, 엄나무, 수양버들, 철쭉, 참나무 등이 있다. 또 비교적 수령이 오랜 것은 단풍나무, 떡갈나무, 배나무, 뽕나무, 앵두나무, 귀룽나무, 작살나무 등이다.

후원이 조성될 당시에는 북악의 소나무 숲이 연결되어 많은 소나무가 있었던 것으로 추정되는데, 활엽수 계통의 숲으로 바뀌면서 소나무는 없어진 것으로 판단된다. 〈동궐도〉에도 소나무 숲으로 표현된 것은 많지 않다. 현재 자라고 있는 소나무들은 그 수령이 80년 내외의 것으로 〈동궐도〉를 그릴 당시의 것은 아니다. 또 〈동궐도〉에는 곳곳에 버드나무가 많이 심겨 있었는데 지금은 찾아보기 쉽지 않다.

후원에는 이처럼 수목만이 자라고 있는 것은 아니고, 언덕이나 산등성이, 기타 길과 건물 주변의 마당을 제외한 땅을 덮어 자라는 지피식물(地皮植物)들 또한 많은 종류가 있는 것으로 판단된다. 이들 수목이나 키가 낮은 관목 그리고 지피식물들은 모두 경관을 고려하여 어떤 곳은 수풀을 우거지게 하고 어떤 곳은 담장 밑이나 뒤뜰 또는 넓은 마당의 한 쪽에 큰 나무를 심어 나무 하나하나의 주변 경관이 한데 어우러지게 하였다. 또 구릉지는 화계를 두어 여기에 키가 낮은 관목과 화초를 심기도 하였다.[233]

그러나 무엇보다도 중요한 것은 사시사철 늘 푸른 관상수를 심는 것이 아니라 봄이면 움트고 여름이면 잎이 푸르고 무성하며 가을이면 단풍들고 겨울이면 가지만 힘차게 남아 눈꽃을 피우는 그런 활엽수 계통의 나무들을 주로 심었던 것이다. 이처럼 계절의 변화를 잘 드러내는 활엽수 계통을 주로 하는 것은 사철이 뚜렷하기 때문이고, 그것은 곧 자연과 조화되려고 하는 정원의 구성 원리에 따른 것이다.

후원은 자연의 지세에 맞게 적절한 자리에 못을 파고 누정을 세워, 못에 비친 파아란 하늘과 구름, 하늘의 달과 별, 주변의 나무와 숲을 바라보며, 때로는 물 흐르는 소리, 바람소리, 새소리를 들으며 즐기고 쉬면서 원기를 회복하던 휴식공간이었다.

233 문화재청, 《창덕궁 · 종묘 원유(苑囿)》(2002) 참조.

2.4 덕수궁〔德壽宮, 경운궁(慶雲宮)〕[234]

조선왕조 5대 궁의 하나인 덕수궁은 경운궁으로 창건되었다. 본래 월산대군가(月山大君家)가 자리 잡고 있던 곳이다. 선조(宣祖)가 임진왜란으로 의주로 몽진(蒙塵)하였다가 26년(1593) 10월에 환도하고 보니, 경복, 창덕, 창경의 3대 궁이 소실되어, 정릉동(현 정동) 소재 옛 월산대군가에 들어가 행궁(行宮)을 삼게 됨으로써 경운궁의 창궁(創宮)이 시작되었다.

선조가 40년(1607) 4월 행궁 북쪽에 별전을 건립 후, 41년(1608)에 행궁의 정침(正寢)에서 서거하자, 서청(西廳)에서 광해군이 즉위하였다. 광해군은 3년(1611) 10월 창덕궁으로 이어(移御)하고, 이 정릉동 행궁을 경운궁으로 개명함으로써 조선왕조의 5대 궁의 네 번째 궁궐이 이루어졌다. 광해군 12년(1620) 10월 경운궁을 수리하고, 그 이후 경운궁을 명례궁(明禮宮)이라 하였다.

인조반정으로 인조는 1623년 3월 경운궁 별당에서 즉위하고, 8일 만에 인목대비(仁穆大妃)를 모시고 창덕궁에 이어하였다. 그리고 7월 경운궁 선조(先朝) 침전(寢殿) 양소외(兩所外)는 본래 주인에게 환급하라 하였다.

고종 32년(1895) 경복궁에서 이어하고 다시 경운궁이라 하였고, 규모를 넓혔다. 고종 33년(1896) 9월에는 경복궁 집옥재(集玉齋)에 봉안하던 열성어진(列聖御眞)을 경운궁에 옮겨 봉안하였으며, 대한제국(大韓帝國)을 선포한 광무 1년(1897)에 선원전(璿源殿), 함녕전(咸寧殿), 보문각(普文閣)을 영조하고, 광무 4년(1900) 궁장을 세웠다. 또 광무 6년(1902) 8월 궁궐 정전의 대문인 중화문(中和門) 정초(定礎)가 있었고, 10월 건립하였다. 그러나 광무 8년(1904)에 함녕전에서 화재가 발생하여 중화전, 즉조당, 석어당, 경효전, 흠문각 등이 소실되었다. 중건공사는 광무 8년(1904) 음력 3월에 시작하여, 같은 해 즉조당(卽阼堂), 석어당(昔御堂), 중화전(中和殿) 등의 상량식이 있었다. 광무 10년(1906) 양력 4월에는 궁궐의 정문인 대안문(大安門)을 수리, 대한문(大漢門)으로 개칭하고, 1907년(隆熙元年) 7월 제위(帝位)를 순종(純宗)에게 전위하고, 상황(上皇)이 되자, 8월에 경운궁을 덕수궁으로 개칭하였고, 순종은 11월에 창덕궁으로 이어하였다.[235] 융희(隆熙) 3년(1909) 궁궐 내 최초의 양관(羊館)인 석조전(石造殿)이 준공되었다. 《경운궁중건도감의궤》에 의하면, 여러 전각들 둘레에는 '장원'(牆垣)과 '화초장'(花草墻)을 쌓았다.

덕수궁은 고종황제의 황궁(皇宮)으로, 1919년 고종황제는 이 황궁의 함녕전에서 승하하였

234 주남철, 《한국건축사》 개정판(고려대학교출판부, 2006), pp.285-287.

235 서울특별시사편찬위원회, 《서울특별시사 고적편》(서울특별시사편찬위원회, 1963), pp.282-289. 이경미, 〈II. 慶運宮 중건공역의 내용〉, 《덕수궁—복원정비기본계획》(문화재청, 2005), p.117. 〈경운궁중건도감의궤〉의 내용을 〈표3.II.8〉로 정리하였다.

다. 고종황제의 어진을 중화전에 모셨다가, 1921년 창덕궁의 선원전으로 이안하였다. 현재 남아 있는 중요 건축으로는 중화전, 중화문, 함녕전과 그 행각, 덕홍전, 석어당, 석조전, 정관헌, 대한문 등이다(도면17, 사진28).

2.4.1 대한문(大漢門), 금천교(錦川橋), 중화문(中和門)과 중화전(中和殿)

대한문은 지금은 본래의 자리에서 서쪽으로 이건된 것인데, 본래의 정문이 아니다. 본래의 정문은 인화문으로 중화문 앞쪽에 있었다가 폐쇄되었다.

정면 3간 측면 2간의 겹처마, 우진각 지붕의, 단층 다포식 건축이다. 지붕마루는 모두 양성을 하였고, 취두, 용두, 잡상으로 장식하였다. 본래 기단 앞에는 용 모양의 소맷돌 삼중계가 있었으나, 도로의 포장으로 땅에 묻혔다. 대한문으로부터 어도가 금천교(禁川橋)인 금천교(錦川橋)를 지나, 중화문 삼중계에까지 이어진다.

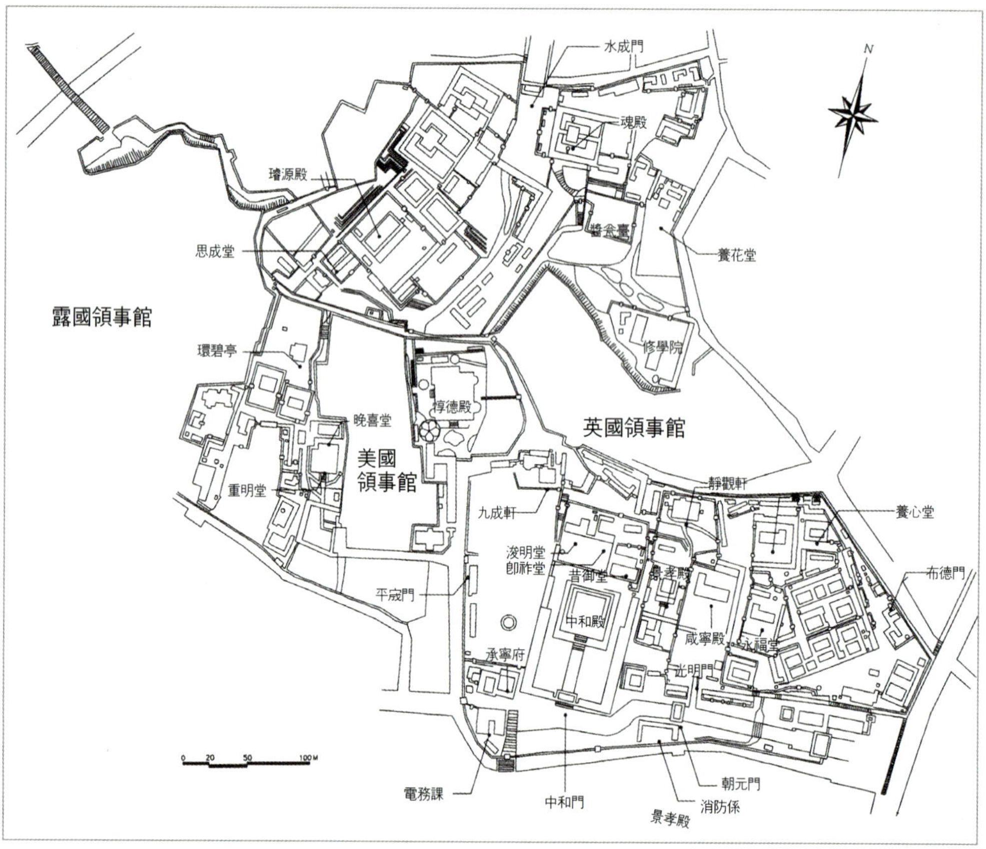

덕수궁 배치도(출처 : 문화재청, 《덕수궁》) 도면 17

함녕전-덕홍전 후정

화계와 굴뚝

유현문

유현문과 담장

덕수궁 사진 28

금천교(錦川橋)는 금천(禁川) 바닥에 홍예의 뿌리를 두고, 이의 양쪽으로 홍예를 하나씩 틀었다. 홍예 위에는 장대석 귀틀돌을 놓고, 장대석 판석들을 깔아 다리의 바닥을 이루고, 바닥 중앙에는 어도가 있는 삼도(三道)를 놓았다. 또 바닥 양쪽으로는 석난간을 둘렀다. 난간은 육모 난간두겁돌을 복련(伏蓮)과 앙련(仰蓮)으로 이루어진 받침석으로 받치고 있다.

중화문은 정면 3간 측면 2간의 단층 겹처마 팔작지붕으로, 다포식 건축이다. 지붕의 용마루, 합각마루, 추녀마루는 모두 양성을 하였고, 취두, 용두, 잡상으로 장식하였다. 본래 이 중화문의 양쪽으로는 행각이 있어, 정전은 중화전을 중앙에 두고, 행각으로 둘러쳐진 앞뜰로 이루어져 있었으나, 일제가 행각을 철거하였다.

중화문을 들어서면 전면에 중화전이 서 있다. 이중 월대 위에 기단을 쌓고, 그 위에 정면 5간 측면 4간의 겹처마 팔작지붕의 단층 다포계 건축이다. 본래의 중화전은 중층이었으나, 광무 8년(1904) 화재 때 소실되었고, 그 후 광무 10년(1906) 단층으로 중건한 것이다.

월대 앞의 삼중계는 용두(龍頭)가 있는 소맷돌과, 다른 궁궐에서와는 달리 쌍룡(雙龍)을 조각한 답도(踏道)를 놓아 구성하였는데, 이는 고종이 황제(皇帝)에 올랐기 때문이다.

삼중계 앞부터 중화문 북쪽 삼중계까지는 중앙에 어도를 둔 삼도가 놓이고, 이의 좌우로 품계석들이 서 있다. 삼도 주변, 본래의 행각 안 마당은 모두 박석을 깔아 마감하였다.

2.4.2 덕홍전(德弘殿), 정관헌(靜觀軒)과 유현문(惟賢門)

덕홍전은 장대석 기단 위에 네모뿔대의 초석을 놓고 네모기둥을 세워 이익공 공포를 짠 익공식 건축이다. 정면 3간 측면 4간의 겹처마 팔작지붕으로, 지붕마루들은 모두 양성을 하고 취두, 용두, 잡상을 놓아 장식하였다. 이 덕홍전과 앞쪽 행각, 그리고 동쪽의 함녕전(咸寧殿)과의 사이 마당은 흙바닥 마감이다.

덕홍전의 뒤, 북쪽 마당 끝에는 화계가 조성되었고, 또 서쪽으로는 벽돌로 축조한 유현문이 있는 담장이 서 있다. 담장 밖, 즉조당(卽祚堂) 마당과 공간 분화를 이루고 있다. 화계는 동쪽 함녕전 서쪽 뒷마당으로부터 시작되어, 덕홍전의 뒷마당을 지나 서쪽 담장까지 이어지는데, 모두 네 단이다. 화계의 중앙에 계단을 두어, 화계 위에 자리 잡은 정관헌에 이른다.

정관헌은 벽돌조 단층 양옥(洋屋)으로, 고종이 다과(茶菓)를 들며 음악감상을 하던 곳이다. 높은 기단 위에 정면 7간 측면 5간의 장방형 평면 주위로 베란다 형식의 차양간(遮陽間)을 두었는데, 이곳의 기둥은 아칸사스풍의 주두로 장식한 가느다란 나무기둥을 세웠고, 기둥 머리와 머리 사이에는 화병(花甁)과 운학(雲鶴)을 투각한 낙양판을 붙였고, 기둥 밑 둥 사이에는 사슴, 소나무, 박쥐, 당초 등의 무늬를 투각한 나무판을 달아 난간을 이루고 있다. 이 난간들은 한때 모두 철조(鐵造)처럼 보이도록 칠했었으나, 최근 황금칠을 하였다. 이 정관헌 앞마당을 비롯한 주변 마당은 흙바닥 마감이다.

유현문과 좌우로 쌓은 담장은 지대석 위에 사고석 바른층쌓기하고, 그 위에 벽돌로 바른층 쌓기하였으며, 기와지붕을 얹어 마무리하였다. 지대의 높낮이 차에 따라 담장 또한 높낮이에 변화를 주었다. 이 담장에 들어선 유현문은 돌기둥 위에 벽돌로 홍예(虹蜺)를 틀고, 그 위에 벽돌로 처마를 형성하고 기와지붕을 덮어 마무리하였다. 홍예는 붉은 완자무늬로 장식하여 검은 회색 벽돌 면과 대비를 이루고 있다.

2.4.3 석조전(石造殿)

석조전은 1893년 영국인 하딩(G.R.Harding)의 설계로 건축된 궁궐 건축의 최초의 양관(洋館)이다. 1900년 말 기초 공사를 하여 융희(隆熙) 3년(1909)에 완공하였다. 연건평 1,226평, 길이 54.2미터, 폭 31미터, 높이 17.5미터, 반지하, 지상 2층, 이오니아식 주두의 고전주의적 양식 건축이다.

1931년 석조전을 미술관으로 개조하여 일본 미술품을 전시하였고, 1933년 11월 1일 덕수궁을 일반인에게 공개하였다. 석조전 기단 아래 넓은 마당은 모두 흙바닥 마감이었으나,[236] 1938년 9월 분수대를 설치하여 정원 양식을 양식(洋式)으로 바꾸어 놓았다.[237]

236 최종덕, 앞의 책, p.63의 사진에는 잔디가 식재되어 있다. 또 《매일신보》 1911년 2월 28일자에는 "德壽宮大庭園(總工費五萬圓)" 이라는 기사가 있다. 이연노, 〈Ⅲ. 일제강점기 경운궁의 건축적 변화〉, 《덕수궁—복원정비기본계획》(문화재청, 2005), p.143.

237 韓國文化財保護財團 外, 《德壽宮》(2003), p.151.

2.
관아(官衙)와 객사(客舍)의 정원

1 관아(官衙) [238]

관아는 관원(官員)들이 나라의 일을 보기 위하여 지은 건축물이다.

조선시대의 관제(官制)는 개국 시에는 고려의 관제를 그대로 답습하다가 태종 5년(1405)에 비로소 새 나라에 걸맞은 관제를 완성하였다. 관료 기구는 크게 문관〔東班〕과 무관〔西班〕으로 나누어 이들 양반(兩班)을 경관직(京官職, 중앙)과 외관직(外官職, 지방)으로 다시 나누었고, 관리들의 품계를 정일품(正一品)에서 종구품(從九品)에 이르기까지 십팔품계(十八品階)로 나누었다.

1.1 중앙 관아(中央官衙)

중앙 관제에 따른 관아 건축들은 두 가지로 나뉜다. 첫째는 궁궐 내에 비변사(備邊司), 승정원

238 주남철, 〈관아건축에 관한 연구〉, 《건축》, 28권 16호(대한건축학회, 1984). 주남철 · 김종영, 《韓國傳統建築 제1집—官衙建築》(대한건축사협회, 1992). 주남철, 《한국건축사》 개정판(고려대학교출판부, 2006), pp.288-304.

(承政院) 등 각사(各司)를 두어 외조(外朝)를 이루고, 관계관들이 궐내에 입궐하여 정무를 본다. 둘째로는 궐 밖에 본래의 외조를 이루는데, 이들은 광화문 남쪽 대로의 양쪽에 배치하였다. 동쪽에 의정부(議政府), 이조(吏曺), 한성부(漢城府), 호조(戶曺)를 두고 서쪽으로 예조(禮曺), 중추부(中樞府), 사헌부(司憲府), 병조(兵曺), 형조(刑曺), 공조(工曺)를 두었다. 이 가운데 이조, 호조 등 모두 6개의 관아를 육조(六曹)라 하며, 따라서 광화문 앞 거리를 육조 거리라 하였다.

육조의 차서(次序)는 세종 때 정하였는데, 첫째의 천관(天官)은 이조, 둘째의 지관(地官)은 호조, 셋째의 춘관(春官)은 예조, 넷째의 하관(夏官)은 병조, 다섯째의 추관(秋官)은 형조, 여섯째의 동관(冬官)은 공조로 하였다.

1.1.1 호조(戶曺)

중부의 징청방(澄清坊)에 있었다. 후일 탁지부(度支部)로 고쳤다. 〈호조 본아전도〉(戶曺本衙全圖)를 보면, 전체 구성은 크게 두 영역으로 나뉜다(도면18).

육조 거리에 면한 서향한 행랑으로 둘러싸인 호조의 산원(算員)들이 집무하는 공간과, 뒤쪽에 당상관(堂上官)과 낭관(郎官)이 집무를 보는 당상청사(堂上廳事)와 낭관청사(郎官廳事)가 자리 잡고, 이들 청사들을 행랑들이 둘러싸고 있다.

육조 거리에 면한 외대문을 통하여 바깥행랑마당에 들어선다. 이 마당에서 다시 당상청사와 낭관청사를 둘러싼 행랑의 전면에 이루어진 방형의 마당에 이른다.

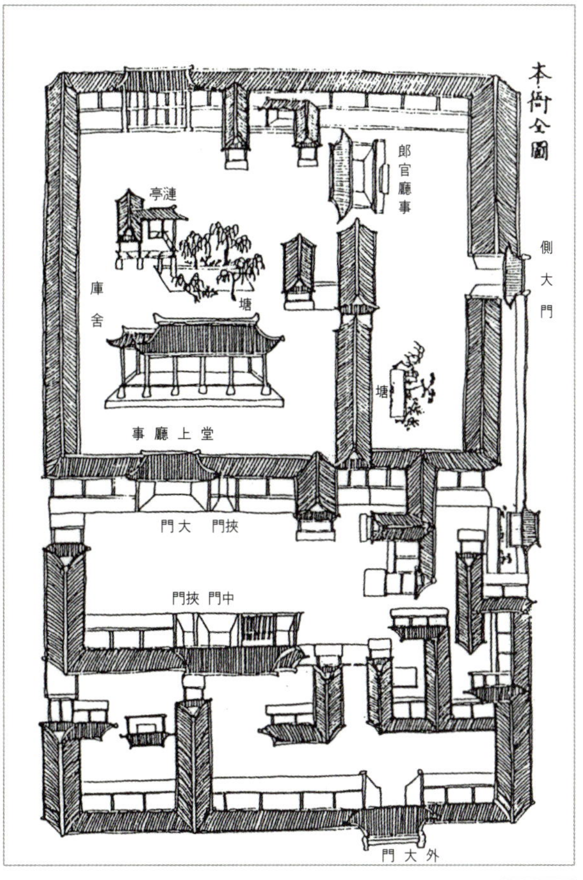

호조 본아전도 도면 18

이 두 개의 마당을 둘러싸고 있는 공간은 호조의 산원들이 집무하는 공간이다.

서향한 줄행랑에 설치된 내문을 들어서면 전면에 서향한 팔작기와집의 당상청사가 있다. 모두 12간 크기로 사면에 툇간을 두고 좌우에 아방(兒房)을 4간씩 두었다. 이 당상청사의 뒤쪽, 동쪽으로 丁자형 평면의 연정(蓮亭) 3간을 세우고 그 남쪽으로 방지(方池)를 두어 휴식 공간을 마련하였다. 연지 주변에는 버드나무를 심었다.

이 연지의 동남쪽으로 남향한 낭관청사는 입직방(入直房)과 우방(右房), 다주(茶廚), 마구(馬廐)로 구성되어 있다. 행랑채 127간은 판적사고(版籍司庫) 52간, 판별고(版別庫) 44간, 세폐고(歲幣庫) 9간, 잡물고(雜物庫) 11간, 은색고(銀色庫) 4간, 별례방고(別例房庫) 7간으로 구성되어 있다. 각 행랑과 행랑, 또 행랑과 청사 사이의 마당은 모두 흙바닥 마감이고, 이렇다할 식재(植栽)는 없다.

1.1.2 형조(刑曹)

정이품직 관아로 공조(工曹)의 맞은편 서부의 적선방(積善坊)에 위치하였다. 조정에서 시행하는 처벌을 집행하고, 소송의 진술서를 받아 관원에 관한 것은 의금부(義禁府)로, 도둑에 관한 것은 포도청(捕盜廳)으로, 농민에 관한 것은 한성부(漢城府)로 옮기고 나머지는 원고, 피고 양편의 정상과 증거를 엄격히 조사하여 율관(律官)이 법에 따라 처단케 하였다.

형조의 〈형조 본아전도〉(刑曹本衙全圖)는 《추관지》(秋官志)에 기재된바, 관아 정문에서 중문에 이르는 부공간(副空間)이 전면에, 주공간(主空間)인 당상청사 · 낭관청사 그리고 후원이 후면에 자리 잡고 있다. 이들 각 공간은 창고용 행랑채에 의해 분리되어 있고, 특히 당상청사 뒤에는 연당(蓮塘)을 만들어 자연의 아름다움을 즐기며 휴식을 취하도록 하였다(도면19).

당상청사는 10간으로 4면 툇간이 둘러 있고 좌우 협방(挾房)이 있다. 행각(行閣) 2간 다주(茶廚) 1간이 있으며, 겨울철에 개좌(開坐)하는 곳으로 사용되는 4간 아방과 행각 3간, 고(庫) 2간, 주(廚) 1간이 있는데, 아방은 4면으로 툇간이 있고, 좌우로 협방이 있다.

낭관청사는 4면이 툇간으로 된 6간과 좌우에 방 4간, 전퇴(前退)가 있는 상직방(上直房) 3간 반과 다주(茶廚) 1간이 있다. 전면에 월대가 있는데 월대부터 중문까지는 한 줄 돌길〔石道〕이 놓여 있고, 마당은 흙바닥 마감이다.

서쪽 행랑에는 장무고(掌務庫) 1간, 노비색고(奴婢色庫) 2간, 마구(馬廐) 4간, 부엌〔廚〕 1간, 대문 1간, 협문 1간이 있고, 남쪽 행랑에는 누상고(樓上庫) 8간〔팔방(八房)의 오래된 문서를 보관하고 관봉(官封)함〕, 누하고(樓下庫) 8간(팔방에서 시행하는 문서를 보관함)과 속안고(續案庫) 7간이 있다.

동쪽 행랑에는 속안고 3간, 형방공(刑房庫) 2간, 서사장방(書吏長房) 2간, 청(廳) 24간, 서사청(書寫廳) 4간, 상복방〔詳覆房, 계복(啓覆)하는 문서를 보관함〕2간이 있고, 특히 각기 신분에 따라 출입을 달리하고 있는데 당상관(堂上官)은 삼문(三門)으로, 낭관(郎官)은 중문으로, 그리고 협문 3간 중 1간은 하인이, 나머지는 죄인이 사용하도록 되어 있다.

또한 당상청사 기단 앞에는 넓은 월대가 있고, 월대부터 삼문까지 석 줄 돌길〔石道〕이 놓여 있다. 이 돌길 동서로, 동쪽에 가석(嘉石), 서쪽에 폐석(肺石)이 놓여 있는데 가석은 무늬가 있는 돌로 범죄가 가벼워 형으로 다스리기 어려운 자, 예컨대, 부랑자〔罷民〕 따위를 돌 앞에 앉혀서 그 훌륭한 무늬를 보여서 개전(改悛)시키는 데 사용했다. 또한 폐석은 붉은 돌을 말하는데 주나라 때 노인이나 어린이 등 의지할 데 없는 사람〔窮民〕이 억울한 심정을 호소하려 할 때 이 돌 옆에 서 있으면 관원이 그 문제를 해결해 주었다고 하는 데서 연유된 것이다. 서리장방(書吏長房)과 지당(池塘)가에 식재되어 있다.

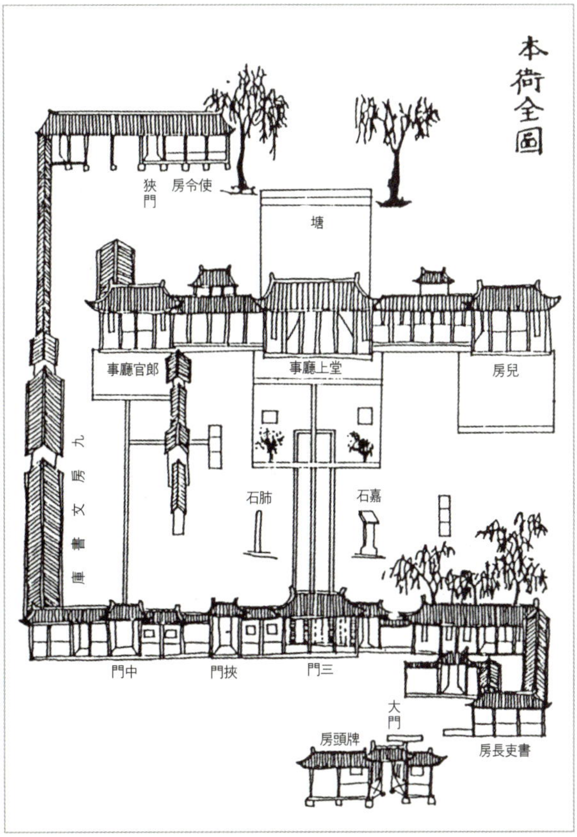

형조 본아전도 **도면 19**

1.1.3 의금부(義禁府)

의금부는 왕명을 받들어 추국(推鞫)하는 일을 관장하던 관아로, 일명 '금오'(金吾), '왕부'(王府)라 하였다.

《금오계첩》(金吾契帖)[239]에 따르면 솟을대문을 중앙에 둔 행랑이 남쪽에 서 있고, 대문 안으로 삼문이 서 있다. 삼문에서 그 안쪽 남향한 몸채 기단 아래까지는 두 폭의 돌길이 나 있다(도면 20).

장방형 마당 동서로 정면 5간 측면 1간의 동, 서헌이 동, 서향으로 자리 잡고, 그 뒤쪽으로 남

239 고려대학교박물관, 《조선시대 기록화의 세계》(2001), pp.76-77.

금오계첩(출처 : 고려대학교 박물관) 도면 20

향한 몸채가 있다.

몸채는 중앙에 정면 3간의 주사(主舍)가 있고, 좌우로 정면 4간의 동서 익헌(翼軒)이 붙어 있다. 주사의 앞으로 정면 3간 측면 2간의 팔작 집채가 돌출되어 있는데, 정면이 합각 면이 된다. 의금부 정문 대문에도, 합각 면이 정면인 1간이 돌출되어 있다. 합각 면이 정면이 되는 건축 양식은 의금부 청사의 독특한 양식이라, 이러한 까닭으로 의금부를 '호두각집'〔虎頭閣〕이라 하게 되었고, 합각 면으로 출입하는 집을 흉가(凶家)로 생각하게 되었다.

모든 집채들은 붉은 칠을 하였다. 서헌의 서쪽으로도 따로 쌓은 담장 속에 맞배지붕의 집채가 그려져 있다. 그리고 이들 모든 집채를 둘러, 남행랑 좌우로 담장을 쌓아, 장방형 집터 주위를 돌게 하였다.

몸채 뒤에는 장방형의 넓은 연못이 있고, 연못가에 버드나무가 두 그루 서 있다. 북쪽 담장 안 연못과의 사이에는 수풀이 우거졌는데, 동산처럼 그려져 있고, 모든 마당은 흙바닥 마감으로 생각된다.

1.2 지방 관아(地方官衙)

1.2.1 감영(監營)

전국을 8도로 나누고 각 도에 관찰사(觀察使)를 두었는데, 이들 관찰사가 정무(政務)를 보는 청사(廳舍)를 감영이라고 한다. 각 도에 둔 감영의 위치는 약간의 변동은 있었지만 함길도에는 함흥, 평안도에는 평양, 황해도에는 해주, 경기도에는 한양, 충청도에는 공주, 전라도에는 전주, 경상도에는 대구에 자리 잡고 있었다.

관원은 관찰사(觀察使, 從2品) 1명, 도사(都事, 從6品) 1명, 심약(審藥, 從9品) 1명, 검률(檢律, 從9品)과 하급관리 및 노비 등으로 구성된다.

● 경기감영(京畿監營)

경기감영은 서대문 밖, 현 적십자병원 자리에 있었다. 〈경기감영도〉(京畿監營圖)[240]에 따르면, 관영(官營)의 출입은 서쪽에서 측면으로 진입하게 되며, 관아(官衙)의 정문은 2층 누각 건물이다. 중앙의 선화당(宣化堂)을 중심으로 오른쪽 청사는 도사(都事)의 집무처로 생각되나 편액이 떨어져 나가 알 수 없다. 그리고 동쪽으로 관풍각(觀風閣)이 있고, 그 남쪽에 영리청(營吏廳)이 있으며 관풍각과의 사이에는 창고 건물인 행랑으로 공간을 분리하고 있고, 내아(內衙)는 관아의 출입문에서 가장 멀리 떨어진 선화당 동북쪽에 위치하며 내아의 뒤쪽에 사우(祠宇)가 있고, 서쪽에 신당(神堂)이 있다. 또한 선화당 정면에는 형조(刑曹)에서와 같이 가석(嘉石)이 왼쪽에, 폐석(肺石)이 오른쪽에 설치되어 있다.

각 행랑과 행랑, 행랑과 몸채 사이의 마당은 모두 흙바닥 마감이고, 이렇다 할 식재는 없으나, 선화당 뒤쪽에는 못을 파서 훌륭한 후원을 꾸며 놓은 것이 호조와, 제택의 공간 구성과 흡사하다.

1) 관아문(官衙門)

● 대구감영 관풍루(觀風樓)

경상감영의 아문(衙門)으로 정면 3간(9.95미터), 측면 4간(6.2미터)의 2층 누문이다. 좌우의 협문은 3.2미터이고, 중앙의 어간은 3.75미터이며, 측면은 3.1미터이다. 방형의 초석을 원형으

240 호암미술관 소장.

로 다듬어 그 위에 두리기둥을 세웠고, 2층은 우물마루를 깔고 계자난간을 둘렀다. 공포(供包)는 이익공 양식이며 주간(柱間)에 놓인 화반과 소로가 굴도리의 장여를 받치고 있고, 지붕은 팔작지붕의 겹처마이다.

● 원주감영 문루(門樓)

네모뿔대의 초석 위에 두리기둥을 세워 정면 3간(8.73미터), 측면 2간(4.64미터)의 평면을 이루고 있다. 계단이 양쪽 기둥 밖으로 설치되어 있으며, 2층은 우물마루를 깔고 계자난간을 둘렀다. 지붕은 팔작지붕의 겹처마이다.

이상의 현존 유구 이외에 함경감영과 경기감영 아문의 옛 사진을 살펴보면 관아의 외삼문은 문루이고, 내삼문은 솟을삼문 형식임을 알 수 있다. 또 감영의 문루에는 북을 달아 놓고 성문이 있는 곳에서는 문의 개폐 시간을 알렸기 때문에 일명 개문루(開門樓)라고도 하며, 문루 앞에는 하마비(下馬碑)를 세워 놓아, 관찰사〔觀察使, 절도사(節度使)〕를 제외한 모든 사람이 말에서 내려 걸어서 출입하도록 하였다.

2) 정청 선화당(正廳 宣化堂)

● 공주감영 선화당

장대석 기단 위에 다듬은돌 초석을 놓고 두리기둥을 세워 정면 8간, 측면 4간, 툇간 4간인 이익공집이다. 이고주칠량 (二高柱七樑)가구로 팔작지붕, 겹처마를 이루고 있다.

● 강원감영 선화당

원주 선화당은 4면 퇴를 가진 정면 7간, 측면 4간이다. 중앙부는 바닥을 올려 마루널을 깔고 왼쪽 3간은 개방되어 있으나, 오른쪽 2간은 띠살창호를 달아 방으로 구획하고 있다. 이익공식 공포를 놓은 이고주칠량 가구의 겹처마 팔작지붕이다. 바닥 4면 툇간에 전돌을 깔았다.

3) 내아(內衙)

감영 관찰사가 그의 가족과 함께 생활하는 사적 생활공간이다. 따라서 내아의 모습은 전주감영이나, 경기감영의 내아에서처럼 일반 사대부집의 안채와 같은 평면과 구조로 이루어진다. 또 군수나 현감의 관아인 동헌(東軒)에 부속된 내아와 같은 모습이나, 다만 규모 면에서 감영의 내아가 크다고 판단된다.

1.2.2 동헌(東軒)

조선시대에는 시기에 따라 다소 변화는 있었으나 대체로 조선 영조(英祖) 때에 편찬된《여지도서》(輿地圖書)를 기준으로 할 때 전국에 334개의 읍(邑)이 있었다. 이들은 부(府) 대도호부(大都護府) · 목(牧) · 도호부(都護府) · 군(郡) · 현(縣) 등으로 구분된 도(道)관찰사 밑에 있는 행정 단위의 하나였다. 이들 각각의 행정 단위마다 중앙에서 수령이 파견되어 정무를 보던 청사를 동헌이라 한다.

동헌은 읍성 안의 동서 성문을 관통하는 큰길 북쪽, 성안 중심되는 자리에 객사와 더불어 자리 잡고 있는 것이 일반적이다. 그리고 객사는 동쪽에, 동헌은 서쪽에 자리 잡고 있는 읍성이 그 반대의 위치에 동헌과 객사가 있는 읍성보다 더 많다.

1) 낭천현(狼川縣)

동헌과 객사와 향청 3개의 커다란 영역으로 나누어지는데 상주와는 달리 향청이 동헌 가까이 위치하는 점이 다르다(도면21).

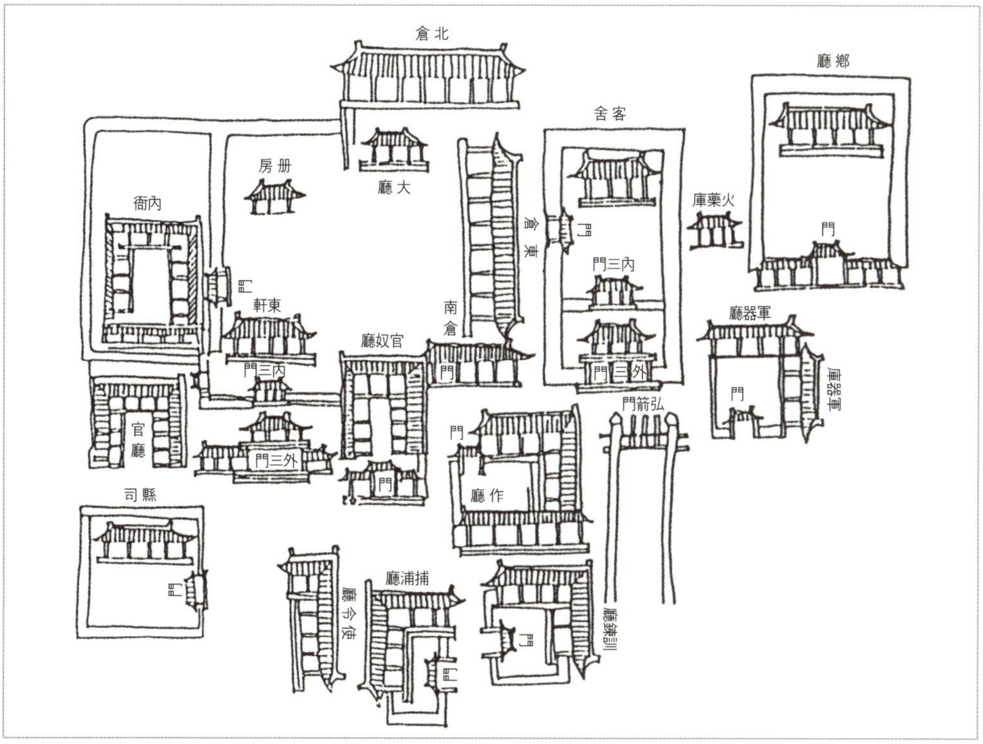

낭천현 관아도 도면 21

동헌의 외삼문은 2층 누각이며, 동헌 입구에 여러 관청 건물들이 있고, 외삼문 안에 동헌이 있다. 동헌 영역 내에는 책방(冊房), 대청, 창고 등의 건물이 있으며 오른쪽으로 내아가 붙어 있다. 또한 관아 입구에 홍살문을 세웠는데 이는 신성한 공간, 즉 유교의 정치이념을 실천하는 공간으로 진입함에 있어 경건하고 참된 마음으로 출입해야 된다는 뜻을 담고 있다.

읍지에 기록된 낭천현의 관아 규모는 객사인 용화관(龍華館)이 22간, 동헌인 풍희당(豊喜堂) 6간, 내아 10간, 향청 10간, 군관청(軍官廳) 6간, 훈련청(訓練廳) 8간, 작청(作廳) 15간, 현사(縣司) 5간, 사령청(使令廳) 10간, 관노청(館奴廳) 14간이다.

2) 양지현(陽智縣)

크게 동헌과 객사 그리고 향교로 나누어지고 향청이 동헌 영역 안으로 들어와 있다. 외삼문 앞에 홍살문이 있고, 동헌 앞에는 각 관청이 늘어서 있다. 외삼문에서 내삼문, 동헌 그리고 내아가 하나의 중심축을 형성하고 있는데, 외삼문은 2층 누문이고 내삼문은 솟을삼문이다. 감옥(監獄)은 관아 밖에 둥글게 담을 두르고 그 안에 옥사(獄舍)가 있다.

3) 직산현 관아(稷山縣官衙)

경사지에 건립되었다. 외삼문인 문루와 중문 사이의 좌우에 건물이 있었으며, 관아문의 지붕 용마루는 양성을 하였다. 중문은 솟을 대문이고 좌우는 고(庫)로 사용한다.

동헌은 조금 높은 위치에 있으며 공포가 없는 민도리집 형식이다. 동헌 뒤에는 내아가 있어 전체적으로 직선축을 형성하게 된다(사진 29).

2 객사(客舍)[241]

객사는 객관(客館)이라고도 하는데, 한양과 각 지방에 건축하였다. 한양에는 중국 사신을 맞이하던 태평관(太平館), 남별궁(南別宮), 모화관(慕華館) 들이 있었고, 또한 일본의 사신을 맞이하던 동평관(東平館), 야인(野人)을 접대하던 북평관(北平館)이 있었다.

지방의 객사는 각 읍성 안 가장 중요한 위치에 관아와 나란하게 건립되었다. 중심되는 주사(主舍)는 중앙에 정청을 두고, 그 동서 좌우로 동헌과 서헌을 세우는데, 정청은 일반적으로

241 주남철, 〈객사건축에 관한 연구〉, 《대한건축학회논문집》, 2권 3호, 통권5호(1986). 주남철, 《한국건축사》 개정판(고려대학교 출판부, 2006), pp.305-310.

문루

아문과 행각

직산현 관아 **사진 29**

정면 3간으로 정면 어간에 객사의 명칭을 나타내는 편액을 걸고, 내부는 통간으로 바닥에는 전을 깐다. 전면에 창호를 설치하지만, 그 창호 위의 창방부터 장여 밑까지는 홍살이나 교창을 단다.

내부의 북쪽 벽 앞에는 임금을 상징하는 전패(殿牌)의 감(龕)을 모셔 두고, 관아의 수령이 초하루 보름마다, 또 나라에 국상과 같은 큰일이 있을 때 이 전패에 절하는 향궐망배의 의식을 거행한다.

정청 좌우에 건립된 동서 두 익헌은 정청 쪽으로 온돌방을 들이고, 나머지는 대청으로 구성되는데, 동헌이 서헌보다 격이 높다. 동헌과 서헌은 각각 그 직급에 맞게 이용하였다.

《수교집록》(受教輯錄) 〈예전〉(禮典)에는 "외방의 객사에서는 순찰사와 통제사는 동헌으로 들어가고, 절도사는 서헌으로 들어가며, 도사와 우후는 낭청방으로 들어간다. 기타 명을 받아 온 관원은 이를 기준으로 등급을 나누어 접대한다—현종11년(1670)에 받은 전교"라 기록되어 있다.

일반적인 지방의 객사에는 전패만이 봉안되나, 중국의 사신이 들어오면서 머물게 되는 평양의 대동관(大同館), 송도의 태평관과 같은 객사의 정청에는 전패와 궐패(闕牌)의 두 개의 감을 모셔 둔다. 전패는 조선의 국왕을 상징하고, 궐패는 중국의 천자를 상징하기 때문이다. 객사의 정청과 동서 익헌 이외에 여러 부속 시설을 세운다.

조위(曺偉, 1454-1503)의 《고령객관기》(高靈客館記)에는, "정청 3간, 좌우 익랑 각 5간, 익실 3간, 동헌 횡각 3간, 헌 바로 북쪽에 3간의 연기루를 세웠으며, 도랑을 끌어들여 연못을 파 연꽃을 심었다. 담장으로 둘러쌓고 여러 화훼를 심어 그해 가을에 다 만들었다. 무릇 집이 총 50간이며 여름에는 시원하고 겨울에는 따뜻하다" 하였다.[242]

객사에는 사신을 접대하기 위한 음식 장만을 하는, 부엌, 곳간, 온돌방으로 구성된 고직사(庫直舍)를 세웠고, 또 주변에는 연못을 조성하고, 연당(蓮堂)이나 연기루(蓮起樓)를 세워 잔치를 베풀고, 휴식을 취하도록 하였으며, 내삼문, 외삼문 등을 세웠다.

2.1 모화관(慕華館)

돈의문(敦義門) 밖 서북쪽에 있다. 본래 모화루(慕華樓)이다. 세종 12년(1430)에 누를 관(館)으로 고쳤는데, 옛날에는 관 앞에 홍살문〔紅箭門〕이 있었는데, 중종 30년(1535)에 이를

242 이연노 · 주남철, 〈조선 초 객사 건축에 관한 연구—문헌연구를 중심으로〉, 《대한건축학회논문집—계획계》, 20권 12호, 통권 194호(2004. 12).

쌍주문(雙柱門)으로 고쳐 세우고, 편액을 연조문(延詔門)이라 하였다. 중종 33년(1538)에 명나라 사신 설연총(薛延寵)이 영은문(迎恩門)이라고 고쳤다. 명나라 사신 주지번(朱之蕃)이 쓴 편액을 걸었다.[243]

2.2 성천 동명관(東明館)

평안남도 성천의 객사이다. 넓은 대지를 둘러싼 담장의 남측 중앙에 선 외삼문을 통하여 중문간 행랑과 마주하게 되는 행랑 마당에 들어서게 된다. 중문 좌우로 자리한 행랑은 좌우 모두 3간이다. 중문을 통하여 객사의 중심 마당에 들어선다.

전면 중앙에 정청인 동명관이 정면 3간 측면 5간 크기로 자리 잡고, 그 동쪽에 동헌인 통선관(通仙館)이 있다. 온돌방 2개와 온돌방의 동쪽으로 대청이 전면 3간 측면 4간 크기로 자리 잡고 있다. 동명관 서쪽으로는 온돌방 2개와 대청으로 구성된 서헌 유선관(留仙館)이 있다.

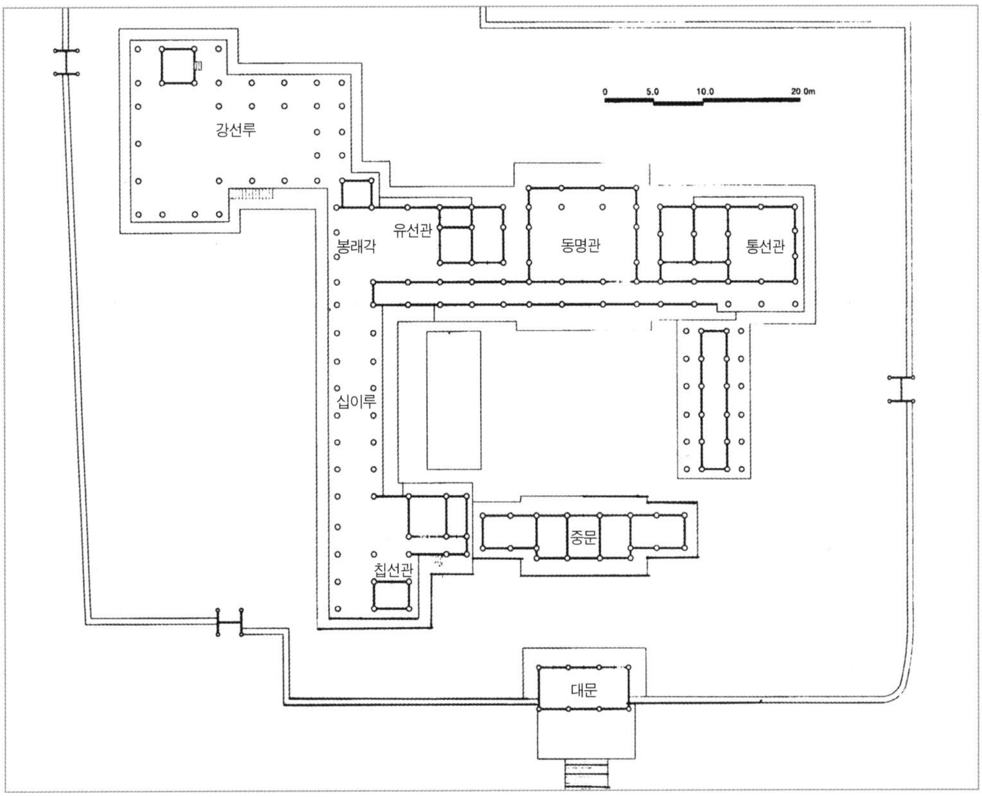

성천 객사 배치도 도면 22

243 《증보문헌비고》, 여지고26, 궁실2, "慕華舘."

서헌의 서쪽에는 남북으로 길게 십이루(十二樓)와 봉래각(逢萊閣)이 있다. 동명관 주사 전면 좌우로는 이름 모를 집채가 서향과 동향으로 길게 서 있고, 봉래각 서북쪽으로 강선루(降仙樓)가 서 있는데, 이 이름을 알 수 없는 집채는 객사의 음식을 마련하는 고직사(庫直舍)로 추정된다(도면22).

〈관서팔경도 화첩〉(關西八景圖畵帖)[244]에서의 성천 동명관에는 외삼문과 그 행랑, 중대문과 그 좌우 담장이 있어, 실제의 모습과 다르다. 객사 담장 안에서는 나무나 꽃나무들 모습을 찾아볼 수 없고, 모두 흙바닥 마감의 마당으로만 이루어졌다. 그러나 강선루는 바로 버드나무들이 줄지어 서 있는 강변에 면하여 있어, 강선루 누마루에서 앞에선 낮은 담장 너머로 강과 강 건너의 아름다운 산수를 완상할 수 있다.

2.3 풍패지관(豊沛之館)[245]

전주 객사이다.《동국여지승람》〈전주객관조〉에 성종 2년(1471) 관찰사 조근(趙瑾)이 서익사를 개축하였다는 기록이 있고, 1976년 보수 때 발견된 묵서(墨書)에 의하면, 고종 2년(1872)에 중수하였다고 한다.

"풍패지관"(豊沛之館)이라 편액된 정청은 정면 3간 측면 3간의 단층 맞배집이다. 공포는 외일출목 주심포식으로, 3개의 익공형 살미첨차가 처마 밑을 꾸미고, 주두 밑 운공형 헛첨차 위의 소로가 초익공살미를 받치고 있다. 1999년 복원한 동헌은 정면 3간 측면 3간의 단층 팔작집이고, 서헌은 정면 5간 측면 3간의 단층 팔작집이다. 공포는 동서 익헌 모두 외일출목 주심포로, 주두 밑 헛첨차 위의 소로가 초익공 살미첨차를 받치고, 이 위에 외목도리를 받치고 있는 행공첨차와 결구된 또 하나의 살미첨차를 겹쳐 놓았다. 주사 쪽으로 정면 1간 측면 2간의 온돌방을 두고, 이 방을 전면과 두 측면으로 대청이 둘러싸고 있다. 고직사는 서헌 앞쪽에 있다.

2.4 문산관(文山館)

충청도 문의현 객사로, 중앙에 정청이 정면 3간 측면 3간으로 자리 잡고 그 좌우로 정청과 반간 폭 정도 떨어져 좌·우 익헌이 자리 잡고 있다. 동익헌은 정면 4간 측면 3간으로 정청 쪽으로 온돌방을 하나 두고 나머지는 대청으로 개방되어 있고, 서익헌은 정면 3간 측면 3간으로 이

244 조선 시대, 작자미상. 개인 소장, 출처:《多寶城古美術名品展圖錄》(1996).

245 주남철, 〈全州客舍〉,《韓國建築美》(一志社, 1983), pp.462-464.

역시 정청 쪽에 방 하나를 두고 나머지는 대청으로 개방되어 있다. 정청의 우측 터에는 고직사가 자리 잡고 있다.

2.5 밀양 영남루(嶺南樓)[246]

《신증동국여지승람》(新增東國輿地勝覽)에 의하면 밀양도호부의 객사 밀주관(密州館) 동쪽에 있는 누이다. 본래 옛 영남사(嶺南寺)의 소루(小樓)로 폐사되었는데, 고려 공민왕 14년(1365)에 김주(金湊)가 짓고 영남루라 하였다. 조선시대 헌종(憲宗) 8년(1842) 불탄 것을 헌종 10년(1844)에 다시 지어 오늘에 이른다.

정면 5간 측면 4간의 중층 겹처마 팔작집이다. 공포는 주상(柱上)에만 놓고, 창방 위에는 화반을 놓은 외일출목으로, 첨차와 앙서들이 초각(峭刻)된 익공식 건축에 가까운 주심포식 건축이다. 막돌 허튼층쌓기의 기단 위에 단주형의 원형 초석들을 놓고 두리기둥을 세웠다. 이

원경

246 같은 책, pp.455-457.

영남루와 능파당

영남루 대청

월랑, 누-침류각

밀양 영남루 사진 30

층 우물마루 주위로 계자난간을 둘렀다.

이 영남루의 동쪽 낮은 터에는 정면 3간 측면 2간의 이익공 팔작집인 능파당(綾波堂)이 있고, 영남루와는 층계로 된 월랑(月廊)으로 연결되었다. 또 서쪽에는 침류각(沈流閣)이 있는데, 정면 3간 측면 2간의 중층 이익공식 팔작집이다. 영남루의 전면 남쪽 벼랑 아래로는 폭이 넓은 강이 흘러, 주변 경관이 수려하다(사진 30).

2.6 남원 도호부(都護府)와 광한루(廣寒樓)[247]

《용성지》(龍城誌)에 의하면, 객사인 용성관(龍城館)이 북쪽에, 향청이 객사의 동쪽에, 동헌이 객사 남쪽에 자리 잡고 있어 일반 관아의 배치와는 좀 다르다. 그러나 동헌의 구성은 일반 관아와 크게 다르지 않다. 내아는 출입문에서 비교적 멀리 떨어진 곳에 있으며 사당 3간이 있다.

남원 광한루는 조선 초 명재상 황희(黃喜)가 세종 원년(1419) 선대의 서실(書室) 터에 누각을 지어 광통루(廣通樓)라 한 데서 비롯된다. 세종 16년(1434) 부사 민여공(閔如恭)이 새롭게 중수하였고, 그 후 세종 26년(1444) 관찰사 정인지(鄭麟趾)가 순찰 중에 주위 경치가 월궁의 광한청허부(廣寒淸虛府)처럼 아름답다 하여 광한루라 이름하였다. 세조 7년(1461) 부사 장의국(張義國)은 연못을 파고, 요천강의 물을 끌어들여 연못의 물을 대고, 견우와 직녀가 만나는 오작교(烏鵲橋)를 설치하였다. 그 후 관찰사 정철(鄭徹)은 연못을 넓히고, 삼신선산(三神仙山)인 방장(方丈), 영주(瀛洲), 봉래(蓬萊)를 상징하는 삼도(三島)를 축조하였다. 한 섬

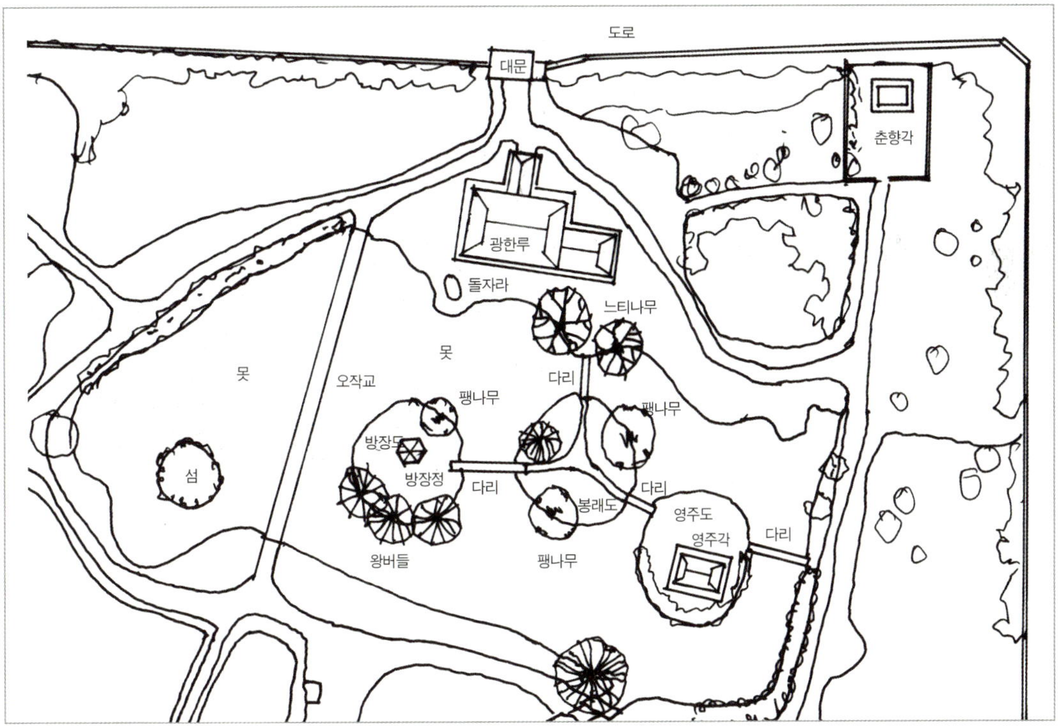

광한루 배치도 도면 23

247 같은 책, pp.457-459.

남원 광한루 사진 31

에는 백일홍, 다른 한 섬에는 녹죽(綠竹)을 심고, 또 다른 섬에는 연정(蓮亭)을 세우고 못에는 연을 심었다. 이처럼 광한루를 중심으로 한 정원은 조선 초부터 남원 도호부의 관원(官苑)으로 자리매김하여 오다가 정유재란(丁酉再亂) 때 불탄 것을 선조 32년(1599) 부사 원진(元愼)이 작은 누를 다시 지었다. 그 후 인조 4년(1624) 부사 신감(申鑑)이 다시 크게 고쳐 지어 오늘에 이른다(도면 23, 사진 31).[248]

광한루는 정면 5간 측면 4간의 중층 누각으로 겹처마 팔작집이다. 공포는 행공첨차가 있는 외일출목의 이익공식이다. 막돌 허튼층쌓기의 낮은 기단 위에 막돌 초석을 놓고 방형의 돌기둥들을 세워 이층의 두리기둥과 연결하였다. 이층 우물마루 주변으로는 계자난간을 둘렀다. 이층으로 오르는 북쪽 층계는 익랑(翼廊)식 층계이다. 층계 입구 쪽으로 합각을 형성한 높낮이가 다른 팔작지붕을 이루고 있는데, 낮은 아래쪽은 판장벽이고, 높은 위쪽은 살대로 처리하였다.

1925년 수리 때 광한루 동쪽으로 익루(翼樓)를 연달아 증축하였다. 이 익루는 정면 3간 측면 2간으로 이층 삼면은 툇마루를 두어 개방하고, 그 안쪽으로 정면 2간 측면 1간의 온돌방을 두었다. 따라서 온돌방의 아래 일층에는 온돌 구들 고래와 아궁이를 두었다.

연못에 있는 세 개의 섬 중, 동쪽 섬이 본래 방장(方丈)이고, 백일홍을 심었었는데, 정조 19년(1795) 부사 이만길(李萬吉)이 섬을 동쪽으로 확장하면서 영주각(瀛洲閣)을 새로 지은 것이라 한다. 또 중앙의 섬이 본래 봉래(蓬萊)인데, 여기에는 녹죽(綠竹)을 심었고, 현재 방장정(方丈亭)이 서 있는 서쪽 섬이 본래 영주(瀛洲)인데, 연정(蓮亭)을 세웠으며, 부교(浮橋)로 연결되어 있었다고 한다.[249]

248 李相儀, 《南原誌》(1960), pp.64-65, 94.

249 鄭瞳旿, 《東洋造景文化史》(전남대학교출판부, 1990), pp.217-220.

3. 학교 건축(學校建築)[250]과 정원

조선시대는 숭유억불(崇儒抑佛)을 국시로 한 만큼 유학의 교육에 전념하였다. 유학을 교육하기 위한 관학 기관(官學機關)으로 한양에는 성균관(成均館)과 처음에는 오부학당(五部學堂)을 두었으나, 후일 사부학당(四部學堂)으로 축소되었다. 또 종실의 자제들을 전담 교육하는 종학(宗學)과 각종 전문 관리들을 충원하는 데 필요한 잡학(雜學)으로 십학(十學—儒學, 武學, 譯學, 醫學, 陰陽學, 算學, 律學, 畵學, 道學, 樂學)을 두고, 각 지방에는 향교(鄕校)를 두었다.

사학(私學)으로는 서당(書堂)과 정사(精舍), 서원(書院)이 있었다. 특히 조선 중기부터는 사학이 융성하기 시작하여, 사액서원(賜額書院)인 소수서원(紹修書院)을 시작으로 수많은 사액서원들과 서원들이 건립되어 유학 교육을 전담하게 되었다.

250 주남철, 〈조선의 교육기관과 학교건축〉, 《한국건축사》 개정판(고려대학교출판부, 2006), pp.311-337.

1 관학(官學)

교육은 유학(儒學)을 교수하면서 성현의 몸가짐을 배워 덕(德)을 몸소 실천하는 존현(尊賢)을 목표로 한 만큼, 관학에는 기본적으로 존현공간(尊賢空間)인 문묘(文廟)와 동서양무(東西兩廡), 유학을 강론하고 이를 배우는 강학공간(講學空間)인 명륜당(明倫堂)과 동서양재(東西兩齋)를 건립하였다.

1.1 성균관과 문묘

1.1.1 문묘(文廟)[251]

일반적으로 문묘라 할 때 이는 협의의 문묘로서 한양의 성균관과 함께 건립된 문묘를 지칭하는 것이고, 광의로는 각 지방 향교의 대성전(大成殿) 모두를 칭하는 것이다.

성균관 문묘는 태조 6년(1397)에 착공되어 태조 7년(1398) 7월에 준공되었다. 정종 2년(1402) 2월 2일에 화재로 소실되어 태종 7년(1407)에 재건하였으나, 선조 25년(1592) 임진왜란으로 소실되어 선조 35년(1602)에 중건되었다. 정조 9년(1785) 편찬된 《태학지》(太學志)에 따르면 태조 7년(1398)에 정록청(正錄廳)과 식당(食堂), 양현고(養賢庫), 성종 6년(1475)에 존경각(尊經閣)을, 현종 5년(1664)에 비천당(丕闡堂)을 세웠다. 계성사(啓聖祠)는 숙종 27년(1701)에 세웠다.

현재 명륜당 동쪽으로는 진사식당(進士食堂), 비복청(婢僕廳), 정록청(正錄廳), 서리청(書吏廳)이, 뒤쪽으로 존경각(尊經閣)과 육일각(六一閣)이, 동북쪽에는 향관청(享官廳), 동월랑(東月廊), 서월랑(西月廊)이, 서북쪽으로 비천당(丕闡堂)이 자리 잡고 있다.

《태학지》(太學志)의 〈반궁도〉(泮宮圖)는 문묘의 본래 모습을 보여 준다(도면 24, 사진 32).

〈반궁도〉에 따르면 동쪽에서, 북쪽에서 남으로 흐르다가 다시 서쪽으로 흐르는 냇물 위의 향석교(香石橋)를 건너 문묘 영역으로 들어간다. 정문인 신삼문(神三門)을 들어서면 북쪽 중앙에 대성전(大成殿)이, 그 전면 동서로 동무(東廡)와 서무(西廡)가 자리 잡고 있다. 신삼문 어간부터 신도(神道)가 대성전 어간의 중심축 위에 뻗어 기단 앞에서 ㄱ자로 꺾여, 기단 앞면에 설치한 두 개의 석계(石階) 중 서쪽 석계인 서계(西階)와 연이어져 있다. 그러나 지금은 신삼문에서 시작된 신도는 곧게 뻗어, 조계(阼階)와 서계 앞의 동서로 뻗은 돌길과 맞닿아 있다. 그

251 주남철, 〈서울 文廟 大成殿〉, 《韓國建築美》(一志社, 1983), pp.366-370.

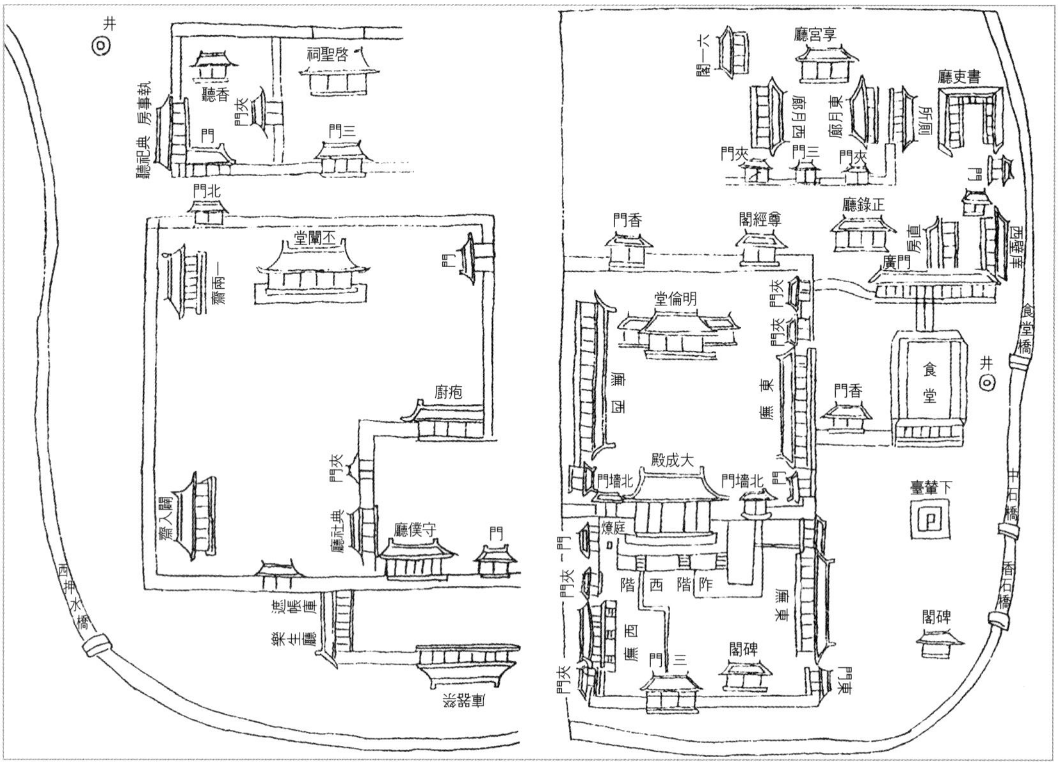

태학지 반궁도 **도면 24**

리고 이 돌길은 대성전 동쪽에서 ㄱ자로 꺾이어, 북쪽으로 들어가 대성전 영역과 명륜당 영역의 사잇담 동쪽에 선 일각대문까지 이어져 있다.

대성전은 높은 장대석 5벌대 기단 위에 주좌(柱座)를 쇠시리한 다듬은돌 초석을 놓고 두리기둥을 세운, 정면 5간 측면 4간의 겹처마, 팔작기와집이다. 공포는 외2출목 내2출목, 조선 중기의 다포식이다.

동무와 서무는 정면 11간 측면 1간 반이고, 모두 전면 반간을 퇴로서 개방한, 홑처마, 맞배집이다.

성현의 위패는 본래 대성전과 동서 양무에 봉안되었다. 대성전 안의 중앙에 남향하여 "대성지성(大成之聖) 문선왕(文宣王)"이라 쓴 공자(孔子)의 위패가 자리 잡고 그 앞에 사성〔四聖, 동쪽에 안자(顔子), 자사(子思), 서쪽에 증자(曾子), 맹자(孟子)〕의 위패가 모셔져 있다. 동쪽 벽과 서쪽 벽 전면으로 공문(孔門) 십철(十哲) 송조(宋朝) 육현(六賢)의 위패들을 배향하였다. 그리고 동무에 중국의 명현(名賢) 47위와 우리나라 명현 9위를 종사하고, 서무에 중국 명현 47위와 우리나라 명현 9위를 종사하였다. 1946년 동무와 서무의 우리나라 18현의 위패들은 대성전 안, 동벽과 서벽 앞으로 이안하고, 나머지 중국 명현의 위패들은 모두 매안(埋安)하여 동무와 서무를 비워 두었다.

신삼문 좌우 담장 앞에 소나무, 잣나무, 느티나무 들이 식재되어 있고, 신삼문 안, 대성전 앞뜰에는 삼문 동서로 행단(杏壇)을 상징하는 살구나무가, 동무와 신도 사이에 느티나무, 신도와 서무 사이에 잣나무, 소나무, 서계 앞에 측백나무가 식재되어 있으나, 〈태학계첩〉(太學契帖)[252]에는 삼문 안 동서와, 대성전 좌우 동서 담장 가까이 은행나무(4주)만 그려져 있다.

1.1.2 성균관(成均館)[253]

성균관은 유생들을 입교시켜 유학을 교육시키는 국가가 세운 가장 높은 교육 기관으로, 태학(太學), 반궁(泮宮), 수선지지(首善之地)라고도 하였다.

문묘의 북쪽으로 쌓은 대성전 뒷담장 안에 자리 잡고 있다. 즉 앞쪽에 존현 공간인 문묘를 두고, 뒤쪽에 강학 공간인 강당과 서재를 둔 전묘후학(前廟後學)의 배치를 이루고 있다.

넓은 흙바닥 마감의 마당 북쪽 중앙에 강당인 명륜당(明倫堂)을 남향으로 배치하고, 명륜당 동서 양쪽으로 협실(夾室)을 연이어 세웠다. 명륜당 앞뜰 동서에는 동재(東齋)와 서재(西齋)가 남북으로 길게 서향과 동향으로 자리 잡고 있다.

《태학지》에 "태조 7년 무인년(1398)에 명륜당을 문묘의 북쪽에 세우고 좌우에 협실을 설치하였으니, 가운데는 강당으로 스승과 학생이 학문을 강의하는 장소로 삼았다. 선조 25년 임진년(1592)에 왜란으로 불에 타서 39년 병오년(1606)에 중건하였다. 동서의 재사(齋舍)와 명륜당을 동시에 건축하였다"라고 하였다.

명륜당은 중앙에 강당, 좌우에 협실을 두었는데, 강당은 정면 3간 측면 3간이고, 좌우 협실은 각각 정면 3간 반 측면 2간이다. 장대석쌓기의 기단을 쌓고 기단 전면에 월대(月臺)를 돌출시키고, 월대 앞에 석계(石階)를 놓았다. 기단 위에 다듬은돌 초석을 놓고 두리기둥을 세워 이익공으로 결구한 겹처마 맞배집이다.

명륜당 동익헌과 서익헌은 명륜당 벽으로부터 정면 2간 반 측면 2간은 대청이고 나머지 정면 1간 측면 2간은 온돌방이다. 장대석쌓기 기단 위에 다듬은돌 초석을 놓고 두리기둥을 세워 초익공으로 결구하였다. 지붕은 겹처마로 명륜당 쪽은 맞배지붕이나 두 끝단에는 팔작지붕으로 꾸몄다.

명륜당 앞 동서로 자리 잡은 동재와 서재는 한 벌대 쌓기의 낮은 기단 위에 방형 다듬은돌 초

252 李鼎輔(1693-1766) 제작.

253 주남철, 〈서울 成均館〉, 《韓國建築美》(一志社, 1983), pp.370-373.

대성전

대성전 기단

석전제

명륜당

서재

문묘와 성균관 사진 32

석들을 놓고 네모기둥을 세워 납도리로 결구한 민도리집으로, 지붕은 홑처마 맞배지붕이다. 처음에는 온돌이 없었으나 세종 때 학생들을 위해 온돌을 설치하도록 했다.

명륜당 앞마당에는 대사성(大司成) 윤탁(尹倬)이 중종(中宗) 14년(1519)에 심은 행단(杏壇)의 상징수인 은행나무가 서 있다.[254] 〈태학계첩〉에는 대성전 뒤 담장 동서 대문 안쪽, 동서로 각각 1주씩 서 있다. 지금의 명륜당 앞뜰에는 은행나무와 느티나무 이외에 단풍나무, 산철쭉, 등 여러 그루가 식재되어 있고, 또 명륜당 뒤뜰에도 여러 종류의 수목들이 식재되어 있다.[255]

1.2 사부 학당(四部學堂)

사부학당은 한양에 세운 관학 교육기관이다. 성균관에 들어가기 전 교육을 받던 곳으로 지방의 향교에 해당되는 것이다. 양인(良人) 신분 이상의 자제들이 8세에 입학하여 생원(生員)·진사(進士) 시(試)를 준비하는 교육을 받을 수 있었고, 15세에 《소학》(小學)과 사서(四書)를 시험하는 승보시에 합격하면 성균관에 들어가 공부할 수 있었다.

개국 초에는 고려의 오부학당제도를 따라 개경에 동서남북 사방 위에 동학(東學), 서학(西學), 남학(南學), 북학(北學), 그리고 중앙에 중학(中學)을 두었다. 한양으로 천도한 후에는 태종과 세종 때 북부 학당을 제외한 사부학당이 마련되었다. 그 후 성종 때 북부 학당이 혁파되어, 《경국대전》(經國大典)에는 종육품아문(從六品衙門)의 중학, 동학, 서학, 남학의 사부학당제로 일관하게 되었다.

《증보문헌비고》에 의하면 중부 학당은 북부(北部)의 관광방(觀光坊)에 있었고, 동학은 동부(東部) 창선방(彰善坊)에, 남학은 남부(南部) 성명방(誠明坊)에, 서학은 서부(西部) 여경방(餘慶坊)에 있었다. 지금은 모두 없어져 건축과 정원의 모습을 알 수 없다.

1.3 향교(鄕校)

지방의 부(府), 대도호부(大都護府), 목(牧)에서 군(郡)과 현(縣)에 이르기까지 문묘 건축과 함께 건립한 관학이다. 그 배치에 따라 4종으로 나눌 수 있다.

일반적으로 평지에 향교가 건립될 때에는 앞쪽 터에 문묘를 중심으로 한 존현공간을 두고, 뒤쪽 터에 명륜당을 세워 강학공간을 두는 이른바 '전묘후학'(前廟後學)의 배치를 이룬다. 나

254 李圭景, 《五洲衍文長箋散稿》, 〈人事篇〉, "論禮類 墓冢祠碑, 夫子廟墓辨證說" (민족문화추진회).

255 문화재청, 《서울문묘 실측조사보고서》(2006), p.281.

주 향교(羅州鄕校)가 이 배치법을 이루고 있다. 그러나 전묘후학의 배치는 입지적(立地的)인 문제를 떠나서, 공자와 사성(四聖)의 선친(先親)되는 이들의 위패를 모신 계성사(啓聖祠)를 건립할 때에 취하는 배치이다.

앞이 낮고 뒤가 높은 산언덕에 터를 마련할 때에는 전면 낮은 곳에 명륜당을 세우고 뒷면 높은 터에 문묘를 건립하여 이른바 '전학후묘'(前學後廟)의 배치를 이루는데, 강릉 향교와 영천 향교가 이 배치법을 이루고 있다. 세 번째로 좌향으로, 왼쪽에 문묘를, 오른쪽에 명륜당을 세우는 좌묘우학(左廟右學)[256]의 배치가 있다. 강화, 성주, 동래 향교들이 이의 예이다. 네 번째, 좌향으로 오른쪽에 문묘를, 왼쪽에 명륜당을 세운, 우묘좌학(右廟左學)의 배치로 밀양, 청송, 진천, 대구 등의 향교가 이 배치이다. 이상의 배치 모두는 석전제(釋奠祭)를 지내는 존현공간을 강학공간보다 우위에 두고자 한 것이다.

향교에서의 존현공간은 성균관 문묘와 같은 배치를 이루나 규모가 작다. 즉 삼문을 들어서면 중앙에 대성전이 자리 잡고 그 앞쪽 동서 양쪽으로 동무와 서무가 자리 잡는다. 강학공간 또한 강학공간의 북쪽 중앙에 명륜당이 자리 잡고, 명륜당 앞쪽 터에는 중앙에 대청을, 그 좌우에 온돌방을 둔 동재와 서재를 건립한다. 그리고 교직사(教直舍), 존경각〔尊經閣, 경판고(經板庫)〕, 전사청(典祀廳), 제기고(祭器庫) 등을 건립한다.

향교 뜰에는 행단(杏壇)을 상징하는 살구나무나 학자수(學者樹)를 상징하는 회화나무〔槐木〕를 심는다.[257]

1.3.1 강릉 향교(江陵鄕校)[258]

강릉 향교는 전면에 강학공간을, 후면에 존현공간을 둔 전학후묘의 배치를 이루고 있다(도면 25, 사진 33).

전면 낮은 터에 장방형 평면의 누(樓)를 이룬 명륜당을 세우고 그 양쪽 끝 뒤로 동재와 서재를 건립하였으며, 더 높은 터에 내삼문과 문묘를 건립하였다.

동서재 전정

256 좌묘우학은 좌향의 개념에 따른 것으로, 건축물의 중심에 앉아〔坐〕, 앞을 내다본〔向〕 것에 의하여, 좌우(左右)가 결정되는 것이다.

257 제3편 정원의 구성, 2. 구성 요소(構成要所) · 구성 방법(構成方法) 중 식재 참조.

258 주남철, 〈江陵 文廟大成殿〉, 《韓國建築美》(一志社, 1983), pp.373-376.

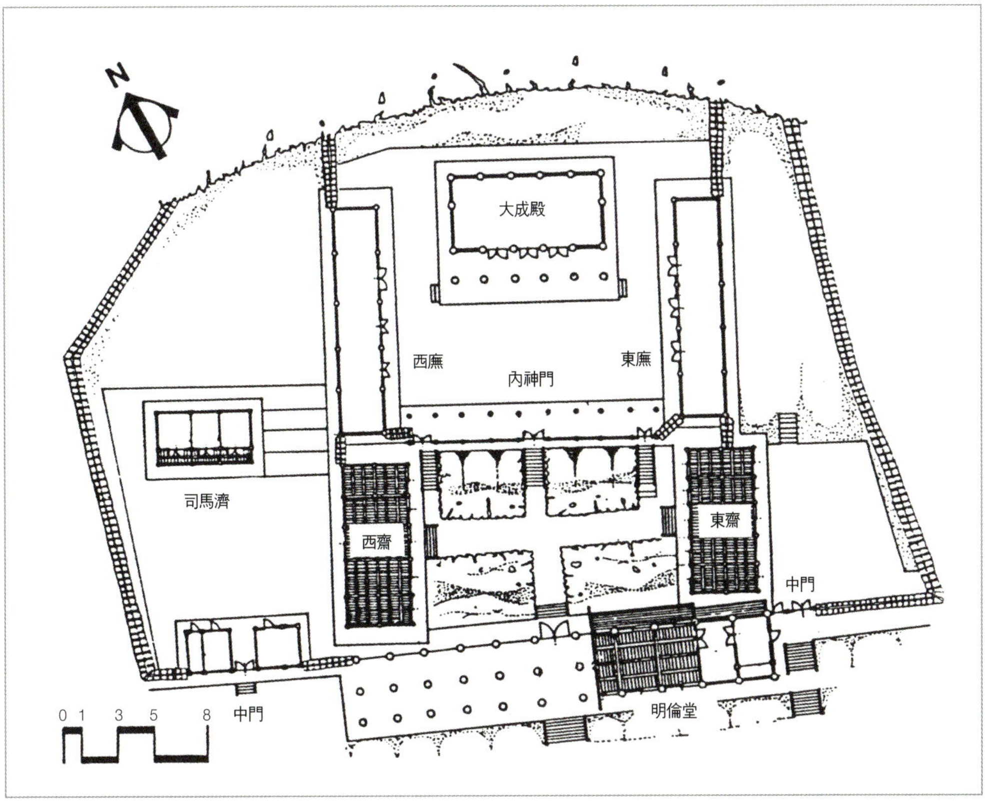

강릉 향교 배치도(도면 : 김지민, 이재헌, 도용호) 도면 25

대성전

예감대

강릉 향교 사진 33

전면에 길게 늘어선 강당은 막돌 허튼층쌓기 기단 위에 막돌초석을 놓고, 두리기둥을 세운, 정면 11간 측면 2간의 중층루로, 홑처마 맞배지붕의 초익공집이다. 강당의 뒤, 동서 양재(兩齋)는 정면 5간 측면 2간의 홑처마 맞배집이다.

명륜당 어간부터 북쪽 높은 터 위의 존현 공간에 이르는 돌길과, 동서 양재의 어간을 연결하는 돌길은 강학공간의 중앙에서 교차한다. 명륜당 어간에서 시작된 돌길의 북쪽에 설치된 석계로는 대성전 남행각 중앙문에 이르고, 동서 양재의 바로 앞에서 시작된 돌길로는 남행각 동서 협문에 이른다. 현재 이 마당에는 잔디와 대나무가 심어져 있다.

강학마당 위 터, 행각 중앙에선 내삼문을 통해 들어서면 대성전 마당이다. 마당의 안쪽 중앙에 대성전이 자리 잡고 그 앞쪽 동서로 동무와 서무가 건립되었다.

대성전은 바른층쌓기 한 높은 기단 위에 막돌초석을 놓고 배흘림 두리기둥을 세워 헛첨차와 보아지가 있는 공포를 짜 놓은 주심포식 건축이다. 특히 첨차의 밑면에는 연화두형(蓮花頭形) 수식이 있다. 가구는 오량이며 내부 바닥은 돌을 깔고 천장은 연등천장을 이루고 있다. 홑처마 맞배지붕의 양쪽 박공에는 풍판을 달았다. 대성전 양쪽 동무와 서무 사이의 마당은 흙바닥 마감이고, 식재 없이 엄정한 공간을 이루고 있다.

1.3.2 영천 향교(永川鄕校)

영천 향교는 경사진 터 전면에 강학공간을, 후면 높은 터에 존현공간을 둔 전학후묘의 배치를 이루고 있다. 제일 아랫단에 누문을 세우고, 이보다 높은 단에 동서 양재를, 이 단보다 한 단 높은 터에 명륜당을 세웠다(도면 26, 사진 34).

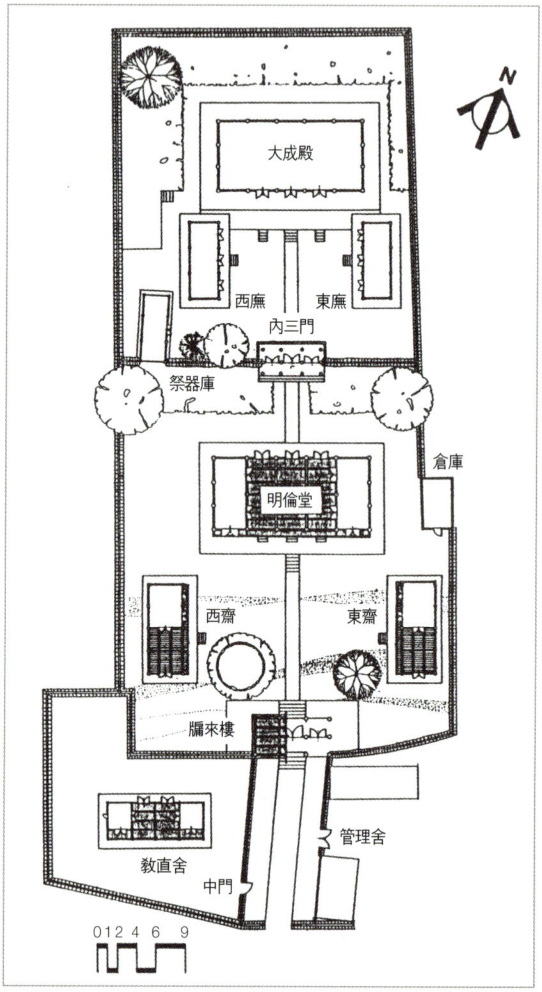

영천 향교 배치도(도면 : 김지민, 이재헌, 도용호) 도면 26

유래루

유래루

명륜당 앞뜰

대성전 앞뜰

영천 향교 사진 34

4단의 석계 위에 서 있는 유래루(牖來樓)는 외삼문을 대신하는 문루로, 일층은 외삼문 기능을 하고, 이층은 누의 기능을 한다. 정면 3간 측면 2간으로, 홑처마 맞배집이다. 이층 우물마루 주위로는 계자난간을 둘렀다. 누문 안쪽의 서쪽에는 회화나무〔槐木〕가 서 있다.

명륜당은 정면 5간 측면 3간의 겹처마 팔작집이다. 중앙에 정면 3간 측면 2간 대청, 좌우에 정면 1간 측면 2간 온돌방을 두었다.

명륜당의 뒤를 돌아 들어서면 전면 높은 터 위에 내삼문이 서 있고 이 내삼문까지는 수십 단의 돌계단을 딛고 올라선다. 내삼문을 들어서면 전면에 대성전이 자리 잡고 좌우로 동무와 서무가 자리 잡고 있다.

정면 5간 측면 3간의 대성전은, 일반적으로 전면에 개방된 툇간을 형성하는 것과는 달리, 툇간을 두지 않고 통간으로 하였다. 막돌 한벌쌓기 기단 위에 막돌초석을 놓고 민흘림기둥을 세워 운형(雲形)으로 처리한 몰익공으로 결구하여 외일출목상의 외목도리를 받치고 있다. 전면에는 이분합 판문을 달았는데, 판문 상부에 정(井)자살을 짜 채광을 하도록 하였다. 겹처마 맞배집이다.

1.3.3 나주 향교(羅州鄕校)[259]

나주 향교는 평지에 건립된 것은 물론, 본래 계성사(啓聖祠)가 있었던 까닭으로 전면에 존현공간을, 후면에 강학공간을 둔 전묘후학의 배치를 이루고 있다(도면 27, 사진 35).

동쪽에 하마비(下馬碑)가 서 있는 제일 앞쪽의 외삼문〔외신문(外神門)〕을 들어서면, 대성전 바깥마당이다. 외신문의 어간에서 시작된 신도는 내삼문 앞에서 동쪽으로 꺾이어, 사잇담장 동쪽의 일각대문으로 들어가, 대성전과 내신문의 중간 지점에서 동서로 뻗은 신도와 연결된다. 또 내신문 어간 안쪽에서도 신도가 시작되어 동서 신도와 합쳐진다. 이 동서 신도의 북쪽에서는 세 개의 신도들이 북으로 뻗어 나가는데, 대성전 기단 동쪽 조계와 서쪽 서계, 그리고 서무 앞으로 뻗어 나간다. 동무와 서무 남쪽으로 살구나무가 각각 한 그루 서 있다.

대성전은 내삼문을 들어선 넓은 마당 북쪽에 남향으로 자리 잡고, 이 대성전 앞, 동, 서 양쪽에 동무와 서무의 초석만이 남아 있었으나 복원되었다.

대성전은 정면 5간 측면 4간의 단층 팔작 기와집으로 주심포식 건축이다. 높은 기단 위에 놓은 초석은 복련(伏蓮)으로 조출되어 있는 특이한 초석이다.

대성전 뒤 담장 너머는 강학공간이다. 넓은 마당의 북쪽 중앙에 명륜당을 세우고 그 좌우에 협실을 달아 내었다. 또 앞쪽 동서에는 동재와 서재를 세웠다.

명륜당 서익헌 서쪽으로는

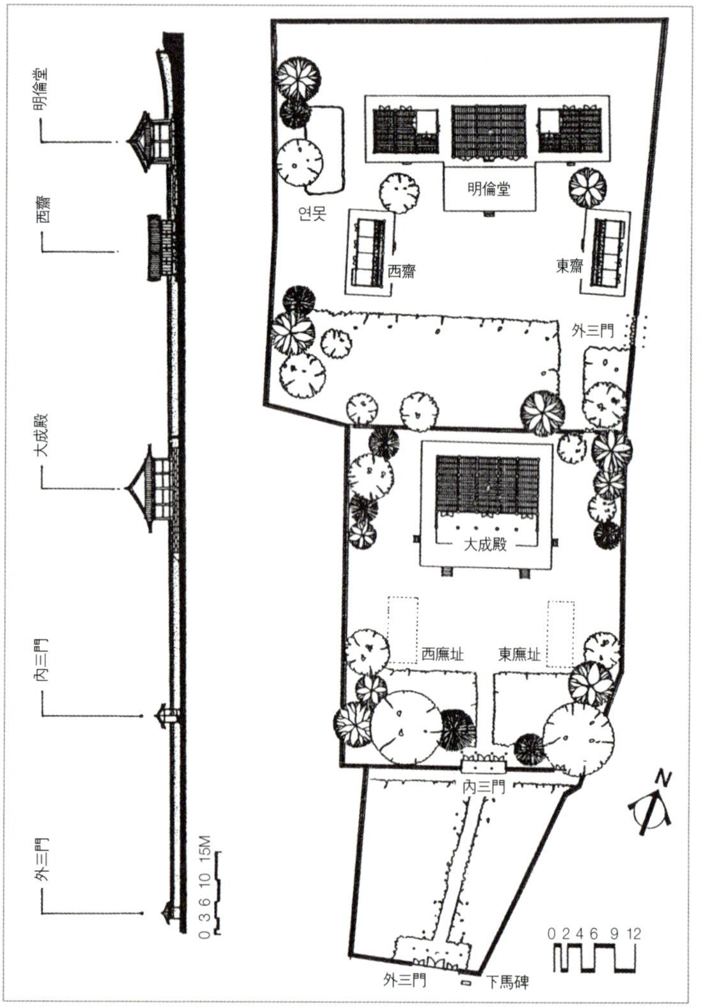

나주 향교 배치도(도면 : 김지민, 이재헌, 도용호) 도면 27

대성전

대성전 서계

명륜당 앞뜰

나주 향교 **사진 35**

방지(方池)가 있고, 대성전 뒷담 북쪽으로 화단이 마련되었는데, 본래의 모습은 아닌 듯하다.

1.3.4 밀양 향교(密陽鄕校)

밀양 향교는 남향으로 경사진 터의 서쪽에 존현공간을, 동쪽에 강학공간을 둔 병렬형 배치(竝列形配置) 중, 우묘좌학 배치를 이루고 있다(도면 28, 사진 36).

제일 낮은 터에 정면 3간 측면 2간의 누문을 세우고, 이 누문을 들어서면 북쪽 높은 터 중앙에 명륜당이, 그 앞쪽 동서에 동재와 서재가 있다. 동재 앞에는 소나무가 한 그루 서 있다.

259 주남철, 〈羅州鄕校〉, 《韓國建築美》(一志社, 1983), pp.393-396.

명륜당은 정면 5간 측면 2간의 홑처마 맞배집이다. 높은 기단 위에 막돌초석을 놓고 두리기둥을 세워 이익공으로 결구하고, 외일출목으로 외목도리를 받치고 있다. 가구는 오량가구로, 앞뒤 평주 위에 대들보를 걸고, 대들보 위에 운형판과 행공첨차로 이루어진 동자기둥을 세워 종보를 받치고, 종보 위에 파련대공을 놓아 종도리를 받치고 있다.

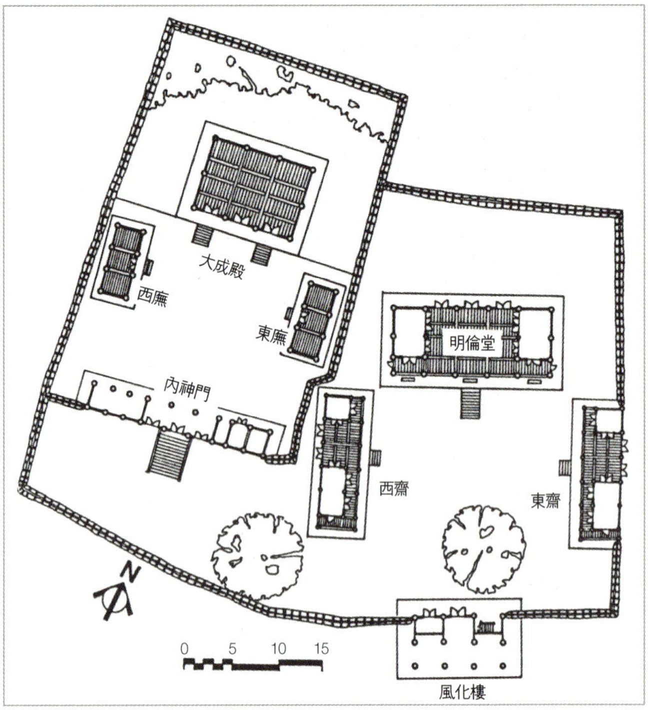

밀양 향교 배치도(도면 : 이재헌, 도용호) 도면 28

동재와 서재는 정면 6간 측면 1간의 단층 맞배집이다.

누문 안의 마당 서쪽에는 살구나무가 한 그루 서 있고, 그 옆에 작은 향나무 한 그루가 자라고 있다. 이들 은행나무와 향나무가 있는, 마당보다 높은 북쪽 터에 존현공간이 자리 잡고 있다.

여러 단의 석계를 딛고, 정면 8간 측면 1간의 행랑 중앙에 자리한 삼문에 이른다. 이 삼문을 들어서면 대성전 앞마당이다. 대성전 앞, 동쪽과 서쪽에는 동무와 서무가 있다. 동무와 서무는 정면 3간 측면 1간의 맞배집이다. 동무 앞에는 소나무 한 그루가 서 있다.

문묘 대성전은 정면 3간 측면 2간의 이익공 맞배기와집이다. 대성전 높은 기단 앞, 동서 양쪽에 계단이 하나씩 있고, 대성전 서쪽으로 두 그루의 향나무가, 대성전 뒤쪽으로 한 그루의 향나무가 서 있다.

대성전 앞뜰

명륜당 앞뜰

밀양 향교 사진 36

2 사학 기관(私學機關)

사학 기관으로서는 서원(書院), 서당(書堂), 정사류(精舍類)가 있다.

서원의 시작은 중종 37년(1542)에 풍기군수 주세붕(周世鵬) 선생이 이곳 출신인 고려 말의 유학자 안유(安裕)의 사묘(祠廟)를 건립하여 제사 지내고, 중종 38년(1543)에 유생 교육을 겸비한 백운동서원(白雲洞書院)을 세움으로써 비롯되었다. 이는 주자(朱子)의 백록동서원(白鹿洞書院)을 모방한 것이다. 그 후 중종 39년(1544)에 안축(安軸)과 안보(安輔)가 추가로 배향되었고, 명종 5년(1550)에 풍기군수로 부임한 퇴계 이황이 나라에 상소하여 "소수서원"(紹修書院)이라는 편액과 함께 서적, 노비, 전답을 하사받아 국가적으로 공인받은 사액서원(賜額書院)의 효시가 되었다.[260]

서원은 옛 성현 중 특정한 한 분을 숭앙하여 그분의 위패를 봉안할 사우〔祠宇, 사묘(祠廟)〕를 짓는다. 때문에 문묘의 대성전에서처럼 여러 성현의 위패들이 봉안되지 않고 한 분만의 위패가 봉안된다. 그러나 사묘에 주향(主享)한 성현의 후학 중 출중한 분이 있을 때에는 이분의 위패를 모신 감(龕)을 사우의 측벽 앞에 안치 · 배향(配享)한다. 따라서 존현공간 구성에 있어, 문묘에서와 같은 동무와 서무는 건립되지 않는 것이 특징이다. 그러나 예외적인 것으로,

오봉서원(五峰書院)의 경우는 사묘가 두 개이고, 완도의 충무사(忠武祠)에서는 이순신 장군을 사묘에 주향하고 중국 장군 진린(陳璘)을 동무에 모셨다.

2.1 소수서원(紹修書院)[261]

소수서원은 사액서원의 시작으로 경상북도 영주시 순흥면 내죽리의 옛 숙수사(宿水寺) 절터에 자리 잡고 있다. 중종 36년(1541) 안향(安珦)을 배향하였고, 1544년에 안축과 안보를, 인조 11년(1633)에 주세붕(周世鵬)을 추가 배향하였다(도면 29, 사진 37).

오른쪽으로 죽계천(竹溪川) 냇물이 흐르는 길을 따라 들어가면 냇가에 정면 3간 측면 1간의 정자 경렴정(景濂亭)이 서향으로 자리 잡고 있다. 죽계천 건너 암벽에는 "백운동"(白雲洞)이라 한 흰색 각자(刻字)와 "경"(敬)이라 한 붉은색 각자가 있는데, '경'은 주세붕이 각(刻)한 것이고, '백운동'은 퇴계(退溪) 이황(李滉)이 각한 것이다. 퇴계는 이곳에 송백(松柏)과 죽(竹)을 심어 취한대(翠寒臺)라 이름 짓고 즐겼다고 한다.[262] 이들 제명(題銘)과 취한대, 그리고 동쪽 죽계천 냇물과 송림(松林)을 벽체 없이 사방으로 평난간을 두른 정자 마루에서 바라보며, 유유자적(悠悠自適)할 수 있다. 경렴정 정자와 마주한 서쪽에는 낮은 동산이 있고, 그 앞에 성생단(省牲壇)이 있다. 그 앞길을 따라 북쪽으로 들어가면 길게 둘러쌓은 담장에 사주문이 있다.

사주문을 들어서면 강당인 명륜당이 동향하여 서 있어 진입할 때에는 강당의 남측 면을 바라

경렴정

강당 앞뜰

260 주남철, 《한국건축사》 개정판(고려대학교출판부, 2006), pp.326-328.

261 주남철, 〈紹修書院〉 《韓國建築美》(一志社, 1983), pp.396-401.

262 이상해, 《書院》(열화당, 1998), p.23.

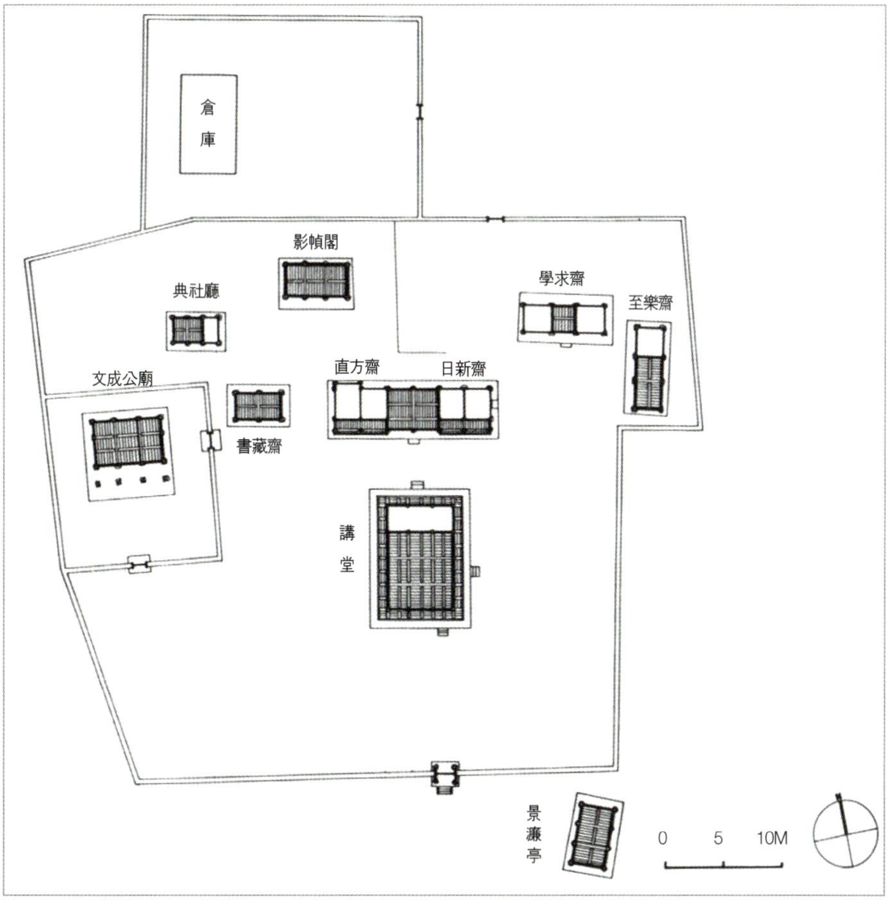

소수서원 배치도 도면 29

소수서원 사진 37

보게 된다. 명륜당은 정면 4간 측면 3간으로, 정면 3간 측면 3간의 대청과, 정면 1간 측면 3간의 온돌방으로 구성되었다. 장대석 바른층쌓기의 높은 기단 위에 초석을 놓고 두리기둥을 세워 앙서로 된 익공과 주두로 결구한 초익공, 오량가구, 겹처마 팔작지붕을 이루고 있다.

명륜당의 북쪽에는 동재인 일신재(日新齋)와 서재인 직방재(直方齋)가 정면 6간 측면 1간 반으로 서로 연이어져 남향하고 있다. 장방형 평면 중앙에 정면 2간 측면 1간 반의 대청을 두고, 그 좌우에는 정면 2간 측면 1간 반의 온돌방을 두었다. 전면에 반 간 폭의 툇마루를 설치하였다.

일신재의 동쪽 냇가에는 정면 3간 측면 1간의 지락재(至樂齋)가 동향하고, 이와 ㄱ자로 꺾인 서북쪽에 정면 3간 측면 1간의 학구재(學求齋)가 남향하였다. 대청마루는 벽체가 없어, 담장 바깥 수림(樹林) 사이로 죽계천(竹溪川)과 탁청지(濯淸池)를 완상할 수 있다.

명륜당, 동재와 서재, 지락재와 학구재, 주변의 마당은 모두 흙바닥 마감으로 식재나 석물들을 배치하지 않은 채 비워 두고 있다.

직방재의 서쪽으로는 서장각(書藏閣)이, 그 북쪽에는 고직사와 영정각(影幀閣)이 서 있으며, 서장각 서쪽에 따로 쌓은 담장 속에 정면 3간 측면 3간의 사묘(祠廟)인 문성공묘(文宣公廟)가 남향하여 서 있다. 문선공묘는 초익공, 겹처마 맞배지붕으로 양쪽 박공에는 풍판을 달았다. 사묘의 담장과 명륜당 서쪽의 담장 너머 수림이 울창하게 둘러 있다.

2.2 도동서원(道東書院)[263]

원래에는 선조(宣朝) 원년(1568) 달성군 현풍면 비슬산(琵瑟山) 아래에 있었다. 한훤당(寒暄堂) 김굉필(金宏弼)을 배향하여, 쌍계서원(雙溪書院)으로 사액(賜額)되었었는데, 정유년(丁酉年) 병화(兵火)로 소실되었다. 그 후 선조 38년(1605)에 학이 앉아 있는 형국의 명당이라 하는 이곳 보로동(甫老洞)으로 이건하였고, 선조 40년(1607)에 "도동"(道東)이라 사액되어 도동서원으로 이름이 바뀌게 되었다. 3년 후인 광해군 2년(1610) 보로동 마을 이름도 도동동(道東洞)으로 바뀌었다. 숙종 4년(1678)에는 정구(鄭逑)를 추가 배향하였다(도면 30, 사진 38).

앞으로는 강이 흐르는, 동북향 경사진 언덕에 터를 잡았다. 서원 앞 넓은 마당 강가에는 커다란 서원목(書院木)인 살구나무가 서 있고, 그 동쪽으로 신도비각(神道碑閣)이, 그 마주한 북쪽으로 국역신도비(國譯神道碑)가 서 있다.

앞마당에서 3단의 석단 중앙에 놓인 돌계단을 오르면 누문 수월루(水月樓)가 서 있고, 수월루 양쪽으로는 담장이 서 있다. 수월루의 아래 삼문을 들어서면 다시 앞쪽으로 2단의 경사진

263 주남철, 〈道東書院〉, 《韓國建築美》(一志社, 1983), pp.412-415.

언덕 위에, 일각문인 환주문(喚主門)이 서 있고, 이 일각문으로 명륜당인 중정당(中正堂) 앞마당에 이른다.

중정당 앞 좌우로는 동재 거인재(居仁齋)와 서재 거의재(居義齋)가 자리 잡고 있다. 좌우 동서재의 기단보다 한 단 높게 단을 쌓고, 그 안쪽에 중정당 기단을 쌓았다. 마당의 중앙으로, 일각문부터 중정당 기단 아랫단까지 돌길이 나 있다.

중정당의 기단은 다듬은돌 허튼층쌓기 하였는데, 좌우로 석계를 놓고, 또 기단 면 좌우로 용두(龍頭)를 두 개씩 꽂아 놓았다. 기단 갑석 상면에 또 하나의 판석을 놓아 두 단의 기단갑석으로 마무리하였다. 위 갑석의 기둥 주위로 갑석을 둥글게 파내고, 그 아래 갑석에 놓은 초석 위에 기둥을 세운 특이한 구조를 이루고 있다.

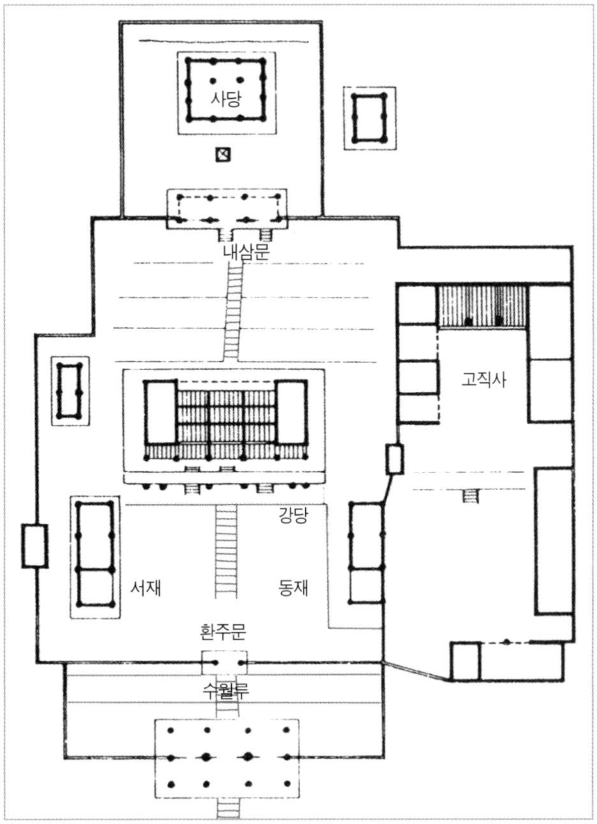

도동서원 배치도 **도면 30**

중정당은 두리기둥을 세워, 밑면을 초각한 첨차로 공포를 짠 주심포식 건축이다. 가구는 7량이고 겹처마 맞배지붕의 양쪽 박공에 풍판을 달았다. 중정당 대청의 중앙 기단 위에는 정료대(庭燎臺)가 서 있다.

중정당 왼쪽인 북쪽에는 곳간채와 전사청(典祀廳)이 있고, 또 중정당과 전사청 사이 마당에 생단(牲壇)이 있다. 중정당 바른쪽인 남쪽에는 장판각(藏板閣)이 있다.

강당인 중정당 뒤로 돌아들면 높은 터 위에 사묘에 출입하는 내삼문이 서 있고 이 문의 좌우로 쌓은 담장 안에 사묘를 세웠다. 강당 뒷마당에서 내삼눈 앞마당까지는 돌계단이 놓였고, 돌계단 양쪽으로 5단의 석단을 쌓아 화계를 만들었다. 돌계단 소맷돌은 기이한 동물로 장식하였고, 화계 첫 단에는 우물이 있다.

내삼문 앞마당에는 중앙 신문(神門) 앞 신로(神路)를 이루는 석계와, 내삼문 좌문과 이어진 석계가 있고, 이들 석계 앞으로 돌길이 있어, 이 돌길과 다섯 번째 단까지 올라온 중앙계단이

수월루
중정당 기단
내삼문 석계
예감대

도동서원 사진 38

이어진다. 중앙계단의 위 소맷돌도 기이한 동물로 장식하였고, 특히 신로의 석계 아래에서 세 번째 디딤판과 수직으로 서 있는 챌판 중앙에는 양두(羊頭) 장식이 있고, 내삼문 바로 앞 디딤돌에는 꽃무늬 장식이 있다.

내삼문을 들어서면 중심축상에 석등이 서 있고, 그 안쪽으로 막돌쌓기 기단 위에 정면 3간 측면 3간의 단층 겹처마 맞배집 사묘(祠廟)가 서 있다. 외일출목 주심포식 건축이다. 사묘 뒤로는 2단의 석축이 있고, 주위를 담장으로 둘러막았는데, 남서쪽 담장에 축문을 태우는 예감대(瘞坎臺)가 벽감 모양으로 자리 잡고 있다.

2.3 옥산서원(玉山書院)[264]

경상북도 경주시 안강읍 옥산리에 있다. 선조 5년(1572) 경주부윤 이재민(李齋民)이 사림의 의견을 들어 회재(晦齋) 이언적(李彦廸) 선생의 고택인 독락당(獨樂堂)으로부터 800여 미터 떨어진, 이곳 계류의 세심대(洗心臺)에 터를 잡고, 선조 6년(1573) 경주 서악(西岳) 향현사(鄕賢祠)에 모셔져 있던 위패를 옮겨와 회재를 배향한 서원을 건립하였다. 선조 7년(1574)에 옥산서원(玉山書院)으로 사액 승격되었다(도면31, 사진39).

서원 터는 서향의 남북으로 긴 장방형이다. 앞에 자계천(紫溪川)이 흐르고 있다. 터의 북쪽에 서원의 중심 공간을 형성하고, 남쪽에 교직사(校直舍)를 비롯한 부대 시설을 두었다.

냇물을 낀 바깥마당보다 한 단 높은 곳에 삼문인 역락문(亦樂門)이 있다. 문을 들어서면 앞에 무변루(無邊樓)가 서 있고, 누 앞으로는 작은 내가 흐른다. 이 작은 내는 북쪽에서 남쪽으로 흐르는 서원의 명당수로서, 북쪽 담장 밖 멀리에서 계류의 냇물을 도랑으로 끌어들인 것이다.

무변루는 정면 7간 측면 2간 중층 맞배집으로, 1층의 어간은 대문간이며, 양측은 상층의 온돌방을 덥히는 구들과 아궁이가 축조되어, 누에 온돌시설을 할 때의 구조를 이루고 있다. 상층의 중앙 정면 3간 측면 2간은 대청이고, 대청 양쪽에 정면 1간 측면 2간의 온돌방을 들였는데, 남쪽 방이 양진재(兩進齋)이고 북쪽 방이 해립재(偕立齋)이다. 온돌방과 대청의 주위에는 계자난간을 두른 툇마루를 두었다. 툇마루에 나오면 자계 계류와 세심대(洗心臺), 그리고 주변의 경관을 완상할 수 있다.

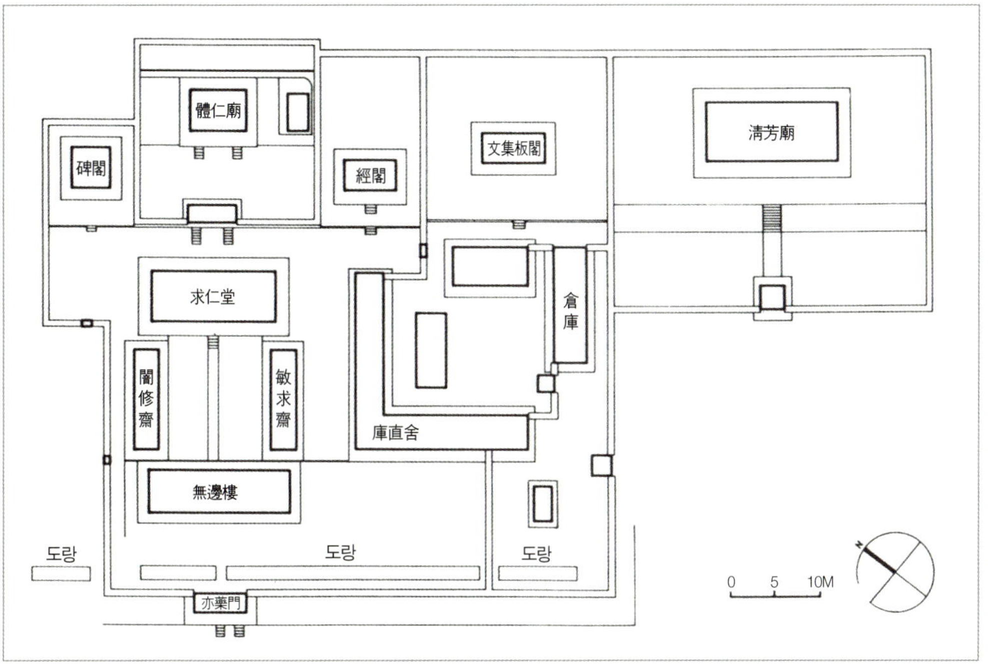

옥산서원 배치도 도면 31

264 주남철, 〈玉山書院〉, 《韓國建築美》(一志社, 1983), pp.404-409.

삼문

무변루

체인묘

무변루원장

강학공간은 무변루보다 한 단 높은 터에 구성되었다. 터의 안쪽인 동쪽 중앙에, 강당인 구인당(求仁堂)을 세우고, 앞쪽 마당 좌우에 동재인 민구재(敏求齋)가 북향으로, 서재인 암수재(闇修齋)가 남향하여 있다. 마당에는 정료대(庭燎臺)가 서 있다.

구인당(求仁堂)은 정면 5간 측면 2간의 단층 팔작 기와집으로 중앙의 정면 3간 측면 2간이 대청이고, 좌우가 정면 1간 측면 2간의 온돌방이다. 공포는 초익공이나, 앙서〔仰舌〕 두 개가 뻗은 익공부재로 마치 이익공처럼 보인다.

강당의 뒤로 돌아 한 단 높은 터에 서 있는 내삼문인 체인문(體仁門)을 들어서면 사묘인 체인묘(體仁廟) 정면과 전사청(典祀廳) 측면을 마주하게 된다. 체인묘는 정면 3간 측면 2간의 단층 맞배기와집으로 초익공식 구조이다. 전사청 남쪽인 왼쪽 담장 밖으로 경각〔經閣, 어서각(御書閣)〕과 장판고(藏板庫)를, 북쪽인 바른쪽으로는 비각(碑閣)을 세웠다. 교직사와 포사(庖舍)는 동재의 왼쪽 남쪽 터에 자리 잡고 있다.

옥산서원 사진 39

2.4 필암서원(筆巖書院)[265]

전라남도 장성군 황룡면 필암리에 있다. 호남의 유종(儒宗)으로 추앙받고 있는 하서(河西) 김인후(金麟厚)를 주향하고 그의 사위 고암(鼓巖) 양자징(梁子澂)을 배향하였다.

명종 15년(1560)에 세상을 떠난 김인후 선생을 기리는 후학들이 선조 23년(1590)에 장성 기산(岐山) 아래 서원을 세웠다. 정유재란(丁酉再亂)으로 불타, 인조 2년(1624)에 황룡면 증산(甑山) 경사진 터에 재건하였다. 현종 3년(1662)에 "필암"(筆巖)이라 사액되었다. 그러나 그 터가 물난리를 만날 위험이 있어 '호랑이가 엎드려 있는 형국'〔伏虎之形局〕의 명당인 지금의 자리로 현종 13년(1672) 옮겨 왔다(도면 32, 사진 40).

문필천(文筆川)이 앞으로 흐르는 남향한 터 앞쪽에 강학공간을 두고 보다 높은 뒤쪽 터에 존현공간을 두었다. 누문(樓門)인 확연루(廓然樓) 밖 앞마당에는 홍살문과 하마석(下馬石)이 있고, 그 안쪽으로 서원수(書院樹)인 살구나무가 서 있다.

265 주남철, 〈筆巖書院〉, 《韓國建築美》(一志社, 1983), pp.409-412.

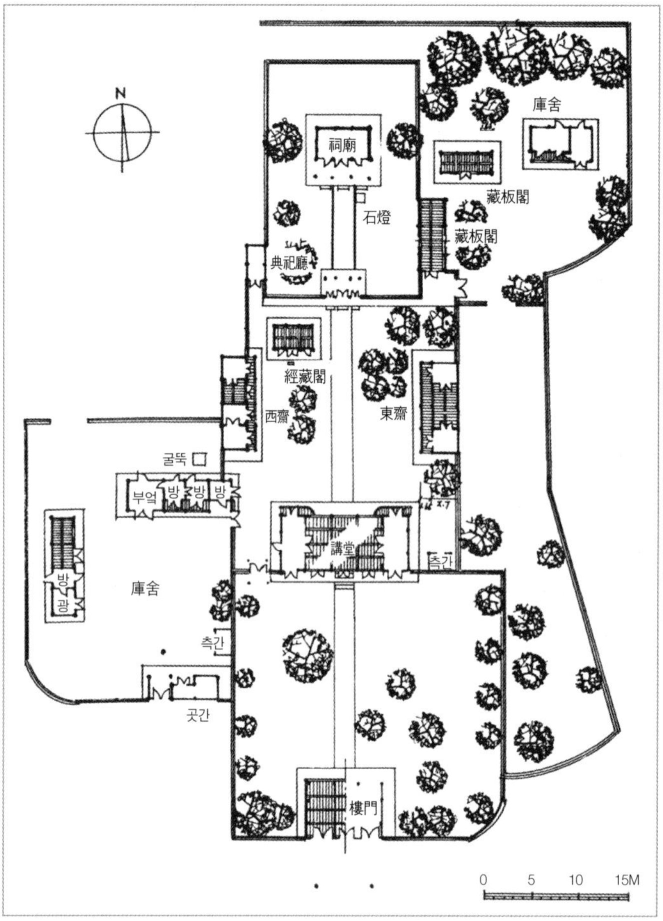

도면 32 필암서원 배치도(도면 : 김은중)

확연루 누 아래의 삼문으로 들어서면 정면에 강당인 청절당(淸節堂)이 자리 잡고 이 강당 뒤쪽 터에 동재와 서재가 있다. 확연루는 정면 3간 측면 3간의 중층 팔작기와집으로, 아래층은 간마다 판장문을 두 짝씩 달아 삼문(三門)으로서 쓰이고, 이층은 전면 3간에는 간마다 두 짝 판장문을 달아, 시야를 차단하였으나, 좌우 측면과 뒷면은 벽체나 판문 없이 개방하여, 누에서 확연루 안쪽으로 펼쳐진 강학공간과 존현공간을 바라볼 수 있게 하였다.

강학공간의 중심건물인 강당 청절당은 본래 진원현(珍原縣)의 객사 건물로서 정면 5간 측면 3간의 단층 초익공 맞배집이다. 중앙에 대청을 두고 좌우에 온돌방을 두었다. 확연루 어간부터 강당 기단 앞까지 돌길이 나 있다.

강당 뒤로는 동재인 진덕재(進德齋)와 서재인 숭의재(崇義齋)가 서향과 동향으로 마주하고 있다. 이들 동서 양재는 중앙에 대청을, 좌우에 온돌방을 하나씩 두었다. 서재의 안쪽으로 남향한 장경각(藏經閣)이 자리 잡고 있다. 장경각 뒤로 따로 쌓은 담장 속에 존현공간이 마련되었고, 담장 중앙에 내삼문인 지경문(持敬門)이 서 있다. 청절당 뒤 어간부터 내삼문 어간까지 돌길이 나 있고, 이 돌길은 내삼문 안쪽과 이어져 사묘 어간 앞 기단까지 신로(神路)를 이루고 있다.

내삼문인 지경문을 들어서면 사묘인 우동사(祐東祠)가 남향하여 있다. 우동사는 정면 3간 측면 1간 반으로 전면 반 간은 퇴로 개방하고 내부는 통간으로 하였다. 이익공집으로 겹처마 맞배지붕을 이루며 박공에는 풍판을 달았다. 기단 전면에는 조계(阼階), 태계(泰階), 서계

(西階)의 삼계(三階)가 마련되었고, 동쪽 조계 앞에 석등(石燈)이 서 있다. 또 사묘 뒤, 서북쪽 담장 안쪽으로 축문을 태우는 망례위(望瘞位)가 있다.

우동사의 남서쪽에 전사청(典祀廳)이, 또 동쪽 담 밖에 장판각 2채와 고(庫) 한 채가 서 있다. 교직사는 강당 서쪽 터에 자리 잡고 있다.

2.5 도산서원(陶山書院)[266]

경상북도 안동시 도산면 토계동에 있다. 퇴계(退溪) 이황(李滉, 1501-1570)이 만년에 독서하면서 후진을 가르치던 도산서당(陶山書堂) 뒤로, 선생이 서거한 지 4년 만인 선조 5년(1572)에 유림에서 서원을 짓기로 결정하여 다음 해(선조 6년) 낙성을 하였다. 선조로부터 "도산"(陶山)으로 사액되어 도산서원으로 승격되었다. 선조 7년 2월 선생의 위패가 봉안되었다(도면 33, 사진 41).

도산서당과 도산서원은 앞에 '낙천'(洛川)이라 부르는 낙동강 상류가 흐르는 남향받이 경사진 터에 자리 잡고 있다.

서쪽에서 도산서원의 담장 밖 앞마당으로 들어서면, 정문의 서쪽 담장 밖에, 퇴계 선생 문하생들이 공부하던 역락서재(亦樂書齋)가 자리 잡고 있다. 정면 3간 측면 1간의 단층 맞배 홑처마 기와집이다. 또 정문의 동남쪽으로 열정(洌井)이 있다.

남향한 정문인 사주문을 들어서면, 마당은 본래 흙바닥 마당이었으나, 1969년 정화 정비할 때 화강석을 깔아 모두 변형되었다. 이 마당에서 북쪽으로 올라가면서 단이 높아지는데, 단이 높아질 때마다 돌계단을 두었다.

확연루

서재, 경장각 앞뜰

사묘

사진 40 필암서원

이 돌길의 바른쪽 높은 터의 따로 쌓은 담장 속에 도산서당이 있고, 왼쪽 작은 일각문을 들어선

266 주남철, 〈陶山書院〉, 《韓國建築美》(一志社, 1983), pp.418-423.

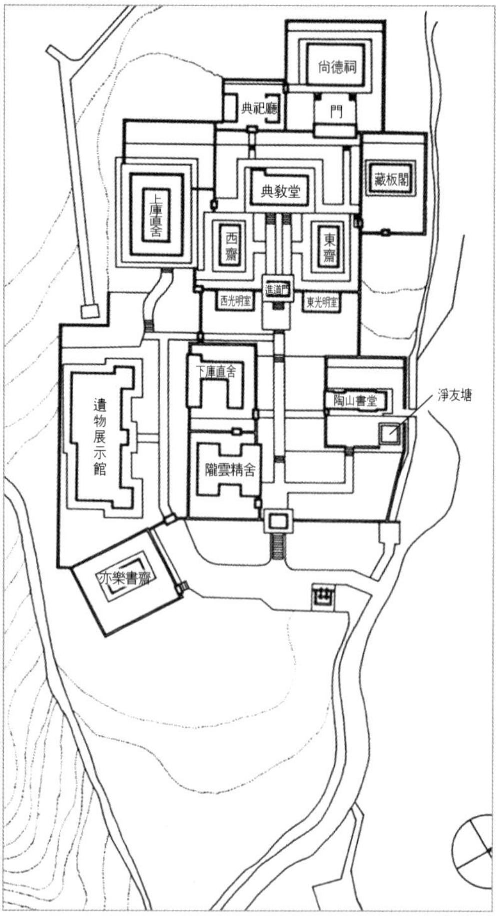

도면 33 도산서원 배치도

곳에 농운정사(隴雲精舍)가 자리 잡고 있다.

도산서당은 퇴계 선생이 도산으로 들어와 지은 것으로, 명종 12년(1557)에 승려 법련(法蓮)이 주관하여 짓기 시작하여 명종 16년에 완공을 보았다. 도산서당을 짓고 퇴계 선생이 지은 〈도산기〉(陶山記)가 전한다.[267]

정면 3간 측면 1간의 단층 민도리집 구조의 팔작집이다. 1간의 정주간, 1간 서고, 1간 온돌방〔완락재(玩樂齋)〕이 늘어서고, 동쪽 끝에 1간의 대청 암서헌(巖棲軒)이 자리 잡고 있다. 특히 대청의 동쪽은 반 간 폭으로 눈썹지붕을 내 달고, 그 바닥은 살평상과 같은 널마루를 깔아 통풍이 잘 되게 하였다.

중앙 온돌방을 완락재라 한 것은 주자(朱子)의 〈명당실기〉(名堂室記)에, "완상하여 즐기니, 족히 여기서 평생토록 지내도 싫지 않다"는 말에서 따온 것이다. 또 청(廳)을 암서헌이라 한 것은 주자의 운곡이십육영(雲谷二十六詠)의 "오래도록 가지지 못했더니 바위에 깃들여〔巖棲〕 조그만 효험이라도 바란다"에서 가져온 것이고 이들을 합해 서당을 '도산서당'(陶山書堂)이라 한 것이다.[268]

대청의 동남쪽 담장 모서리에는 작은 연지(蓮池)를 만들어 정우당(淨友塘)이라 하였고, 도산서당으로 드나드는 남쪽 사립문은 유정문(幽貞門)이라 하였다. 연지 정우당은 도산 선생의 칠언시 십팔절(七言詩十八絶) 중에서, "정우당, 온갖 물건 모두 다 묘한 이치 품었는데, 주렴계는 어찌하여 연꽃만을 사랑했나, 형덕을 생각하면 벗하기 어렵고, 깨끗함만 칭한다면 치우칠까 걱정이네"[269]라 읊은 것으로 보아 염계(濂溪) 주돈이(周敦頤) 선생의 〈애련설〉(愛蓮說)을 기려 만든 것이다.

267 權鼈, 《海東雜錄》 卷五, 本朝 五(민족문화추진위원회).

268 같은 책, 〈陶山記〉: "堂凡三間. 中一間曰玩樂齋. 取朱子先生名堂室記. 樂而玩之 足以終吾身而不厭之語也." "東一間曰岩棲軒 取雲谷自信久未能巖棲冀效之語也 又合而扁之 曰陶山書堂."

연지의 남쪽과 동쪽은 담장을 쌓지 않고 트인 공간으로 하여, 대청에서 트인 공간 사이로 동남쪽 경사진 곳에 마련된 절우사(節友社)를 완상할 수 있다. 절우사는 정우당 동쪽으로 몽천(蒙泉)이라는 샘을 파고, 샘 위 산기슭에 단(壇)을 쌓아 만든 것이다. 이 단에는 매(梅), 죽(竹), 송(松), 국(菊)을 심었다.

도산서당의 서쪽에 자리 잡고 있는 농운정사(隴雲精舍)는 퇴계 선생의 문하생들이 공부하던 곳이다. 특히 그 평면이 후대에는 풍수지리 양택론에서 금기로 여겼던 '공(工)자 평면'을 이루고 있는데 이는 '공부'(工夫)를 뜻하기 위하여 의도적으로 채택한 것이라 한다. 농운정사는 '관란헌'(觀瀾軒), '시습재'(時習齋), '지숙요'(止宿寮)로 구성되어 있는데, 관란헌은 풍광을 감상하던 곳이고, 시습재는 공부하던 곳이며, 지숙요는 잠자던 곳이다. 농운정사 바로 위터에는 하고직사(下庫直舍)가 자리 잡고 있어 본래 퇴계 생존 시의 영역을 이루고 있다.

도산의 칠언시 십팔절[270]에는 암서헌으로부터 부용봉(芙蓉峯)에 이르기까지 읊은 바 있고, 또 오언절구(五言絶句) 26수마다 사언시(四言詩) 한 장씩에, 〈몽천〉(蒙泉)으로부터 〈교동〉(校洞)에 이르기까지 26수와, 오언절구 4수, 산거사시(山居四時) 각 4영(詠) 16절, 〈임거사영〉(林居四詠) 등의 시가 있어, 퇴계 이황 선생이 도산에서 유유자적하면서 생활하던 모습을

낙천

269 權鼈, 〈李滉〉, 《海東雜錄》 卷五, 本朝 五(민족문화추진회) : "物物皆含妙一天 濂溪何事獨君憐 細思馨德眞難友 一淨稱呼恐亦偏."

270 같은 책.

도산서당

도산서당과 정우당

절우사 주변

서원 진입로

그릴 수 있다.

도산 선생 사후에 건립된 도산서원의 중심 영역은 하고직사 위 터에서부터 시작된다. 높은 단 위에 사주문인 진도문(進道門)이 서 있고, 이의 양쪽으로, 퇴계 선생의 수택본과 역동서원(易東書院)을 철폐할 때 그곳에서 가져온 서적과 후세의 수증본(受贈本)들을 보관한 동광명실(東光明室)과 서광명실(西光明室)이 서 있다.

진도문으로 강학공간에 진입하면 정면 안쪽에 강당이 남향하고, 강당의 앞쪽 동서로 동재와 서재가 자리 잡고 있다. 강당인 전교당(典敎堂)은 정면 4간 측면 2간의 단층 팔작집이다. 서쪽의 정면 1간 측면 2간은 온돌방이고, 동쪽 정면 3간 측면 2간은 대청이다. 대청의 전면은 창호 없이 개방하였고 측벽과 후벽에만 창호를 달았다. 가구는 오량으로, 초각한 대공을 종보 위에 세워 종도리 장여를 받치고 있다. 특히 온돌방 쪽 기단 앞에 팔각형 돌기둥 위에 팔각 반(盤)을 올려놓은 정료대(庭燎臺)가 서 있다.

강당의 동쪽 따로 쌓은 담장 속에는 장판고(藏板庫)가 자리 잡고 서재의 서쪽에는 상고직사(上庫直舍)가 자리 잡고 있다. 그리고 강당과 장판고의 사이 공간 위 터에, 장방형으로 둘러쌓

대청 / 대청에서 바라본 정우당 / 동광명실 / 전교당

도산서원 사진 41

은 담장 안에 퇴계 선생을 배향한 사당인 상덕사(尙德祠)가 자리 잡고 있다. 상덕사 서쪽에는 제기고(祭器庫)와 주청(酒廳)이 있다.

2.6 남간정사(南澗精舍)

대전시 동구 가양동에 있다. 우암(尤庵) 송시열〔宋時烈, 1607(선조 40)-1689(숙종 15)〕 선생이 만년에 동구 소제동(蘇堤洞)에 살 때, 흥농촌(興農村)에 서재를 세워 능인암(能仁庵)이라 하였는데, 이 능인암 아래에 숙종 9년(1683)에 세운 정사가 남간정사이다. 이곳에서 수많은 제자를 길러 내었다. '남간정사'(南澗精舍)라 함은 우암 선생이 숭앙하던 주자의 '운곡남간'(雲谷南澗)에서 유래하였다.

화산(花山)을 등지고 앞에, 동쪽 더퍼리골에서 흘러오는 개울이 서쪽으로 흘러가 요천(寥川)과 합류하는 터의 북쪽 높은 곳에, 남간사(南澗祠), 그 아래 남간정사, 그 앞에 연못과 기국정(杞菊亭)이 자리 잡고 있다(도면 34, 사진 42).

정사와 못

남간정사

입수

못과 섬

샘

작은 현폭

현폭 원경

남간정사 사진 42

다리를 건너면 삼문이고, 삼문을 들어서면 동쪽으로 기국정(杞菊亭)이 서 있다. 정면 3간 측면 2간의 단층 팔작집이다. 왼쪽(남쪽) 정면 1간, 측면 반 간은 개방된 툇마루이고, 그 안쪽 정면1간 측면 1간 반은 온돌방이다. 오른쪽(북쪽) 정면 2간 측면 2간은 대청인데, 띠살창호를 달았다. 본래 효종 5년(1654) 우암 선생이 소제동에 살 때, 소제방죽을 쌓고 연못가에 세운 정자였으나, 그 후 연못이 매몰되어 1927년 이곳으로 옮긴 것이라 한다. 성담(性潭) 송환기〔宋煥箕, 1728(영조 4)-1807(순조 7)〕가 "정조 5년(1781) 1월에, 심정진(沈定鎭)과 기국정(杞菊亭)에서 만났고, 3월 이의조(李宜朝)와 홍농(興農) 남간정사에서 강학하였다"는《성담집》(性潭集)[271]의 기록으로 보아 본래 다른 장소에 있었음이 분명하다고 판단된다.

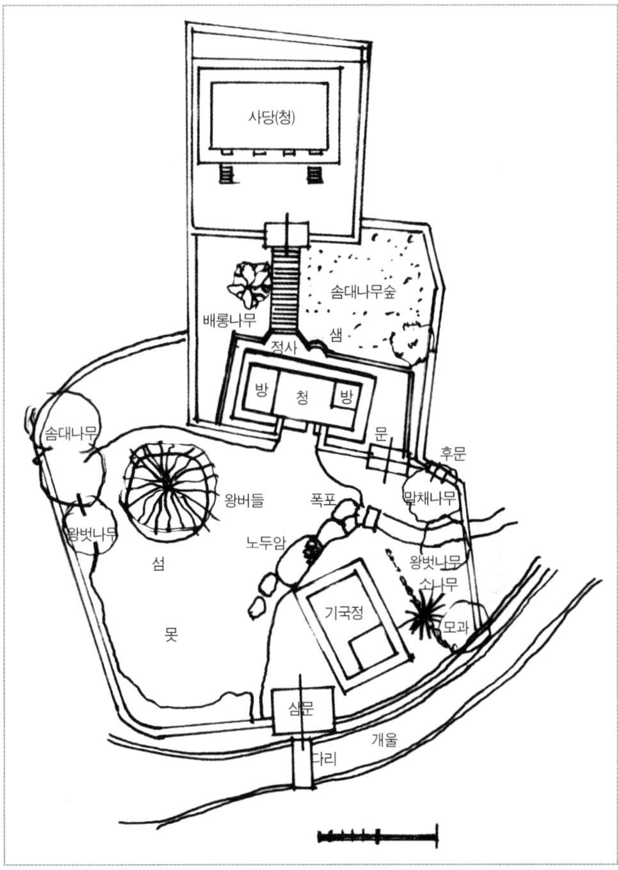

남간정사 배치도 도면 34

기국정의 서쪽으로는 넓은 연못이 있고, 그 북쪽으로 정면 4간 측면 2간의 남간정사가 남향하여 있다. 남간정사는 팔작집으로, 오른쪽인 서쪽에 정면 1간 측면 2간의 온돌방을, 왼쪽인 동쪽 앞에는 1간의 마루, 그 뒤로는 1간의 온돌방을 두었다. 중앙의 정면 2간 측면 2간은 대청이다. 대청 바닥, 정면 중앙의 기둥은 팔각 장주형 초석 위에 세웠는데, 이 장주형 초석 동쪽으로 도랑이 있다. 이 대청 밑의 도랑으로 흘러내리는 물은 연못으로 흘러든다. 또 동쪽 담장 밖으로부터 끌어들인 물줄기는 연못가에서 작은 폭포가 되어 연못으로 떨어지게 하였다.

이처럼 두 곳에서 흘러드는 물로 채운 연못은 장축 26미터, 단축 7미터로, 지형에 따라 막돌로 둑을 쌓고, 연못 서북쪽으로 치우친 곳에 둥근 섬을 만들었다. 섬 위에는 왕버들 한 주가 서 있다. 또 연못과 입수로 주위에는 버들과 비름나무가 수풀을 이루고, 연못 동쪽 가에는 몇 개의

271 宋煥箕,《性潭集》(민족문화추진회).

바위들이 노출되어 있다.

남간정사 뒤, 북쪽으로는 가파른 산자락이고, 동쪽으로는 샘과 대나무 숲이, 서쪽으로 계단이 있다. 여러 단의 계단을 딛고 올라가면 따로 쌓은 담장 속에 정면 4간 측면 2간 반의 남간사(南澗祠)가 자리 잡고 있다.

4. 묘(廟)·단(壇)·사(祠)[272]의 정원

1 종묘(宗廟)

태조는 개국과 더불어 전 왕조의 국호 '고려'(高麗)를 그대로 계승하면서도 종묘·사직만큼은 새롭게 할 것을 명하였으나, 개경에는 길지(吉地)가 없다는 서운관(書雲觀)의 계청에 따라 고려왕조의 종묘를 헐고 그 자리에 종묘를 짓기로 하였다. 그러나 태조 3년(1394) 10월 한양 천도를 단행하게 되어 종묘를 새 도읍지 한양에 건립하게 되었다.

태조 4년(1395) 9월 29일 준공된 종묘인 대묘(大廟)의 대실, 즉 정전은 7간(間)으로, 안에 신주의 감(龕)을 모시는 석실(石室)은 5간이고, 좌우의 익랑(翼廊)은 각각 2간이었다. 이는 하나의 집 속에, 감실(龕室)을 두는 간(間)을 따로 둔, 이른바 동당이실제(同堂異室制)였다. 그리고 정전 이외에 공신당(功臣堂) 5간, 신문(神門) 3간, 동문 3간, 서문 1간을 지었다. 빙 둘러 담장을 쌓고 신주(神廚) 7간, 향관청(享官廳) 5간, 좌우 행랑 각각 5간, 남쪽 행랑 9간, 재궁(齋宮) 5간을 세웠다.

제3대 태종은 한양으로 재천도하면서 종묘 주변의 지세를 보완하였다. 즉 태종 9년(1409)

272 주남철, 《한국건축사》 개정판(고려대학교출판부, 2006), pp.338-349.

종묘의 남쪽이 허(虛)하여, 태조 때 이미 조성되었던 가산(假山)을 증축하였으며, 또 정문 안에 지당(池塘)을 팠다. 종묘 정문 앞에는 후일 하마비(下馬碑)로 바뀐 표목(標木)을 세웠다.

종묘 모습은《국조오례의》(國朝五禮儀)의 그림과 같이 정전이 ㄷ자형 평면이며, 종묘의 신위 배열은 소목제(昭穆制)를 택하였다. 즉 세종 초까지 종묘 중앙에는 태조, 태조의 서쪽에 목조와 도조, 동쪽에 익조, 환조를 왕후와 함께 모신 이소이목(二昭二穆)이었다. 그러나 세종은 제2대 정종의 신위를 봉안할 감실이 없어, 세종 3년(1421) 영녕전(永寧殿)을 건립하고, 기존의 소목제를 서상제(西上制)로 바꾸었다.

선조 25년(1592) 4월 임진왜란으로, 종묘 신위들은 피난길에 화를 면하였으나, 종묘는 불탔다. 종묘의 중건은 선조 41년(1608) 1월경 공사에 착수하고, 광해군 즉위년(1608) 5월 30일 임진왜란 전의 종묘와 같은 정전 11간, 좌우 협실 각 2간으로 완공되었다. 그 후 현종 8년(1667) 7월과, 영조 2년(1726), 헌종 2년(1836)에 증축되어, 정전이 19간이 되고, 영녕전은 정전 4간 좌우 협실 6간이 되었다.

숙종(肅宗) 23년(1677) 간행된 〈종묘전도〉(宗廟全圖)를 살펴보면 동서로 길고 남북으로 짧은 장방형 둘레 1,331보(步)를 담장으로 둘러쌓고, 그 안쪽 동편에 정전(正殿)을, 서편에 영

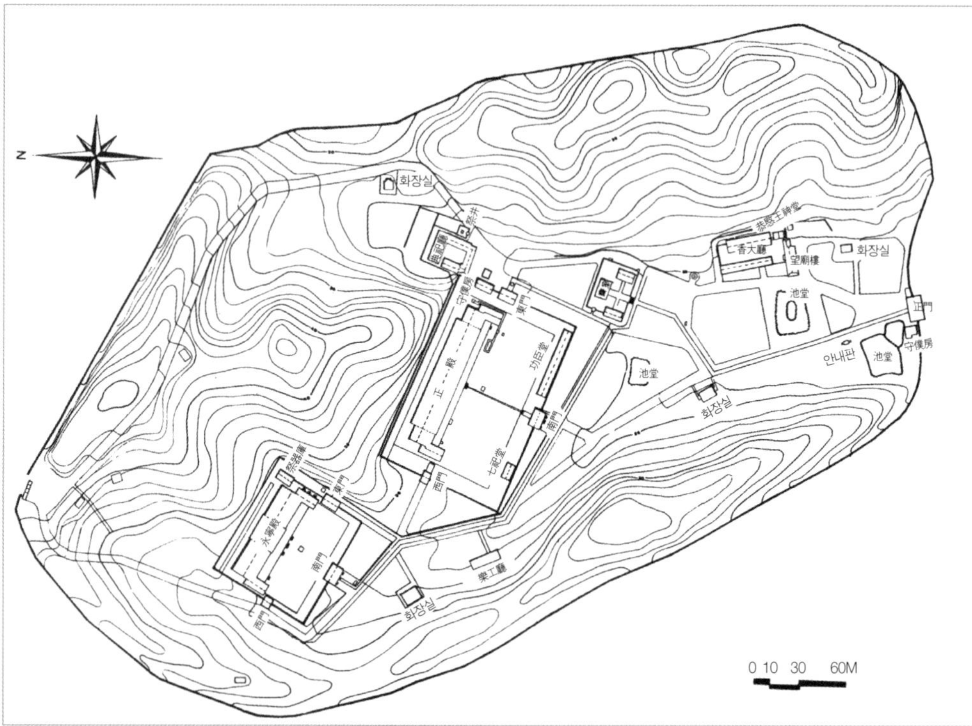

종묘 배치도 도면 35

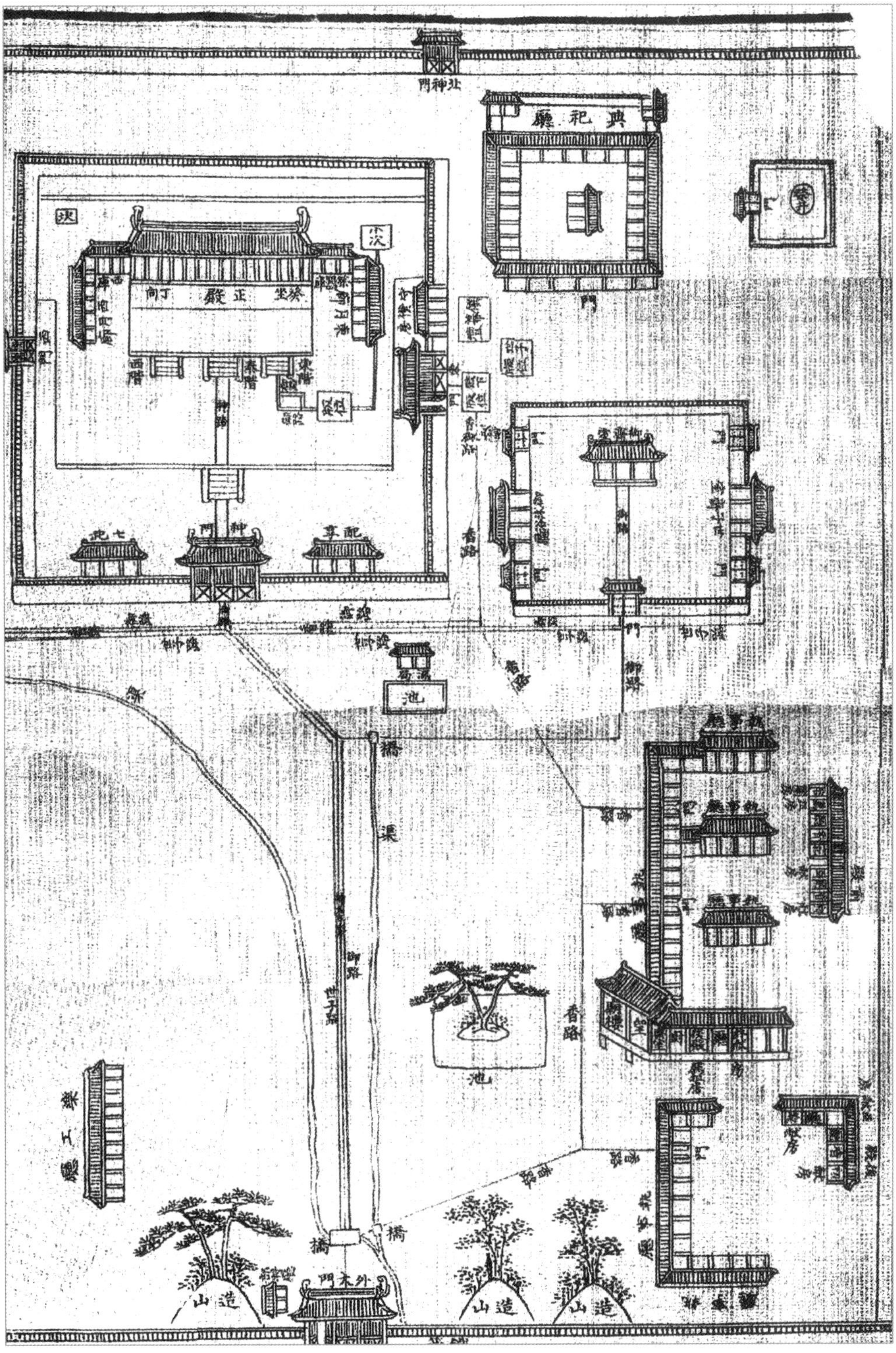

종묘전도(출처 : 규장각 소장 《宗廟儀禮續錄》) **도면 35**

지당

삼도

조산

정전과 월대

석루조

석루조

정전 화계

종묘 사진 43

녕전(永寧殿)을, 거의 정방형으로 담장을 둘러쌓은 속에 배치하였다. 종묘 정전은 계좌정향(癸坐丁向)이고, 영녕전은 축좌미향(丑坐未向)이다(도면 35, 사진 43).

중층 누문인 정문 외대문을 들어서면, 서북쪽에서 흘러와 남쪽 담장 밑으로 흘러나가는 명당수가 앞쪽으로 흐르고, 누문 좌우 담장 안쪽에 소나무가 심겨 있는 조산(造山)이 동쪽에 두 곳, 서쪽에 한 곳 있다. 동쪽 조산 북쪽으로 방형 지당(池塘)이 있고, 지당 안에는 섬이 있고, 큰 나무가 자란다. 지당의 동쪽으로는 집사청(執事廳), 망묘루(望廟樓), 향청(香廳), 재실(齋室)들이 배치되어 있다. 이들 영역 북쪽으로 재궁(齋宮), 신주(神廚)가 담장과 행랑으로 둘러싸여 자리 잡고 있다. 정전 둘레 담장 남쪽에는 누국(漏局)과 지당이 있다. 명당수에는 다리가 2개 놓여 있고, 서쪽 명당수 앞쪽에 제정(祭井), 악기고(樂器庫), 정(井), 공인청(工人廳)이 있다. 정전, 영녕전, 그리고 모든 건물들 주변은 산자락이 감싸고 있는데, 이는 창경궁의 남쪽 산자락에 터를 잡았기 때문이다.

영조(英祖) 17년(1741) 간행된 《종묘의궤속록》(宗廟儀軌續錄)의 〈종묘전도〉(宗廟全圖)에는 비록 영녕전(永寧殿)의 모습은 없으나, 신향로(神香路), 어로(御路), 세자로(世子路)에 대하여 명확하게 알려 준다. 중층 외대문 어간부터 시작된 신향로(神香路)는 명당수 위의 다리를 만나, 삼도(三道)로 바뀌어, 북쪽으로 나아간다. 삼도의 중앙 신향로 동쪽은 어로(御路)이고, 서쪽은 세자로(世子路)이다. 삼도는 정전(正殿) 동남쪽 앞에서 서쪽으로 꺾이어, 정전 신문(神門) 앞에 이른다. 삼도가 꺾이는 곳에서, 어로의 한가닥이 동쪽으로 꺾이어 재궁(齋宮) 어제실(御齊室)에 이른다. 세자로는 정전 신문 앞 삼도에서 동서로 갈라지는데, 동쪽이 재궁의 세자제실(世子齊室)에 이르고, 서쪽으로는 영녕전 쪽으로 나아간다. 한편, 다리 동쪽에서 향로(香路) 한 가닥이 집사청(執事廳) 대문과, 북쪽 정전 앞 향로와 만난다.

지금 종묘의 뜰과 동산은 기본 골격에는 변함이 없으나, 주변 담장과 조산, 지당, 일부 건물들의 변형이 있다. 이는 일제강점기에 일제가 저지른 만행의 결과이다.

정문을 들어서면, 동쪽으로 지당과 망묘루, 향대청(香大廳), 공민왕신당(恭愍王神堂)이, 서쪽으로 지당(池塘)이 자리하고 있다. 동쪽 지당에는 타원형 섬이 있고 섬에는 큰 향나무가 자라고 있다.

정전을 둘러싸고 있는 외주 담장은 장대석 지대석 위에 쌓은 사고석 담장이다. 남쪽 담장 중앙에 선 신문(神門)은 삼문이나, 〈종묘전도〉에는 중층 누문으로 그려져 있다. 동쪽 담장에도 삼문이 있고, 이는 재궁(齋宮)과 어로와 세자로로 연이어져 있다. 남쪽 담장 안 동쪽에는 공신당(功臣堂)이, 서쪽에는 칠사당(七祀堂)이 있다. 공신당 앞 남쪽 담장 밑에는 석루조가 있어, 담장 안의 빗물을 담장 밖으로 흘려 내보낸다. 한편 서쪽 담장의 문은 삼도와 만난다. 이 삼도는 재궁 서쪽에서 정전 신문 앞으로 뻗어 나와 정전 서쪽 담장에서 북쪽으로 꺾어 들어온 것이다. 삼도 중 신로는 영녕전의 신문 앞으로 나아가고, 어로는 영녕전 동문으로 인도된다.

정전의 좌향은 계좌정향으로 경복궁의 좌향과 같다. ㄷ자형 평면으로 감실을 모신 19간과 좌우 협실 각 3간, 그리고 ㄱ자로 꺾여 앞으로 돌출된 동서 월랑은 각 5간이다. 각 간마다 신방목에 삼태극이 조각된, 두 짝의 판문을 달고, 판문 안으로는 통간으로 처리하면서 각 간마다 북쪽 벽 앞에 감실을 만들었다. 방형 대좌 위에 주좌(柱座)를 원으로 쇠시리한 초석 위에 배흘림 두리기둥을 세워 이익공으로 결구하였다. 홑처마 맞배지붕이다.

정전 앞에는 월대가 상하 두 단으로 놓였는데, 하월대는 장대석 세 벌대이고, 상월대는 장대석 두 벌대 위에 운두가 높은 장대석과 장대 갑석으로 마무리하였다. 상월대 중앙에는 태계(泰階), 동쪽에 조계(阼階), 서쪽에 서계(西階)가 놓여 있다. 태계는 신문과 연결된 신로와 닿아 있다. 특히 서계의 소맷돌에는 삼태극 주위를 꽃잎으로 둘러싼 모습의 원형 머릿돌이 있다. 한편 동월랑 석계 소맷돌에도 운문으로 장식된 머릿돌이 있고, 또 상월대 동월랑(東月廊) 월대 모서리돌은 세로로 선을 그어 장식하였다. 하월대의 남, 동, 서, 세 곳에는 월대 위의 빗물을 흘러내리게 하는 석루조가 설치되어 있다. 정전의 뒤로는 장대석으로 바른층쌓기 한 웅장한 화계(花階)가 있으나, 묘(廟)의 화계인 까닭으로 꽃이나 나무를 심지 않았다. 정전 서쪽 상월대 안쪽에는 망료대(忘燎臺)가 있다.

영녕전은 축좌미향으로, 반듯한 방형으로 쌓은 담장 안 북쪽에 자리 잡고 있다. 중앙에 태조의 4대조인 4간의 감실이 있고, 그 좌우로 동협실 5간 서협실 6간이 있다. 이들 협실 끝에서 ㄱ자로 꺾이어 정전에서와 같이 배례청(拜禮廳)과 창고가 마주보고 있다.

영녕전도 정전에서와 같은 초석 위에 두리기둥을 세워 이익공으로 결구하였으나, 중앙 4간만은 일출목첨차를 두어 외목도리를 받치고 있다. 홑처마 맞배지붕이다. 각 간마다 두 짝의 판문을 달았고,후면은 방화장을 쌓았으나, 기둥을 노출시키고 있다.

영녕전 앞에는 역시 상, 하, 월대를 두고, 태계, 조계, 서계를 두어, 태계와 신문을 연결하고 있다. 영녕전 신문은,《종묘의궤》(宗廟儀軌)에는 누삼문으로 그려져 있으나, 지금은 단층 삼문이다.

종묘의 담장 안에는 정전과 영녕전 이외에, 향관청(享官廳), 재실(齋室), 전사청(典祀廳), 악공청(樂工廳), 수복방(守僕房) 등이 자리 잡고 있다.

정전과 영녕전을 둘러싼 산줄기에는 괴목, 참나무, 소나무, 서나무, 단풍나무 들이 울창하게 들어서 있고, 궁궐의 정원과는 달리 괴석대, 석련지 등의 석물들이 없으며, 또 꽃나무들도 식재되지 않은 것이 특징이다.

2 사직단(社稷壇)

사직단은 토지신인 국사신(國社神)과 곡물신인 국직신(國稷神)에게 제사 지내는 사단(社壇)과 직단(稷壇)으로 구성되었다. 삼국시대부터 조성하여 제사 지내 왔는데, 종묘와 함께 나라를 세우면 반드시 건립한다.《주례고공기》(周禮考工記)에 "왼쪽에 종묘, 오른쪽에 사직, 앞에 조(朝)를, 뒤에 시(市)를 둔다"(左廟右社面朝後市)고 하였다. 특히 조선시대의 각 지방 읍성 모두에 사직단을 세우고 지방관으로 하여금 제사 지내게 하였다.

한양의 사직단은 태조 4년(1395) 2월 24일에 공사를 시작하여, 3월경에는 완공된 것으로 판단된다. 태종 14년(1414) 4월 14일에 예조에서 건의한 대로 사직단 둘레의 담장을 남쪽 · 서쪽 · 북쪽은 산강(山岡)으로 한계를 삼고, 동쪽 한계는 140보(步)를 수축(修築)하여 대차(大次)의 의장(儀仗)과 금위(禁衛)의 배열(排列)하는 장소로 삼았다. 세종 8년(1426) 6월에는 사직단을 관장하는 관아인 사직서(社稷署)를 담 밖 북쪽에 설치하고, 중춘(仲春), 중추(仲秋), 서일(鼠日)에는 대향사(大享祀)를 지내고, 정월마다 기곡제(祈穀祭)를, 가뭄 때에는 기우제(祈雨祭)를 지내도록 하였다. 그리고 각 고을에도 사직단을 세우게 한 것은 태종 6년(1406) 6월 5일이었다.

세종 때《오례의》(五禮儀)에는 "사직단은 남쪽에 위치하여 북쪽을 향하니, 방(方)이 2장(丈) 5척(尺)이요, 높이가 3척이며, 사방으로 계단이 있는데, 각각 디딤돌이 3단이다. 단은 방색(方色)의 흙으로 꾸몄으며, 황토(黃土)로 덮었다. 사단에는 돌기둥〔石主〕이 있는데, 그 높이는 2척 5촌이요, 한 변이 1척인데, 그 위쪽을 뾰족하게 하고, 그 아래쪽의 반을 흙으로 돋우었으며, 단(壇) 위의 남쪽 계단 위에 달하게 한다. 단의 둘레에 쌓은 낮은 담장인 유(壝)는 두 곳 모두 25보이니, 이것을 장으로 계산하여 6척으로 1보를 삼는다면 15장이나 된다. '자'〔尺〕는 영조척(營造尺)을 사용한다" 하였다(도면36, 사진44).

〈사직서도설〉(社稷署圖說)에 따르면, 동서로 길고 남북으로 짧은, 긴 장방형으로 둘러싼 주원(周垣)의 동원에 위치한 정문으로 들어선 북쪽 터에 중문(中門)과 월랑이 남향하여 있다. 월랑 안쪽 북쪽에 안향청(安香廳)이, 동과 서에 월랑이 자리 잡고 있다. 중문으로부터 안향청까지는 신로(神路)가 있고, 안향청 앞에 향나무로 추측되는 거수(巨樹)가 그려져 있다. 정문 안쪽 남쪽으로는 북향한 부장직소(部將直所)와 서향한 악공청(樂工廳)이 자리 잡고 있다.

외원 서쪽 안에는 담장 속에 서향한 제기고(祭器庫), 동향한 재생정(宰牲亭), 남향으로 전사청, 잡물고(雜物庫), 수복방(守僕房)이 자리 잡고 마당 가운데 우물〔井〕이 있다. 또 외원 북 담장 안쪽으로는 두 개의 감(坎)이 있고, 이의 서쪽으로 어막대(御幕臺)가 있다.

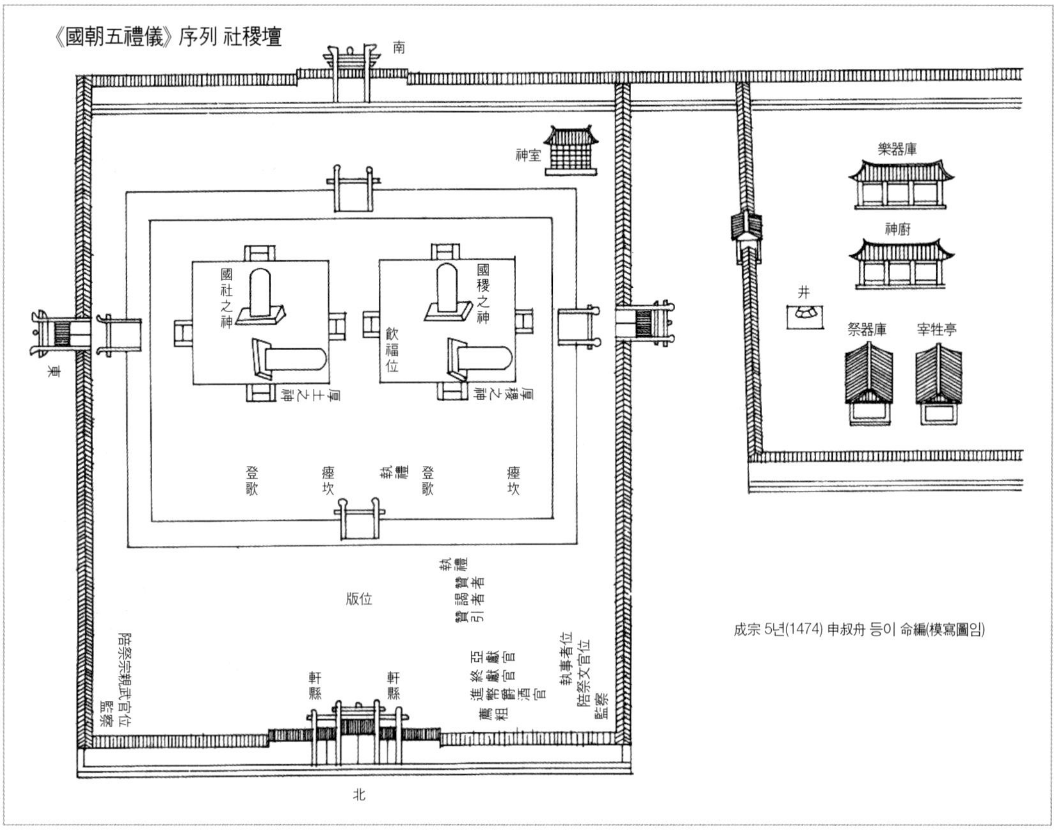

사직단 배치도 **도면 36**

외원 동원의 정문을 들어서면, 앞쪽인 서쪽에 남북으로 길고 동서로 짧게 쌓은 사직단 중원(中垣)이 둘러 있고, 중원 속에 사단과 직단을 둘러싼 내원(內垣)이 있다. 이 내원은 단 위에 낮게 쌓은 담장으로 유(壝)라 한다. 중원의 동서남북 사방에는 홍살문이 서 있는데, 북 홍살문은 삼문이고, 남 홍살문은 문 주위의 담장을 한 단 높게 하였다. 북 홍살문 밖에서 시작된 신로가 서 홍살문까지 이어지고, 다시 서 홍살문 안쪽에서, 북 홍살문 안과, 내원의 북 유문(壝門) 앞 사이에 있는 판위(版位)까지 이어진다. 한편 남 유문과 중원 안, 남서쪽 모서리에 자리한 신실(神室)까지 신로가 놓여 있다.

겸재(謙齋) 정선(鄭敾, 1676-1759)의 〈사직단도〉(社稷壇圖)를 보면, 외원 정문 좌우로 거목들이 여섯 그루가 서 있고, 남과 서쪽 외원 밖으로 수림이 둘러 있다. 중원 밖 남쪽에는 몇 그루의 나무가 서 있고, 또 서쪽 전사청, 제기고가 있는 담장 안에는 몇 그루의 나무가 있으나, 중원 안으로는 한 그루의 나무도 없이 비워 두고 있다.

홍살문과 국사단

국사단과 국직단

사직단 사진 44

3 원구단(圜丘壇)

원구단은 환구단(圜丘壇)이라고도 하였는데, 하늘에 제사 지내는 제천단(祭天壇)이다. 하늘에 제사 지내는 제천 의식은 이미 삼국시대부터 행하여 왔다.

태조 때는 원구단이 본래 제천단으로 천자의 의식을 행하는 곳이므로, 조선에서는 폐하여야 한다는 의견이 제시되었으나, 제사는 폐하지 않고 이름만 '원단'(圓壇)으로 고쳐 부르기로 하였으나, '원구단'으로 그대로 부르기도 하였다.

《상정고금례》(詳定古今禮)에 "'환구단은 주위가 6장 3척이고, 높이는 5척인데, 12폐(陛), 3유(壝)가 있고, 유마다 25보이고, 주원(周垣)에 동서남북 4문이 있고, 요단(燎壇)이 신단(神壇) 남쪽에 있으며, 대사(大祀)는 넓이가 1장이고 높이가 1장 2척인데, 호(戶)가 정방(正方) 6척이고, 위는 터 놓고 남쪽으로 나간다'라고 한 기록대로 하기로 하면서 주원(周垣)과 사문(四門)은 설치하지 않기로 하였다"는 기록이 있어 초기의 모습을 알 수 있다.

사진 45 원구단

조선 후기의 원구단은 조선 초기 공주의 집터였고, 후일 남별궁이 있었던 곳에 있다. 고종 34년(1897) 왕을 황제라 칭하고, 국호를 '대한'(大韓)으로, 연호를 '광무'(光武)로 고치고 제천의식을 행하기 위하여 쌓은 것이다. 즉 고종 34년(1897) 9월 17일 원구(환구)에 천(天), 지(地)를 합사(合祀)하고 황제로 즉위하였다(도면 37, 사진 45).

고종 34년 신축 때의 원구단은 땅〔地〕을 상징하는 방형기단(方形基壇) 위에 하늘〔天〕을 상징하는 제1단 직경 144척, 제2단 72척, 제3단 36척이고, 단 높이는 각단 3척, 총 9척이었다. 단의 정문 황살문은 3간이고, 동·서·북은 1간이다. 단의 서쪽에는 어제실, 향대청이 자리 잡고 있다. 광무 3년(1899)에 원구단의 북쪽에 3단의 기단을 쌓고 3층의 익공식 팔각당인 황궁우

273 서울학연구소, 《환구단정비 기본계획 연구보고서》(서울특별시중구청, 2007), pp.110, 184.

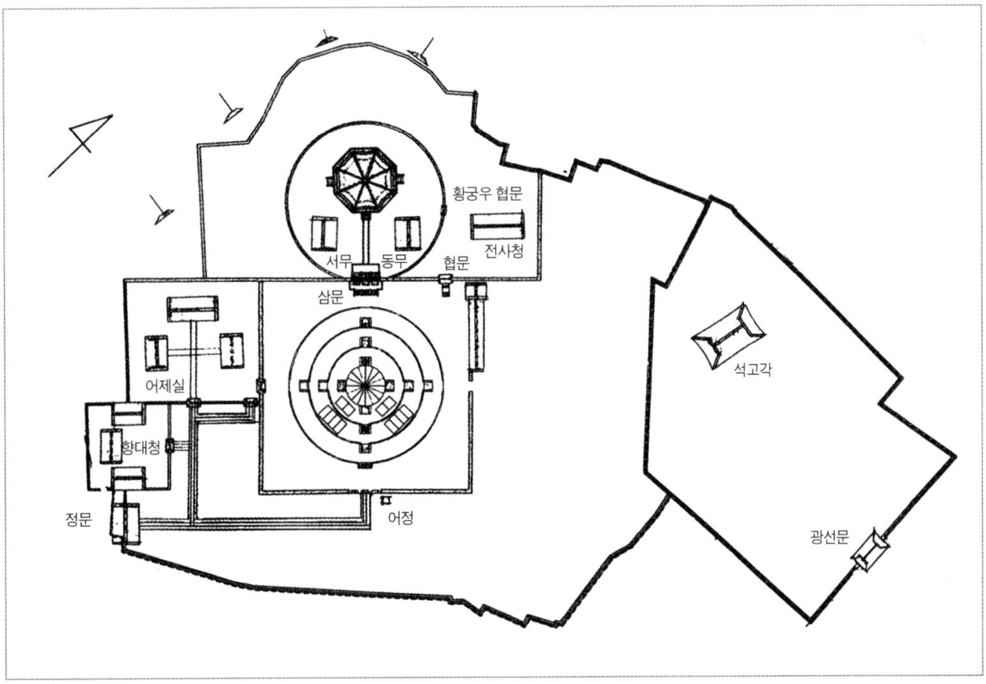

원구단(복원) 배치도(출처 : 서울학연구소) 도면 37

(皇穹宇)를 신축하고 황천상제(皇天上帝) 이하 여러 신위〔諸神位〕의 위판(位版)을 봉안하였다. 황궁우 동쪽 옆에는 제천(祭天)을 위한 악기를 상징하듯, 돌로 커다란 북 3개를 둔 석고각이 있었다.[273] 그리고 원구단의 제의도 종묘, 사직의 것보다 앞서는 대사(大祀)의 첫째로 규정하였다.

5. 사찰(寺刹)[274]의 정원

조선의 개국과 더불어 국시(國是)로 채택된 숭유억불정책(崇儒抑佛政策)으로 불교를 억압하여 조선 초기부터 불교는 극도로 쇠퇴해 갔다.

임진왜란 중 휴정을 위시한 의승군들의 활약으로, 왜란 이후 승려들의 지위는 다소 호전되었으나 승려들은 많은 공사에 동원되었고, 또 종이, 기름, 신 등을 만들어 관아와 유생들에게 공급케 하는 등 후기까지 여전히 천인 대접을 받았다.

후기에는 종명과 종파가 없는 통불교의 교단을 이루고, 승들은 이판승(理判僧)과 사판승(事判僧)으로 나누어지게 되었다. 또 승려의 수행이 선(禪)과 교(敎)와 염불(念佛)의 3문으로 이루어지게 되어 사찰 안에 선방, 강당, 염불당을 갖추게 되었다.

사찰 정원의 형성은 이미 사찰 창건 당시에 기본 골격이 이루어진 것이나, 조선시대에는 사원의 여러 전각들이 중수(重修), 중건(重建)되고, 사원이 커지면서 정원도 커지거나, 변형을 이루기도 한 것으로 판단된다.

274 주남철, 《한국건축사》 개정판(고려대학교출판부, 2006), pp.350-402.

1 해인사(海印寺)[275]

해인사는 신라 애장왕 3년(802)에 창건되었다. 고려 태조가 중수하고 〈팔만대장경〉 인본을 수장하는 고탑(古塔)을 중영(重營)하였다. 조선 세조 4년(1458) 장판고가 좁아 40간을 다시 짓게 하였고, 성종 12년(1481)부터 19년(1488)까지 중수(重修)하였다. 임진왜란 때에도 화를 면하였고, 1997년 세계문화유산으로 등록되었다.

전체적으로 남서향한 경사진 터에 높이를 달리하는 여러 단을 이루고, 이 단들에 여러 전각들을 배치하였다(도면 38, 사진 46).

가야산(伽倻山)으로부터 흘러내리는 가야천(伽倻川) 천변을 따라 북상하면, 당간지주와 가람 제일문인 일주문을 만난다. 당산지주 동쪽에는 우두봉(牛頭峰)을 비추어 주는 산영지(山影池)가 있다.[276] 두 번째 문 봉황문(鳳凰門)을 나가 진입 축을 꺾어 올라가면 높은 계단 아래에 이르고, 이 계단 위의 세 번째 문인 해탈문(解脫門)을 만난다. 계단 위에서 진입 축을 조금 꺾어 해탈문으로 들어선다. 해탈문은 정면 6간 측면 2간인데 어간 1간만 개방되었다. 일주문으로부터 해탈문에 이르기까지 33계단을 딛게 되는데, 이는 33천궁〔三十三天宮〕을 상징한다고 한다.

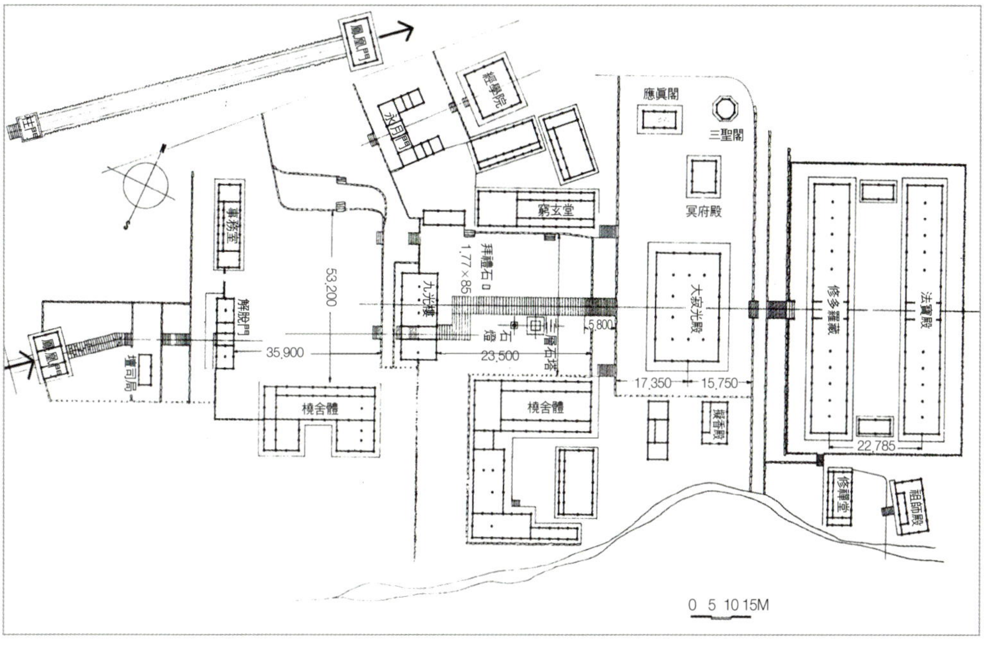

해인사 배치도 도면 38

275 주남철, 〈伽倻山海印寺〉, 《韓國建築美》(一志社, 1983), pp.301-303.

276 沈愚京 · 康勳, 〈韓國古代寺刹에 있어서 影池의 象徵的 意味와 修景的 價値〉, 《韓國庭苑學會誌》 2권 7호(1988).

구광루

대적광전 앞뜰

경판전–법보전

법보전 후면과 화계

해탈문을 들어서면 구광루(九光樓) 아래의 넓은 앞마당에 이른다. 이 마당의 북동쪽 높은 단 위에 정면 7간 측면 2간의 구광루가 자리 잡고 있고, 그 동쪽에서 두 번째 간으로 구광루에 출입한다. 구광루는 누하 진입 방식으로 네 번째 문의 성격을 갖고 있다.[277] 구광루 앞마당은 서쪽으로 커다란 석조(石槽) 1개가 놓여 있을 뿐 식재된 것이 없는 흙바닥 마감이다.

구광루 속을 지나면—지금은 동쪽 협문으로—대적광전 아랫마당에 이른다. 이 아랫마당에서 조금 북쪽으로 나와 ㄱ자로 서쪽으로 꺾어 나아가다가, 구광루의 서쪽으로부터 세 번째 간 중심 지점에 이르면, 대적광전과 수다라장, 법보전의 중심축 위에 서게 된다. 이 ㄱ자로 꺾인

277 1993년 구광루를 헐고 새 구광루를 건립하여, 구광루 동쪽 협문과 서쪽 협문으로 드나들게 하였고, 구광루 누하 진입으로 대적광전 아래 앞마당에 이르러, 대적광전 앞 중앙 계단으로 이르는 돌길의 모양, 나아가 마당의 전체적인 구성을 변형시켰다.

대적광전 화계

수다라장 어간문 얼굴

굴뚝

삼성각

해인사 사진 46

길은 돌길로, 대적광전이 서 있는 윗터의 축대 석계까지 이어져 있다. 돌길의 동쪽에는 3층 석탑과 석등이 자리 잡고 있다.

대적광전(大寂光殿) 앞 축대는 상하 두 단으로, 다듬은돌 바른층쌓기 하였다. 본래 장대석과 막돌로 쌓았었다. 대적광전은 정면 5간 측면 4간의 다포식 겹처마 팔작집이다. 이 대적광전의 동서 양 측면을 돌아 뒷면 어간에 이르면, 북쪽으로 높은 터 위의 판전 담장에 세운 일각대문〔普眼門〕을 마주하게 된다. 대적광전 뒷마당에서 판전 마당까지는 두 단의 장대석쌓기 석축단으로 이루어진 화계(花階)를 조성하였고, 다시 판전 담장까지 큰막돌쌓기 1단의 높은 석축단을 쌓았다. 일주문부터 보안문에 이르기까지는 108계단을 딛게 되는데, 이는 108번뇌(煩

惱)를 상징한다고 한다.

담장 안의 넓은 장방형 마당의 앞과 뒤에는 경판전(經板殿)인 수다라장(修多羅藏)과 법보전(法寶殿)을 배치하고, 이 두 전(澱) 사이 동쪽과 서쪽에 동사간고(東史刊庫)와 서사간고(西史刊庫)를 건립하였다.

수다라장과 법보전은 모두 정면 15간 측면 2간의 단층집이다. 수다라장은 어간을 통로로 사용하는 만큼 어간 양측으로 출입문을 단 판자 벽을 세우고, 판가를 놓아 경판을 보관하는 수장 공간을 마련하였다.

법보전은 어간 앞쪽 1간에 불단을 조성하여 예배 공간을 조성하고 이 공간의 양쪽 내부 공간은 모두 판가를 놓아 경판을 보관하는 수장 공간으로 하였다.

수다라장과 법보전 모두 사면 벽체 상하에 살창을 설치하였는데, 전면과 양 측면은 위의 살창이 작고 아래 살창이 크며, 뒷면은 반대로 위의 살창이 아래의 살창보다 크다. 특히 법보전의 뒷면 살창은 전체적으로 수다라장의 살창보다 크다. 이처럼 살창을 크고 작게 한 것은 전면에서 불어 들어온 바람이 원활하게 뒷면으로 빠져나가도록 하여 판전 안의 경판을 습기 없이 잘 보존하려는 것이다. 이들 살창들은 판전 입면에 독특한 입면을 구성하고, 식재 없이 흙바닥 마감의 판전 뜰에 특이한 경관 구성을 하고 있다.

겸재 정선의 〈해인사도〉(海印寺圖)를 보면 사찰 경내에는 식재(植栽)가 없으나, 진재(眞宰) 김윤겸(金允謙, 1711-1775)의 〈해인사도〉에서는 대적광전 서북쪽 담장 일각대문 옆에 거수(巨樹)가 한 그루 서 있다. 물론 두 그림 모두 사찰 경계 담장 밖으로는 거수들이 늘어서 있다.

2 화엄사(華嚴寺)[278]

화엄사는 전라남도 구례군 마산면에 위치한 산지가람(山地伽藍)으로 신라 진흥왕 5년(544)에 승려 연기(烟起)가 창건하고, 자장법사가 크게 확장하였다. 임진왜란으로 전소되어 인조 8년(1630) 벽암선사(碧巖禪師)가 중창하여 인조 14년(1636) 각황전을 제외한 대웅전과 요사 등을 중건하였다. 장육전(丈六殿)인 각황전(覺皇殿)은 벽암의 제자 성능(性能, 聖能)선사가 숙종 25년(1699)에 중건 공사를 시작하여 인조 27년(1701)에 완공하였다. 그 후 인조 30년(1704)경에는 일주문, 천왕문, 보제루 등을 건립하였다.

남향한 일주문을 들어서서, 약 30도로 꺾어 경사진 돌길을 따라 북동 방향으로 들어가면, 금

278 주남철, 〈華嚴寺〉, 《韓國建築美》(一志社, 1983), pp.279-281.

강문(金剛門)에 이른다. 금강문은 정면 3간, 측면 2간의 맞배지붕, 굴도리집으로, 전후면 양쪽 측간과 측면을 벽체로 막고, 어간은 개방하였는데, 문 안 양쪽에 금강역사를 안치하였다(도면 39, 사진 47).

금강문을 나서 돌길을 따라가면 금강문의 축과 비껴선 축 위에 서 있는 천왕문(天王門)에 이른다. 이 천왕문은 내외 2출목의 공포를 짠 다포식 건축으로 금강문처럼 전후면 양측 간과 측면을 벽체로 막고, 안에 사천왕상을 모셨다.

천왕문을 나서 돌길을 따라 앞으로 나가면, 또다시 천왕문의 축과는 비껴선 축 위의, 서북쪽에 있는 여러 단의 돌계단에 이른다. 이 돌계단은 높게 쌓은 축대 위, 보제루(普濟樓) 앞마당으로 올라서는 계단이다. 축대는 막돌 허튼층쌓기이다.

보제루는 익공식, 맞배집으로 누하 진입이 아니라서 보제루 앞에서 ㄱ자로 꺾어 보제루 남면을 끼고 동쪽으로 나아가야 한다. 높은 기단 위의 초석들과 누하주들은 조선시대 중기 이후에 나타나는 자연스럽게 휜 두리기둥과 막돌초석에 그레질하여 맞춘 기법들이 이루어졌다.

보제루의 동쪽 운고각(雲鼓閣) 앞, 끝단에서 다시 ㄱ자로 북쪽으로 꺾어 몇 개의 돌계단을 딛고 올라서면 바로 눈앞에 넓은 마당과 동서 쌍탑, 그리고 높은 석축 위에 자리 잡고 있는 북쪽의 대웅전과 서쪽의 각황전 모습들이 전개된

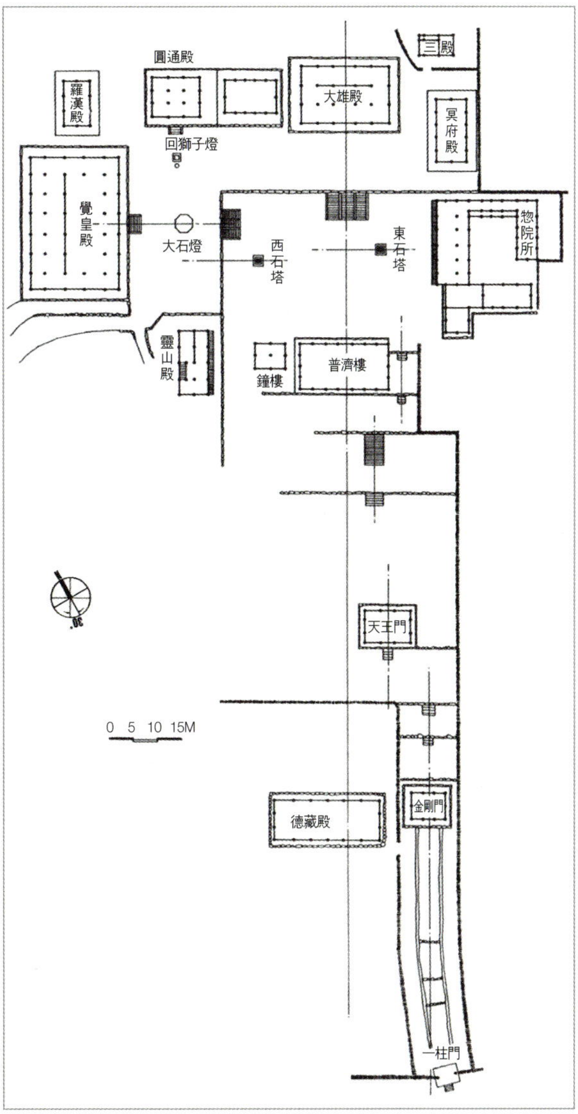

화엄사 배치도 도면 39

금강문

종루

보제루

각황전과 서석탑

대웅전 앞마당

석등과 대웅전

다. 이 마당의 동쪽에는 적묵당(寂默堂)과 요사채〔寮舍〕가 있고, 보제루 서쪽으로 범종각이 서 있다.

동탑과 서탑의 동서 중심축은 일치하지 않고, 서탑이 남쪽으로 조금 나와 서 있다. 이렇게 같은 축 위에 서 있지 않은 이유는 마당에 들어선 곳이 동쪽 끝이라서, 들어서면서 전개되는 공간의 균형을 이루기 위한 것이다. 그리하여 마당에 올라섰을 때 마당의 동쪽에 선 동탑 상륜부 위의, 높은 축대 위에 있는 대웅전과, 서쪽에 선 서탑 상륜부 위의, 높은 축대 위의 각황전이 모두 어우러져 공간의 균형과 점이성(漸移性), 위계성을 이루게 된다.

대웅전 축대는 장대석 바른층쌓기이고, 전면에 소맷돌이 5개 있는 넓은 돌계단을 두었다. 이 돌계단 서쪽으로 괘불을 거는 당간지주가 3개 서 있고, 축대 밑으로 화단이 조성되어 있다.

대웅전(大雄殿)은 정면 5간 측면 3간의 단층, 내외 3출목 다포식 겹처마 팔작집이다. 기단은 지대석 위에 기둥과 면석을 놓고 갑석으로 마무리한 가구식 기단으로, 이 위에 막돌초석을 놓고, 민흘림 두리기둥을 세웠다. 대웅전 뒤로는 울창한 죽림(竹林)이 둘러 있다.

각황전이 서 있는 동면 축대는 장대석 바른층쌓기이고, 소맷돌이 4개 있는 석 줄의 돌계단을 놓아 각황전 앞마당에 올라서게 하였다. 축대 밑에는 폭이 좁은 화단을 조성하였다.

각황전은 지대석, 면석과 갑석의 세 부분으로 구성된 가구식 기단 위에 쇠시리한, 다듬은 초석을 놓고 두리기둥을 세운 정면 7간 측면 5간의 내외 2출목 다포식 중층 겹처마 팔작집이다. 각황전 앞과, 각황전과 대웅전 사이의 원통전 앞에 석등이 서 있다. 각황전 남쪽 구릉에는 동백나무 숲이 울창하다.

각황전 남측 면을 바른쪽에 끼고, 108번뇌를 상징하는 108개의 계단을 딛고 각황전 서남쪽 높은 곳의 효대(孝臺)에 오르면 화엄사사사자삼층석탑(華嚴寺四獅子三層石塔)과 석등 1기를 만나게 된다. 효대 주변으로는 송림(松林)이 우거져 있다. 화엄사 주변으로는 지리산 산록에 식생하는 팽나무, 서어나무, 갈참나무, 푸조나무 등이 자라고 있다.

3 통도사(通度寺)[279]

영취산(靈鷲山) 통도사는 경상남도 양산군 하북면 지산리에 있는 불보사찰(佛寶寺刹)이다. 신라 선덕여왕 15년(646)에 자장법사가 당나라로부터, 불두골(佛頭骨), 불아(佛牙), 불사리(佛舍利), 가사(袈裟)를 가져와 이들을 금강계단(金剛戒檀)에 묻고 창건하였다.

279 같은 책, pp.352-366.

본래 삼원제(三院制) 가람으로 창건되었다고 추측되며, 삼원 정비기(1295-1374)를 거쳐, 삼로전제심화기(三爐殿制深化期, 1634-1761)에 통도사의 공간 체계가 완성되었다. 대웅전을 위시한 여러 전각들 대부분이 임진왜란 이후에 중건 또는 창건된 것으로, 본래 창사 당시의 금강계단 자리와 대웅전의 기단을 중심으로 중창되었다.

산지가람으로, 금강계단의 서북쪽과 남쪽을 크고 작은 산봉우리들이 둘러싸고 있으며, 남쪽과 서쪽에서 흘러드는 물줄기가 절 앞에서 합수되는 수구에 선자바위가, 산문 입구에는 여의주봉이 서 있고, 바로 앞에 용담(龍潭)이 있어, 비룡(飛龍)이 여의주를 갖고 노는 모습인 비룡농주형(飛龍弄珠形) 형국에 자리 잡고 있다(도면 40, 사진 48).

가람으로의 진입은 크게 산문에서 일주문까지의 제1단계, 일주문에서 천왕문까지의 제2단계, 천왕문에서 불이문까지의 제3단계, 불이문을 지나 들어서는 석탑, 개산조당, 관음전이 이루는 제4단계, 대웅전, 금강계단, 명부전, 응진전 등이 이루는 제5단계로 나눌 수 있다. 이들이 바로 진입하면서 맞이하는 정토신앙(淨土信仰)의 하로전(下爐殿), 미륵신앙(彌勒信仰)의 중로전(中爐殿), 사리신앙(舍利信仰)의 상로전(上爐殿) 세 영역이다.

왼쪽으로 흘러 내려오는 계류를 끼고 동쪽에서 서쪽으로 진입하면, 진입하면서 오른쪽 길 위의 높은 터에는 부도원(浮屠園)이 있다. 사찰 창건 이래의 모든 부도들을 모아 놓았다. 부도원

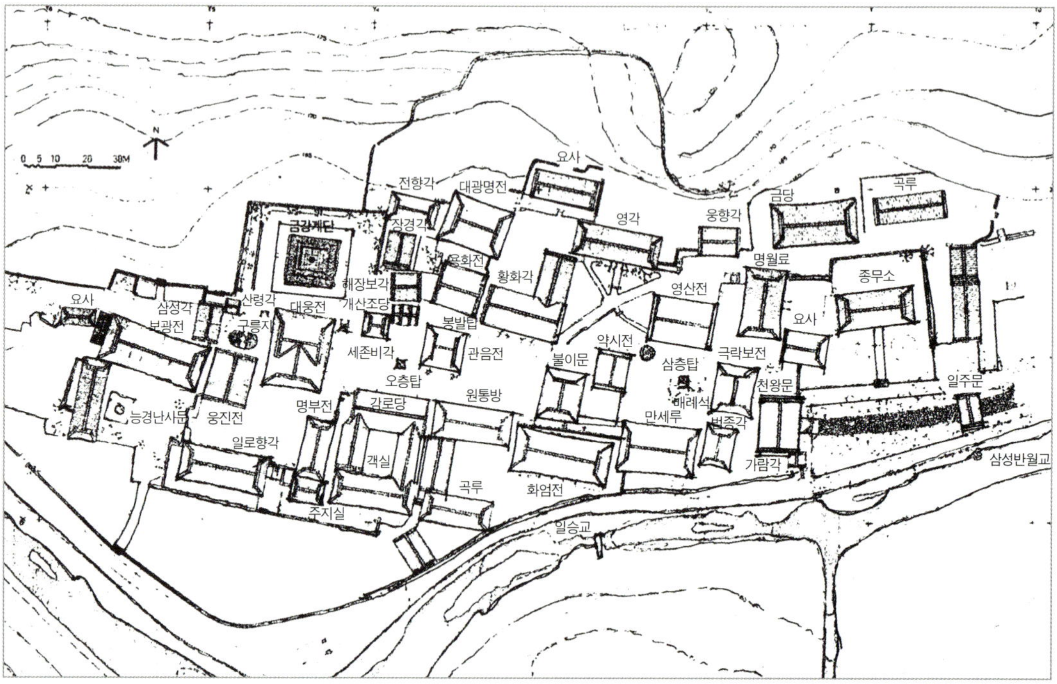

통도사 배치도 도면 40

앞을 지나 더 진입하면 일주문을 만난다. 일주문 앞, 길 양쪽에는 네모 돌기둥과 큰 나무가 한 그루씩 서 있고, 돌기둥 아래에는 반석이 있어 석상(石床)과도 같은 역할을 할 수 있다.

세 단의 돌계단을 딛고 일주문으로 들어서면, 두 번째 문인 천왕문(天王門) 앞까지 완만하게 구부러진 길이 나 있고, 길 양쪽 마당에는 큰 나무들이 여러 그루 자라고 있다. 길 오른쪽으로 곡루(穀樓, 철거됨)와 요사채로 갈 수 있다.

천왕문을 들어서면 서쪽으로 두 단의 높이 차이를 보이는 마당이 눈앞에 전개된다. 이 마당 왼쪽 남쪽에 범종각(梵鐘閣), 오른쪽 북쪽에 극락보전(極樂寶殿)이 서 있고, 그 측면 사이로 나아가면 넓은 마당이 나오고, 이 마당의 남쪽에, 만세루(萬世樓), 화엄강당(華嚴講堂)이 자리 잡고 있다. 만세루 북쪽으로는 서향의 극락보전(極樂寶殿), 남향의 영산전(靈山殿), 그리고 동향의 약사전(藥師殿)이 ㄷ자형 앞마당을 이루고 있다. 이들 전각들은 모두 정토신앙(淨土信仰)의 전각들이고, 이 영역이 하로전 영역이다. 그리고 만세루 앞에 놓이는 진입 과정에서의 일점에서는 이들 세 전각, 영산전, 극락보전, 약사전들은 물론 그 뒤에 자리 잡고 있는 명월료(明月寮), 영각(影閣)의 입면 전체를 바라볼 수 있다.

이들 세 전각의 앞마당의 중앙에는 최근 옮겨 놓은 3층석탑이 서 있고, 또 석등을 2개 새로 만들어 세워 놓았다. 영산전과 약사전 앞 모서리에는 장대석으로 둥글게 마무리한 원형 못이 있다. 못의 한 변에는 원형 석수조(石水槽)를 세워 둔, 물이 마당에 흐르지 않도록 사면을 돋운 콘크리트 바닥이 붙어 있고, 또 장방형 석상(石床)이 있다. 콘크리트 바닥은 원래의 것이 아닌 것이 분명하지만, 석상과 함께 큰 원형의 못과 작은 석수조의 원형들과 대비되면서 큰 원형이 주조성을 이루게 하여 시각적으로 통일성을 이루고 있다.

못의 남쪽, 약사전 앞으로는 정료대(庭燎臺)가 있고, 그 옆에 관상수인 파초(芭蕉)가 한 그루 자라고 있으며, 약사전 앞 돌계단 옆에는 자연 암반이 묻혀 있다. 못 뒤의 다듬은돌 바른층쌓기 한 축대는 그 옆의 영산전 기단 면석, 기단 갑석들과 함께 못의 배경을 이룬다. 못의 수면에는 약사전이나 주변 경관이 투영된다.

서쪽의 불이문(不二門)을 들어서면 저 멀리 대웅전 동측 면이 보이면서, 세 단으로 높이 차이를 보이는 마당이 전개되는데, 미륵신앙(彌勒信仰)의 전각들이 자리 잡은 중로전 영역이다. 마당 제일 앞쪽에 남향한 관음전(觀音殿), 그 북쪽에 남향한 용화전(龍華殿), 또 북쪽으로 남향한 대광명전(大光明殿)이 자리 잡고 있으며, 개산조당(開山祖堂)과 보해장각(寶海藏閣), 장경각(藏經閣), 전향각(篆香閣)이 자리 잡고 있다.

용화전 앞에는 석가모니의 발우(鉢盂)를 상징하는 봉발탑(奉鉢塔)이 서 있다. 개산조당 앞에는 석등과 정료대가 각 1기씩 서 있고, 석등과 정료대의 사이 중심선상 남쪽으로 5층석탑이

일주문

불이문 원경

봉발탑

대웅전 동쪽 마당

구룡지와 석교

금강계단

약사전

영산전 앞뜰

대웅전 석계 소맷돌

구룡지와 식단

굴뚝

석련지

서 있다. 이 석탑의 남쪽 지점은 불이문 어간과 상로전(上爐殿)의 중심 전각인 대웅전 동측 계단의 중심을 잇는 점이다. 바로 이 점을 왼쪽으로 원통방(圓通房)과 감로당(甘露堂)을, 바른쪽으로 석탑과 개산조당 등을 끼고 진입하면 상로전의 공간에 이른다.

상로전의 중심 공간에는 사리신앙(舍利信仰)의 진수인 대웅전과 금강계단이 남과 북에 자리 잡고, 대웅전의 남쪽 마당에는 동향한 응진전(應眞殿)과 서향한 명부전(冥府殿), 그리고 북향한 일로향각〔一爐香閣, 1990년대 서쪽으로 이건하고, 그 자리 앞쪽으로 설법전(說法殿)을 신축함〕이 자리 잡고 있다.

대웅전은 면석에 연꽃을 새긴 사찰 창건 때의 가구식 기단 위에 세운 정면 3간 측면 5간, 외3출목 내4출목의 다포식 단층 겹처마 기와집이다. 특이하게도 지붕의 동, 서, 남, 세 곳에 합각을 형성하고 합각이 모이는 중심에 청동보주(靑銅寶珠)를 세워 마감하였다. 이는 석가모니의 진신사리(眞身舍利)를 모신 금강계단이 대웅전의 북쪽에 자리하고, 대웅전 안의 불단(佛壇)에 부처님을 모시지 않고 있는 까닭이다. 사찰의 일주문으로부터 대웅전 상로전 공간으로 진입할 때, 동측 면이 정면성을 가지며, 다시 남쪽 마당에서 금강계단을 바라볼 때, 남쪽 면이 정면성을 갖도록 하기 위한 것이라 판단된다. 이런 점은 대웅전의 창호와 편액에서도 나타난다. 즉 정면인 남면에서는 어간에 4짝, 두 측간에는 2짝의 빗살창호를 달고, 편액으로 "금강계단"(金剛戒壇)을 달았다. 동측 면에서는 어간에 2짝의 꽃살창호를, 다른 협간과 측간에는 2짝의 빗살창호를, 편액으로 "적멸보궁"(寂滅寶宮)을 달아, 특히 불이문으로 진입할 때 중심이 되는 어간을 강조하였다. 서측 면에는 어간에 빗살 창호와 정자살 창호를, 남협간과 측간에는 2짝의 정자살 창호를 달았으나, 북협간과 측간에는 창호 없이 벽체 마감이고, "대웅전"(大雄殿) 편액을 달았다.

《조선고적도보》(朝鮮古蹟圖譜)의 사진에 따르면 본래 대웅전을 둘러싸고 있는 마당, 대웅전 동측면 북쪽 끝과 금강계단 남쪽 사이에는 막돌 허튼층쌓기 한 축대 위에 막돌 담장을 쌓고, 대웅전 북쪽 우주와의 사이에 일각대문을 세워, 금강계단으로 드나들 수 있게 하였었다. 또 동쪽 마당의 끝을 마무리한 북쪽 장대석 앞에는 정료대 1기를 세워 놓았었으나, 지금은 정료대, 담장, 일각대문 모두가 없고, 변형된 축대와 담장 대신 돌난간을 둘러 금강계단의 영역 경계를 하고 있다. 또 대웅전 동측면 기단 아래에는 석등 1기와 당간지주 2기가 서 있다. 최근에는 금강계단 앞에 새로 만든 당간지주 2기가 서 있다.

대웅전의 서쪽 마당에는 창건 설화가 담긴, 아홉 마리 용이 살았다는 구룡지(九龍池)가 있다. 못은 타원형이고, 돌다리가 놓여 있다. 못가 북서쪽에는 배롱나무가 자라고 있다. 이 구룡지 서쪽에 동향한 삼성각(三聖閣)이, 북쪽으로 남향한 산령각(山靈閣)이 서 있다.

금강계단사리탑(金剛戒壇舍利塔) 권역은 대웅전 북쪽 산자락 아래 터에 대웅전 북쪽 높게 쌓은 축대 위에 자리 잡고 있다. 본래 막돌 담장에 세운 일각대문으로 이 권역으로 들어오면, 마당 중앙에 높직하게 석단을 쌓고 그 중앙에 사리탑이 서 있었다. 석단의 주위로는 한 줄의 돌난간이 둘러 있고, 이의 남쪽 중앙에 홍예돌문이 서 있다. 그 밖으로는 흙바닥 마감의 마당이고, 돌난간 주변과 담장 주위로는 화단을 만들어 누구나 쉽게 사리탑을 경배할 수 있었다고 한다.

현재에는 마당을 판석으로 마감하고, 또 이중으로 돌난간을 둘렀으며, 동, 서, 북, 세 곳을 두른 담장의 남쪽 끝에 잇대어 돌난간을 두르고, 철문을 달아 출입을 금하고 있다. 아마도 이런 변화는 금강계단 마당의 동쪽 담장의 명문 구획(銘文區劃)에 시주자 "경성(京城)으로부터 의친왕전하(義親王殿下)"로 끝맺는 것으로 보아 일제강점기에 고쳐진 것이라 판단된다.[280]

사리탑은 이중 기단 위의 중앙에 석종형(石鐘形)으로 자리 잡고 있다. 아래층 기단은 높이 14센티미터의 지대석을 동서 1,043센티미터, 남북 1,029센티미터로 두른 안쪽으로, 장대지대석을 한 단 깔고, 그 위에 기둥과 기둥 사이에 면석을 끼우고, 장대갑석을 놓아 마무리하였다. 면석에는 불상들이 조각되어 있고, 네 모서리에는 신장상이 서 있다. 위층 기단은 동서 714센티미터, 남북 706센티미터의 넓이로, 하대석 7.2센티미터, 면석 22.8센티미터, 갑석 10센티미터로 마무리하였다. 이들 두 단의 기단 상면은 중심을 향하여 곡면을 이루도록 장대석 멍에석과 판석을 깔아 마무리하였다. 중심에 복련(伏蓮)과 앙련(仰蓮)으로 조각한 두 개의 원형 판석을 겹쳐 놓고, 그 중심에 종형 탑신부를 올려놓았다. 탑신부 위에는 앙련과 보주형(寶珠形) 꽃봉오리 상륜부를 놓아 마무리하였다.

남쪽 기단 중앙 아래에는 장방형 판석을 상판으로 한 배례석(拜禮石)이, 중간에 두 줄의 도듬 띠가 둘려진 2개의 팔각형 돌기둥 위에 놓여 있다.

사리탑 아래 기단 주위를 둘러싸고 있는 돌난간은 장대 지대석 위에 네모기둥을 세우고, 기둥 사이에 복련과 앙련으로 구성된 하엽동자를 세워, 팔모 난간 두겁대를 얹어 마무리하였다. 남쪽 돌난간 중앙에는 홍예돌문을 세웠고, 돌난간 사방으로 석등을 1기씩 세웠다.

4 선암사(仙巖寺)[281]

조계산(曹溪山) 선암사는 전라남도 승주군 쌍암면 죽학리에 있다. 백제 성왕(聖王) 7년(529)

280 靈鷲叢林 通度寺, 《通度寺》(1997), pp.155-157.

281 주남철, 〈曹溪山仙巖寺〉, 《韓國建築美》(一志社, 1983), pp.315-317.

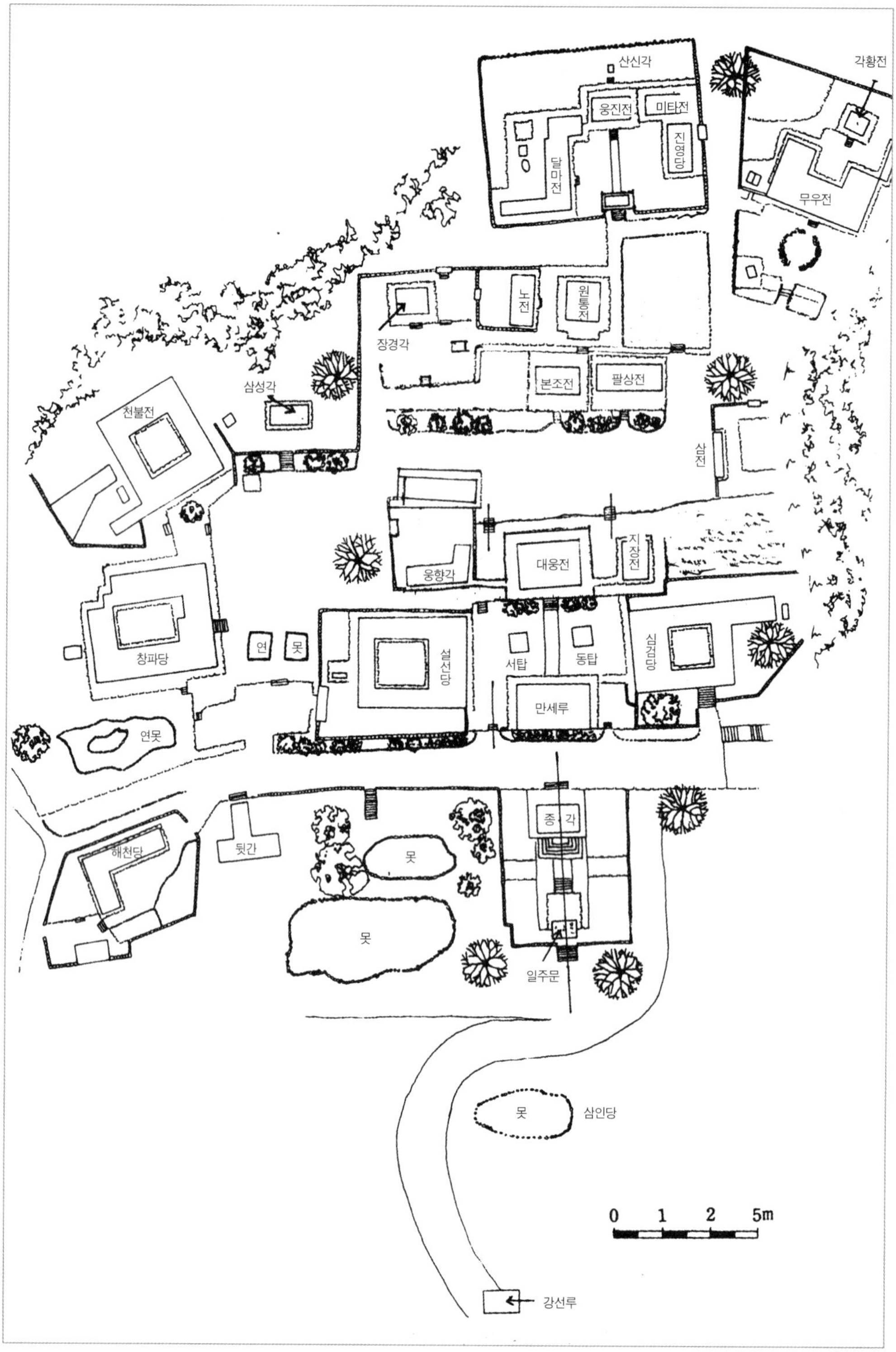
산신각
각황전
웅진전
미타전
진영당
달마전
무우전
노전
원통전
장경각
삼성각
본조전
팔상전
천불전
삼전
대웅전
지장전
웅향각
창파당
연
못
설선당
서탑
동탑
심검당
만세루
연못
종각
해천당
뒷간
못
못
일주문
못
삼인당
0 1 2 5m
강선루

선암사 배치도 **도면 41**

아도(阿道)가 개산(開山)하여 비로암(毘盧庵)이라 불렀고, 그 후 신라 말에 도선국사(道詵國師)가 중창하였다고 한다. 고려 선종(宣宗) 9년(1092)에 대각국사(大覺國師)가 중건하였으나, 조선시대 정유재란으로 모두 불탔고, 숙종(肅宗) 24년(1698) 약휴대사〔若休大師, 호암(護岩), 1664-1738〕가 중창하였다. 지금의 일주문 상량문인 〈중계문중창상량문〉〔重溪門重創上梁文, 숙종(肅宗) 33년(1707)〕에는 대웅전, 불조전, 원통전, 능인전, 천불전, 관음전 등의 기록이 보인다. 숙종 33년 12월에는 승선교(昇仙橋)를 창건하였다. 영조(英祖) 35년(1759)에 불이 나 큰 피해를 입게 되어 다음 해 상월(霜月), 서악(西岳) 대사가 제5차 중창불사를 하였고, 빈번한 화재를 막기 위해, 영조 37년(1761) 산 이름을 청량산(淸凉山)으로 복칭(複稱)하고, 절 이름도 해천사(海川寺)로 고쳤다고 한다. 순조(純祖) 23년(1823)에 다시 불이 나, 순조 24년(1824) 제6차 중창을 하여 순조 25년(1825) 승당(僧堂), 선당(禪堂)을 중건하였다.[282]

계류를 왼쪽으로 끼고 서쪽으로 올라가면, 길 오른쪽의 부도와 비석들이 서 있는 비전(碑殿)에 이르고, 이곳을 지나 좀더 올라가면 오른쪽으로 길이 꺾이면서, 왼쪽 계류에 서 있는 2개의 홍예교를 만난다. 두 번째 홍교가 승선교(昇仙橋)이다. 이들 두 홍교는 모두 다듬은돌로 하나의 홍예(虹蜺)를 틀고, 홍예 위를 막돌로 메워 만들었다. 홍예 안쪽 중앙에는 물을 내려다보는 용두(龍頭)가 하나 꽂혀 있다.

이곳에서 좀더 올라가면 선암사 좌향의 오른쪽 계곡에서 내려오는 냇물 위에 선 중층 누문인 강선루(降仙樓)를 만난다. 정면 3간 측면 2간의 익공식 중층 팔작집으로, 측면 중앙기둥이 냇물 위에 서 있다(도면 41, 사진 49).

누문 아래를 지나 오른쪽으로 휘어진 길을 따라 올라가면서, 오른쪽에 막돌을 쌓아 가장자리를 마감한 계란형의 못 삼인당(三印塘)을 만난다.

삼인당의 장축은 북동-남서로 약 29미터, 북동쪽 넓은 폭 15미터, 남서쪽 좁은 폭 약 10미터이다. 못 동쪽으로 치우쳐 있는 계란 모양의 섬은 길이 9미터, 너비 8미터이고, 전나무와 배롱나무가 각 1주씩 서 있다. 못 주위로는 전나무와 느티나무가 둘러싸고 있다. 못은 신라 경문왕 2년(862) 도선국사(道詵國師)가 조영한 것이라 하나 확실하지 않다. 못 이름 삼인당의 삼인(三印)은 '제행무상인'(諸行無常印), '제법무아인'(諸法無我印), '열반적정인'(涅槃寂靜印) 등의 삼법인(三法印)을 말한다고 한다.[283]

연못을 오른쪽으로 끼고 돌아가면 전면에 막돌 허튼층쌓기 한 높은 축대가 있고, 축대 위에

282 승주군 남도불교문화연구회, 《仙巖寺》(1992), pp.23-36.

283 鄭瞳旰, 〈IV. 造景〉, 《仙巖寺》(승주군 남도불교문화연구회, 1992), pp.384-394.

홍교

강선루

삼인당

못

진입로

일주문

대웅전 앞마당

방지

무우전 수조 / 물대롱과 수조 / 수조 / 무우전 수조

선암사 사진 49

는 석루조가 있어 절 위의 물길을 받아 폭포로 내리고 있다. 오른쪽 전면 막돌 허튼층쌓기 한 높은 단 위에 일주문이 서 있고, 일주문 북쪽 넓은 마당에는 크고 작은 2개의 못이 있다. 주변으로 젓나무, 꽝꽝나무, 회양목, 매화나무 등 여러 수종들이 있는데, 이곳 못은 후대에 조성된 것으로 보인다.

일주문은 막돌초석 위에 두리기둥을 세운 외4출목 내2출목 다포식 맞배집이다. 상량문에 의하면 본래 이름은 조계문(曹溪門)이었다고 한다. 일주문을 지나 여러 단의 돌층계를 딛고 올라가면 정면 3간 측면 2간의 익공식 중층 범종각(梵鐘閣)을 만나고, 이 종각을 지나 앞으로 나가면, 다시 정면 5간 측면 2간의 익공식 맞배집인 만세루(萬世樓)를 만난다. 만세루의 대웅전 마당 쪽 전면(동면)은 개방하였으나, 범종각 쪽 후면(서면) 4간에는 판장문을 달고, 북쪽 1간과 양측 면은 벽체로 마감하였다. 만세루 앞쪽 넓은 길을 따라 북쪽으로 나아가면 해우소(解憂所)와 해천당이 자리 잡고 있다.

만세루를 돌아들면 3층쌍탑이 서 있는 대웅전 마당이고, 마당의 동쪽으로 대웅전, 남쪽으로 심검당(尋劍堂), 북쪽으로 설선당(說禪堂)이 자리 잡고 있다. 만세루 기단의 중앙에서 서쪽 대웅전 기단의 계단 아래까지 돌길이 뻗어 있다.

대웅전 기단은 막돌 허튼층쌓기 하고 장대 갑석으로 마감하였는데, 기단 앞 양쪽으로 당간지주가 서 있다. 대웅전은 정면 3간 측면 3간, 외3출목 내4출목 다포식 팔작집이다. 정면 3간 모두에 빗꽃살 창호를 달아, 마당에서 바라볼 때 아름다운 경관을 형성하고 있다.

대웅전의 오른쪽 남쪽에는 지장전(地藏殿), 왼쪽인 북쪽에 응향각(凝香閣)이 자리 잡고, 대웅전 뒤, 한 단 높은 터 위에는 넓은 길을 겸하는 마당이다. 이 마당의 바른쪽인 남쪽에 정면 4간 측면 2간의 맞배집인 주지실인 삼전(三殿)이 있다.

삼전이 있는 터보다 한 단 높은 축대 위, 바른쪽에 팔상전(八相殿)이, 왼쪽에 불조전(佛祖殿)이 자리 잡고, 이들 두 전각 사이로 난 좁은 길을 따라 위쪽인 동쪽으로 올라가면, 한 단 높은 축대 위에, 원통전(圓通殿)이 자리 잡고 있다. 원통전의 왼쪽인 북쪽으로 노전(爐殿)과 장경각(藏經閣)이 서 있다.

원통전의 오른쪽으로 올라가, 방형으로 둘러싼 담장의 사주문을 들어서면 돌길이 나 있고, 돌길 끝에 응진각(應眞閣)이 자리 잡고 있다. 응진각의 바른쪽으로는 미타전(彌陀殿), 진영당(眞影堂)이, 왼쪽으로는 달마전(達磨殿)이, 뒤로는 산신각(山神閣)이 서 있다. 또 진영당 남쪽으로는 따로 쌓은 담장 속에 선방(禪房)인 무우전(無憂殿)과 각황전(覺皇殿)이 자리 잡고 있다.

한편 설선당 담장 밖, 북쪽으로는 동서 4.6미터, 남북 5.4미터의 방형 못이 2개 대칭으로 자리 잡고, 못의 북쪽에 종무소인 창파당(滄波堂)이 있다. 창파당 앞에도 못이 있는데 이는 근년에 조성된 것으로 생각된다. 창파당 동쪽으로는 천불전(千佛殿)과 삼성각(三聖閣)이 자리하고 있다. 삼성각으로 오르는 계단 바른쪽 북쪽으로 동서 약 3미터, 남북 약 2.5미터의 방지가 있고, 모서리에 수령 약 200년 되는 적송이 한 그루 서 있다.

6. 민가(民家)[284]의 정원

조선시대의 민가(民家)는 넓은 의미로 공경대부에서 천민에 이르기까지의 모든 백성의 집을 뜻한다. 따라서 민가는 크게 나누어, 대군, 공주 등이나 공경대부의 집인 제택(第宅), 중인(中人)과 이교(吏校) 계급의 중류주택, 서민주택, 천민주택, 노비의 가랍집, 이들 모두를 일컫는다. 그리고 이 중 제택에는 대군, 군, 공주, 옹주의 집인 궁집〔宮家〕과 사대부집〔士大夫家〕인 양반집〔兩班家, 반가(班家)〕으로 나뉜다.

1 궁집〔宮家〕

1.1 인평대군 궁집〔麟平大君宮家〕[285]

규장각 소장본인 〈인평대군방전도〉(麟坪大君坊全圖)의 위에 그린 궁집이 인평대군 궁집이

284 주남철, 《한국주택건축》(일지사, 1980). 주남철, 《한국의 전통민가》(아르케, 1999).

285 주남철, 《궁집》(일지사, 2003), pp.69-85.

인평대군방전도(규장각 소장본) 도면 42

고, 아래에 그린 궁집이 효종(孝宗)의 잠저(潛邸) 용흥궁(龍興宮)이다. 인조 19년(1641)에 평소 효종과 극진한 우애를 나누었던 인평대군[286] 궁집을, 효종의 잠저 용흥궁 맞은쪽인 낙타산 아래 넓은 터에 지었다. 장방형으로 담장과 솟을대문 행랑채를 둘러치고, 다시 사잇담과 중문간 행랑채 등 여러 행랑으로 구획한 마당 속에, 용흥궁 조양루(朝陽樓)와 대(對)되는 석양루(夕陽樓), 사랑채, 안채, 정자 등 여러 건물들을 세웠다. 또 북쪽으로는 낙타산 남쪽 산자락 능선을 따라 담장을 둘러, 수풀이 우거진 뒷동산(후원 동산)을 이루고 있다(도면42).

남향한 터 전면 중앙에 솟을대문간 행랑채를 세우고, 좌우 동서로 담장을 둘러쳤다. 지반에 장대석 한 벌대를 쌓고 그 위에 사고석과 벽돌로 쌓은 담장벽을 치고, 상부에 기와지붕을 하였다.

솟을대문간 행랑채는 정면 19간(측면 1간으로 추정)이 남향하고, 서쪽 끝에서 ㄱ자로 꺾여 4간이 돌출되어, 전체적으로 ㄴ자형을 이루고 있다. 동쪽 세 번째 간과 서쪽 다섯 번째 간은 솟을대문간이다. 세 번째 솟을대문에는 "대문"(大門), 다섯 번째에는 "폐대문"(閉大門)이라 씌어 있다.

솟을대문을 들어선 바깥행랑마당은 솟을대문 행랑채 앞마당보다 한 단 높다. 이 마당 전면에는 중앙에 사잇담장이 있고, 이의 동서로 중문간 행랑채가 있는데, 서쪽 행랑채 중대문은 안채로 출입하는 평대문이고, 동쪽 행랑채 중대문은 사랑채로 드나드는 솟을대문이다.

한편 이 바깥행랑마당 동쪽에는 각 4간 되는 두 채의 집채가 서로 마주하여 서향과 동향으로 서 있고, 그 양쪽 끝을 담장으로 막아 놓았는데, 이곳이 '서계소'(書計所)(D)이다. 궁집이 가지고 있는 전답(田畓)의 관리 등 모든 재산관리 업무를 보는 장무소(掌務所)와 같은 기능의 건물이다. 또 이 서계소 남쪽에 작은 ㄱ자형 집채가 있고, 서쪽 끝에 3간 되는 작은 집채가 동향하여 있다. 이들은 모두 곳간채이다.

서계소 서쪽에는 수종을 알 수 없는 큰 나무〔巨木〕 한 그루가 서 있고, 그 앞에 우물〔井〕이 하나 있다. 이 우물은 화강석으로 우물 가장자리를 둥글게 마무리한 것이다.

동쪽 중문간 행랑채 솟을대문을 들어서면, 방지(方池)가 있는 마당에 이른다. 방지마당 서쪽으로도 8간의 행랑채가 있고, 방지마당 북쪽의 사잇담에서 일각대문을 들어서면 사랑마당에 이른다. 이 마당은 방지마당보다 한 단 높다.

사랑마당 서쪽에는 한 벌대 기단 위에 정면 5간 되는 팔작지붕 사랑채가 동향하여 서 있는데, 개방된 반 간 퇴 안쪽으로는 궁판 사분합창호를 달았으며, 남쪽 면으로는 사랑마당보다 한 단 낮은 방지마당을 바라본다. 사랑마당 동쪽에는 정심수로 낙락장송 한 그루가 자라고 있고,

286 《효종실록》 부록 효종대왕 행장(行狀) 참조.

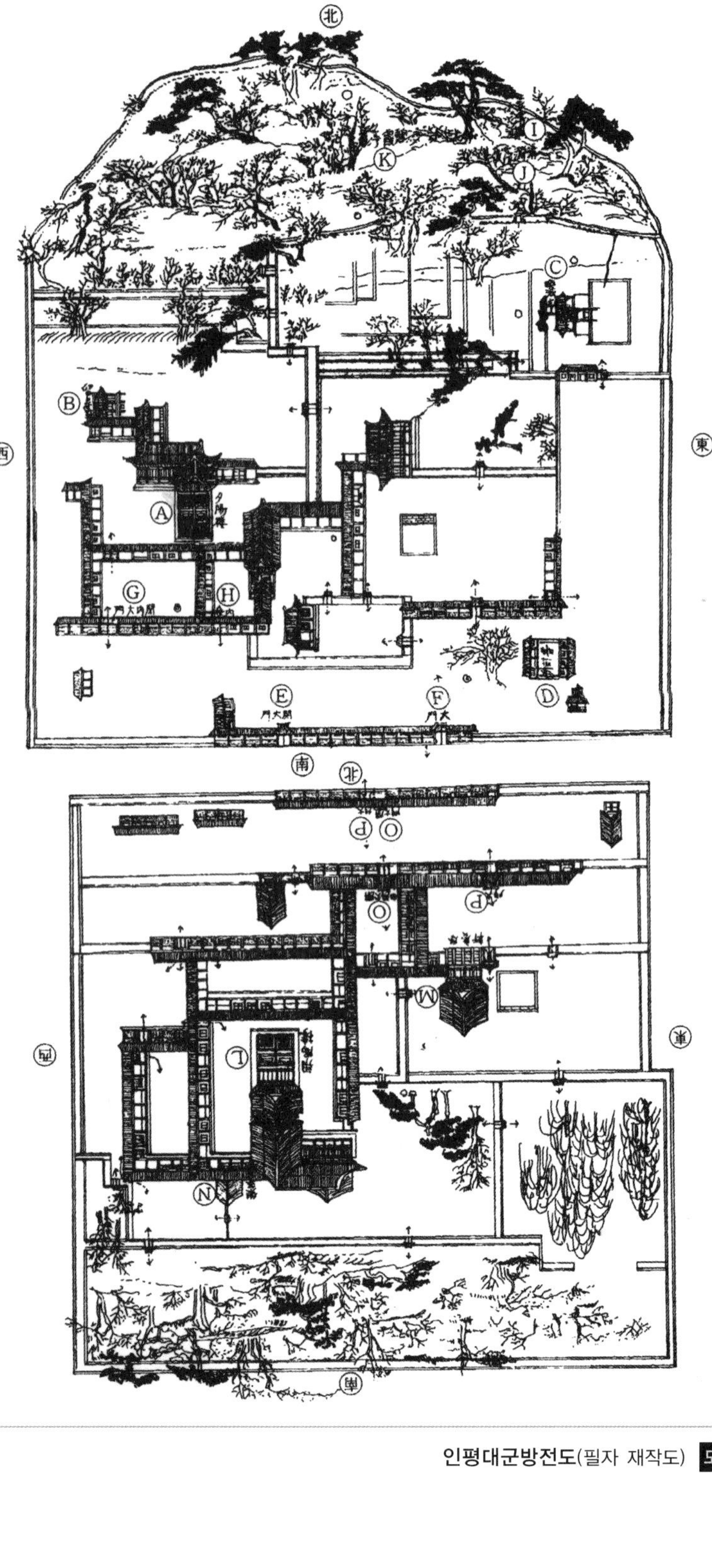

A：夕陽樓
B：留春軒
C：暎派亭
D：書計所
E：閉大門
F：大門
G：閉内大門
H：内大門
I：玉淸洞
J：淸猗亭舊基
K：碧霞亭舊基
L：朝陽樓
M：啓慶軒
N：樂英齋
O：閉大門
P：大門

인평대군방전도(필자 재작도) 도면 42

동쪽 담장 아래에는 매화 두 그루가 꽃을 피우고 있다.

사랑마당 북쪽 사잇담 아래에는 두 단의 화계(花階)가 동서로 길게 뻗어 있고, 낙락장송과 몇 그루의 나무들이 자라고 있다. 가지들은 버팀목으로 받쳐 놓아 가지의 무게로 처지는 것과 눈이 많이 왔을 때를 대비하였다.

화계 동쪽 사잇담이 ㄱ자로 꺾인 곳에 선 일각대문을 들어서면 사잇담 장대석 높이만큼, 한 단 높은 정자 뒷마당에 이른다. 이 정자 뒷마당 동쪽 석단(石段) 아래로 단청을 한, 동향의 누정 '영파정'(暎派亭)(C)이 서 있다. 丁자형 평면으로, 앞마당에는 방지(方池)가 있다. 북쪽 사잇담 아래로부터 냇물이 흘러들어 와 못에 물을 채운다. 정자의 돌출된 누 앞 두 기둥 발은 못에 담그고 있다(도면42).

영파정 뒤, 서쪽으로는 영파정 뒷동산이다. 지반이 점점 높아지는 구릉으로, 여러 단의 석단(石段)을 쌓고, 매화들을 심었다. 또 석단 위, 서쪽과 북쪽에는 둥근 모양의 샘이 각각 하나씩 있다.

한편 이 영파정 동산 북쪽으로 지형에 따라 곡선으로 또 다른 사잇담을 쌓고, 그 중간에 사주문(四柱門)을 세워, 낙타산(駱駝山) 아래에 조성된 궁집 뒷동산〔後苑〕에 이르게 하였다. 이 뒷동산 북쪽에도 지형을 따라 오르내리면서 담장을 쌓고, 이 담장을 궁집 동쪽 담장과 서쪽 담장을 연결시켜, 남쪽 담장과 함께 궁집 외곽 사방을 둘러싸고 있다.

뒷동산의 동북쪽 담장 아래에는 "옥청동"(玉淸洞)(I)이라 표기되어 있고, 그 아래쪽에 '청의정옛터'〔靑漪亭舊基〕(J)가, 이 터 서쪽으로 '벽하정옛터'〔碧霞亭舊基〕(K)가 있다. 청의정 터는 인조 14년(1636) 창덕궁 후원 옥류천(玉流川) 위쪽에 지은 청의정이 처음 있던 곳이라 판단된다. 그러나 벽하정에 관한 기록을 찾아볼 수 없어, 이곳에 있던 벽하정이 그 어느 곳으로 이건되었는지, 아니면 언제 허물어져 그 자리만 남겼는지 알 수 없다. 한편 이 뒷동산에도 북쪽 담장 아래와 영파정 북쪽 사잇담 서쪽 담 아래에 샘이 하나씩 있다.

행랑마당 전면에 있는, 동쪽 중대문 행랑채와 서쪽 중대문 행랑채 사이에 선 사잇담과 ㄱ자로 꺾이어 북쪽으로 뻗어 간 동쪽 사잇담에 선 일각대문을 들어서면 행랑마당보다 한 단 높은 동서로 긴 장방형 마당에 들어선다. 이 마당 서쪽으로, 동향한 정면 4간의 이름 모를 팔작집 한 채가 서 있다. 그리고 팔작집채 북측 면은 북쪽 사잇담과 접해 있고, 또 서북쪽으로 동향한 누한 채가 서 있는데, 이 누 북측 면은 북쪽의, 동서로 남향한 6간으로 추정되는 행랑과 접해 있다. 이 누는 팔작지붕의 안사랑채이다. 그리고 마당이 바로 안사랑마당이다. 이 누와 북쪽으로 접해 있는 행랑은 모두 5간인데, 반대쪽에서 사용하는 행랑이다. 이 북행랑과 동행랑이 만나는 모퉁이에도 샘〔泉〕이 하나 있다.

솟을대문 행랑마당에서 마주하는 15간 되는 서행랑채는 서쪽 끝부터 네 번째 간과 여섯 번째 간, 열두 번째 간 모두 평대문간인데, 여섯 번째 간 평대문이 안채로 드나들던 안중대문으로, “폐내대문”(閉內大門)이라 씌어 있다. 열두 번째 간 평대문에는 “내대문”(內大門)이라 씌어 있다.

‘내대문’(內大門)(H)을 들어서면 안사랑 누의 뒷면과, 북쪽 4간 행랑, 서쪽 5간 행랑으로 둘러싸인, 남북으로 긴 장방형의 마당에 이른다. 이 마당은 행랑마당 보다 한 단 높다.

솟을대문 행랑 마당에서 서쪽으로 마주하는 서쪽 중대문 행랑채 네 번째 간 평대문을 들어서면, 동, 서, 북으로 행랑채가 서 있는, 동서로 긴 장방형 안중대문간 행랑마당에 이른다. 마당 동남 모퉁이에는 우물〔井〕이 있다.

중문간 행랑 마당의 북쪽 평대문을 열고 들어서면 한 단 높은 안마당에 이른다. 이 마당과 마주하는 곳에 서향한 내루(內樓)와 남향한 안채가 서 있고, 누의 맞은쪽 서쪽으로 중대문간 행랑마당의 서쪽 행랑이 뻗어 나온 5간 행랑이 있다.

서향한 내루는 측면 2간의 팔작 기와집으로, 동쪽에 “석양루”(夕陽樓)(A)라 표기하였다. 이 석양루는 숭교방(崇敎坊)에 있는 효종의 잠저인 용흥궁(龍興宮)의 ‘조양루’(朝陽樓)(L)와 서쪽으로 대면(對面)한 누이다. 남측 면은 2간으로, 아랫간에는 간마다 두 짝 띠살 창호를 달았고, 상층 누에는 간마다 네 짝 띠살 창호를 달았다.

남향한 안채는 한 벌대 장대석쌓기 기단 위에 선 정면 6간의 팔작집으로, 간마다 네 짝 띠살 창호를 달았다. 이 안채 동쪽으로는 정면 4간 되는 문간채가 자리 잡고, 이 안채 뒤, 북쪽으로는 정면 4간으로 추정되는 동향한 팔작집채가 ㄱ자로 꺾이어 연달아 서 있다. 팔작집채는 정면인 동쪽면 각 간마다 난간이 둘러 있고, 창호가 없는 전면이 개방된 마루〔廳〕로 이루어져, 대청에서 뒤뜰〔後庭〕을 바라보게 되어 있다.

팔작집채 서쪽으로는 ㄱ자로 꺾이어 연이어진 정면 5간 맞배집채가 있고, 다시 북쪽으로 꺾인 곳에 ‘유춘헌’(留春軒)(B)이 서 있다.

유춘헌은 단청을 한 누 건축으로 간마다 두 짝 띠살 창호가 그려져 있는데, 온돌방인지, 아니면 누마루에 띠살 창호를 설치한 것인지 알 수 없다. 유춘헌과 팔작집채 동쪽에는 사랑채 뒷마당과의 사이로, 일각대문이 서 있는, 남북으로 길게 뻗은 사잇담이 있고, 북쪽으로는 뒷동산과의 사이에 동서로 뻗은 사잇담이 있다. 이 사잇담 아래에 폭이 넓게 석단(石段)을 한 단 쌓았다. 단 아래에는 두 그루의 붉은 꽃들이 활짝 핀 매화나무가 식재되어 있고, 석단 앞에는 풀밭이 펼쳐져 있다. 또 이 석단 동쪽 사잇담과 만나는 모퉁이에 있는 두 단의 방형식단(方形植壇) 위에는 낙락장송이 있다. 9개의 버팀목으로 낙락장송의 가지들을 받쳐 놓았다. 이곳 전체가 바로 안채에 속한 뒤뜰이다. 이 뒤뜰과 정자 영파정(暎派亭) 뒷동산과는 석단 동쪽 일각대문과, 남면한 사잇담 일각대문으로 연결된다.

1.2 용흥궁(龍興宮)—봉림대군 궁집〔鳳林大君宮家〕[287]

〈인평대군방전도〉(麟坪大君坊全圖)의 아래 그림이 용흥궁[288]인데, 이를 본궁(本宮)이라 부른다. 효종〔1619(광해군 11)-1659(효종 10)〕의 잠저(潛邸)이다(도면42).

방형의 넓은 터 주위를 담장으로 둘러치고, 그 속에 솟을대문간 행랑채, 중문간 행랑채, 사랑채, 계경헌(啓慶軒), 조양루(朝陽樓) 등 여러 채들을 건립하였다. 채와 채들 사이사이에 행랑〔行廊, 행각(行閣)〕과, 일각대문을 세운 사잇담으로 구획하여 크고 작은 여러 개의 마당을 이루고 있다.

제일 전면으로 17간의 북향 솟을대문 행랑채가 서 있고, 좌우로 담장이 서 있다. 이 행랑채 중앙에 솟을대문간과 협문간(俠門間)이 있다. 솟을대문간에는 '폐대문'(閉大門)(O), 협문간에 '대문'(大門)(P)이라 기록되어 있다.

대문간을 들어서면 한 단 높은 솟을대문 행랑마당이다. 이 마당 앞쪽에는 중문간 행랑채가 있는데, 서쪽에 일각대문이 서 있는 사잇담장이 가로막고 있고, 동쪽으로도 사잇담이 서 있다. 서쪽에 4간 되는 집채와 5간 되는 집채 두 채가 서 있고, 동쪽에 측면 2간 되는 한 채가 각각 서 있는데, 서쪽 채 두 채는 장무소와 바깥 행랑인들의 거처이고, 동쪽 채는 서향한 악실(堊室)[289]이라 추정된다.

북향한 중대문 행랑채는 20간으로 동, 서로 2개의 솟을대문간을 두고, 나머지 간들은 마구간과 가마고〔轎子庫〕, 곳간〔庫間〕이다. 중대문 행랑채 서쪽 여섯 번째 간에 있는, '폐대문'(閉大門)(O)이라 표기한, 솟을대문을 들어서면, 남북으로 긴 방형 곳간채 마당에 이른다. 곳간채 마당에는 우물이 있고, 남쪽으로 5간 행랑과, 동쪽 행랑채가 둘러막고 있다. 중대문 행랑채 동쪽 일곱 번째 간에는 솟을대문이 서 있는데, 지붕 위에 '대문'(大門)(P)이라 표기되어 있다. 중대문과, 행랑 동쪽에 서 있는 사잇담의 일각대문을 들어서면, 행랑마당과 같은 높이의, 동서로 긴 장방형 마당이다. 마당 안쪽, 남쪽에는 팔작집채의 합각면이 있고, '계경헌'(啓慶

[287] 주남철, 《궁집》(일지사, 2003), pp.69, 85-96.

[288] 같은 책, pp.85-96.

[289] 같은 책, p.66. 악실(堊室)은 악차(堊次)의 기능을 대신하는 건물이다. 악차는 묘 옆에 띠로 지붕을 이은 초막(草幕)으로 상주가 이곳에서 시묘(侍墓) 살이를 한다.

軒)(M)이라 표기되어 있다. 이 계경헌은 사랑채로서 중대문간 행랑마당에서 안쪽, 남쪽 사잇담에 선 사주문을 들어선 사랑마당에 자리 잡고 있다.

계경헌 동쪽 앞마당에는 방지(方池)가 있고, 동쪽 담장과, 남쪽 사잇담, 그리고 뒷마당 서쪽 사잇담으로 둘러싸여 있다. 사랑채인 계경헌 남쪽 사잇담 일각대문을 들어서면, 사잇담과 바깥담장으로 둘러싸인 정방형에 가까운 뜰에 들어선다. 이 뜰에는 몇 그루의 버들들이 자라고 있고,[290] 남쪽 사잇담의 트인 곳으로는 남쪽 뒷동산으로 나갈 수 있다.

한편 정면 20간 되는 중대문 행랑채 서쪽 사잇담에 선 일각대문을 들어서면, 남쪽과 동쪽으로, 행랑채가 둘러막고 있는 동서로 긴 장방형 마당에 들어선다. 이 마당에서 마주하는 중문간 행랑의 중문을 들어서서 안쪽(남쪽)으로 나아가, 동쪽의 또 다른 중문으로 조양루(朝陽樓)가 있는 안마당에 들어선다.

안마당 전면, 북쪽에는 동향한 '조양루'(朝陽樓)(L)가 서 있고, 그 남쪽으로 ㄱ자형 안채, 그리고 다시 남쪽으로 안채의 뒤채가 붙어 있다. 조양루는 측면 2간의 중층 팔작지붕 누 건축이고, 이와 붙어 있는 ㄱ자형 안채 는 동면과 북면 모두 6간으로 앞퇴〔前退〕가 있다.

안채 동쪽과 남쪽으로는 사잇담으로 둘러친 장방형 안마당이고, 이 마당 동쪽에는 낙락장송 두 그루와 한 그루 매화나무〔梅〕가 있고, 낙락장송 가지 아래 샘〔泉〕이 있다. 이 마당 서쪽에는 '낙영재'(樂英齋)(N)가 있고, 또 낙영재 남측면 중앙에 남북으로 가로막은 사잇담과 일각대문이 서 있다. 이 사잇담의 일각대문을 열고 나가면 서쪽 바깥담장과 남쪽 사잇담이 만나는 곳에 또 다른 사잇담이 서 있고, 그 속에 매화동산〔梅園〕이 있다.

안채 뒷마당과 낙영재 서쪽 마당 남쪽에는 동서로 길게 뻗은, 장대석 한 벌대 위에 벽체를 세운 사잇담장이 서 있고, 그 남쪽으로는 이 마당보다 한 단 높은 곳에 뒷동산〔後苑〕이 자리 잡고 있다. 뒷동산은 남쪽 바깥담장과 동쪽과 서쪽 바깥담장으로, 동서로 긴 장방형으로 둘러싸여 있는데, 낙락장송들과 매화나무들이 자라고 있다.

1.3 덕온공주 궁집〔德溫公主宮家〕[291]

서울특별시 성북구 장위동 76-59에 있다. 순조(純祖)의 제3녀 덕온공주[292] 부마인 남령위(南

290 대나무 숲으로 볼 수도 있으나, 일반적으로 대나무 숲은 〈동궐도〉(東闕圖)의 창덕궁, 창경궁, 후원, 그 어느 곳에서도 찾아볼 수 없으며, 또 조선시대에는 대나무들이 자랄 수 있는 북방 한계선이 충청지방이라는 점과, 궁궐 그림에서 버드나무들이 많이 그려진 점 등을 생각하면, 이곳에서도 버드나무를 그린 것으로 판단된다.

291 주남철, 《궁집》(일지사, 2003), pp.145-158.

寧尉) 윤의선(尹宜善)의 제택으로, 고종 2년(1865)에 지은 것으로 판명된다. 번동(蕃洞)에 있는 순조 제2녀 복온공주 궁집 남쪽에 있다(도면 43, 사진 50).

남향한 넓은 터에 ㄷ자형 안채, ㄱ자형 사랑채, ㄷ자형 중문간 행랑채, ㄷ자형 별채들이 남향으로 자리 잡고, 一자형 별당채가 동향하여 있다.

원래의 솟을대문과 대문간 행랑채는 철거되고, 새로 담장과 철대문을 세웠다. 철대문을 들어서면 넓은 바깥마당이다. 모랫바닥 마감인데, 이 마당 북쪽으로 안채로 들어가는 중대문간 행랑채와 사랑채 담장 앞에, 동서로 길게 막돌 장대석으로 바른층쌓기 한 화계가 있다. 동쪽은

덕온공주 궁집 배치도 도면 43

292 《순조실록》 부록 순조대왕 행장(行狀) 참조.

돌계단

사랑채 일각문과 화계

사랑채 옆마당

안마당

안별당

뒷동산

뒷동산

덕온공주 궁집 사진 50

3단이고 서쪽은 2단인데, 두 곳 모두 사랑마당으로 드나드는 일각대문과 안채로 드나드는 중대문에 맞추어 석계를 놓았다.

사랑마당은 기와지붕을 얹은 막돌 담장으로, 동,서,남, 삼면을 둘러쌓은, 동서로 조금 긴 장방형이다. 정면 6간의 팔작지붕의 사랑채 기단은 장대석 두 벌대 기단으로, 석계 2개를 놓아 기단 위로 오른다.

사랑채 뒤로는 북쪽의 별채와 행랑채, 안채 동쪽과 더불어 장방형의 마당을 이룬다. 마당 가운데 식단(植壇)을 쌓고 석류를 식재하였다.

중대문으로 들어서면 ㄱ자형 안마당이다. 안채는 중앙에 대청을 두고, 동쪽에 건넌방, 아궁이부엌, 서쪽에 안방, 부엌간을 둔 ㄷ자형 홑처마 팔작집이다. 안채의 기단은 장대석 바른층쌓기 두 벌대로, 기단 앞 안마당은 모랫바닥으로 마감하였고, 전면 중대문의 중심축을 비껴선 자리에 기단 석계가 자리 잡고 있다. 석계 양쪽으로는 대석(臺石)을 놓아 뜰을 간소하면서도 기품 있게 꾸몄다. 중대문간 행랑채와 안채 사이를 연결하는 서쪽 행랑의 문으로 나아가면 안채 서쪽의 옆 뜰과 안채 북쪽에 조성된 뒤뜰에 들어서는데, 이 옆 뜰과 뒤뜰은 바로 이 궁집의 뒷동산인 후원(後苑)이다.

안채 서쪽으로 안별당채인 산호벽루(珊瑚碧樓)가 자리 잡고 있다. 산호벽루는 천장 높이의 2/3되는 창호를 설치, 필요 시 시선을 차단하였다. 바닥은 우물마루이고, 천장은 연등천장의 중앙부에 우물천장을 달았다. 홑처마 팔작집이다. 안주인 공주의 여름철 휴식 공간이다.

산호벽루 북쪽으로는 3개의 석단을 쌓아 화계(花階)를 조성하였고, 그 북쪽 담장 밑으로 또 하나의 단을 쌓아 마지막 화계를 이루고 있다. 후원 바닥은 잔디를 식재하였고, 배롱나무, 향나무 등이 식재되어 수풀을 이루고 있다.

1.4 운현궁(雲峴宮)—대원군 이하응 궁집〔大院君李昰應宮家〕[293]

서울특별시 종로구 운니동 98-50에 있다. 운현궁은 고종의 아버지 대원군 이하응〔李昰應, 1820(순조 20)-1898(광무 2)〕의 궁집이다. 대원군 이하응은 남연군의 제4남으로 순조 20년(1820)에 출생하여, 후일 안동 별궁이 들어선 터에 있었던 궁집에서 성장하다가 이곳 정선방(貞善坊) 운현(雲峴)으로 이사하였고, 고종 즉위 후 고종의 본궁(本宮)이 되자, 큰 공사를 벌여 새로운 운현궁을 짓게 되었다.

운현궁은 고종 원년인 1864년 가을 9월에 낙성식을 갖게 되었다. 낙성식에는 고종이 대왕대

[293] 주남철, 《궁집》(일지사, 2003), pp.183-246.

노안당

이로당

노락당 석련지

이로당

이로당 가산

석함

월랑

석함 / 이로당 옆마당과 우물 / 우물 / 화계 / 무승대

운현궁 사진 51

비와 대비 두 자전(慈殿)을 모시고 납시었으며, 고종 3년에는 이곳 운현궁 노락당(老樂堂)에서 민왕후(閔王后)를 맞아들이는 가례(嘉禮)를 올렸다. 또한 고종이 운현궁에 드나드는 데 필요한 문인 경근문(敬覲門)과 대원군이 창덕궁에 드나들 때 전용문인 공근문(恭覲門)이 세워졌으며, 그 전체적인 경역(境域)은 수리(數里)에 달하였다(도면 44, 사진 51).

운현궁은 남쪽으로부터 북쪽으로 들어가면서, 아재당(我在堂), 노안당(老安堂), 노락당

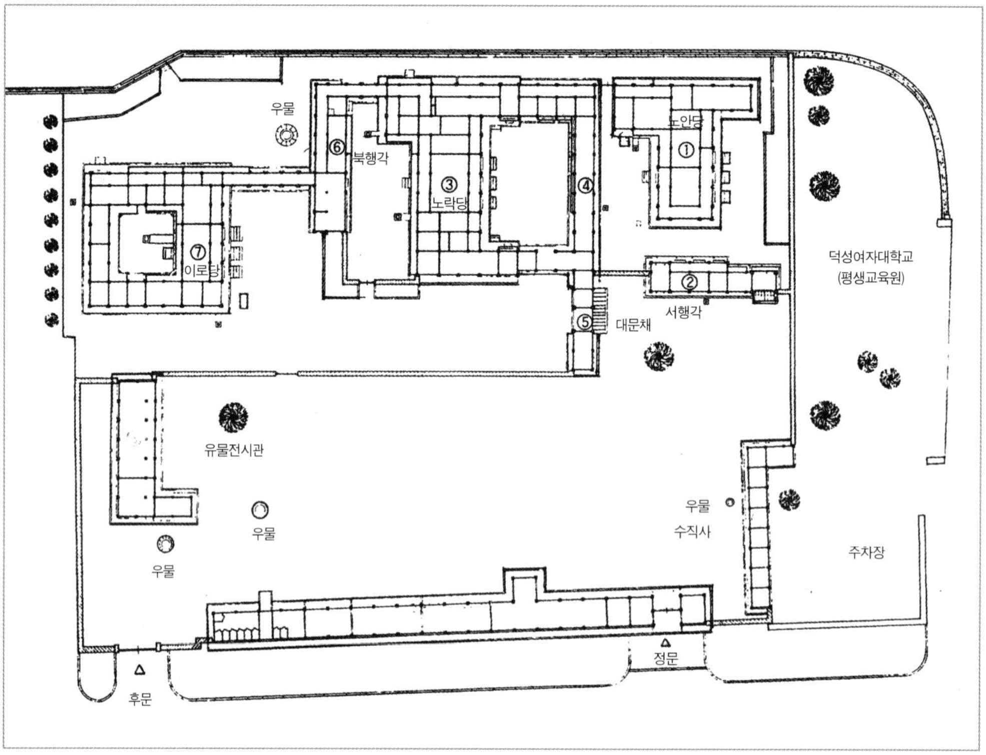

운현궁 배치도 **도면 44**

(老樂堂), 이로당(二老堂), 영로당(永老堂)이 자리 잡고, 동쪽 터 남쪽에 양관(洋館), 그리고 그 뒷동산에 아소당(我笑堂), 은신군(恩信君)과 남연군(南延君)의 사묘(祠廟)와 재사(齋舍)가 있었다. 또 고종이 어린 시절 연을 날리며 놀던 노송(老松)이 있었다고 한다. 사묘들이 자리 잡은 동남쪽 터에는 육사당(六四堂)이 있었으며, 노안당 서쪽 터에는 왜병들의 초소와 행랑채들이, 이로당 서쪽 터의 반빗간채 등을 둘러싸고 있었다. 그리고 양관은 그 자리에 있던 송정(松亭)을 헐고 지었다고 한다.[294]

현재에는 아재당, 아소당, 은신군과 남연군의 사묘, 재사, 반빗간채, 기타 행랑들이 모두 철거되고, 노안당, 노락당, 이로당, 영로당, 행랑 일부와 남동쪽의 양관(洋館)만이 남아 있다. 정원 또한 보수 정비 후 많은 부분이 제 모습을 잃었다.

[294] 이청(李淸) 씨의 고증(1993년 여름). 이청 씨는 흥선대원군의 장남 완흥군(完興君), 재면(載冕), 흥왕(興王)의 장손 영선군(永宣君), 이준용(李埈鎔)의 입양된 아들 이우(李鍝)의 아들이다. 이준용의 호가 송정(松亭), 석정(石庭)임.

1.4.1 노안당(老安堂)과 서행각(西行閣)

노안당 서행각 바깥마당에는 현재와 같이 큰 느티나무가 한 그루 서 있었고, 그 서쪽으로 목조 일본식 이층 건물이 한 채 있었는데, 이 건물은 운현궁을 감시하던 일본 병사들의 초소(哨所)였다. 주변은 맨땅으로 마감된 넓은 마당이었고, 별다른 꾸밈은 없었다.

현재 서행각은 정면 4간 측면 1간 반 행랑과 정면 2간 측면 1간의 문간채가 연이어져 한 채를 이루고 있다. 서행각의 바깥벽은 방화장으로 사고석 바른층쌓기 위에 벽돌쌓기를 하였다. 벽돌쌓기는 아래에서 위로 올라가면서 벽돌의 길이와 높이가 줄어들어, 강한 점이(漸移, gradation) 현상을 이루면서 시각적으로 앞에 펼쳐진 정적(靜的)인 마당과 대조를 이루고 있다.

보수전 솟을대문의 대문짝 안과 밖을 반대로 하여, 대문빗장이 있는 안쪽 면을 밖으로 하였었다. 이는 일제(日帝)가 대원군을 가두고 감시하기 위한 것이었다.

솟을대문을 들어서면 노안당 사랑마당이다. 사랑채인 노안당은 一자형 평면의 동쪽 끝에 남북으로 돌출된 채가 붙어, 전체적으로 T자형 평면을 이루고 있다.

기단은 장대석 세 벌대 기단이고, 동쪽에 남쪽으로 돌출된 누마루의 기단은 두 벌대이다. 기단 아래의 앞마당은 모두 모랫바닥 마감이다. 정면 남쪽 담장 아래 화계가 만들어졌고, 여기에 몇 그루 나무들이 심겨 있었다. 노안당 뒷마당과 동쪽 옆 마당은 모두 흙바닥 마감이고, 동쪽 옆마당 동쪽의 장대석 바른층쌓기 한 축대 사이 마당은 동서로 좁고 남북으로 긴 장방형을 이루고 있다.

1.4.2 안대문간채, 노락당(老樂堂)과 남행각(南行閣), 북행각(北行閣)

서행각 바깥마당에서 북쪽으로 면한 곳에 정면 5간 측면 1간의 안대문간채가 동서로 길게 뻗어 안채 노락당 남행각과 연이어져 있다.

안대문도 솟을대문이다. 대문을 들어서면 서쪽 담장과 노락당 서행각 사이에는 남북을 잇는 벽돌을 깔아 놓은 길이 뻗어 있었고, 서행각 아래와, 서쪽 담장 아래로는 남북으로 길게 화계가 있었다. 화계와 벽돌길 사이는 잔디를 심어 마감하였었다. 담장 아래의 화계에는 몇 그루 향나무들과 석함들이, 서행각 화계에는 여러 그루의 철쭉들이 심겨 있었다. 또 서행각과 안대문간채 모서리에도 석함이 하나 있었다.

노락당 서행각의 안중문[內中門]을 열고 들어선 안마당에는 안채 노락당이 장대석 세 벌대 기단 위에 서 있다. 동서 행각과 노락당 뒤 기단은 두 벌대 단이다. 노락당 둘레의 마당은 모두 모랫바닥 마당이고, 앞마당 남행각 사이에는 커다란 직육면체의 "운하연지"(雲下硯池)라 각자된 석연지(石蓮池)가 대청에서 바라보기 좋게 자리 잡고 있었다. 이 석연지는 보수 직전에 이로당(二老堂) 앞으로 옮겨지고, 그 자리에 있던 석련지는 다른 곳으로 이전하였다.

노락당 뒷마당에는 노락당 북행각과 노락당 사이에는 차양간이 있었는데, 지금은 그 주형 초석들이 남아 있다.

1.4.3 이로당(二老堂)

이로당은 안별당채이다. 정면 6간 반 측면 7간의 ㅁ자형 평면으로, 중앙 안마당 역시 ㅁ자형이다. 정면 남쪽과 서쪽은 장대석 네 벌대 기단이고, 동쪽에서 남쪽 면은 네 벌대이나, 뒤쪽인 북쪽 면에서는 세 벌대이다. 뒷면인 북쪽 면도, 서쪽은 네 벌대이고 동쪽은 세 벌대이다. 이는 이로당 동쪽 마당은 사묘(祠廟)가 있었던 동산 서쪽 자락과 이어져 지반이 높기 때문이다.

이로당 앞마당 서쪽 기단 아래에 있는, 앞면에 "운하연지"(雲下硯池)라 각자된 석련지는 본래 이로당 안마당에 있었던 것이다.

앞마당 동쪽으로는 월랑(月廊)으로 이로당과 노락당 북행각을 연결하고 있다. 이들 월랑, 북행각이 이로당의 ㄷ자형 앞마당을 이룬다. 앞마당 동남쪽으로는 작은 동산〔假山〕이 조성되고, 흥선대원군의 난초 그림과 대원군의 호인 "석파"(石坡) 두 글자가 조각된 석함들 여러 개서 있고, 소나무 두어 그루 서 있었다. 그리고 동쪽 월랑에는 아름답고 작은 홍예문이 있어, 이 문을 들어서면, 이로당 동쪽 옆마당에 들어선다. 옆마당 동쪽은 동산(東山)의 서쪽으로, 장대석 바른층쌓기한 축대가 길게 서 있다.

옆마당 남쪽, 북행각의 뒷마당에는 화강석을 다듬어 원형으로 돌린 우물이 하나 있고, 동쪽 동산 아래에는 오석(烏石)으로 만든 대석(臺石)인 '무승대'(茂勝臺)가 있다. 새벽녘에 난초분들을 대석 위에 늘어놓아 아침 이슬을 머금게 하였다.

1.4.4 영로당(永老堂)[295]

영로당은 운현궁의 북쪽에 자리 잡은 마지막 별당채로서, 현재 이로당과의 사이에 사잇담을 축조하여 운현궁과 별개의 집채가 되었다.

一자형 평면에, 동서 양쪽에 날개를 달아 전체적으로는 ㄷ자형 평면을 이루고 있다. 정면인 남쪽은 세 벌대 장대석 기단이고, 북쪽 면은 두 벌대 장대석 기단이다.

남쪽 기단에는 두 개의 석계(石階)가 있는데, 대청 앞 석계 양쪽에는 2개의 대석이 있고, 그 남쪽 앞마당에는 둥근 식단(植壇)에 소나무 한 그루가 자라고 있다. 동쪽 마당에는 우물 하나와, 남쪽 담장 아래에 석련지(石蓮池) 1기와 석상(石床) 1기가 자리 잡고 있고, 주변에 여러 그루의 나무들이 자라고 있었다. 또 서쪽 옆 마당에도 석련지 1기와 석등이 있었는데, 석등은 다른 곳에 있던 것을 옮겨다 놓은 것이다. 영로당 북쪽의 북행각은 정면 10간 측면 1간 一자형 평면으로, 부엌과 찬마루, 뜰아랫방과 청들이 있다.

한편 현재의 빌딩이 들어선 서쪽 마당에도 집주인이 조성한 정원이 있었는데, 이곳에는 우물과 소나무, 잔디밭으로 가꾸어졌었다.

2 사대부집〔士大夫家〕

2.1 옥호정(玉壺亭)—김조순(金祖淳) 제택(第宅)[296]

옥호정은 김조순(1765-1831)의 제택으로, 서울 삼청동에 있었다. 김조순은 순조(純祖)의 장인〔國舅〕으로서, 당대의 권력과 재력가로서, 시문화(詩文畵)에도 능하였다. 가택(家宅)을 조영함에 있어 택지의 선정에서부터 모든 건축은 물론 뜰과 동산을 격조(格調) 높게 가꿀 수 있었기 때문에, 〈옥호정도〉〔玉壺亭圖, 고 이병도(李炳燾) 박사 소장본〕를 통하여 조선시대 세도가의 정원 실체를 알 수 있다(도면 45, 사진 52).

북악(北岳) 산봉 동쪽 바위에 "일관석"(日觀石)이라 각자하고, 그 아래의 동향한 넓은 산자락에, 자좌오향(子坐午向)으로 사랑채와 안채를 배치하였다. 집터 동북쪽의 산등성이 너머에는 서북쪽으로부터 계곡의 물이 흘러내려 와 집터 앞을 돌아 남쪽으로 흘러간다. 동쪽 냇가에는 여러 그루의 버드나무들이 서 있고, 산자락에는 울창한 송림을 이루고 있다.

295 고종과 장귀인과의 소생인, 의왕(義王) 이강(李堈)의 2남(김씨 소생)인 우(鍝)가, 흥선대원군의 장남 완흥군(完興君), 재면(載冕), 흥왕(興王)의 장남인 영선군(永宣君), 이준용(李埈鎔)의 대통을 잇게 되었다. 우(鍝)와 혼인한 고 박찬주 여사(박영효의 손녀, 흥선대원군의 증손주 며느리)가 고 김승현 씨에게 매각하였고, 김승현 씨는 자신의 주택으로 사용하였다. 1976년 서울특별시 민속자료 제19호, 김승현가로 지정되어 오늘에 이르고 있고 그간 많은 개축이 있어 본래의 모습을 잃었다.

296 주남철, 《한국건축사》 개정판(고려대학교출판부, 2006), pp.475-476. 삼청동 옥호정터 동산에는 "일관석" 각자바위가 남아 있다.

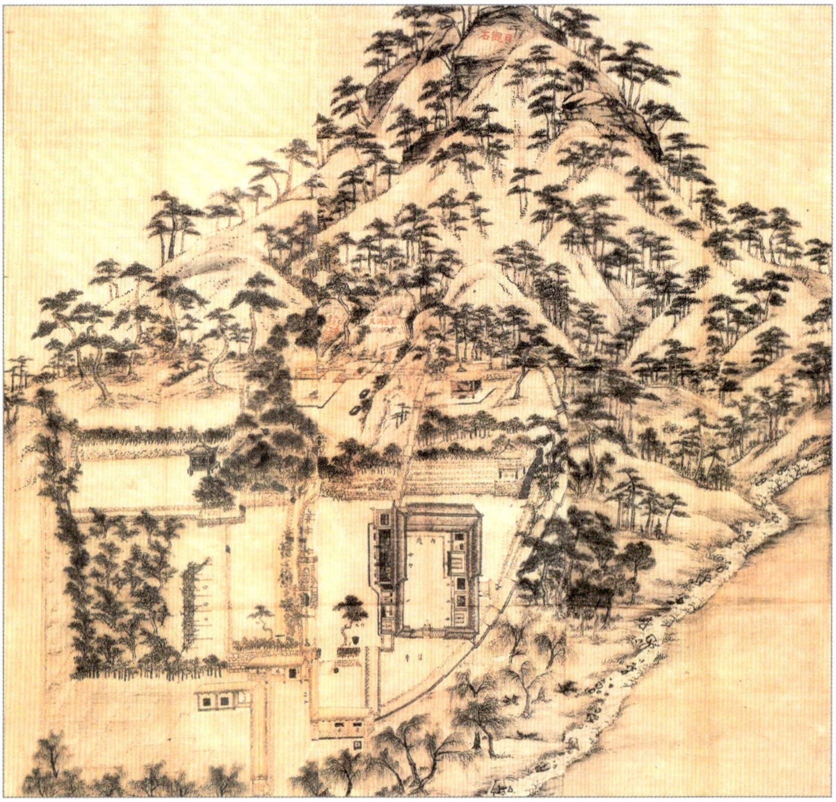

옥호정도(이병도 박사 소장)

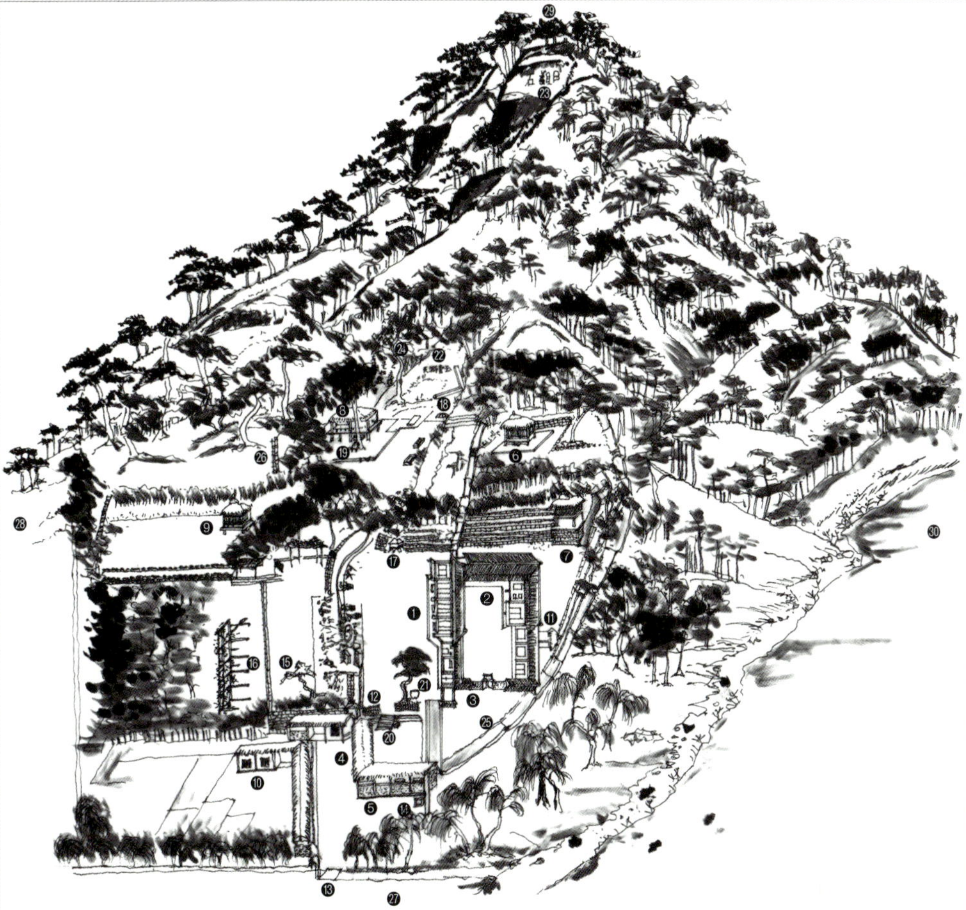

1. 舍廊 2. 內廈 3. 醬庫 4. 大門 5. 행랑채 6. 亭子 7. 竹亭 8. 草樓 9. 亭子 10. 下人廳 11. 內厠 12. 外厠 13. 다리 14. 井
15. 松 16. 葡萄架 17. 벌통 18. 蕙生泉 19. 石床 20. 翠屛 21. 槐木 22. 玉壺洞天 23. 日觀石 24. 乙亥壁, 山光如遠古, 石氣可長年
25. 담장 26. 丹風臺 27. 東 28. 南 29. 西 30. 北

옥호정도(필자 재작도) 도면 45

일관석 각자 바위 사진 52

2.1.1 대문간 마당

집터 앞의 작은 다리를 건너 대문간 행랑 바깥마당에 이른다. 동서로 긴 장방형의 마당, 오른쪽으로는 ㄴ자형 대문간 행랑채가 남향하였는데, 남쪽 중앙에 "대문"(大門), 꺾인 동쪽에 "청"(廳), "고"(庫)라 하였다. 이 행랑채 동쪽 모서리에 "정"(井)이라 쓴 네모난 우물이 있다. 그리고 마주한 곳에 있는 一자형 3간의 초가집채는 남쪽 1간이 "고"(庫), 중앙이 "청"(廳), 북쪽 간이 "방"(房)이다. 왼쪽인 남쪽으로도 담장 너머에 ㄱ자형 초가집채가 남향으로 서 있는데, "하인청"(下人廳)이라 적혀 있고, 이 하인청 앞쪽으로는 넓은 텃밭이다.

2.1.2 사랑채와 사랑마당

남향 대문을 열고 행랑마당으로 들어서면, 서쪽인 앞쪽으로 높은 축대를 마주하게 된다. 돌계단이 있고, 축대 위로는 중앙을 비워 두고, 양쪽으로 취병(翠屛)을 가로질러 세웠다. 축대와 ㄱ자로 꺾인 오른쪽에는 동서로 길게 담장이 서 있어, 담장 안의 장독대〔장고(醬庫)〕와 경계를 이루고 있다.

취병 바로 안쪽으로는 괴목(槐木)이 한 그루 서 있고, 괴목 밑에는 독이 하나 놓여 있다. 괴목 앞을 지나 안쪽으로 사랑마당에 들어서면, 바른쪽 북쪽으로 남향한 정면 4간의 사랑채와, 사랑채와 이어진 안대문간채가 일렬로 서 있다.

사랑채 4간은 1간의 방과 3간의 대청인데, 대청 중앙간에 "옥호산방"(玉壺山房)이라 편액되어 있다. 사랑마당의 남동쪽 모서리에는 1간의 초가지붕 '외측'(外厠)이 있고, 마당 남쪽 가에는 막돌쌓기 화계가 조성되어 있다. 화계 앞에는 방형의 대(臺)가 축조되어 있는데, 이 대 위에는 동쪽에 괴석을 담은 석함이, 서쪽에는 둥근 석지(石池)가 있다. 대의 동쪽 마당에는 파초가 자라고, 화분들이 대의 앞과 서쪽으로 몇 분 놓여 있으며, 화계 석단 위 안쪽으로 꽃나무〔花木〕들이 심어져 있다. 화계 위로는 동서로 긴 장방형의 마당인데, 이 마당 동쪽은 아래 터에서부터 막돌 바른층쌓기 한 축대를 쌓았고, 축대 가에는 화목들이 줄지어 있으며, 중앙에 소나무 한 그루가 서 있다. 또 화계 위의 마당 동남쪽 변을 따라, 사랑채에서 바라볼 때 폭이 넓은 ㄴ자형으로 마당의 색조보다 짙게 그려져 있다. 이 ㄴ자형으로 짙게 그려진 곳이 화단이라면 이곳에도 화목들이 그려져 있어야 하는데, 그런 것이 없는 것을 보면, 혹 금잔디 밭이 아닌가 생각된다. 이 마당 남쪽으로는 막돌쌓기의 축대가 한 단 높게 있고, 축대 남쪽으로 또 다른 마당인데, 정면 5간 측면 1간의 '포도가'(葡萄架)가 있고, 그 남쪽으로는 수림(樹林)이다.

사랑마당 서쪽으로는 산자락으로 올라가는 길이 있고, 이 길가에도 세 단의 막돌 바른층쌓기 한 화계가 있다. 화계 앞에는 닭장이 있고, 화계 위에는 모란으로 생각되는 꽃들이 자라고 있다. 화계 위 남쪽으로는 송림이 이어진다.

2.1.3 안채와 안마당

사랑채와 붙어 있는 중문간 행랑채 동쪽 끝 간의 중문을 들어서면, 서북쪽으로 ㄱ자형 안채가, 남쪽은 사랑채와 연이어 있고, 동쪽은 ㄱ자형 안행랑채와 연이어 자리 잡고 있다. 안채 기단 아래 동쪽으로 "내하"(內廈)라 씌어져 있고, 안채 동단 기단 위에는 "주"(廚)라 씌어져 있다. 이 '주' 와 붙은 안행랑채는 남향하여 3간이 있는데, 각 간마다 "고"(庫)라 하였다. 안행랑채와 중문간채와 연결하는 사잇담에는 일각대문이 서 있고, 문 위로 "문"(門)이라 하였는데, 이 문을 열고 동쪽으로 나아가면 장고(醬庫)이다. 담장으로 둘러싸여 있는데, 장독들은 그려져 있지 않다. 안행랑채 뒤, 북쪽으로는 초가지붕을 한 1간 "내측"(內廁)이 서 있다.

안채 서쪽 뒤로, 산자락 끝에 남북을 길게 여섯 단의 석단(石段)이 조성되어 있다. 이 석단의 북쪽 끝에 막돌 바른층쌓기 한 높은 방형 축대가 있고, 축대 위에 사방으로 평난간을 두른 1간 되는 초가지붕의 정자가 있는데, "죽정"(竹亭)이라 씌어 있다. 정자의 초석은 옥호동천의 석지와 같은 색조로 표현한 것으로 보아 석주형 초석(石柱形礎石)이다. 또 정자의 북쪽으로는 같은 색조로 표현된 경사진 것이 있는데, 이는 여러 개의 반듯한 디딤돌들을 놓아 만든 계단이라 판단된다. 이 계단을 따라 정자 뒤의 높은 서쪽 단에 오르고, 이 단에서 정자에 올라선다. 석단 위쪽인 서쪽으로는 점점 높아지는 산자락과 이어지는데, 여러 그루의 소나무들이 줄지어 있고, 그 서쪽으로는 옥호동천 동산에서 출입하는 초정(草亭)이 있다.

2.1.4 옥호동천(玉壺洞天) 동산

사랑채의 서쪽으로 난 길을 따라 올라가면 옥호동천 동산에 이른다. 이곳 동산의 입구에는 사랑채 앞마당 서쪽 가의 화계와 벌집, 그리고 소나무 숲이 있고, 그 마주한 남쪽으로 또 다른 보다 큰 소나무 숲이 있는데, 이 소나무 숲이 바로 옥호동천 입구를 경계 짓고 있다.

소나무 숲 동쪽으로는 괴석(怪石)들을 여러 개 땅에 묻어 세워 놓았고, 그리고 그 앞으로 남북으로 길게 막돌 바른층쌓기로 축대를 쌓아 아랫마당과 경계를 이루고 있다. 이 축대 아래에는 "반송"(盤松)이라 씌어진 버팀목 4개로 지지대 삼은 반송이 있다. 반송 남쪽으로는 "오미자가”(五味子架)라 써 놓은 ㄷ자형으로 돌출된 축대가 있다. 오미자를 키우는 곳이다. 이 축대 서쪽으로는 반듯한 장방형 마당이 있고, 남북 쪽 모서리에 1간 “첩운정”(疊雲亭)이라 편액되어 있는 초정이 있다. 이 첩운정의 장방형 앞마당을 연못으로 볼 수도 있겠으나,[297] 그림의 동쪽 가의 남북으로 길게 쌓은 막돌 바른층쌓기 한 단과 남쪽과 서쪽 가장자리 모두에, 그 상면에 연못의 물과 경계를 지어 주고 연못의 수면과 연못가와의 높이 차이를 나타내 주는, 두둑〔塘〕의 표현이 없으며, 정자 또한 장방형 못속에 있는 모습이 아니다. 더욱이 바닥 어디에도 북쪽 계류에서의 표현에서 볼 수 있는 물결 표현과 물의 색조 표현이 한 곳도 없다. 모두 다른 마당의 색조와 같은 색조로 통일되어 있는 점들을 생각하면, 이곳은 장방형 연못이 아니라 정자 첩운정의 장방형 앞마당이라 생각된다. 아마도 이 마당은 차일(遮日)을 치고, 멍석을 깔아 잔치를 하던 곳이 아닐까 한다.

소나무 숲 안쪽 동산으로 올라가면, 정면 2간 측면 1간 되는 초정이 있다. 초정의 누하주는 굵은 통나무이고, 초가지붕을 받치고 있는 6개의 기둥은 마디를 표현한 것으로 보아, 혹 굵은 대나무 기둥일 가능성이 있다. 또 기둥 사이를 가로지른 난간동자들도 대나무일 것이다.

정자의 동쪽 마루 아래에는 장방형의 커다란 디딤돌이 놓여 있고, 그 앞 동쪽으로 넓은 장방형 판석을 디딤돌로 받쳐 놓았는데, 판석 상면에는 “석상”(石床)이라 씌어 있다. 석상 옆에는 소나무 한 그루가 서 있다.

정자의 서북쪽 암벽에는 “옥호동천”(玉壺洞天), “을해벽 산광여수고 석기가장년”(乙亥壁山光如邃古 石氣可長年)이라는 각자〔刻字, 제명(題名)〕가 있다. 물홈통 2개를 연이어 석간수(石澗水)를 받아, 바위 아래 만든 작은 연못으로 떨어지게 하고 있다. 연못 속에는 장방형 판석을 놓아 작은 섬을 만들고, 연못 북쪽으로는 “혜생천”(惠生泉)이라 쓴 둥근 샘이 있다. 이 혜생천 앞, 동쪽 바위 아래에는 붉은 빛깔의 돌로 만든 장방형 석련지(石蓮池) 2개를 동서로 길게 늘어놓았다.

석련지들이 놓인 바위 동산 북쪽으로는 담장이 동서로 길게 쳐 있고, 담장에 단 사립문을 열고 들어서면 1간 초정이 낮은 기단 위에 서 있다. 초정은 “산반루”(山半樓)라 편액되어 있는데, 사방으로 띠살 사분합(四分閤)을 달았고, 디딤돌을 놓았다.

산반루 서북쪽으로는 ㄱ자형으로 축대를 쌓고, 축대 위에는 소나무가 자라고 있으며, 소나무 서북쪽으로는 안채 장고(醬庫)의 담장과 연이어진 담장으로 둘려져 있다. 이 담장에선 사주문으로 옥호동천 바깥 산자락과 계류로 나아갈 수 있다.

297 정재훈, 《한국전통의 원》(조경사, 1996), p.353.

한편 산반루의 동쪽 낮은 곳에는 안채 뒷마당 동북쪽 모서리에 막돌로 쌓은 축대 위에 죽정(竹亭)이 있다. 정자 남쪽으로 막돌로 쌓은 높은 단 위에 화계가 조성된 것으로 보아, 안채 뒷마당에서 오르내리는 정자가 아니라, 옥호동천 동산에서 드나들게 되어 있는 정자라 생각된다.

옥호동천을 둘러싸고 있는 산자락과 계류를 품고 있는 옥호동천의 주봉(主峰)에는 "일관석"(日觀石)이라 제명되어 있다(사진 52).

2.2 어재연 장군(魚在淵將軍) 생가(生家)[298]

경기도 이천군 율면 산성리에 있다. 사후 단서로 추증된 어재연 장군이 순조 23년(1823)에 태어나 고종 8년(1871)에 전사한 것으로 보아 1800년대의 건축으로 생각된다. 송림이 우거진 산

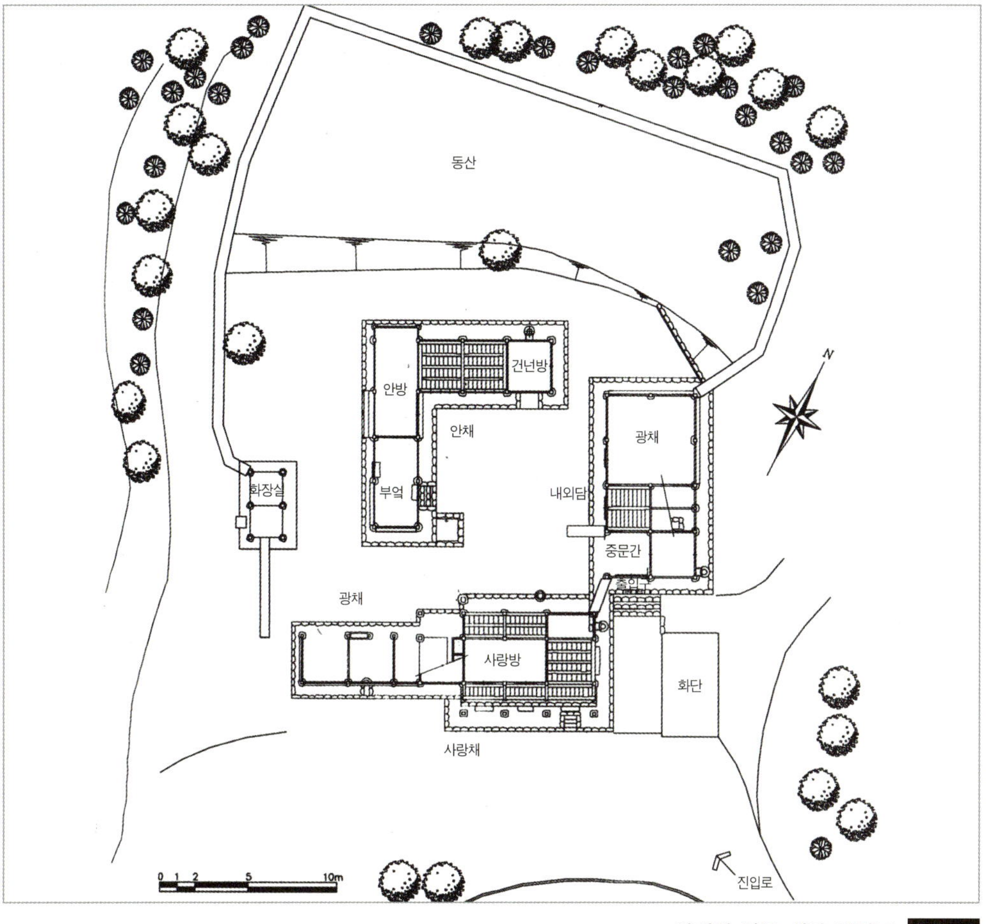

어재연 장군 생가 배치도 도면 46

298 주남철, 〈이천 어재연생가〉, 《국민일보》(1997.2.1). 주남철, 《한국의 전통민가》(아르케, 1999), pp.144-147.

어재연 장군 생가 사진 53

자락 남서향한 터에, ㄱ자형 안채, 一자형 사랑채, 一자형 광채가 자리 잡고 있다(도면46, 사진53).

고부라진 길을 따라 들어서면, 남서향한 사랑채를 마주한다. 사랑채는 정면 3간 측면 2간으로, 서쪽으로 정면 3간 반 측면 1간의 광채와 연이어져 있다. 사랑채의 기단은 막돌 허튼층쌓기로 비교적 높게 쌓았다. 동쪽 모서리의 누마루 앞 기단의 일부를 잘라 내고 4단의 돌계단을 놓아 기단 위에 오른다. 사랑마당은 흙바닥 마감으로 남서쪽 마당 끝에 키 큰 향나무가 한 그루 서 있다. 그 앞으로는 담장이 없어 막힘이 없다. 사랑채 동쪽으로, 사랑마당보다 한 단 높은 장방형 마당이 있고, 이 마당 동쪽으로 장방형 화단이 마련되어 있다. 마당 북서쪽의 안중문으로 안마당에 들어설 수 있다. 안중문은 一자형 광채의 남서 측면에 마련된 것으로, 이 광채와 사랑채는 ㄱ자로 꺾이어 접해 있고, 그 좁은 사이를 낮은 돌담이 막고 있다.

안중문으로 들어서면, 광채의 동남벽을 마주하게 되고, 이 벽 앞으로 돌출된 내외담 앞을 돌아들면 넓은 안마당이다. 안마당의 서북측 위에 ㄱ자형 안채의 꺾임부가 놓여, 대청과 건넌방은 동남향이고, 안방, 부엌, 광은 동북향이 된다. ㄱ자형 안채의 기단은 막돌 두단쌓기이고, 안마당은 모두 흙바닥 마감이다.

안채 뒷마당은 산자락과 연이어지는데, 안대청 뒤와 약 3미터 떨어진 곳까지 평평하게 흙바닥 마감이고, 이곳에서 산자락 끝이 시작되어 뒷산과 이어진다. 산자락 끝단 앞에 움이 있고, 그 옆에 큰 나무 한 그루와 장독대가 자리 잡고 있다. 그리고 산등성이 지형에 따라 낮은 돌담장을 쌓았고, 담장 너머로는 동산 수풀이 둘러 있다.

2.3 강릉 선교장(船橋莊)[299]

효령대군 11세손인 무경(茂卿) 이내번(李乃蕃, 1703-1781)이 1700년대 중반, 충주에서 강릉

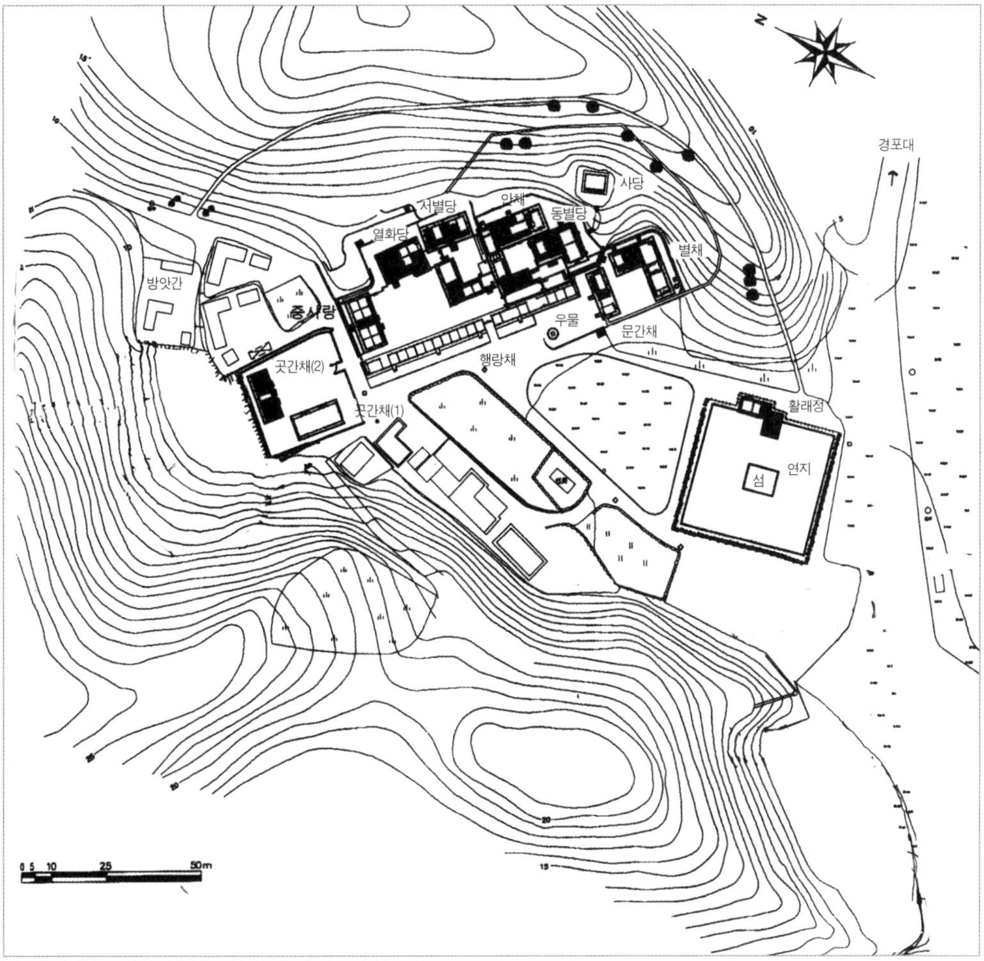

선교장 배치도 도면 47

299 주남철, 《한국주택건축》(일지사, 1980), pp.141-144. 주남철, 《한국건축미》(일지사, 1980), pp.153-155. 주남철, 〈선교장의 정원〉, 《환경과 조경》(1986), pp.22-28.

활래정과 연못

연못과 섬

활래정 마루에서

열화당 앞마당

열화당 옆마당

열화당 화계

화계 위에서

안중문길

선교장 사진 54

저동(苧洞, 경포대 주변)으로 이사하여 살던 중에, 족제비 떼의 인도로 명당인 이곳에 집터를 잡고 개기(開基)하였다.

시루봉[甑峰]으로부터 뻗어 내린 산줄기가 둘러져 장풍(藏風)을 하고, 좌우로 좌청룡(左靑龍) 우백호(右白虎)가 자리 잡고 있다. 터 앞으로 내가 흐르고, 바른쪽에 안산(案山)이 있으며, 왼쪽 시내 건너에 조산(朝山)이 있는 명당(明堂)이다. 제택의 이름 선교장(船橋莊)은, 경포호가 지금보다 넓었을 때 배를 타고 건너 다닌다 하여 배다리[船橋里]라 이름한 데서 비롯된 것이다.

본래 선교장은 ㄱ자형 안채, ㄱ자형 동별당(東別堂), 一자형 서별당(西別堂), ㄱ자형 중대문간 행랑채, 一자형 사랑채, 一자형 중사랑채, 一자형 솟을대문간 행랑채, ㄱ자형 정자, 사당, 동별당 남쪽 별채와 중사랑 서쪽 一자형 곳간채 2채가 있었다. 서별당, 동별당 남쪽 별채와 곳간채들은 최근 복원하였다. 안채는 이내번이 개기할 때의 건축이고, 사랑채 열화당(悅話堂)은 이내번의 손자 오은(鰲隱) 이후(李后)가 순조 15년(1815)에 건립하였다. 동별당은 오은의 증손 경농(鏡農) 이근우(李根宇, 1877-1938)가 건립하였고, 정자인 활래정(活來亭)은 오은이 순조 16년(1816)에 건립하였던 것을 경농이 중건하였다.

동쪽으로는 짧게, 서쪽으로는 길게 산자락이 뻗어 내려온 중앙에 자리 잡은 넓은 남서향한 간좌곤향(艮坐坤向)터 안쪽으로 접어들면, 방형 연못[蓮池]과 ㄱ자형 활래정 정자가 눈에 들어오고, 그 안쪽으로 동서로 길게 줄지어 있는 솟을대문간 행랑채가 남서향으로 자리 잡고 있다(도면 47, 사진 54).

연못의 네 둘레는 막돌 허튼층쌓기로 마감하였고, 연못의 가장자리에는 배롱나무들이 심겨 있다. 연못 중심에는 네모난 섬이 있는데, 둘레는 막돌 허튼층쌓기 하였고, 섬 중앙에 큰 소나무 한 그루가 자라고 있다. 연못가에 세운 정자인 활래정(活來亭)은 겹처마 팔작집으로, 방과 누마루 대청으로 구성되었다. 누마루의 장주형 초석 4개는 연못 안에 들어서 있다. 누마루 대청의 창호를 활짝 열어 들쇠에 매달면, 연못과 섬, 그리고 섬의 푸른 반송(盤松)이 한눈에 들어오고, 피어난 연꽃과 연잎을 완상하는 것은 또 다른 즐거움이다. 또한 활래정 온돌방에 앉아 열린 동쪽 창호로 앞 동산 자락을 바라보는 것도 또 다른 공간정서(空間情緖)의 하나이다.

솟을대문간 줄행랑채는 14간(복원 전)으로, 막돌 허튼층쌓기의 기단 위에 서 있다. 서쪽으로부터 일곱 번째 간이 솟을대문간이고, 동쪽 두 번째 간이 안대문간이었다. 그러나 현재에는 모두 24간으로, 서쪽에서 열다섯 번째 간이 솟을대문간이고, 동쪽에서 네 번째 간이 안대문간이다. 행랑채 기단 아래부터 솟을대문간 바닥까지 놓은 막돌깔기 경사진 돌길을 따라 솟을대문간으로 들어선다.

대문 안쪽으로는 징검돌길이 사랑채인 열화당 차양 밑 석계로 인도되고, 열화당 앞 사랑마당에는 능소화가 식재되어 있다.

사랑채의 서쪽, 옆마당 가에는 막돌 허튼층쌓기 한 축대가 있어 산자락과의 경계를 이루고, 이 축대는 옆마당을 돌아 들어선 뒷마당까지 연장되어 뒷동산과의 경계를 이루는데, 이곳에서 면이 넓은 방형 사고석 바른층쌓기로 변화를 이룬다. 뒷마당 축대 한쪽 끝에는 축대 위 화계로 오르는 석계가 있다. 석계로 화계 첫 단에 올라, 다시 단 위에 놓인 석계로 두 번째 단에 오른다. 두 번째 단 북쪽으로는 산정(山亭)이 있었다고 하나, 지금은 청송과 배롱나무 등이 식재되어 있고, 화계는 풀들로 무성하다.

솟을대문간 행랑채 동쪽 다섯 번째 간의 안대문을 들어서면 내외벽(內外壁)을 마주하고, 내외벽 앞을 돌아 들어서면 막돌 허튼층쌓기 축대 위에 찬방과 광의 남측 벽과, 일각중문이 서 있다. 1980년 전까지만 하더라도, 이곳에 장독대가 자리 잡고 있었다. 일각중문을 들어서서 2단의 석계를 딛고 안마당에 오른다. 안마당도 지금은 전체가 비어 있지만, 1980년대 이전에는 징검돌이 동별당 기단의 석계와 부엌 기단 앞까지 몇 개 놓여 있었고, 또 마당 가운데 방형의 꽃밭〔花壇〕이 있었다. 안채 뒷동산에는 사당채가 있고, 몇 그루의 감나무, 대나무 숲, 소나무 숲이 무성하여 아름다운 뒷동산을 이루고 있다.

2.4 아산 건재고택(建齋古宅)

충청남도 아산시 송악면 외암리 196의 건재고택은 숙종 3년(1677) 현 소유자의 9대 선조 이간(李柬) 공이 태어난 곳에 증조부 이상익(李相翼, 1848-1897)이 세운 주택으로, 그가 영암 군수를 지냈기 때문에 영암댁(靈岩宅)이라 불린다.

외암리 마을은 동쪽 설화산(雪華山, 해발 441미터)을 주산(主山)으로, 서남쪽 봉수산(鳳首山, 해발 535미터)을 조산으로 하고, 설화산 안 골짜기로부터 흘러내리는 냇물이 마을 남쪽을 끼고 흘러, 마을 입구에서 근대골 내와 합쳐져 평촌 쪽으로 흐르고 있다. 이 마을 입구 남서향 넓은 터에, ㄱ자형 안채, 一자형 사랑채, ㄱ자형 광채, 一자형 대문간채, 사당채 등을 배치한 영암댁이 자리 잡고 있다(도면 48, 사진 55).

동네 어귀에서 북쪽으로 돌아들면 넓은 대문간 바깥마당이다. 서남향한 대문간채를 중심으로 좌우로 막돌 기와지붕 담장을 둘러쳐, ㄷ자형 마당을 이루고 있다. 정면 7간의 동쪽 네 번째 간 대문을 들어서면 바로 넓은 사랑마당이다. 서쪽에 정자를 세우고, 정자 주변과 사랑채 앞마당에는 크고 작은 나무, 반송(盤松), 향나무, 괴석함, 석상(石床) 들을 잡다하게 늘어놓아 일반

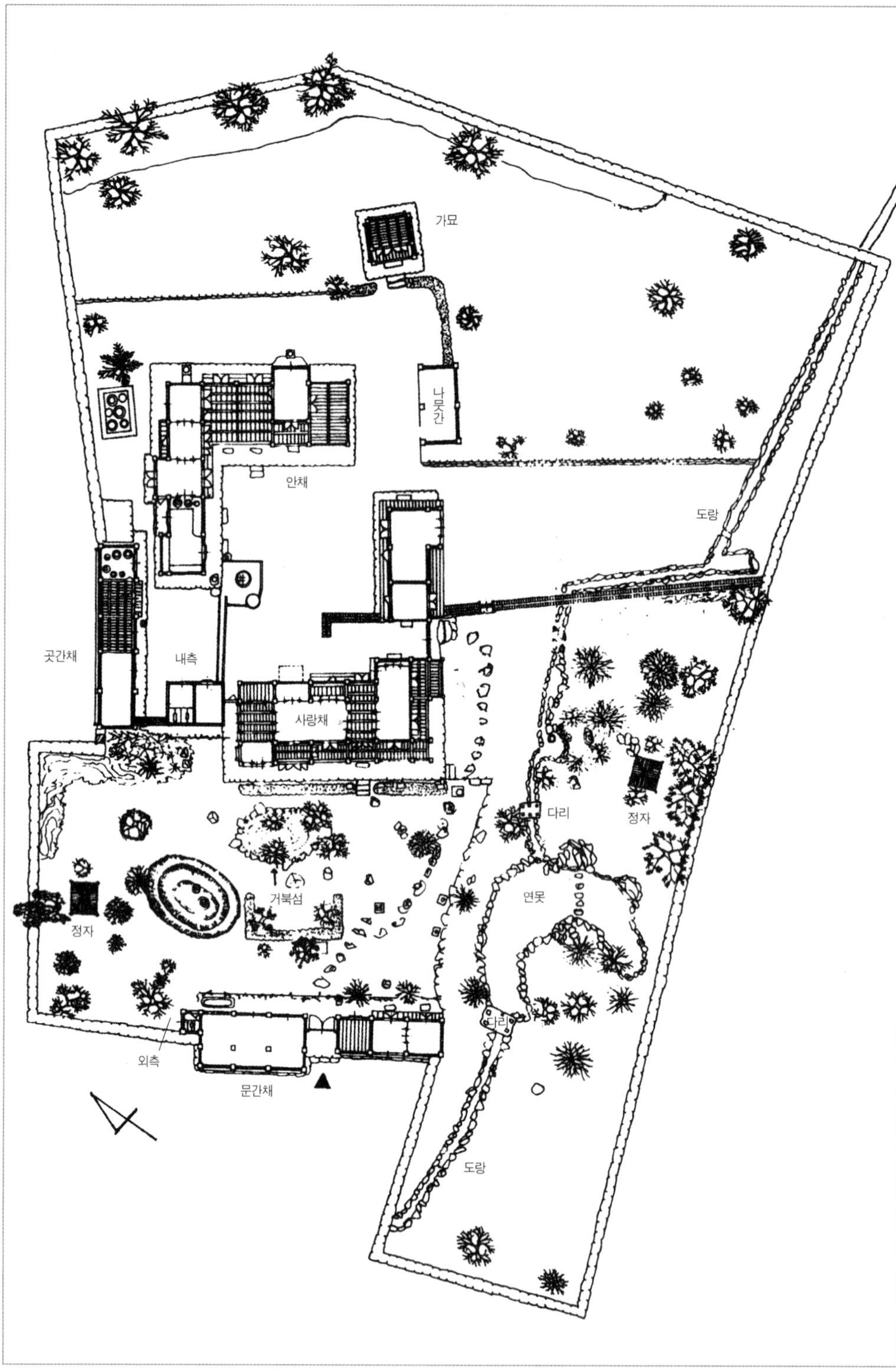

아산 건재고택 도면 48

사랑마당

사랑방에서

못

물확과 갈

안중문간 마당

안채 부엌

제택의 사랑마당과 색다른 구성을 하고 있다. 이는 현 주인의 선친대(先親代)에 이루어진 것이라 추측된다. 창건 당시에는 흙바닥 마감으로, 반송, 석상, 괴석함이 운치 있게 자리매김하였다고 생각된다.

사랑마당의 동남쪽으로는 넓은 정자마당이다. 이 마을 중심으로 흐르게 한 물길〔水路〕로부터 안채 동쪽 뜰의 작은 도랑으로 끌어들인 물을, 안채 동쪽 뜰과, 사랑채 동쪽 뜰 사잇담 밑을 흐르게 하여, 못 속에 거북섬을 둔, 반달형 못을 채우고, 다시 대문간채 바깥마당의 담장 밑으로 흘려 보내서 동네 앞 냇물과 만나게 하고 있다. 도랑 가장자리는 막돌로 마감하였고, 낙차를 두어 폭포를 이루고 있다. 도랑 위의 징검다리를 건너 뜰 동쪽에 세운 정자에 이른다.

사랑채 동쪽 막돌쌓기 기단 면에는 사랑방 구들골과 이어진 굴뚝이 있어, 아침저녁으로 사랑방에 불을 지피면, 연기가 낮게 마당에 깔리어 운해(雲海)를 이룬다. 사랑방과 대청, 툇마루에서 운해와 뜰의 모습을 내려다보는 공간정서(空間情緖)는 각별하다.

사랑마당보다 한 단 높은, 사랑채 동남쪽 뒤와 안채 안마당 동쪽으로 서 있는 아래채 사이공간에는 사잇문〔夾門〕이 있고, 대문간에서 이 사잇문 앞까지는 징검돌들이 늘어서 있다.

사잇문을 열고 내외담 앞으로, 안쪽으로 들어서면, 마주한 곳에는 ㄱ자형 광채의 동쪽 면을 마주하게 되고, 바른쪽인 동쪽으로 안채가 있다. 남서향하고 있는 안채는 ㄱ자형 평면을 이루고 있다. 부엌 앞에는 우물이 있고, 또 내외담 북쪽 면 바닥에는 작은 화단이 조성되어 一자형 아래채의 기단과 연결되어 있다.

안마당은 흙바닥 마감인데, 안채 ㄱ자로 꺾이는 마당에 능소화가 자라고 있다. 안마당 동쪽에는 사당(祠堂)이 있고, 또 동쪽 아래채와 창고 남측 면 사잇공간을 지나 동쪽으로 나아가면 넓은 뜰에 이른다. 이 뜰의 동쪽 돌담장 밑으로, 마을 안을 흐르는 물줄기가 모여들어 작은 도랑을 이루어 작은 못에 물을 대고, 다시 남쪽 사잇담 밑으로 흘러 사랑 뜰의 도랑으로 흘러 나간다. 이곳 뜰의 동쪽 담장 아래에는 여러 그루의 나무들이 돌담과 어울려 운치를 더하고 있다.

안채 서쪽 옆 마당에는 장독대를 두고, 뒷마당은 축대를 쌓아 북쪽 담장 아래까지 비교적 넓은 터를 이루고, 감나무, 호두나무를 심어 소박한 뒤뜰을 이루고 있다.

2.5 홍성 조응식 가옥(趙應植家屋)[300]

충청남도 홍성군 장곡면 산성리 309번지에 있다. 1800년대 중반에 건축된 것으로 전해 온다.

산성을 뒤에 두고 앞으로는 들이 펼쳐지고, 남서쪽으로는 소나무 숲이 우거진 동산이 있는

300 주남철, 《한국의 전통민가》(아르케, 1999), pp.273-277.

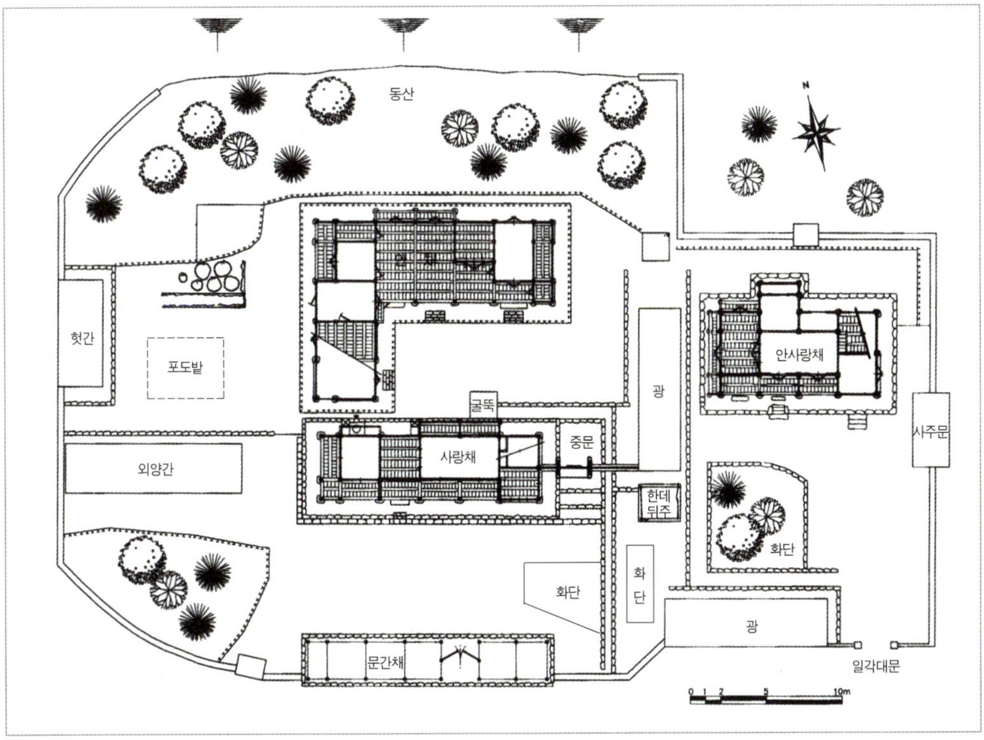

홍성 조응식가옥 도면 49

남향한 터에, 자오선 축을 조금 서쪽으로 비껴서 좌향을 잡았다(도면49, 사진56).

집터의 좌우 맥이 약하다 하여 비보(裨補) 차원에서 집 앞에 방지(方池)를 마련하고, 방지 중앙에는 석가산(石假山)을 조산(造山)하였으며, 못가에는 버드나무를 심었다.

정면 7간 되는 一자형 대문간채의 동쪽 세 번째 간 솟을대문을 들어서면 사랑마당이다. 막돌 허튼층쌓기 기단 위에 정면 5간 반 측면 1간 반의 一자형 팔작 기와집인 사랑채가 서 있다.

동서가 긴 사랑마당은 흙바닥 마감이다. 마당 동쪽 한데 뒤주간과 광채 동북쪽에 자리 잡고 있는 안사랑채와의 사이에는 북에서 남으로 흘러 담장 밑으로 흘러 나가는 도랑이 있다. 이 도랑은 북쪽 사잇담 너머의 안채 안마당 빗물을 남쪽 담장 밖으로 흘려보내기 위한 것이다. 도랑과, 도랑 동남쪽의 광채 서쪽 벽과, 북쪽 한데 뒤주 사이의 공간에 자연스럽게 남북으로 긴 장방형의 화단이 조성되었다. 한편 사랑마당의 남서쪽 휘어진 담장 안쪽으로는 고구마 모양의 화단을 만들었다. 화단 북쪽으로는 외양간채가 있고, 그 뒤로 동서로 길게 쌓은 사잇담이 서 있다.

사랑채 동쪽으로 막돌 한 줄을 놓아 3단의 돌계단을 만들고, 그 안쪽으로 안채로 드나드는 사주문을 세웠다. 이들 돌계단 동쪽으로는 도랑과 한데 뒤주가 있고, 그 동쪽으로는 안사랑채

홍성 조응식가옥 사진 56

의 안사랑마당이다.

사주문을 들어선 안마당의 서북쪽으로 막돌 바른층쌓기의 기단 위에 ㄱ자형 안채가 남향하여 서 있다. 안마당은 흙바닥 마감으로 전체를 비워 두었는데, 기단 아래에 폭이 좁은 화단을 조성하고, 또 남쪽, 사랑채 뒷면에 사랑채 굴뚝을 세우고, 마당 남쪽 끝에 ㄱ자형 도랑을 만들어, 이들이 동쪽 광채의 막돌 기단돌들과 더불어 뜰을 구성하는 중요한 시각적 요소가 되고 있다.

안채의 서쪽 옆 마당에는 헛간채가 동향으로 서 있고, 그 사이 공간에는 포도밭을 조성하였다. 안채 뒤로는 산자락 끝을 막돌로 쌓은, 북쪽으로 올라가면서 높아지는 수목이 울창한 동산인데, 담장을 동서 양쪽에만 쌓고, 북쪽에 쌓지 않아 뒷산과 이어지게 하였다.

사랑채 동쪽에는 안사랑채가 막돌 허튼층쌓기 기단 위에 남향으로 서 있다. 남쪽으로는 북향한 一자형 광채가 서 있고, 그 동측 면부터 담장이 시작되어, 안사랑 동쪽과 북쪽을 감싸고 있다. 이 담장의 남쪽에 일각문, 동쪽에 사주문, 북쪽으로 사주문을 두었다. 안사랑 서쪽으로는 남북으로 긴 一자형 광채가 서 있다. 방형의 안사랑마당은 흙바닥 마감인데, 남쪽 광채와 안사랑 기단 사이에 화단을 조성하였다.

2.6 묘동 박황씨가옥(朴滉氏家屋)[301]

경북 달성군 하빈면 묘동 박황씨가는 박황의 5대조 박광석(朴光錫)대인 영조 24년(1747) 정묘(丁卯)에 건립되었다. 하엽정(荷葉亭)은 영조 45년(1769)에 사육신 중의 한 사람인 박팽년

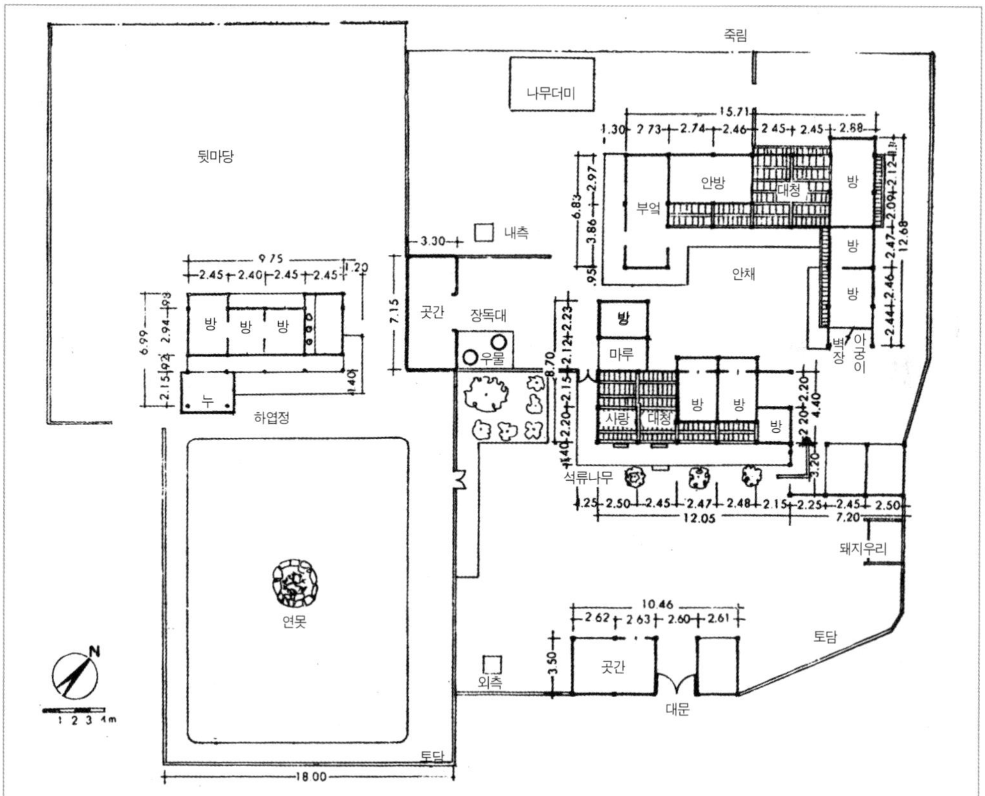

묘동 박황씨가옥 **도면 50**

301 尹張燮 · 朱南哲 · 張聖浚 · 林吉鎭, 〈太古亭과 朴滉氏家〉, 《建築》, 16권 44호(대한건축학회지, 1972.4), pp.3-7. 朱南哲, 〈77. 達成 朴滉氏家〉, 《韓國建築美》(일지사, 1983), pp.184-187.

사랑채

사랑채 앞마당

사랑대청

사랑고방 입면

안채

곳간과 장독대

담장과 일각대문

하엽정

하엽정 누마루

누마루에서

연지와 하엽정

연지와 섬

하엽정 전경

담장 밖에서

묘동 박황씨가옥 사진 57

(朴彭年)의 11대 후손 박성수(朴聖洙)가 지은 것이다.

동산 산자락을 뒤로하고 앞으로는 들이 펼쳐진 동남향한 넓은 터에 ㄱ자형 사랑채, ㄷ자형 안채, 一자형 대문간채, 一자형 중문간채, ㄱ자형 별당채를 동남향으로 배치하였다(도면 50, 사진 57).

一자형 대문간채의 대문을 들어서면 ㄱ자형 사랑채의 앞마당이다. 사랑채는 동쪽으로 2간의 사랑방과 1간의 고방을 두고, 서쪽으로 2간의 대청을 둔 정면 5간 측면 2간의 장방형 평면 대청 뒤쪽으로, 서고 1간, 작은사랑 1간이 돌출되어 있다. 막돌 허튼층쌓기 기단 위에 막돌 초석을 놓고 전면에 두리기둥, 후면에 네모기둥을 세우고, 기둥머리에 주두를 얹고, 소로로 장여를 받친, 납도리 홑처마 팔작집이다. "삼가헌"(三可軒)이라는 편액이 붙어 있는데, 이는 박성수의 호이다. 사랑채 기단 앞에는 홍만선(洪萬選)의 《산림경제》(山林經濟)에서 말한 "문전쌍조당전유류수길"(門前双棗堂前有榴樹吉)대로 세 그루의 석류를 식재하였고, 대청 서쪽 담장 아래에는 화단을 조성하였다.

2간의 곳간과 붙어 있는 중문으로 들어서면, ㄷ자형 안채를 마주한다. 안채는 서쪽에 부엌, 부엌 동쪽으로 안방, 대청, 건넌방, 아랫방을 둔, 홑처마 팔작집이다. 안마당은 흙바닥 마감으로 식재되어 있지 않다. 안마당 서쪽으로는 우물과 장독대, 그리고 一자형 곳간채가 있다.

사랑마당 서쪽의 막돌 담장에 선 일각대문으로 들어서면 ㄱ자형 평면의 하엽정과 장방형의 넓은 연못〔蓮池〕이 있는 별당 뜰이다. 하엽정은 3개의 온돌방과 아궁이부엌 1간으로 구성된 정면 4간 측면 2간의 一자형 평면 앞으로 1간의 누마루가 돌출되어 있다. 막돌 허튼층쌓기 기단 위 막돌 초석에 두리 기둥을 세운 홑처마 팔작집이다. 누마루 삼면에는 평난간을 두르고 모두 개방하였다. "하엽정" 편액은 가운데 온돌방 문울거미 위에 걸려 있다.

연못〔蓮塘〕은 길이 21미터, 너비 15미터로 못 가운데에는 막돌로 쌓은 둥근 섬이 있고, 못에는 연꽃들이 무성하고, 섬 위에는 원래 백일홍 한 그루가 있었다고 한다. 못 둑〔塘〕에는 매화, 배나무들이 식재되어 있고, 남쪽 담장 너머에는 박황씨의 고조부가 식재한 도토리나무가 있고, 서쪽 담장 너머 산자락에는 소나무 숲이 무성하다.

2.7 월성 손동만씨가옥(孫東滿氏家屋)[302]

경상북도 경주시 강동면 양동리 223번지에 있다. 고 손동만(故孫東滿)의 19대조 양민공 손소(孫昭, 1433-1484)가 25세 때인 세조 3년(1457)에 건축한 조선 초기의 건축이다. 이 집에서

302 주남철, 《韓國住宅建築》(일지사, 1980), pp.166-167.

손소의 아들 우재(愚齋) 손중돈(孫仲暾, 1463-1529)과 회재(晦齋) 이언적(李彦迪, 1491-1553)이 태어났다.

월성 양동마을의 안골 남서향한 산등성이에 터를 잡고, ㅁ자형 몸채와 一자형 대문간채를 남서향〔癸坐丁向〕으로 배치하였다(도면 51, 사진 58).

산등성이 언덕으로 올라가면 一자형 대문간채가 마주 보이고, 동쪽 두 번째 간의 평대문을 들어서면 막돌 허튼층쌓기 한 높은 축대 위의 사랑채와 마주한다. 사랑방과 대청 전면의 툇마루는 아자살 평난간을 설치하여 개방하였다.

월성 손동만씨가옥 도면 51

사랑채인 서백당(書百堂)의 동쪽은 넓은 사랑마당으로, 마당 동북쪽에 원형 식단(植壇) 위에 수령 500여 년 된 큰 향나무가 자라고, 그 향나무 안쪽으로 막돌쌓기 축대 위에 사당채의 막돌 담장이 서 있다. 또 사랑채의 대청 북쪽으로 연이어진 침방과, ㅁ자형 몸채의 건넌방 동측 면 사이에는 막돌 허튼층쌓기 하고 기와지붕을 얹은 내외담〔內外墻〕이 서 있다. 이들이 자리한 사랑마당은 몇 개의 막돌단을 놓아, 높낮이를 달리하는 마당으로 나뉜다. 사랑마당을 둘러막은 막돌 허튼층쌓기 담장의 동남쪽에는 숫기와를 마주 엎어 만든 바람구멍이 있어, 이 구멍으로 담장 밖과 시선이 연속되고 있다.

몸채의 남쪽에 자리 잡은 중대문을 들어서면 ㅁ자형 안마당이고, 이 마당 사방은 몸채 처마 안쪽으로 막돌 허튼층쌓기의 높고, 낮은 기단이 서 있다.

몸채 서쪽의 옆 마당에는 장독대와 초가지붕의 내측(內厠)이 자리해 있으며, 몸채 뒷마당은 막돌 허튼층쌓기의 축대 위에 점점 북쪽으로 높아지는 뒷동산이다. 동산은 화계 없이 여기저기 몇 그루의 나무들이 서 있을 뿐이고, 주위를 막돌 허튼층쌓기의 담장으로 둘러막았다.

사랑채-서백당과 내외담

내외담과 사당

안대청에서

장독대와 내측

월성 손동만씨가옥 사진 58

2.8 옥산 독락당(獨樂堂)[303]

경상북도 경주시 안강읍 옥산리 1600-1번지에 있다. 회재(晦齋) 이언적(李彦迪, 1491-1533)이 중종 27년(1532)에 김안로의 복권을 반대하다가 파직당하자 낙향하여 작은 정자가 있던 이곳에 사랑채인 독락당을 위시하여 안채, 행랑채 등을 새로 지었다. 그 후 회재의 아들 잠계공 이전인이 사당채와 어서각(御書閣)을, 1572년 옥산서원(玉山書院) 건립 후에 바깥행랑채, 고직사, 솔거노비의 살림집인 공수간, 외삼문, 마구간을 건립하였다.[304]

303 주남철, 《韓國建築美》 개정판(일지사, 1995), pp.179-181.

오른쪽으로 자계천(紫溪川)이 흐르는 남동향한 넓은 집터, 중앙 서쪽으로 口자형 몸채를 두고, 그 동쪽 자계천과의 사이에 사랑채인 一자형 독락당을 두었다. 독락당 뒤 터에는 ㄱ자형 평면의 계정(溪亭)이 서향하고, 一자형 어서각(御書閣)이 동향으로 자리 잡고 있다. 독락당의 앞 남쪽 터에는 공수간이 자리 잡고, 그 앞쪽으로 외삼문이 서 있다(도면 52, 사진 59).

독락당 바깥대문은 솟을삼문으로, 이 삼문을 들어서면, 북쪽으로는 공수간의 담장이 앞을 가로막고, 담장 앞을 돌아들면 一자형 행랑채의 행랑마당이다. 행랑마당 서쪽으로는 남북으로 측백나무를 줄지어 심고, 그 서쪽에 텃밭이 있다.

정면 7간 행랑채의 서쪽은 숨방채라 하는 청지기, 침모 등 측근 노비들의 행랑채이다. 숨방채의 동쪽에 대문간이 있는데, 평상시에는 동쪽 첫 번째 간의 대문을 이용하고, 혼례 등 집안의 대소사가 있을 때만 이 대문을 이용한다.[305]

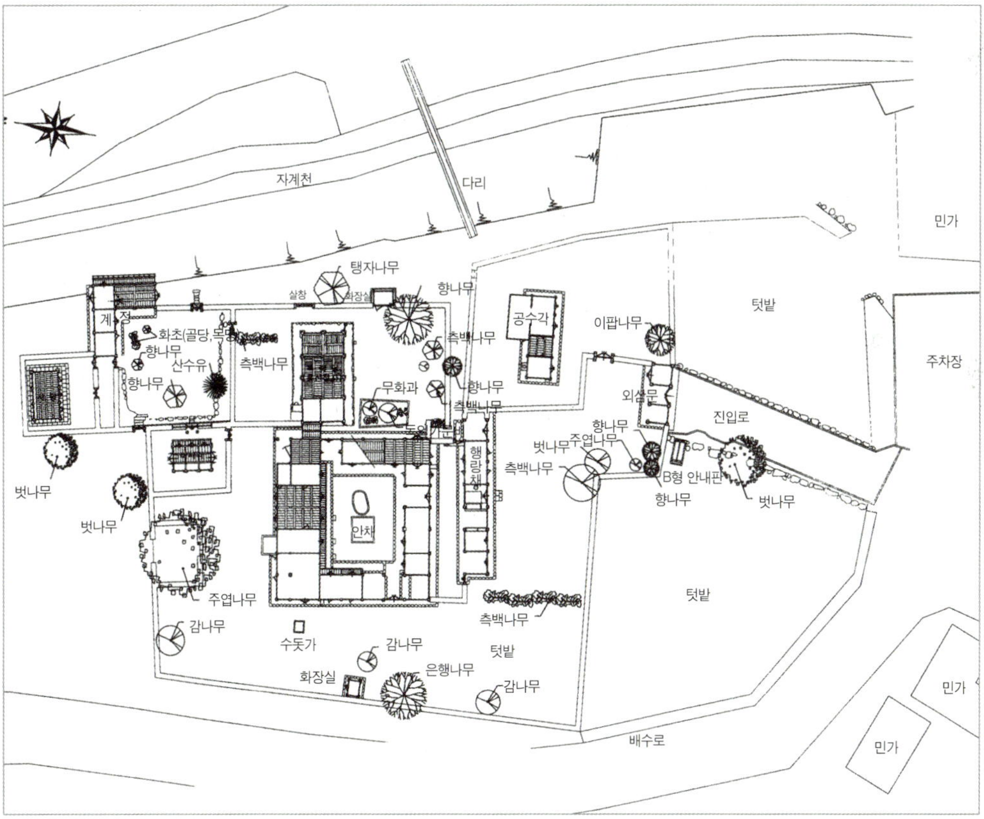

옥산 독락당 **도면 52**

304 정정남, 〈4.7. 독락당(獨樂堂)〉, 《民家建築Ⅱ》(대한건축사협회, 2005), p.200.

305 김봉렬, 〈은둔을 위한 미로의 구성〉, 《한국건축 이야기2》(돌베개, 2006), pp.108-109.

독락당

독락당 대청에서

계정에서

계정과 계류

계류에서

안마당

독락당 담장과 공수간 담장 사잇길

동쪽 끝 간의 대문을 들어서면, 두 단의 막돌로 끝을 마감한 계단인데, 첫 번째 단의 서쪽 쪽문을 들어서면 동서로 길고 폭이 좁은 안대문간 행랑채 마당이고, 두 번째 단을 딛고 올라서면 동쪽의 사랑채 독락당 일각문에 이른다.

일각문 남쪽 끝에서 동쪽으로 길게 쌓은 기왓장을 층층이 눕혀 놓은 흙돌 담장은 바로 남쪽의 공수간 뒷담과 좁은 사잇공간을 이루고, 이 공간은 동쪽 자계천 천변과, 자계천 위에 놓은 콘크리트 다리로 인도된다.

옥산 독락당 사진 59

안채는 ㄱ자형으로, 몸채인 ㅁ자형 평면의 서북쪽을 차지하고, ㄱ자형 안대문간 행랑채는 남동쪽을 차지하고 있다. ㅁ자형 안마당은 흙바닥 마감으로 중앙에 장독대와 두세 개의 돌과 관상수 한 그루가 자라고 있다. 안채와 안대문간 행랑 사이의 문과 부엌문으로 안채 서쪽의 옆 마당으로 나아간다. 숨방채 서쪽의 텃밭 북쪽으로 이어진다. 내측(內廁)과 우물이 있고, 감나무 두 그루, 은행나무 한 그루가 자라고 있다. 또 옆마당은 바로 안채 뒷마당과 연이어진다. 뒷마당 북쪽 담장 중간 지점에는 큰 주엽나무 한 그루가 자라고, 그 서쪽 모퉁이에 감나무 한 그루가 식재되어 있다. 마당가 집터와의 경계에는 기와지붕의 흙돌 담장을 쌓았다.

사랑채인 독락당(獨樂堂)은 정면 4간 측면 2간의 一자집으로, 서쪽 정면 1간이 사랑방이고, 그 뒤 1간 온돌방과 서쪽으로 붙은 마루 1간 서실(書室)이 역락재(亦樂齋)로, 안채의 건넌방 옆 광과 남쪽의 안대문간과 연결된다. 독락당의 대청은 정면 3간 측면 2간인데, 본래는 중앙 정면 2간만이 대청이고, 동쪽 정면 1간, 측면 2간은 건넌방이었다고 판단된다.

막돌마감의 기단 앞, 서쪽으로는 무화과와 독일가문비나무가 자라고 있는 화단이 마련되어 있고, 동남쪽 마당에는 큰 향나무와 작은 향나무 한 그루, 측백나무 두 그루가 자라고 있으며, 동쪽 담장에는 외측(外厠)이 담장 밖으로 돌출되어 있다. 특히 대청 동쪽 간, 본래의 건넌방 창호를 열면 바로 눈앞의 남북으로 길게 뻗은 담장에 가로로 긴 장방형 울거미에 수직 살대를 꽂은 살창이 있어, 이 살창의 살대 사이로 자계천이 흘러가는 모습을 살펴볼 수 있다.

독락당 뒤로는 회재가 키우던 쑥밭이 있고, 쑥밭 동쪽으로 측백나무를 남북으로 심고, 북쪽으로 담장을 동서로 쌓아 가로막고 있다. 이 담장의 동쪽에선 일각문을 들어서면 계정(溪亭) 마당이고, 이 마당에는 산수유, 향나무, 화초들이 식재되어 있다. 계정(溪亭) 마당의 동북쪽으로 ㄱ자형 평면의 계정이 자리 잡고, 계정마당의 서쪽으로 어서각(御書閣)이 있다. 또 계정의 북쪽으로는 사당(祠堂)이 방형으로 쌓은 담장 속에 자리 잡고 있다.

ㄱ자형 평면의 계정(溪亭)은 남면한 정면 3간이 온돌방이고, 동쪽 방 앞으로 서향한 정면 2간 측면 1간의 마루가 뻗어 있다. 동쪽 끝방은 "인지헌"(仁智軒)이고, 그 서쪽 온돌방은 "양진암"(養眞庵)이라 편액하였다. 또 마루 2간 중 첫 번째 간이 "계정"(溪亭)이고, 남쪽 끝 간을 "정관재"(靜觀齋)라 하였다.

계정의 동쪽에는 계자난간을 둘러 벽체 없이 개방하였고, 서쪽 역시 난간 없이 개방하였다. 이는 모두 계정 마루에서 자계천과 자계천 남북으로 놓인 오대(五臺) 중 관어대(觀魚臺)와 영귀대(詠歸臺)를 바라보며 유유자적(悠悠自適)하기 위함이었다.

2.9 경주 교동 최식가옥(崔植家屋)[306]

경상북도 경주시 교동 최식씨가옥은 속칭 경주 최부잣집으로 통한다. 고 최식 씨의 증언에 의하면, 부친 되시는 고 최준 옹(故崔浚翁)의 9대조(九代祖)가, 신라 때 요석궁 터〔瑤石宮址〕라고 전해 오는 이 터에 집을 지으면 천석꾼이 된다는 경주지사의 권고에 따라 개기(開基)한 것이라 한다.

남북으로 긴 장방형 터에 임좌병향으로 사랑채, 안채, 사당채를 짓고, 동향한 별당채와 서향한 천석 곳간채를 지었다(도면 53, 사진 60).

남향한 대문간 행랑채는 정면 7간 측면 1간으로, 서쪽 두 번째 간의 대문으로 들어서면 내외담과 마주하고, 이 내외담을 돌아들면 바로 사랑마당이고, 사랑채가 서 있다. 사랑채는 ㄱ자형 평면에, 북쪽으로 침방이 돌출되어 전체적으로 丁자형인데, 동쪽으로 중문간 행랑채와 연속되어 있다.

사랑마당은 장대석 세 벌대 쌓기의 사랑채 기단과 동향한 별당채의 장대석쌓기 두 벌대의 기단이 서로 ㄱ자로 꺾이면서 자리 잡고 있어, ㄷ자형의 마당을 이룬다. 누마루 기단 남쪽으로 동서로 긴 장방형의 석가산이 있고, 능소화 등 화초가 식재되어 있다. 이 석가산의 북쪽으로는 연엽형(蓮葉形)의 석련지(石蓮池)가 놓여 있고, 그 안쪽으로 대석(臺石)이 기단 바로 앞에 서 있다. 사랑마당의 동쪽으로, 정면 5간 측면 2간 되는 一자형 천석 곳간이 서향하여 있고, 그 남쪽 담장 안쪽으로는 텃밭이 마련되어 있다. 이 천석 곳간과 중대문간 행랑채 앞의 빈 마당은 흙바닥 마감이다.

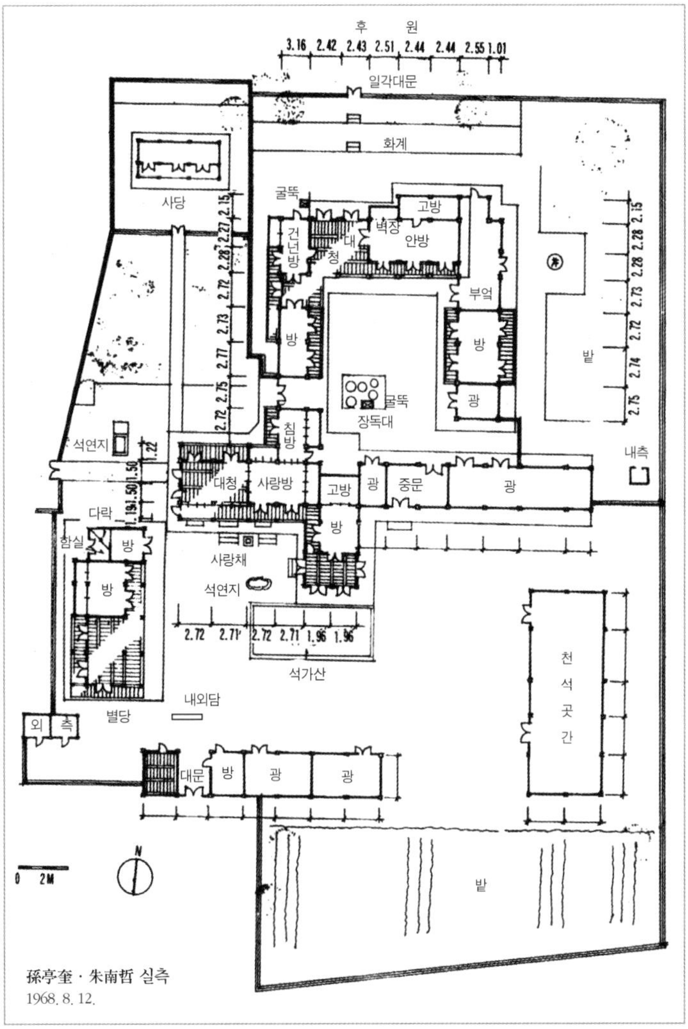

경주 최식씨가옥 도면 53

사랑채 서쪽 대청 측면과 별당채 사이의 사랑채 옆마당으로 들어서면, 흙돌담 아래에 꽃나무들과 화단이 있고, 장방형 석련지 2개가 놓여 있다. 또 대청 서쪽 기단 아래부터 서쪽 담장에 선 일각대문까지는 작은 길이 나 있다. 기단 서북쪽 모서리에서 북쪽 사당을 둘러싸고 있는 담장에 선 일각대문 앞까지도 길이 나 있고, 길 양옆으로는 풀밭이다.

중대문으로 들어서면 내외벽이 마주하고, 내외벽을 돌아 들어서면 안마당이다. 안마당은 장방형으로, 마당의 남서쪽에 장독대가 있다. 장방형으로 둘러쌓은 낮은 담장 장고(醬庫) 속에

306 주남철, 〈慶州敎理 崔浚氏住宅〉, 《建築士》(대한건축사협회, 1968.11). 주남철, 〈경주 최준가〉, 《韓國住宅建築》(일지사, 1980), pp.175-176. 주남철, 〈76. 慶州 崔浚氏家〉, 《韓國建築美》(일지사, 1980), pp.181-184.

석가산

석련지

사랑 옆뜰

사당 앞뜰

장고, 굴뚝

안채 옆뜰 / 후정 / 후정 / 후정

경주 최식씨가옥 사진 60

장독들을 놓았다. 장고 남쪽에는 높은 굴뚝이 서 있다.

일자형 중대문간 행랑채와 ㄷ자형 안채의 동쪽 광과의 사이를 흙돌담으로 막고, 이 담에 쪽문을 내어 안마당에서 안채 옆마당으로 나아가게 하였다. 옆마당은 담장 안쪽으로 텃밭을 마련하고, 옆마당 북쪽으로 우물〔井〕이 있다. 동북쪽 모서리에는 큰 느티나무가 서 있다. 특히 부엌 남쪽으로 붙어 있는 2간 아랫방 뒤인 옆마당 쪽으로는 계자난간을 두른 개방된 퇴가 있어, 아랫방의 창호를 열면 옆마당 전체가 시원스럽게 시야에 들어온다.

안채 뒤의 뒷마당은 북쪽 동서로 길게 쌓은 담장 아래로 두 단의 화계를 만들고, 담장에선 일각대문을 거쳐 집 뒤의 들로 나갈 수 있게 하였다.

2.10 함양 정병호가옥(鄭炳鎬家屋)[307]

경상남도 함양군 지곡면 개평리 262-1에 있다. 중종(中宗) 때의 학자 일두(一蠹) 정여창(鄭汝

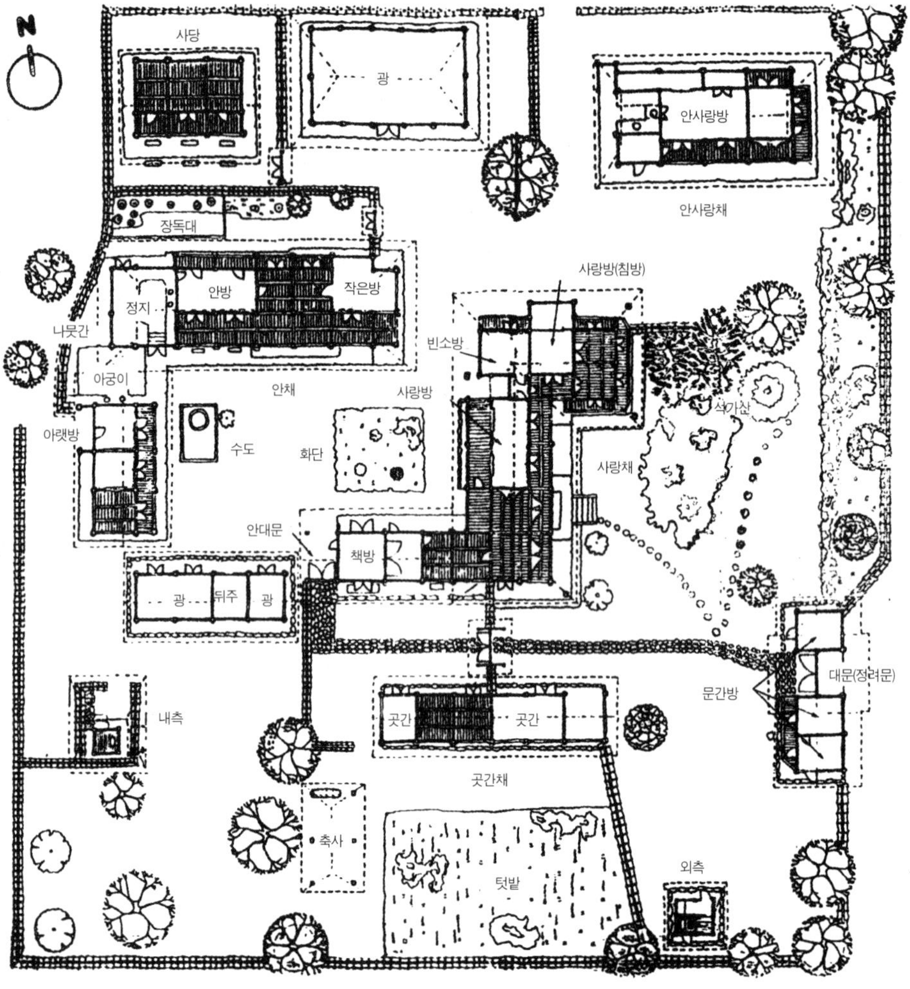

함양 정병호가옥 도면 54

[307] 주남철, 《한국의 전통민가》(아르케, 1999), pp.399-404.

사랑마당

누마루와 석가산

석가산

누마루에서

누마루 앞마당

안중문간마당

안마당

안사랑채

함양 정병호가옥 사진 61

昌, 1450-1504)의 고택(古宅)으로, 안채는 300여 년 전 청하 현감을 지낸 조상이 건축하였고, 사랑채는 정병호의 고조부가 중건하였다고 한다. 서쪽에서 동쪽으로 흘러내리는 개천을 낀 마을 중앙의 동향한 방형 집터에, 안채, 사랑채, 안사랑채, 광채, 곳간채, 안곳간채 등이 자리 잡고 있다(도면 54, 사진 61).

동향한 대문간채는 정면 4간 측면 1간으로, 중앙의 솟을대문은 웃인방〔上引枋〕 위에 효자 4, 충신 1 모두 5장의 정려패(旌閭牌)를 단 정려문(旌閭門)이다. 정려문을 들어서면 바로 사랑마당이다.

대문 기단 아래에서 시작되는 돌길이 서쪽으로 사잇문인 사주문을 지나 안채 안대문 앞까지 뻗어 있고, 이 돌길의 북쪽으로 징검돌들이 두 갈래로 나뉘어 한 갈래는 사랑채 기단의 석계(石階)에 닿아 있고, 다른 한 갈래는 북쪽으로 뻗어 석가산(石假山) 앞에까지 이른다.

사랑채 누마루 앞마당에는 자연석으로 가장자리를 마무리하여 모를 죽인 방형의 석가산(石假山)을 조산(造山)하였다. 삼신선산(三神仙山)의 주봉을 높게, 나머지 두 봉은 낮게 하였으며, 또 석곡(石谷)을 형성하였다. 석가산에는 반송(盤松)을 심고, 알맞게 매화(梅花)를 위시한 화목(花木)을 심었다. 사랑마당의 동쪽 담장 밑에는 남북으로 폭이 좁은 화단(花壇)을 만들고, 북쪽에 一자형 안사랑채를 남향으로 배치하였다.

안사랑채의 서쪽으로는 사잇담을 축조하고 담장 남쪽 끝에 거목을 식재하여 사잇담 안쪽인 서쪽으로 一자형 광채를 남향으로 세웠다. 이 광채의 서쪽으로는 담장으로 둘러싼 속에 사당(祠堂)이 남향하고 있다.

사랑채 대청의 서쪽으로 돌출된 책방 끝에 자리한 안대문간을 들어서면, 남북으로 좁고 동서로 긴 장방형의 안마당인데, 동쪽 사랑채 사랑방의 뒤쪽 안마당에는 방형의 화단이 마련되어 있고, 부엌간 앞 서쪽에는 수돗가가 마련되어 있다. 장독대는 안채 뒤인 북쪽 담장 아래 마련되어 있고, 장독대 북쪽으로 사당채가 자리 잡고 있다. 안마당 남쪽의 一자형 곳간채 남쪽 마당에는 감나무를 심고, 내측(內廁)과 축사(畜舍)를 배치하였다. 축사의 동쪽은 一자형 곳간채의 남쪽인데, 이곳에는 텃밭이 마련되어 있다.

2.11 정온선생가옥(鄭蘊先生家屋)[308]

경상남도 거창군 위천면 강천리 50-1에 있다. 선조 2년(1569) 역동에서 태어나 인조 20년(1641)에 타계한 문간공(文簡公) 동계(桐溪) 정온(鄭蘊)의 신위를 모신 사당을 짓고 후손들

[308] 같은 책, pp.393-399.

정온선생가옥 사진 62

이 살아온 주택으로, 지금의 집은 사랑채 상량문에 따르면 순조 20년(1820)에 건축한 것이다.

낮은 동산을 뒤로 하고, 앞에 넓은 들이 펼쳐진 강촌마을 입구, 남동향한 터에 자리 잡고 있다(도면 55, 사진 62).

정면 5간 측면 1간의 一자형 솟을대문간채 대문을 들어서면 바로 서북쪽으로 ㄱ자형 사랑채가 자리하고 있는 사랑마당이다. 동쪽 사랑채 누마루 앞에는 막돌로 둥글게 마무리한 식단과 모를 죽인 방형으로 마무리한 석가산이 있다. 이 서쪽 담장 아래에는 화단이 마련되어 있다.

ㄱ자형 사랑채의 서쪽 측면에 선 안대문간을 들어서면 서쪽 폭이 동쪽 폭보다 조금 넓은 장방형 안마당이다. 안마당 북쪽으로 정면 8간 측면 3간의 一자형 안채가 자리 잡고, 안마당의

동쪽으로 장독대와 아래채가, 서쪽으로 一자형 곳간채가 자리 잡고 있다. 장독대와 곳간채 사이에는 화단이 마련되어 있다.

안채 서쪽은 우물가이고, 안채 뒤로는 따로 쌓은 담장 속에 사당채가 자리 잡고 있다. 사당채 뒤로는 뒷동산과 이어진 수풀이다.

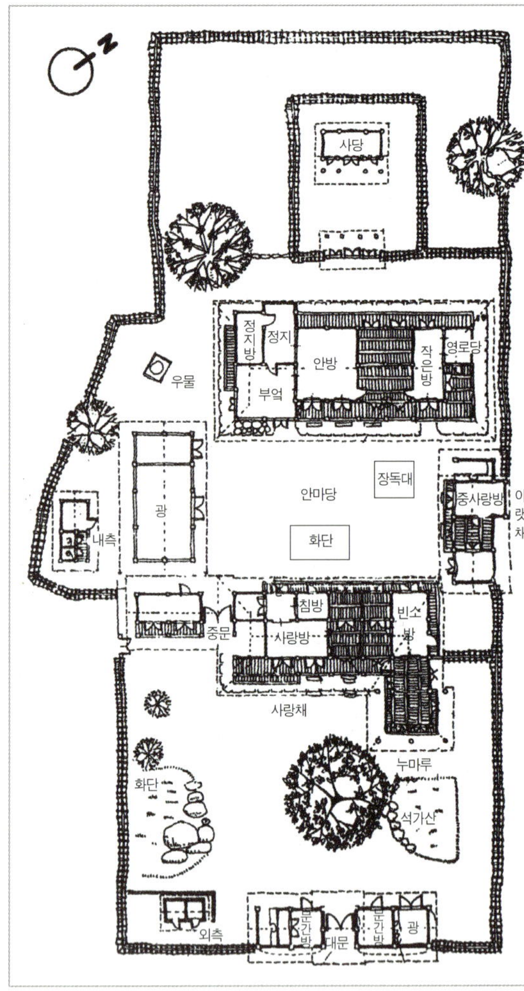

정온선생가옥 도면 55

2.12 남원 몽심재(夢心齋)[309]

전라북도 남원군 수지면 호곡리 793-3에 있다. 현 주인 박인기 씨의 7대조인, 연당(蓮堂) 박동식(朴東式, 1753-1830)이 낮은 동산 기슭, 남서향한 터에 남서향으로 건립하였다. 집터의 동쪽 멀리 견두산(犬頭山)이 둘러 있고, 집 앞에는 동쪽 산에서 흘러내리는 내가 서쪽으로 흐르고, 내 건너는 소나무가 울창한 앞동산과 연결되어 있다(도면56, 사진63).

제일 아래 터에 정면 5간 측면 1간의 솟을대문간채 행랑채가 남서향으로 자리하고 있다. 솟을대문을 들어서면 앞쪽으로 점점 높아지는 사랑마당이고, 대문간채의 동쪽으로는 방형의 연당(蓮塘)이 있다. 연당 앞쪽으로는 은행나무, 단풍나무가 식재되어 있고, 큰 바위가 있다. 연당의 물은 동북쪽 모서리에 있는 샘으로부터 흘러들어 연지를 채운다. 샘과 북쪽 중대문채와의 사이에 서향으로 행랑채가 있다.

사랑마당의 서쪽 중간 지점에는 큰 바위와 작은 바위 두 개가 있다. 바위 남쪽에 "존심대"(存心臺), "정와"(靖窩)라는 각자가 있고, 북쪽 사랑채 쪽 면에 "생이암"(生貳岩)이란 각자가 있으며, 동쪽에도 각자가 있다. 본래 이 바위의 서쪽에는 주인의 외측(外厠), 외양간, 머슴측간, 마루가 있는 4간의 一자형 외양간채가 있었다고 한다.

[309] 같은 책, pp.442-448.

사랑채 앞마당

못

각자 바위

사랑채 기단

안마당

남원 몽심재 사진 63

사랑마당의 북쪽 높은 곳에는 사랑채가 서 있다. 사랑채 기단은 처음 막돌 장대석으로 바른층쌓기하여 여섯 벌대를 쌓고, 그 위에 다시 두 벌대로 쌓고, 아래 기단에 돌계단을 놓아 기단 위로 오르게 하였다. 그러나 본래는 돌계단 서쪽 면은 막돌 허튼층쌓기였다.

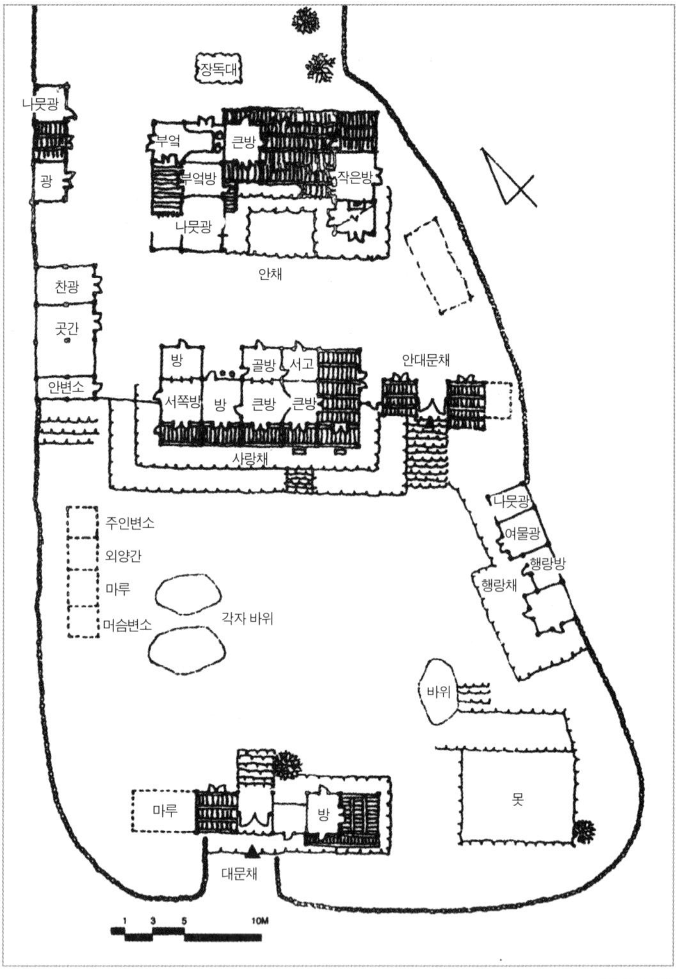

남원 몽심재 **도면 56**

사랑채 기단 동쪽으로 여러 단의 돌계단이 안대문간채의 대문간과 연이어 있다. 안대문을 들어서면, 북쪽으로 ㄷ자형 안채가 자리 잡고, 사랑채 뒤와 안채 앞 사이에 동서로 길고 남북으로 좁은 장방형의 안마당을 형성하고 있다. 안채의 기단은 막돌 허튼층쌓기인데, 기단 끝에 장방형의 돌확이 놓여 있다.

안채의 서쪽으로는 곳간을 중앙에 두고, 양쪽으로 내측(內廁)과 찬간을 둔 곳간채가 동향하고, 또 나뭇광채가 동향하여 있다. 넓은 안채 뒷마당에는 우물과 장독대가 있고, 장독대 가에는 소나무가 식재되어 있으며, 동쪽 화계에 앵두나무 몇 그루와 화초들이 심겨져 있다. 또 채소밭이 마련되어 있다. 담장 뒤로는 대나무 숲과 소나무 숲으로 동산과 연이어지고 있다.

2.13 정읍 김동수가옥(金東洙家屋)[310]

전라북도 정읍시 산외면 오공리 814번지에 있다. 가옥주 김동수(金東洙)의 6대조인 김명관

[310] 주남철, 《韓國建築美》(일지사, 1983), pp.198-201.

(金命寬)이 17세 되던 정조 8년(1784) 짓기 시작하여 10년 만인 정조 18년(1794)에 완공한 제택이다.

배산(背山)은 창하산(蒼霞山)이고 안산(案山)은 독계봉(獨鷄峰)이다. 동진강(東津江) 상류의 내인 칠보천〔七寶川, 일명 산외천(山外川)〕이 앞으로 흐르는 길지(吉地)에 집터를 잡아, 사랑채, 안채, 안사랑채, 안대문간 행랑채를 남동향으로 배치하고, 대문간행랑채를 남남동향으로 배치하였다(도면57, 사진64).

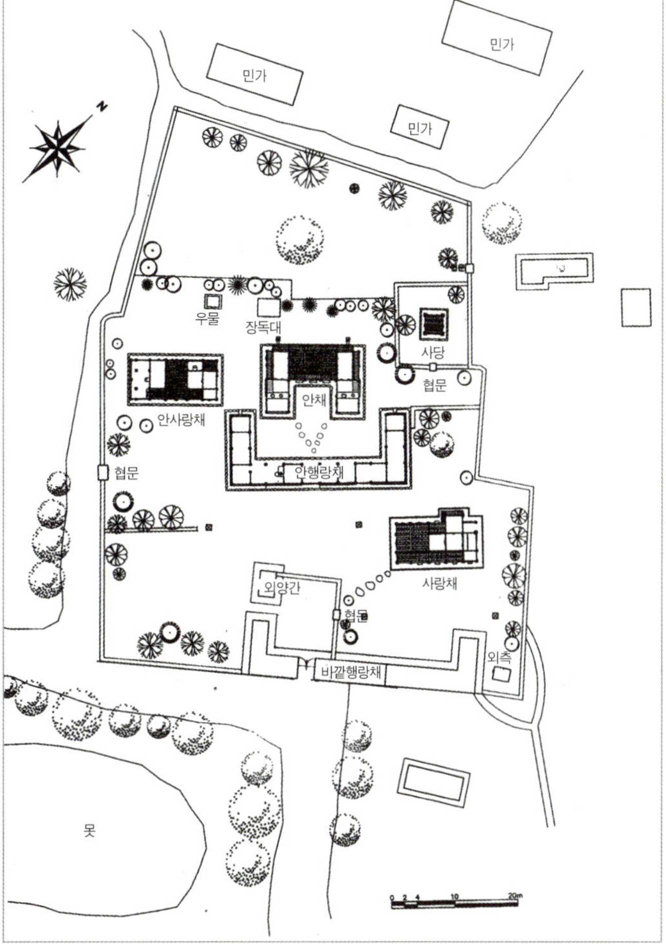

정읍 김동수가옥 도면 57

솟을대문 행랑채 바깥마당 서쪽으로는 큰 연못이 있다. 연못은 동서 25미터, 남북 18미터이고, 가장자리는 막돌로 마감하였는데, 그 높이가 1.2미터 정도이다. 연못 주위로는 팽나무, 느티나무, 단풍나무들이 식재된 우거진 수풀이고, 이 수풀은 뒷동산 팽나무 숲과 이어진다. 솟을대문으로 들어가는 길목에는 감나무, 모과나무와 같은 과목(果木)을 심고, 동쪽으로 가랍집 한 채가 서 있다. 솟을대문 앞 서쪽으로는 자연석 노둣돌이 있다.

대문을 들어서면 서쪽 외양간 끝에서 동쪽으로 나와, ㄱ자로 남쪽으로 꺾이는 사잇담장을 쌓고, 동쪽 사잇담장에 일각문을 세워, 사랑채로 출입한다. 향나무와 영산홍, 철쭉 등의 화목을 심었다. 일각문으로부터 징검돌들을 놓아 사랑채 기단으로 인도한다.

사랑채는 장대석 한 벌대 기단 위에 세운, 정면 5간 측면 3간의 一자형 평면 팔작집이다. 사랑마당 동쪽 담장 아래에도 식재되어 있다. 사랑채 뒷마당, 서쪽으로는 ㄷ자형 중대문간 행랑채가 서 있고, 이 채의 동쪽과 동쪽 바깥담장 사이에는 방형에 가까운 넓은 화계(花階)가 조성되

사랑채

석상과 물확

안마당

장독대

물확

뒤뜰

어 있다. 화계는 장대석 한 벌대 마감인데, 장대석 앞 동쪽으로는 둥근 물확이, 서쪽으로는 다듬은 직육면체의 석상(石床)이 놓여 있고, 화계에는 대나무, 영산홍이 식재되어 있다.

중대문(안대문) 안 내외벽을 돌아 들어서면 안마당이고, 이 안마당 북쪽으로 ㄷ자형 평면의 안채가 동남향으로 자리 잡고 있다. 본래 대문으로부터 안채 양쪽 부엌간까지 징검돌들이 놓여 있었는데, 보수 때 치워 원형의 모습을 잃었다.

안채는 좌우대칭 평면으로 중앙에 대청을 두고, 좌우로 부엌, 방을 배치한 특이한 평면을 이루고 있는데, 서쪽 방이 노모(老母)의 안방이고, 동쪽 방이 며느리방이다. 이 집에서는 노모가 살아 있는 동안에는 안방 물림이 없기 때문에 좌우대칭되는 평면을 구성하고, 안대문부터 징검돌들을 두 갈래로 깔아 놓았던 것이다.

안채 서쪽으로는 一자형 안사랑채가 동남향으로 자리 잡고 있다. 이 안사랑채의 남쪽 앞에는 사잇담이 서 있고, 서쪽으로도 담장이 세워져 있다. 사잇담과 담장 안쪽으로 식재가 되어 있고, 일각문이 있어 담 밖 길로 나아갈 수 있다. 안채 뒤, 동쪽으로는 방형으로 둘러쌓은 담장 속에 사당(祠堂)이 있다. 안방 옆으로는 장독대와 우물가가 마련되어 있다. 우물가에는 넓적한 돌을 몇 개 깔고, 물확을 하나 놓았다. 장독대 북쪽으로는 막돌로 단을 쌓고, 그 위, 북쪽 깊숙한 곳에 쌓은 담장까지는 텃밭이고, 감나무, 앵두나무, 작약, 목련들이 식재되어 있다.

2.14 구례 운조루(雲鳥樓)[311]

전라남도 구례군 토지면 오미리 103번지에 있다. 주인 고 유회교(故柳會敎)의 7대조인 유이주(柳爾胄, 1726-1779)가 영조 52년(1776)에 지은 집이다. 집을 지을 당시에 그린 〈전라구례오미동가도〉(全羅求禮五美洞家圖)가 전하여, 본래의 집 모양은 물론 정원의 모습을 알 수 있다.

집은 뒤 북쪽으로 지리산 노고단(老姑壇) 줄기의 하나인 삼태봉(三台峰)이 병풍처럼 둘려 있고, 앞 남쪽으로 넓은 들이 펼쳐지고, 남서쪽인 정방(丁方)으로 안산인 오봉산(五峰山)이 있다. 북쪽 오봉산 너머 계족산(鷄足山)이 주작(朱雀), 오봉산이 현무(玄武), 동쪽 왕시루봉〔王甑峰〕이 청룡(青龍), 서쪽 천왕봉(天王峰)이 백호(白虎)가 되는 '금환락지'(金環落地), '금구몰니'(金龜沒尼), '오보교취'(五寶交聚)라는 세 명당이 한곳에 겹쳐진 길지(吉地) 중의 길지이다. 실제로 집을 지을 때, 이 터에서 돌거북이가 나와 전하여 오다 분실되었다

311 주남철, 《韓國住宅建築》(일지사, 1980), pp.179-181. 주남철, 〈구례운조루〉, 《한국의 미, 최고의 예술품을 찾아서 2》(돌베개, 2007), pp.258-271.

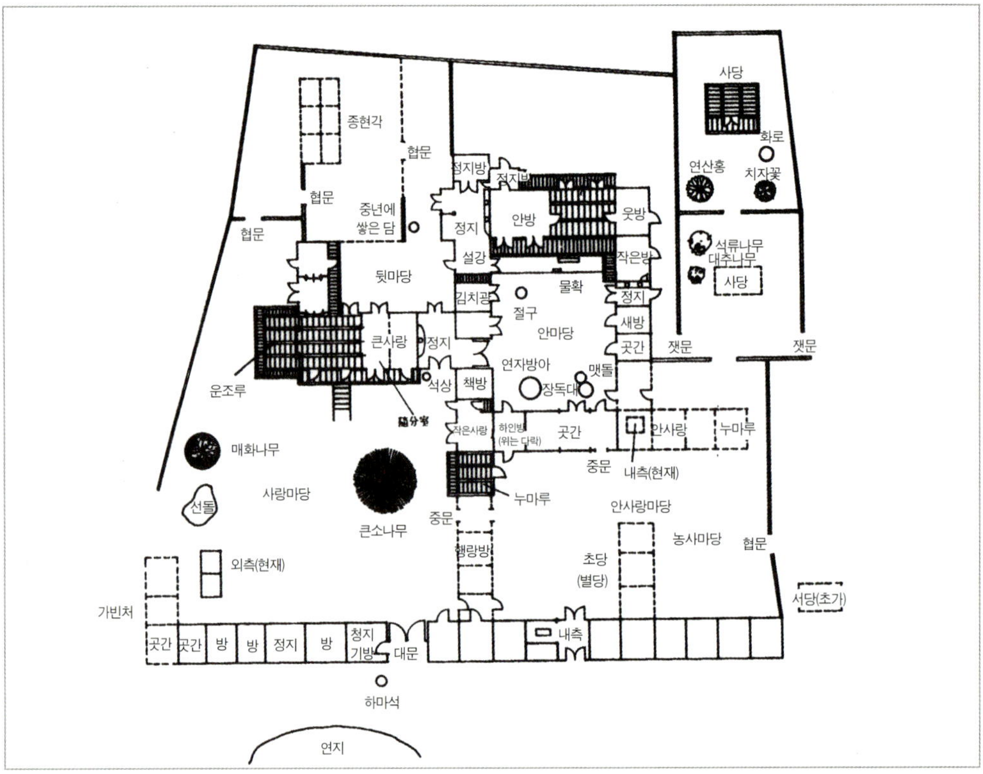

구례 운조루 **도면 58**

고 한다.

방형의 집터에 안채, 사랑채, 사당, 대문간채 등을 자좌오향(子坐午向)으로 배치하였다**(도면 58, 사진 65)**.

솟을대문간 행랑채 앞에는 동서 46미터, 남북 14미터 정도의 장방형 연못이 있는데, 이 연못은 고종 2년(1898)에 본래의 연못을 더 깊게 판 것이라 한다. 〈전라구례오미동가도〉(全羅求禮五美洞家圖)에는 섬은 없고, 연꽃들이 자라고 있으며, 연못 남쪽 가로는 꽃나무들이 식재되어 있다. 또 연못에서 떨어진, 동쪽과 행랑채 동쪽 앞쪽에는 버드나무들이 식재되어 있다. 솟을대문 동쪽 앞에는 붉은 꽃나무 두 그루가, 솟을대문 서쪽으로는 소나무 두 그루, 붉은 꽃나무 한 그루, 소나무 네 그루가 차례로 식재되어 있다.

솟을대문간 행랑채는 솟을대문 동쪽으로 11간, 서쪽으로 7간, 모두 19간이다. 대문 앞에는 노둣돌이 있다. 대문을 들어서면 바로 사랑마당이다. 사랑마당의 서쪽 담장 아래에는 길이 22미터, 폭 6미터 크기의 화단이 있고, 이 화단에는 매화, 동백, 감, 석류, 은행, 대나무 등이 식재되어 있고, 동백나무 밑에는 길이 2.3미터, 폭 1.3미터 크기의 석상(石床)이 놓여 있다.

못

사랑마당

운조루

운조루

안마당 물확

우물가

사당 앞마당

구례 운조루 사진 65

정면 5간 측면 2간의 一자형 평면, 북쪽으로 2간이 돌출된 사랑채의 높은 기단 중앙에 6단의 디딤돌 계단을 놓고, 계단 좌우로 폭 1.4미터의 화계를 조성하여 석류, 무궁화, 회양목 등을 심었다. 사랑방 앞마당에는 큰 소나무 한 그루가 식재되었다. 〈가도〉(家圖)에는 네 그루의 붉은 꽃나무들과, 꽃나무 사이에는 괴석들이 그려져 있고, 사랑방 앞에는 큰 소나무가 자라고 있다.

사랑채 뒤로 돌출된 2간은 글방 1간, 서고 1간이었고, 이 글방 북쪽벽 선을 따라 동쪽에 담장을 세워 나무청이 있는 마당과 구분하였다. 담장과 사랑채 사이의 사랑 뒷마당에도, 꽃나무들과 괴석들이 그려져 있다. 〈삼수공유이주영정〉(三水公柳爾胄影幀)에는 운조루 서쪽으로 대나무 숲이, 그 북쪽으로는 소나무들이 서 있다.

사랑채 서쪽의 누마루에는 여러 현판들이 걸려 있다. 북쪽으로 이산루(二山樓), 서쪽 족간정〔足間亭, 유이주의 3대손 유억(流億)의 호〕, 남쪽이 운조루(雲鳥樓), 동쪽이 귀만와(歸晩窩, 유이주의 호)이다.

사랑채와 ㄱ자로 꺾이어 남북으로 뻗어 있는 작은사랑채는 서향으로 귀래정(歸來亭) 누마루 1간과 농월헌(弄月軒) 작은사랑방 1간이다. 본래 누마루 남쪽으로 중대문간 1간, 행랑방 2간, 사잇문간 1간이 있어, 솟을대문 행랑채와 연접되어 있었는데, 지금은 누마루가 끝이다.

안채는 ㄷ자형 평면으로, 남쪽의 동서로 一자로 늘어선 곳간채와 연이어져, 남북으로 길고 동서로 좁은 장방형 안마당을 이루고 있다. 안마당 서북쪽 모서리 기단 아래에는 가로 1.3미터, 세로 1미터 크기의 물확이 있는데, 속을 장축 92센티미터, 단축 65센티미터의 타원형으로 파내 물을 채운 것이다. 또 대청 앞 기단에도 가로 61센티미터, 세로 36센티미터, 두께 30센티미터 크기의 작은 물확이 있다. 남쪽 곳간채 앞으로 장독대가, 동쪽으로 맷돌이 놓여 있고, 나머지는 비워 두고 있다.

안채 부엌간의 서쪽은 부엌 마당으로 나무청과 우물이 있고, 돌배나무가 한 그루 자라고 있다. 〈가도〉에는 나무청 대신에 종현각(宗賢閣)이 있었다. 또 서와 북으로 둘러싸인 담장 안쪽으로는 산수유와 감나무들이 식재되어 있다.

안채 남쪽 곳간채의 동쪽으로 석정정(石亭亭) 누마루 1간과 방 2간으로 구성된 안사랑이 돌출되어 있었으나, 지금은 없고 넓은 텃밭과 면해 있다. 텃밭 마당의 북쪽으로 작은 협문을 세운 담장이 동서로 가로질러 서 있고, 그 담장 너머로 또 다른 담장이 사당채를 둘러싸고 있다. 이 사당채에는 산수유, 감나무, 철쭉 등이 식재되어 있으나, 〈가도〉에는 일각문 안, 동서로 붉은 꽃이 핀 화목이 한 주씩 그려져 있다.

2.15 해남 윤고산 고택 녹우당(尹孤山古宅綠雨堂)[312]

전라남도 해남군 해남읍 연동에 있다. 처음 개기(開基)한 사람은 어초은(漁樵隱) 윤효정(尹孝貞)이고, 사랑채는 고산(孤山) 윤선도〔尹善道, 1587(선조 20)-1671(현종 12)〕가 효종(孝宗)으로부터 하사받았던 수원의 집을 현종 8년(1667) 7월 유배지에서 석방되었을 때, 분해하여 배에 싣고 이곳 연동에 가져와 건립한 것으로, 녹우당(綠雨堂)이라 하였다(도면 59, 사진 66).

주산은 덕음산(德陰山), 안산은 벼루봉〔硯滴峯〕이고, 북서쪽으로 필봉(筆峯)이 있는, 덕음산 비자나무 숲 앞쪽 넓은 연화도수(蓮花倒水)형의 터에 갑좌경향(甲坐庚向)으로 자리 잡고 있다. 본래 집 앞에 비보(裨補) 차원에서 큰 연못을 파고 조산(造山)하였는데, 흰 연꽃들이 피어 이곳을 백연동(白蓮洞)이라 불렀다고 한다.

집으로 들어서는 앞 넓은 들에는 풍수지리설에 따라 조성된 방지(方池)와 5개의 조산(造山)이 있다. 못 속에는 방도(方島) 2개가 있고, 방도와 조산에는 해송(海松)이 수풀을 이루고 있다.

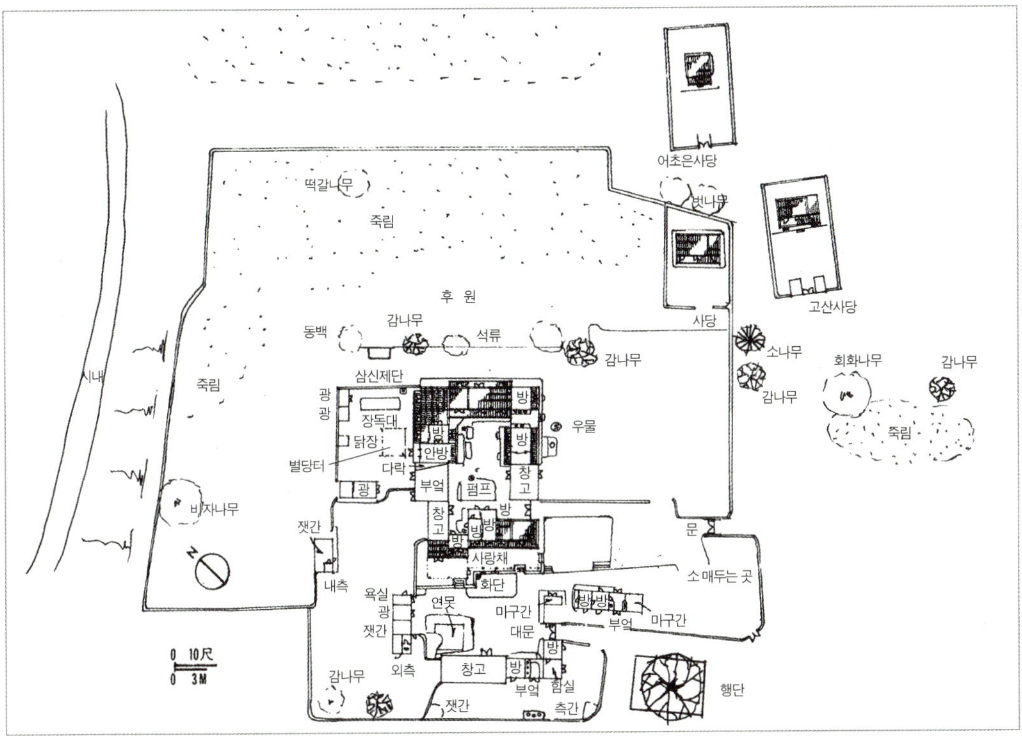

해남 윤고산고택 녹우당 **도면 59**

312 주남철, 《韓國住宅建築》(일지사, 1980), pp.278-279. 주남철, 〈海南綠雨堂〉, 《韓國建築美》(一志社, 1983), pp.195-198. 주남철, 〈한국의 이름난 집—② 海南綠雨堂〉, 《아름다운 집》 7권(중앙일보사, 1989).

행단

사랑마당

못과 화단

못과 화단

못과 화단

대석과 물확

사랑마당

안마당 / 장독대 / 안채 동쪽 마당 / 사당 / 윤고산 사당 / 추원루

해남 윤고산고택 녹우당 **사진 66**

솟을대문 행랑채 바깥마당에는 수령 500년 된 은행나무가 서 있는 행단(杏壇)이 있고, 그 앞을 지나 남향 대문인 솟을대문을 들어서면 곧바로 사랑마당이다.

솟을대문간채는 광채와 연이어져 ㄱ자형을 이루고 있다. 광채 앞에 네모난 못, 방지(方池)가 있고, 못 속에 괴석이 1기 서 있다. 못 서쪽 모서리에 한 그루의 향나무가 있고, 주변으로 비파, 백목련, 영산홍 등이 식재되어 있다.

사랑마당에 남서향으로 자리 잡은 사랑채는 막돌쌓기 기단 위에 막돌 초석을 놓고 두리기둥을 세운 민도리집이다. 정면 4간 측면 2간으로 一자 집이나, 서쪽 사랑방 옆으로 1간의 방을 들이고 이 방은 안채 부엌과 연이어진 광과 접해 있다. 때문에 전체적으로 ㄷ자형 안채와 더불어 남북으로 긴 ㅁ자형 집을 이루고 있다.

사랑채 전면에는 반 간 폭의 개방된 툇마루를 두고, 또 넓은 차양(遮陽)을 설치하여, 서향의 뜨거운 햇볕을 차단한다. 기단 남쪽 모서리에는 대석이 있고, 그 아래에는 물확이 있다. 또 물확 주변으로는 화단이 조성되어 있는데, 영산홍, 작약, 황매화, 꽝꽝나무, 삼나무 들이 식재되어 있다. 대석은 여름철 찬물이 담긴 세숫대야를 놓고, 손을 씻고, 씻은 물은 대석 아래의 물확에 버린다.

이 사랑마당에 들어섰을 때, 외측(外厠)이 있는 一자형 잿간채의 초가지붕, 그리고 잿간과 사랑채를 잇는 낮은 담장, 마당의 연못, 화단 들이 눈길을 끈다.

사랑마당의 남동쪽으로는 넓은 사랑 옆마당인데, 막돌쌓기 단을 두어, 남북으로 높이가 다른 2개의 마당을 구성하고 있다. 낮은 남동쪽 마당에는 방과 아궁이부엌, 마구간으로 구성된 마구간채가 있고, 그 앞에 큰 느티나무가 한 그루 자라고 있다. 느티나무 안쪽의 한 단 높은 마당에 올라서면, 북쪽으로 안대문이 있어 안마당으로 들어서게 된다. 이 마당과 동북쪽 안채의 동쪽 마당 사이에는 길게 쌓은 사잇담이 있다. 감나무, 모과나무, 백목련 들이 식재되어 있다.

안대문으로 들어선 안마당은 긴 장방형인데, 서북쪽으로 부엌, 안방, 작은대청, 그리고 ㄱ자로 꺾인 곳에 큰대청, 다시 ㄱ자로 꺾이어 건넌방, 아궁이부엌, 아랫방, 광, 그리고 안대문간이다. 안마당 안대문간 앞에는 막돌로 둘레를 두른 화단에 죽도화, 작약 등이 심겨 있고, 굴뚝이 서 있다.

부엌의 남쪽 문을 열고 나서면, 남서쪽 넓은 마당이다. 이곳에는 내측(內厠)이 있는 잿간채가 있고, 텃밭이 있다. 또 부엌의 북쪽 문을 나서면 안채 옆마당이다. 삼면을 담장으로 둘러쌓은 안쪽으로 광채와 장독대가 자리 잡고, 작은 텃밭이 있다. 옛적에는 장광과 연이어진 별당채와 초당(草堂)이 있었는데, 광무(光武)연간의 화재로 소실되었다고 한다.

안채의 건넌방과 붙어 있는 아궁이부엌간으로 나서는 안채 동쪽 옆마당은 흙바닥 마감으로 우물이 있고, 동북쪽으로 따로 쌓은 담장 속에 사당채가 자리 잡고 있다. 안채 뒤로는 막돌쌓기로 한 단 높인 넓은 뒤뜰〔後園〕이다. 석단 경계에는 감나무, 석류, 동백들이 식재되어 있고, 그 뒤로는 대나무숲이 우거져 있다. 뒤뜰의 담장은 ㄷ자형 안채 전체를 삼면으로 둘러싸고 있다.

뒤뜰 담장 밖 동쪽에는 불천지위(不遷之位)의 사당인 어초은사당(漁樵隱祠堂)과 윤고산사당(尹孤山祠堂)이 자리 잡고, 주변에 소나무, 감나무, 벚나무 들이 식재되어 있다. 고산사당 남쪽으로 감나무와 회화나무가 식재되어 있고, 작은 대나무 숲이 있다. 또 어초은사당 북쪽으로는 넓은 대나무숲이 우거져 있다.

뒤뜰 담장 뒷길로 북쪽 계류를 건너면, 언덕 위에 별당인 추원당(追遠堂)이 자리 잡고 있다. 집주인 윤형식 씨의 조부가, 어초은 선생의 재각(齋閣)을 헐고 지었는데, 문중들이 모이는 강당(講堂)으로 쓰인다.

2.16 해남 윤탁가옥(尹鐸家屋)[313]

전라남도 해남군 현산면 초호리 276번지에 있다. 상량문에 따르면 1906년에 건립되었다.

북으로 동산이 둘러 있고, 앞으로 넓은 들이 펼쳐진 동산 자락에 남서향으로 낮은 앞터에서 높은 위터로 올라가면서, 대문간채, 사랑채, 안채 별당채들을 차례로 배치하였다(도면 60, 사진 67).

마을 입구에서 동쪽으로 들어서면 큰 느티나무를 마주하게 되고, 나무 앞을 지나면, 솟을대문간채 앞 바깥마당에 이른다. ㄱ자형 평면의 솟을대문간채 대문간을 들어선 대문간 마당은, 더 높은 터에 자리 잡은

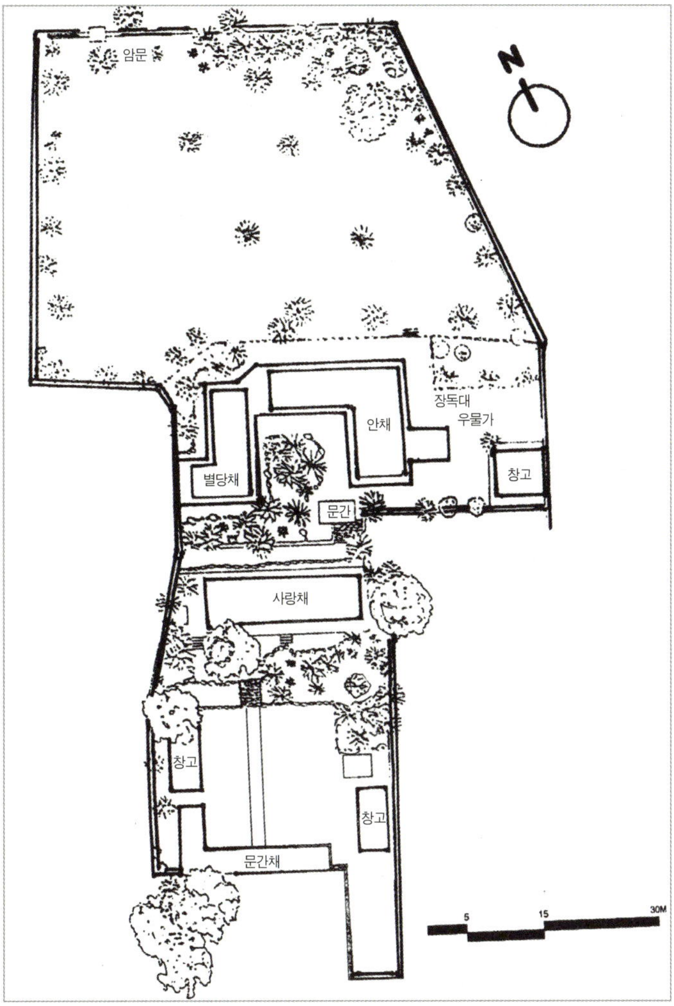

해남 윤탁가옥 도면 60

313 주남철, 《한국의 전통민가》(아르케, 2000), pp.488-496.

해남 윤탁가옥 사진 67

一자형 사랑채의 앞마당과 연이어져 전체적으로 넓은 사랑마당을 이루고 있다. 문간으로부터 사랑채 앞 화계를 형성하는 축대의 계단까지 돌길이 직선으로 나 있고, 길의 동쪽과 서쪽으로 광채가 한 채씩 서 있다.

사랑채 기단 앞에는 폭이 넓게, 2단으로 화계를 조성하였는데, 제1단의 중앙에는 석계를 두어, 문간채와 돌길로 이어지게 하였다. 이 석계의 동쪽으로는 단을 넓혀, 남쪽으로는 방형으로 돌출시키고, 북쪽으로는 곡선을 그리면서 사랑채 기단의 동쪽 끝까지 이르게 하였다. 다음 중앙 석계의 서쪽으로는 두 번째 단을 만들고, 이 단의 서쪽 담장 앞에서 석계를 놓아 사랑채 서측에 있는 좁은 길로 들어서서, 사랑채 뒤를 돌아 안문간채 앞 석계까지 이르게 하였다. 화계에는 화목(花木)들과 관상수(觀賞樹)를 식재하고, 곳곳에 괴석들과 자연석들을 배치하였다.

사랑채 뒤로 난 좁은 길, 북쪽으로는 높은 축대를 쌓았는데, 축대 위에는 안채와 별당채가 자리 잡고 있다.

사랑채 뒤의 좁은 길 동쪽 끝에 있는 계단으로 올라, 안문간채 문간을 나서면 바로 안마당에 이른다. 안마당을 가운데 두고, 동쪽으로 ㄱ자형 안채가 남서향하고, 서쪽으로 ㄱ자형 별당채가 동향하여 자리 잡고 있다. 따라서 안마당은 ㄷ자형으로 세 변이 안채와 별당채로 막히고, 남서쪽 앞쪽은 개방되었는데, 축대 바로 앞에는 담장을 쌓아, 축대 아래의 사랑채 공간과 격리되어 있다.

앞마당 중심에는 화단을 꾸며, 서쪽 별당채의 남서향한 온돌방 앞까지 이어지게 하여, 전체적으로 ㄴ자형 화단을 형성하였다. 관상수와 꽃나무〔花木〕들이 식재되어 있다.

안채 동쪽 넓은 부엌 마당에는 우물과 장독대가 자리 잡고, 장독대 북쪽으로부터는 안채 뒤의 넓은 뒤뜰과 연이어지는데, 이곳에는 감나무들이 식재되어 있고, 또 텃밭이 조성되어 있다. 그리고 북쪽 담장 아래에는 작은 암문(暗門)이 있어 뒷동산으로 나갈 수 있다.

3 상사람집〔庶民家〕

3.1 만리동 박씨가(朴氏家)[314]

서울 도성 밖 만리동에 있었던 박씨가는 본래 기름장수집이었다(도면 61, 사진 68). 골목길에 면한 대문간을 들어서면 사랑방이고, 사랑방을 돌아 사잇문을 들어서면 작은사랑마당인데, 마당이

314 주남철, 《韓國住宅建築》(일지사, 1980), pp.81-82.

만리동 박씨가 내외담 사진 68

라기보다 안마당으로 들어가는 길목이다. 안중문을 들어서면 내외담과 마주하게 되고, 다시 내외담을 돌아들면 안마당이다. 내외담 안쪽으로는 장독대가 마련되었다.

안마당의 동북쪽으로는 전형적인 서울의 ㄱ자형 안채가 자리 잡고, 서쪽으로는 一자형 광채가 동향하여 있다. 안채는 안방 2간, 부엌 1간, 1간 찬마루가 一자형으로 모두 서향하였고, 안방과 ㄱ자로 꺾이어, 대청 2간 반, 건넌방 1간이 남향하였다. 一자형 광채는 남쪽 끝에 방 1간, 그리고 그 북쪽으로

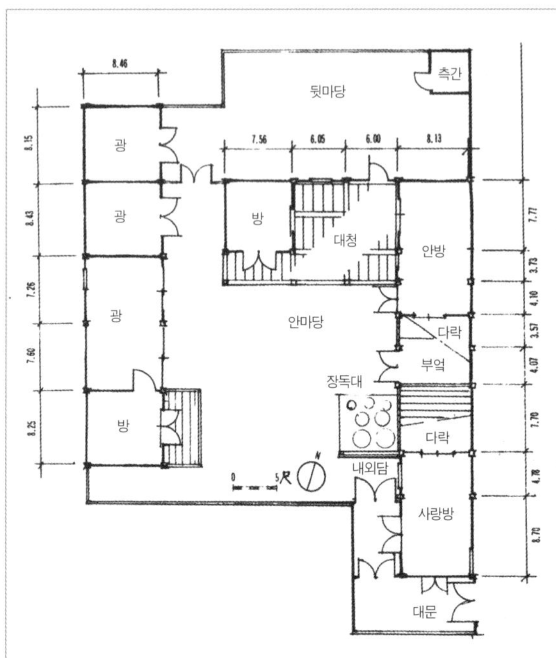

만리동 박씨가 도면 61

광 2간, 광 1간이 일렬로 동향하였다. 2간 광이 기름을 짜던 광이고, 나머지 1간 광들은 수장고였다.

안마당은 흙바닥 마감으로 꽃이나 나무는 식재되어 있지 않다. 좁은 탓도 있겠으나, 광채에서 기름을 짜던 기름장수 집이라, 안마당이 작업장으로 이용되었기 때문이라 생각된다.

건넌방과 광 사이에 마련된 뒷문을 들어서면 장방형 뒷마당이다. 동북쪽 모서리에 측간(厠間)이 자리 잡고, 북쪽 담장 앞으로 몇 그루의 나무들이 식재되어 있다.

3.2 삼척 대이리 너와집[315]

주인 이종옥(李鍾玉)의 11대 선조가 병자호란(1636)을 피하여 포천에서 이곳으로 들어와 지은 집이다(도면 62, 사진 69).

동서로 뻗은 계곡의 서쪽 산등성이 아래 터에 동남향으로 자리 잡고 있다. 서쪽에서 동쪽으로 좁은 길목을 따라 들면, 바로 바깥마당이다. 들어서는 마당 입구 왼쪽으로 굴피지붕의 꼬질간(곳간채)이 있고, 마주한 몸채의 중앙에 대문이, 대문 북쪽으로 사랑방과 사랑 툇마루가, 남쪽으로 외양간이 있다. 몸채의 평면은 정면 2간 측면 3간의 방형 평면에 1간 외양간이 붙어 있다. 북쪽 사랑방에서 동쪽으로 나가면서, 도장방, 안방이 붙어 있고, 사랑방 남쪽으로는 문간, 마루, 부엌이 늘어서 있다.

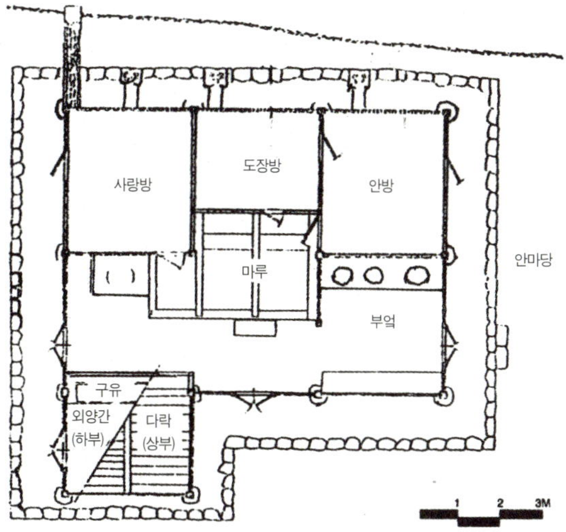

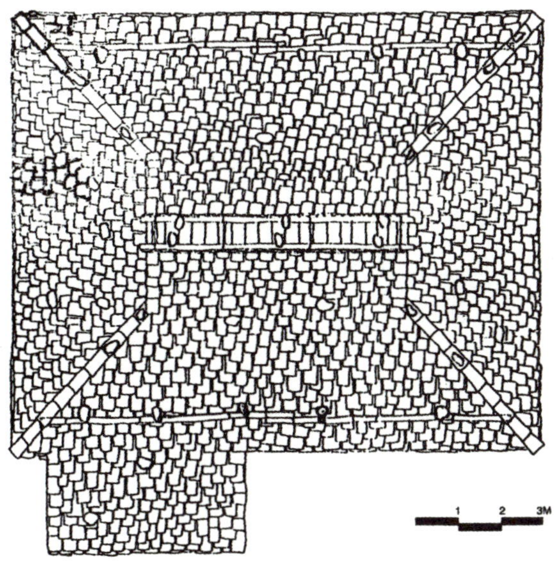

삼척 대이리 너와집 도면 62

315 주남철, 《한국의 전통민가》(아르케, 2000), pp.169-176.

삼척 대이리 너와집 사진 69

부엌문을 열고 동쪽으로 나가면 안마당이다. 부엌 남쪽 처마 밑에 널뒤주가 있고, 북쪽 벽에 기대어 장독대가, 맞은쪽 산등성이 아래에 닭장이 있다. 또 부엌문 바로 앞쪽은 작은 화단인데, 채송화가 심겨 있다. 집채 주변 모두 산골짜기 깊은 계곡이고, 냇물이 흘러 집 전체가 자연으로 둘러싸여 있다.

3.3 속초 김근수가옥(金根洙家屋)[316]

강원도 속초시 도문동 1504번지에 있다. 상량문에 따르면, 영조 38년〔1762, 건륭(乾隆) 27〕 입주상량(立柱上樑)을 하였다고 한다.

동서로 뻗은 야산의 남쪽 터에 ㄱ자형 몸채와 一자형 측간채가 남향과 동향으로 자리 잡고 있다(도면 63, 사진 70).

몸채 전면이 ㄷ자형으로 둘러싸인 담장 중앙에 선 사주문을 들어서면 장방형 앞마당이다. 담장으로 둘러싸인 앞마당은 흙바닥 마감으로 별다른 꾸밈은 없다. 앞마당 북쪽의 ㄱ자형 몸채는 겹집으로, 1간 폭 앞줄 서쪽에서 동쪽으로, 사랑 웃방 1간, 사랑방 1간, 마루 1간이, 뒷줄에 사랑 아랫방 1간, 웃안방 1간, 안방 1간이 늘어서 있고, 마루와 안방과 동쪽으로 붙어서 부엌 3간, 외양간 1간이 남북으로 길게 늘어서 있다. 몸채의 서쪽, 사랑방 앞에는 툇마루가 붙어 있고, 툇마루 앞은 사랑마당으로 ㄱ자로 담장을 두르고, 담장 안쪽을 따라 꽃나무들을 심은 좁은 화단이 조성되어 있다. 몸채의 동쪽 외양간 남쪽으로 감나무가 한 그루 서 있다. 몸채 뒤, 뒷마당은 담장을 두르고, 장독대와 수돗가가 있다. 담장 밖으로는 수풀을 이룬 산자락과 이어져 있다.

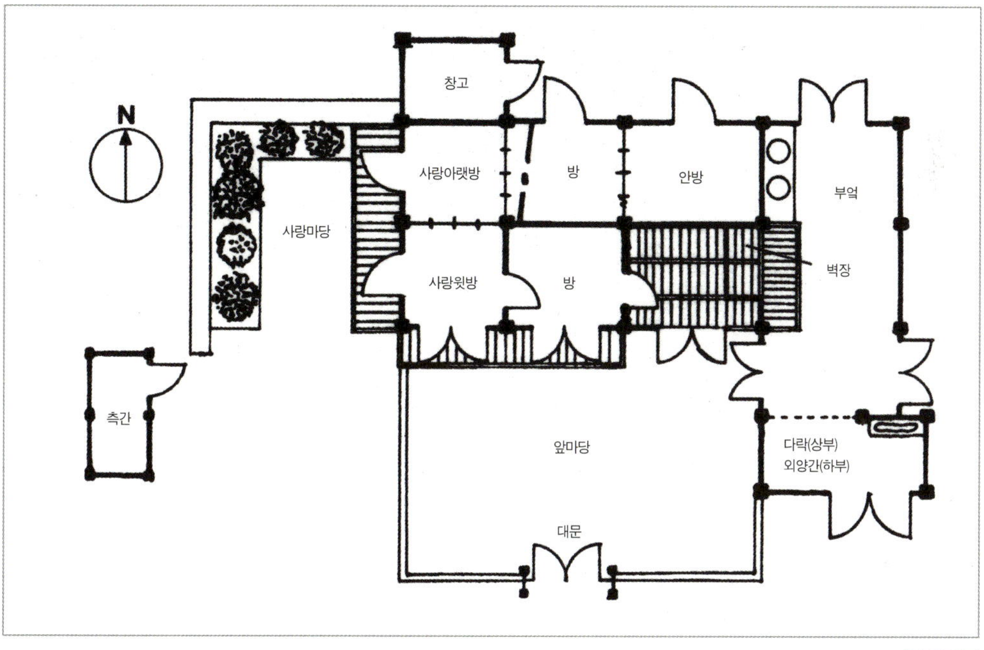

속초 김근수가옥 도면 63

316 같은 책, pp.186-190.

전경

사랑마당

속초 김근수가옥 사진 70

3.4 서천 이하복가옥(李夏馥家屋)[317]

충청남도 서천군 기산면 신산리 120에 있다. 1800년대 건축으로, 동북쪽으로 산등성이를 낀 서남향한 터에 막돌 허튼층쌓기 축대를 쌓고, 그 위에 ㄱ자형 안채, 一자형 사랑채, 광채가 맞물려 이룬 ㅁ자형 몸채와 一자형 아래채를 일렬로 배치하였다(도면 64, 사진 71).

정면 4간, 측면 1간의 사랑채는 서쪽에서 동쪽으로, 대문간, 아궁이부엌, 사랑방이 자리 잡고, 사랑방 앞에는 퇴가 있다. 대문간과 붙어 있는 광채는 헛간 1간과 광 1간으로 북쪽 끝에서 작은 문을 사이에 두고 안채 부엌과 연결되었다.

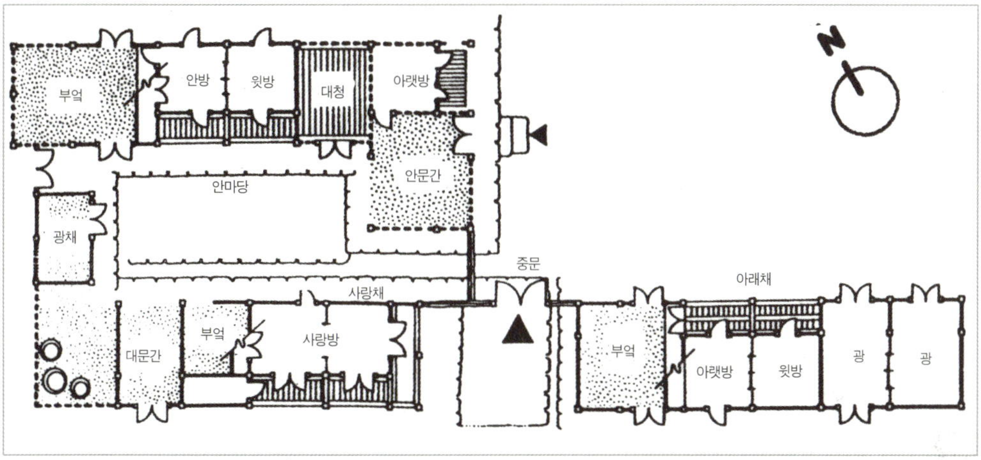

서천 이하복가옥 도면 64

서천 이하복가옥 사진 71

대문간을 들어서면 안마당이다. 막돌 한줄쌓기 기단 위에 ㄱ자형 안채가 자리 잡고 있다. 정면 6간 측면 1간의, 부엌, 안방, 웃방, 대청, 아랫방이 일자로 늘어선 동쪽 아랫방 앞으로 안문간이 남쪽으로 돌출되어 있다. 사랑채와 일렬로 전면에 늘어선 아래채는 정면 5간 측면 1간으로 부엌, 아랫방, 웃방, 광, 광으로 구성되었다. 집채들은 모두 초가집이다.

몸채와 아래채 사이에 돌계단이 있고, 이 계단 서쪽 축대 위에 큰 나무 한 그루와 작은 나무 한 그루가 서 있고, 찔레꽃들이 줄지어 있다. 아래채 앞에도 나무들이 자라고, 안마당 기단 아래에는 작은 화단이 마련되었다. 집 뒤로는 울창한 나무숲이 이루어져 있다.

3.5 제주 성읍 이영숙가옥(李英淑家屋)[318]

제주도 남제주군 표선면 표선리 887번지에 있는 1800년대 초에 건축된 주택이다(도면65, 사진72).

동서로 길게 자리 잡은 동향한 터의 동쪽 올레를 따라 들면 이문간 없이 바로 안마당에 이른다. 올레의 남쪽으로는 헛간채가 자리 잡고, 이 헛간채의 북쪽으로, 올레를 따라 돌담을 쌓았으며, 또 올레의 북쪽으로도 삼각형으로 돌담을 쌓고, 몇 그루의 나무들을 식재하였다.

안채는 一자 집으로 거의 집터 중앙에 동향으로 배치하였다. 동북쪽 모서리에 측간(厠間)인 통시가 자리 잡고, 안채 뒤로는 서쪽으로 둥글게 담장을 쌓아, 안뒤를 이루고 있다. 이 안뒤 담장 밖으로는 넓은 안뒷마당이고, 뒷마당 집터의 경계를 따라 돌담을 쌓았다. 안마당이나, 뒷마당은 담 밑에 몇 그루의 나무들을 식재하고, 마당 전체를 비워 두고 비워 둔 공간에서 곡물을 말리는 등 온갖 집안일을 행한다.

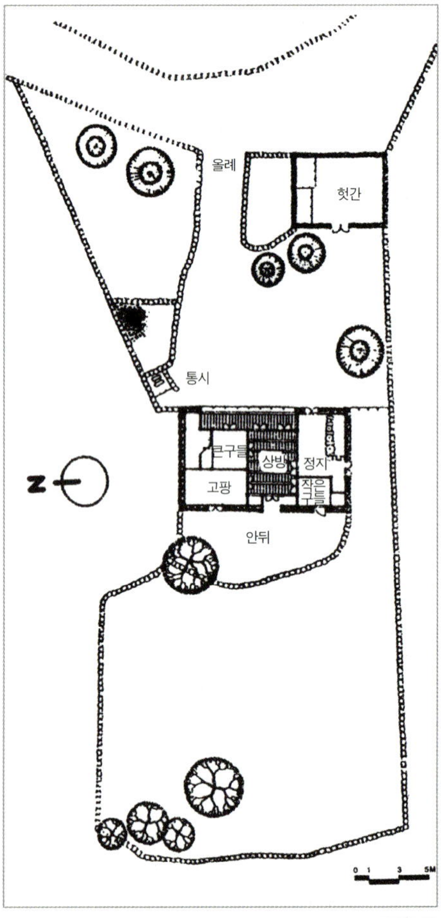

성읍 이영숙가옥 도면 65

317 같은 책, pp.277-281.

318 같은 책, pp.513-517.

성읍 이영숙가옥 사진 72

7. 별서(別墅)

1 서울 부암동 백석동천 유적(付岩洞白石洞天遺蹟)

서울특별시 종로구 부암동 115, 115-1 일대에 있는 약 2,129제곱미터의 별서유지(別墅遺址)에는 초석, 화계(花階), 석상, 못과 출수구(出水口), 암각자(岩刻字) 등이 남아 있다(도면 66, 사진 73).

동쪽에서 서쪽으로 흘러내리는 계류의 북쪽 산등성이 아래 산자락에, 동서로 긴 장방형 집터를 닦고, 서쪽에서 동쪽으로 나아가며 안채, 사랑채, 못과 정자를 배치하였다. 안채 터는 초석이 남아 있지 않아 그 모습을 알 수 없다. 그러나 동쪽으로 자리 잡은 사랑채 터에는 누하주 초석과 일부 초석들이 남아 있어, 누마루를 갖춘 ㄱ자집이었던 것을 알 수 있다. 안채 터와 사랑채 터의 남쪽으로는 대문간채와 담장, 계단들의 유구(遺構)가 있어, 남쪽에 있던 대문으로 안채를 출입한 것을 알 수 있다.

사랑채 정면인 동쪽에는 아래터로 내려서는 9단의 돌계단이 남아 있다. 사랑채 터와 아래터는 3단의 화계를 두어 그 높낮이를 마무리하고 있다. 아래터의 동남쪽으로는 넓은 원형에 가까운 못〔池塘〕이 자리 잡고 있다.

못의 동쪽에는 계류에서 흘러내리는 냇물을 유도하여 못으로 흘러들게 하는 작은 입수 도랑이

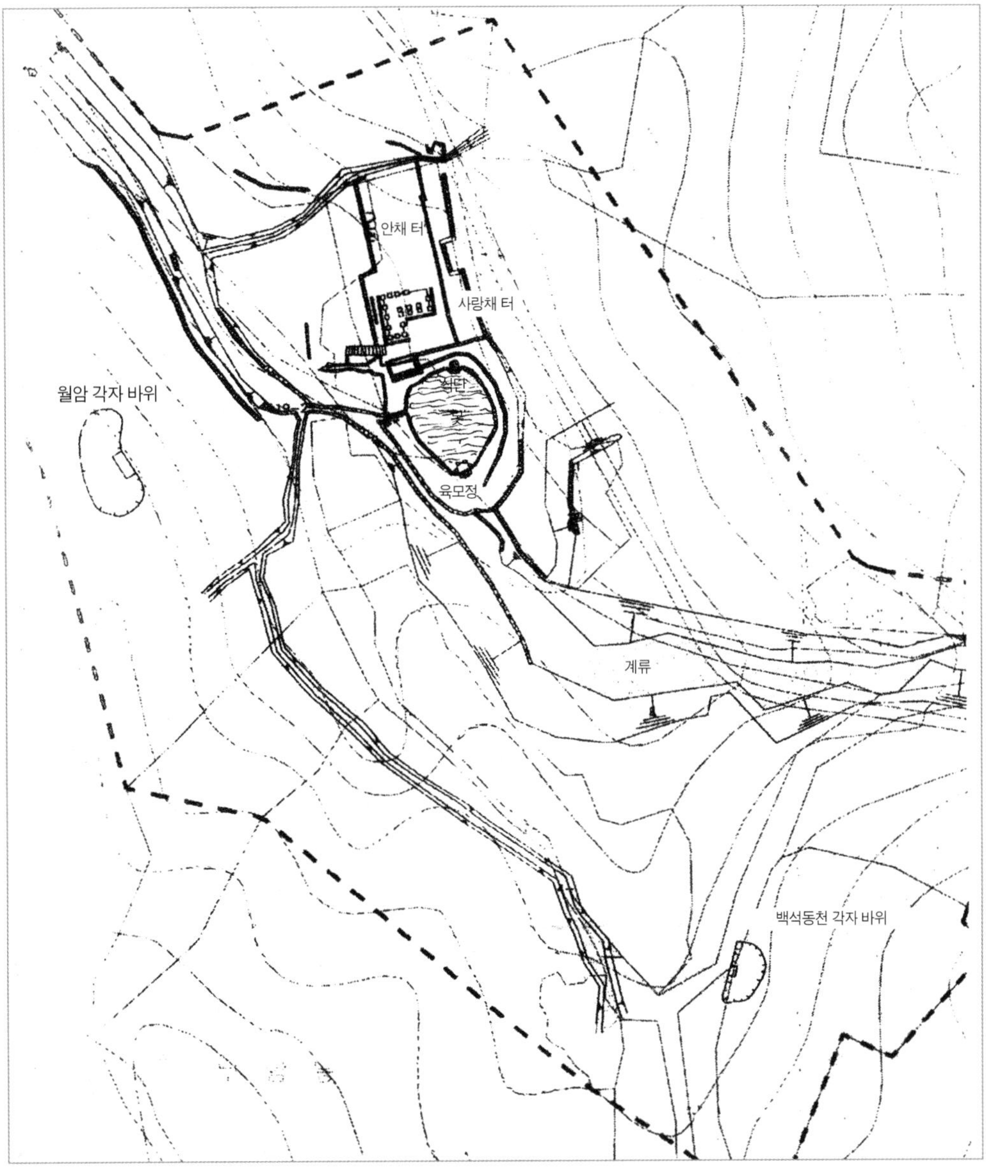

백석동천 별서유적 도면 66

있고, 못의 동남 모서리, 입수 도랑의 남쪽 가에는 못 바닥에 4개의 장주형 초석을 세우고, 못가 땅에 2개의 다듬은돌 초석을 놓아 세웠던 육모정〔六隅亭〕 터가 있다. 못의 출수구는 서남쪽에 남아 있으며, 못의 가장자리에는 나무뿌리를 보호하기 위하여 호안석 일부를 원형으로 돌출하여 식단(植壇)을 쌓았다. 지당 주변에는 자연반석을 이용한 석상(石床)들이 여기저기 놓여 있다.

별서 터의 서쪽 30여 미터 떨어진 산등성이에 "월암"(月巖)이라 새긴 각자 바위가 있고, 못

사랑채 터

안채 뒷동산

육모정 초석

못

못가 식단

석상

반석

백석동천 각자 바위

백석동천 별서 사진 73

으로부터 동남방 약 100여 미터 떨어진 맞은편 높은 곳에 "백석동천"(白石洞天)이라 새긴 커다란 각자 바위가 있다.

월암 각자와 이광려(李匡呂)의 《이참봉집》(李參奉集)과 《동명연혁고》(洞名沿革攷)의 내용들로 볼 때 별서(別墅)의 주인은 이광려로 추정된다.

2 석파정(石坡亭)

서울특별시 종로구 부암동 산 16-1번지에 있다. 경종(景宗) 때, 조정만〔趙正萬, 1656(효종 7)-1739(영조 15)〕의 별서로 "한수운렴암"(閑水雲簾庵)이라 하였는데, 그 후 철종 때 영의정을 지낸 김흥근〔金興根, 1796(정조 20)-1870(고종 7)〕의 별서가 되었다. 대원군 이하응〔李昰應, 1820(순조 20)-1898(광무 2)〕이 부인의 비접〔避接〕을 위해 이곳을 빌려 부인을 머물게 하자, 고종이 문병하게 됨에 따라 자연스럽게 대원군의 소유가 되었고, 대원군은 이곳의 "삼계동정자"(三溪洞亭子)를 '석파정'(石坡亭)이라 하였다(도면 67, 사진 74).

인왕산(仁王山) 뒤, 서에서 동으로, 북에서 남으로 흘러내리는 두 개의 산자락 사이 계곡에

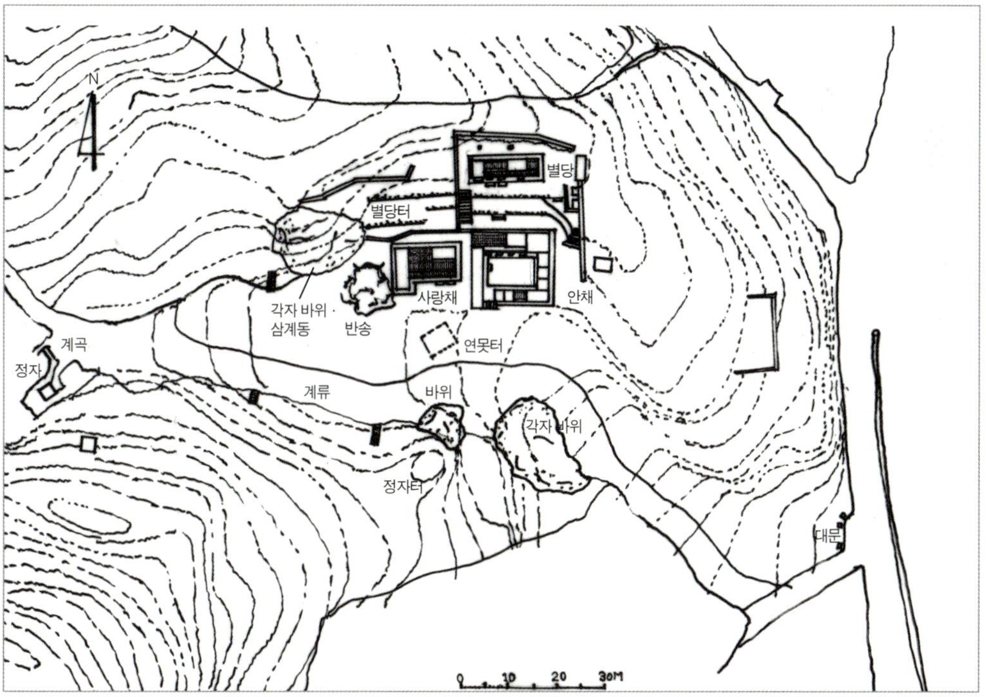

석파정 도면 67

자리 잡고 있다. 동향한 대문간을 들어서 왼쪽으로 계류를 끼고 경사진 언덕을 올라서면 오른쪽으로 자리 잡은 집채 마당에 이른다. 북쪽 산자락 끝에 남향으로, ㅁ자형 안채와, ㄱ자형 사랑채를 동에서 서쪽으로 일렬로 배치하고, 안채 뒤 높은 북쪽 터에는 一자형 별당채를 배치하였다. 본래 사랑채 뒤, 높은 북쪽 터에도 ㄱ자형 별당채가 있었으나, 지금은 홍지동으로 옮겨 대원군 별장이라 칭하고 있다.

ㅁ자형 안채의 안대문간 동쪽 방화벽〔防火墻〕[319]은 장대석 지대석을 놓고, 그 위에 막돌 허튼층쌓기, 그리고 그 위의 부분을 검은벽돌로 바른층쌓기 하였는데, 막돌의 크기가 위로 올라가면서 체감되고, 또 벽돌도 길이와 두께가 체감되게 쌓아, 시각적으로 점이성(漸移性, gradation)을 인지할 수 있도록 하였다. 안대문을 열고 들어선 ㅁ자형 안마당은 식재(植栽) 없이 비워 두었다.

안채와 사랑채 사이 좁은 길을 따라 북쪽으로 들어서면 석주(石柱) 위에 홍예를 튼 아름다운 홍예문에 이르고, 이 홍예문을 들어서면 마주한 곳, 안채와 사랑채 사이의 사잇담 동쪽 벽에 붙여 놓은 여러 단의 돌계단으로, 안채 뒤로 쌓은 높은 축대 위의 一자형 별당채 앞마당에 이른

석파정

319 주남철, 〈放火墻〉, 《韓國建築美》(一志社, 1983), p.33.

다. 한편 계단 제일 윗단에서 그대로 북쪽으로 나아가면 사잇담에 세운 일각대문에 이르기도 한다. 일각대문 사잇담은 본래 십장생무늬와 귀갑문의 십장생담[320]이었으나, 여러 차례의 보수를 거치면서 막돌담으로 변형되었다. 이 담장은 별당채 뒤 높은 곳 담장과 이어져 산과 경계를 짓고 있다.

안채 서쪽으로 자리 잡은 ㄱ자형 사랑채는 팔작집으로, 정면 5간의 중앙 2간은 모두 앞뒤로 온돌방이고, 동쪽 2간의 앞쪽은 마루방, 뒤쪽 2간은 온돌방, 서쪽 정면 1간 측면 3간 반이 마루이다. 온돌방이나, 마루방의 앞으로는 사랑채와 마주한 남쪽 산자락 아래의 2개의 큰 바위와 바위 아래로 흐르는 계류를 바라볼 수 있다. 본래 남쪽 산자락 아래 바위 옆으로는 정자가 있었고, 정자 아래 계류 가에는 못이 있었다.

계류의 큰 암반에는 가로 1.85미터, 세로 0.9미터의 장방형 평면으로 다듬고, "한수운렴암"(閑水雲簾庵)이라 한 횡서와, "한수옹서증 우인정이시, 신축세야"(閑水翁書贈 友人定而時, 辛丑世也)라고 한 종서의 각자들이 있다.

한편 사랑채 마루방 앞에는 아름다운 반송(盤松)이 있다. 반송 가지 사이로 멀리 석파정 정자로 들어가는 길목을 바라볼 수 있다. 5개 가지들을 받쳐 놓은 반송은 높이가 5미터, 흉고 둘레 3.5미터 정도로, 수령(樹齡)은 200년 이상이다. 반송 앞에는 1990년대 말에 가져다 놓은 넓은 석상이 있다.

사랑마당 서북쪽 산자락에는 천연 수직 암반이 있다. 가로 2.6미터, 세로 0.65미터의 장방형으로 다듬고, "삼계동"(三溪洞)이라 각자하였다. 또 사랑마당 서쪽에는 우물도 있었는데 지금은 메워지고 그 갓돌들만 남아 있다.

사랑채 뒤 높은 곳에는 5단의 화계가 조성되어, 참나무, 단풍, 소나무, 느티나무, 화초 들이 심겨 있다. 이들 화계 중 서쪽 바위 위쪽으로 있던 별당채가 옮겨다 다시 세운 홍지동의, '홍지동 대원군 별장'이다.

사랑채 반송 앞을 지나 서쪽 골짜기로 접어들면, 남쪽 산자락과 북쪽 산자락이 이어진 사이의 안골 계류 가에 정자 석파정이 서 있다. 폭 1.1미터의 굴절된 돌다리〔石橋〕로 정자에 이른다. 정자에서는 암반에 고인 물과 서쪽 골짜기의 물이 3미터 높이에서 떨어지면서 이룬 작은 폭포를 볼 수 있다. 정자와 계류 주변은 나무숲으로 둘러싸여 있다.

320 주남철, 〈담장의 디자인〉, 《韓國建築美》(一志社, 1983), p.113.

사랑 앞뜰

반송

석파정 다리

집장생과 귀갑문담(보수 전)

별당 일각대문

별당 기단

별당 석계

각자 바위 1 / 계류 / 각자 바위 2 / 계류 / 계류 반석 / 암반 / 동산 / 계류와 다리

석파정 사진 74

3 성락원(城樂園)

서울특별시 성북구 성북2동에 있다. 철종(哲宗, 1849-1863) 때 이조판서를 지낸 심상응(沈相應)의 별서(別墅)였으나, 후일 의왕〔義王, 이강(李堈), ?-1955〕이 35년간 별궁으로 이용하였다. 1960년대부터 심상준(沈相俊)이 성락원과 그 주변을 정비하기 시작하여 지금의 모습이 되었다(도면 68, 사진 75).

북한산 문수봉에서 뻗어 내린 구준봉을 배산으로, 좌청룡 우백호의 두 산줄기 가운데를 흘러내리는 계류를 중심으로 구성되었다.

성락원 입구에는 성락원의 동쪽 계류와 서쪽 계류가 하나의 계류로 합쳐 흐르는 쌍류동천이 자리한다. 이곳 계류 속 암반에는 "쌍류동천"(雙流洞天) 각자가 있고, 인공으로 조성한 동산인 "용두가산"(龍頭假山) 이 있다. 이 용두가산은 안쪽 정원을 아늑하게 가로막으면서 비보(裨補)하고 있는데, 느티나무, 음(엄)나무, 소나무, 참나무, 단풍나무, 다래나무 등이 울창한 숲을 이루고 있다.

쌍류동천 용두가산의 안쪽으로는 1960년대 말에 조성된 넓은 잔디밭이 있고, 그 안쪽으로 못이 있다. 못은 장축 15.5미터, 단축 12미터, 깊이 1.5미터의 크기로 주변의 느티나무와 단풍나무로 둘러싸여 있다. 못의 서쪽 가 암반에는 "장빙가"(藏氷家)라 한 행서체의 각자와 이보

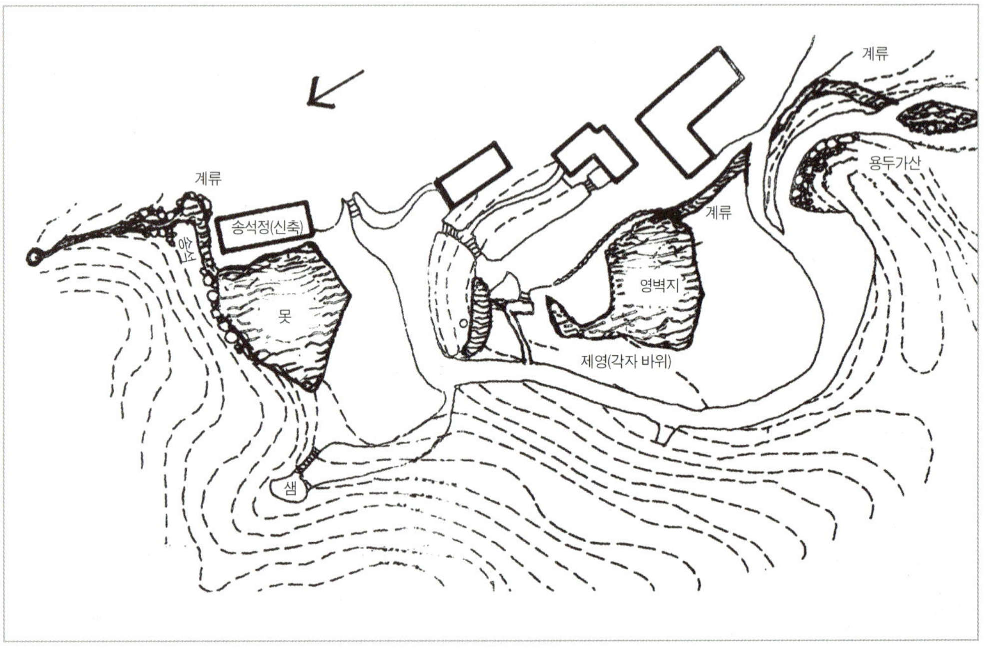

성락원 도면 68

영벽지

영벽상지

영벽지

각자 바위

각자 바위

현폭

현폭과 물확

못

물길

물길

성락원 사진 75

다 작은 글씨의 "완당"(阮堂)이란 각자가 있다.

연못의 중앙에는 괴석이 하나 물속에 서 있고, 그 위쪽 북쪽으로는 바위들이 있는데, 그중 경사진 제일 아래 암반에는 장방형으로 평평하게 다듬어 "청산일조"(靑山壹條)라 한 각자가 있다. 이 각자 암반 위쪽 못의 서쪽 가 암벽 면에도 각자들이 있다. 가로 116센티미터, 세로 62센티미터의 다듬은 장방형 속에, "영벽지 해생 백천회불류 위소벽란두 자오득차수 소작강호유 : 계묘오월 손문학서"(影碧池 海生 百泉會不流 爲沼碧蘭頭 自吾得此水 小作江湖遊 : 癸卯五月 孫文鶴書)라고 제명(題銘)하였다. "영벽지"(影碧池)와 "해생"(海生)은 초서체(草書體)로, 나머지 오언시는 8행으로 내려쓴 해서체(楷書體)이다. 이 각자로 못이 바로 영벽지임을 알 수 있다. 또 영벽지의 각자 "계묘오월"(癸卯五月)은 헌종(憲宗) 9년(1843) 5월과 광무(光武) 7년(1903) 5월 중 헌종 9년 5월이라 판단된다. "장빙가"(藏氷家)와 함께 쓴 "완당"(阮堂)은 바로 추사(秋史) 김정희〔金正喜, 1786(정조 10)-1856(철종 7)〕로, 먼저 못인 영벽지를 조성하고, 주변 암반 여러 곳에 제명을 하였고, 그 후 추사 선생의 글씨를 받아 암반에 각자한 것이라 판단된다. "영벽지" 각자 암반 위쪽 암반에도 전서체로 내려쓴 "명월송간조 청천석상류 청산수첩 오애오려"(明月松間照 青泉石上流 青山數疊 吾愛吾廬)의 시를 각자하였다.

이들 "영벽지" 각자 암반과 "청산일조" 각자 암반들은 바로 영벽지 북쪽에 위치하면서, 제일 위쪽 바위에 인공으로 홈을 파 만든 물길로 상류 계류의 물을 흘러들게 하여, 3단의 폭포를 이루면서 못으로 떨어지게 하고 있다. 특히 제일 아래의 "청산일조"(靑山壹條) 각자 암반의 폭포는 직경 80센티미터, 깊이 20센티미터의 원형 물확에 떨어지도록 하였다. 영벽지의 출수는 남쪽 연못가에서 무너미로 흘러나간다.

영벽지의 동쪽 산자락에는 ㄱ자형 별채와 이와 연접하여 세운 한옥들이 있는데, ㄱ자형 별채는 본래 이강 공(李堈公)이 머물던 곳[321]이었으나, 1967년경 이 별채는 물론 성락원은 주변 주거지 조성에 따른 주택 신축 등의 대대적인 공사로 본래의 모습을 잃게 되었다.

영벽지 위 북쪽으로 들어서면 넓은 잔디밭과 못, 그리고 못가의 송석정(松石亭)을 만나게 된다. 지금의 송석정은 본래 있던 작은 정자를 1960년대에 헐어내고, 심상준이 새로 지은 것이다.

못은 장축 25미터, 단축 19미터, 수심 2.5미터이다. 못에는 동북쪽 산골짜기에서 계류가 흘러들고, 또 서쪽 골짜기의 샘에서도 샘물이 흘러든다. 못의 동북쪽 계류가 흘러드는 계류의 서쪽으로는 "송석"(松石)이라 각자한 바위와, 바위를 뚫고 선, 죽은 소나무 한 그루가 서 있다. 이 송석 각자 바위 위쪽으로는 2단의 석단으로 만든 폭포가 있고, 떨어진 물들은 못으로 흘러

321 1963년 8월 답사 때 고 심상준 선생의 운전사 가족이 생활하고 있었음.

든다. 계류의 상류에는 상하로 2개의 못을 두어 계류의 물 양을 조절한다.

못의 서쪽 산자락에는 심상준이 작고하기 직전에 세운 한옥 한 채가 서 있고, 그 후원에 암벽을 뚫어 만든 원형 샘이 하나 있는데, 이 샘물은 고엽수(枯葉水)라 하여 철종 때부터 순종 때까지 궁궐에서 떠다 마셨다고 전하여 온다.

4 담양 소쇄원(瀟灑園)

전라남도 담양군 남면 지곡리에 있다. 양산보(梁産甫, 1503-1557)의 별서로 스승 조광조(趙光祖)가 남곤 등의 훈구파에 몰려 기묘사화(己卯士禍)가 일어나자 낙향하여 별서를 조영하고 은둔생활을 하던 곳이다. 소쇄원의 '소쇄'(瀟灑)는 공덕장(孔德璋)의 《북산이문》(北山移文)에 나오는 말로 깨끗하고 시원함을 이름이며, 양산보는 이 별서의 주인이라는 의미로 자신을 '소쇄옹'(瀟灑翁)이라 하였다. 양산보가 30대(1532-1542)에 이르러 조영한 것으로 판단된다.[322]

소쇄원에 대한 문헌 자료로는 하서(河西) 김인후〔金麟厚, 1510(중종 5)-1560(명종 15)〕의 시 〈소쇄원사십팔영〉(瀟灑園四十八詠)과 고경명〔高敬命, 1533(중종 28)-1592(선조 25)〕이 1574년 4월 20일부터 24일까지 서석산(瑞石山, 현재의 무등산)을 답사하고 쓴 〈유서석록〉(游瑞石錄) 중의 소쇄원에 관계된 글, 1731년에 간행된 〈소쇄원사실〉(瀟灑園事實) 그리고 1775년 영조 51년에 간행된 〈소쇄원도〉(瀟灑園圖) 목판(木板)이 있다(도면 69, 사진 76).

소쇄원은 북쪽 골짜기로부터 흘러들어 오는 계류를 중앙에 놓고 서남쪽으로 넓게 펴져 나가 전체적으로 역사다리꼴을 이루고 있다.

소쇄원으로 들어서는 입구는 본래 오솔길이었는데, 새마을 사업으로 넓게 확장하였다. 왼쪽으로 대나무 숲이 무성하게 자라고 있고, 길 아래 낮은 곳으로 계류가 흘러 나가고 있다. 길을 따라 더 안쪽으로 올라가면 오른쪽으로 '행정'(杏亭)이, 왼쪽으로 '황금정'(黃金亭)이 있었는데, 지금은 모두 없다.

〈소쇄원도〉의 황금정 안쪽은 김인후의 48영(詠) 제29의 시제(詩題) "협로수황"(夾路修篁)으로, 바로 울창한 대나무 숲을 일컫는 것이다. 그리고 그 안쪽, 길 아래 방형의 못은 바로 41영

322 유병림 · 황기원 · 박종화, 《朝鮮朝 庭園의 原型에 관한 硏究》(서울대학교 환경대학원 부설 환경계획연구소, 1989), p.197. 정동오, 〈담양 소쇄원〉, 《한국민족문화대백과사전》 12(한국정신문화연구원, 1989), p.192. 천득염, 《한국의 명원 소쇄원》(도서출판 발언, 1999). 주남철, 《한국건축사》 개정판(고려대학교출판부, 2006), pp.476-479.

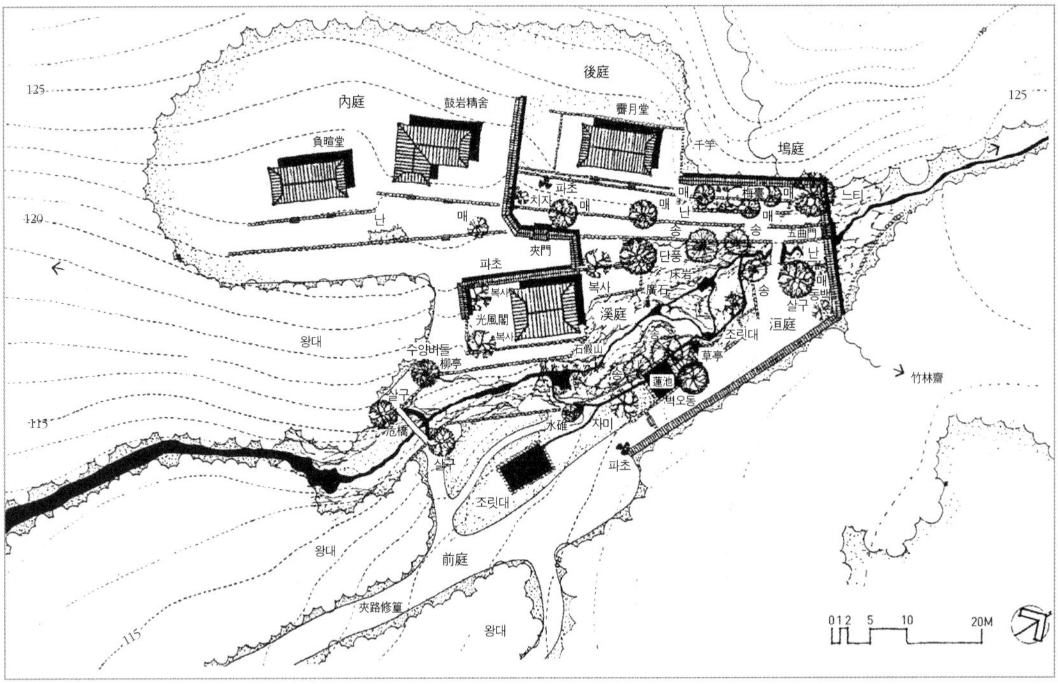

담양 소쇄원 도면 69

의 "산지순아"(散池蓴芽)로, 이는 못에 흩어진 순채 나물의 새싹에 대한 시제로서, 방지(方池)에 순채 나물을 심었기 때문이다.

방지의 아래 계류 위에는 제9영의 "투죽위교"(透竹危橋)에서 말하는, 대나무 숲 사이로 위태롭게 걸친 다리가 있다. 이는 바로 광풍각(光風閣)이 있는 개울 건너에서 대나무 숲이 있는 곳으로 위태롭게 건너오는 외나무다리를 말하는 것이다.

방지에 입수되는 물길은 바로 안쪽의 제6영 "소당어영"(小塘魚泳)이라는 시제의 '소당'(小塘)으로부터 출수되는 물길을 중간에 한 번 방아〔水碓〕에 물을 대고 이어지게 하여, 방지로 받아들이게 하였다. 소당에는 물고기가 없으나, 〈소쇄원도〉에는 세 마리의 물고기가 그려져 있다. '수대'(水碓)의 '대'(碓)는 디딜방아 대로서, 사람의 힘을 이용하는 디딜방아이다. 때문에 수대는 그간 물레방아로 해석되어 왔으나, 잘못된 해석이다. 물레방아가 아니라 물의 힘을 이용한 '방아대'인 것이다. 즉 방아대에 매단 물통에 물이 차면 저절로 방아를 찧는 벼락방아이다. 일정한 시간 동안 물통에 물이 차면, 방아를 찧고, 그 방아 찧는 소리가 골짜기에 퍼지는 것이다.

방아대가 있는 지점에 앞서, 소쇄원 전체를 ㄷ자형으로 감싸고 있는 담장의 동쪽 끝자락이 시작되고, 담장 안쪽으로 제48영의 제목인 "김하서장원사십팔영수제"(金河西長垣四十八詠

죽림

방지와 현폭

소정과 소당

소당

오곡문 터와 다리

오곡문 터

애양단 앞뜰

계류

제월당 앞

제월당

제월당 대청

물홈통

물홈통

물홈통과 도랑

석간수

계류와 다리

담양 소쇄원 사진 76

手題)가 담장에 씌어 있다. 이곳에서 "김인후가 긴 담장(약 백 척) 48영을 손수 쓰다"라는 뜻이다. 소쇄원으로 들어가는 사람들은 담장 앞으로 걸어 안쪽으로 걸어 들어가는데, 처음 오동나무〔桐〕 한 그루 밑을 지나 다음의 제23영의 "수계산보"(脩階散步)에 이른다. 이 시는 곧 다음의 애양단(愛陽壇) 앞에서 산보한다는 뜻이다. 오동나무 안쪽, 계류 위 소당 북쪽으로는 '대봉대' (待鳳臺)와 소정(小亭)이 있다. 대봉대는 봉황을 맞아들이는〔待鳳〕 대(臺)란 뜻이다. 즉 이곳 소정은 바로 48영 시의 제1영 〈소정빙란〉(小亭憑欄)의 '소정' 으로, 정자의 난간에 기대어, 대봉대는 물론, 계류와 계류 옆의 광풍각(光風閣), 건너편 언덕에 자리 잡은 제월당(霽月堂)을 포함하는 소쇄원 일체의 경관을 한눈에 감상하던 공간이다.

소정의 북쪽은 제32영의 "총균모조"(叢筠暮鳥)로 대나무 숲〔叢筠〕에 저녁이면 새들이 모여드는〔暮鳥〕 곳이다. 지금은 대나무 숲이 없다. 이곳에서 계곡 쪽으로 꺾어 나가면 드러누운 소나무, 즉 '와송'(臥松)이 있었다. 이는 제26영의 "단교쌍송"(斷橋雙松) 시제와 관계된 소나무이다. 즉 애양단 앞마당에서 계류의 건너 오곡문(五曲門) 남쪽 화계 앞으로 건너지른 다리 옆에 있는 두 그루의 소나무 중 하나였을 것이나 지금은 없다.

대봉대(待鳳臺) 아래, 계류의 동쪽은 '탑암'(榻岩)이 있다. 이는 걸상 바위를 말한다. 제19영의 "탑암정좌"(榻岩靜坐)와 관계된 곳으로, 걸상 바위에 앉아 사색에 잠기던 바위이나 지금은 없다. 이 탑암의 북쪽, 계류에는 지금도 "폭"(瀑)이 있고, 그 위쪽 계류에는 제25영의 "조담방욕"(槽潭放浴, 돌 웅덩이에 미역 감고) 시제와 관계된 '조담'(槽潭)이 있다. 계류의 동쪽에는 제20영의 "옥추횡금"(玉湫橫琴, 맑은 물가에 거문고를 비껴 안고)이 그려져 있었으나 지금은 없다.

애양단 앞마당 북쪽을, 동서로 가로질러 쌓은 담장 안쪽 모서리에는 동백(冬柏) 한 그루가 서 있고, 그 서쪽 마당 끝에는 제15영의 "행음곡류"(杏陰曲流, 은행나무 아래 굽이치는 물) 시제와 관계된 은행나무가 서 있어, 지금도 넓은 그늘을 드리운다.

행음(杏陰)과 와송(臥松) 사이에서 계류 서쪽으로 건너지르는 외나무다리 약작(略勺)이 있어, 이 다리로 계류를 건너 북의 오곡문(五曲門)에서 남쪽의 제월당(霽月堂) 앞으로 난 길로 들어선다. 다리 북쪽 동서로 가로지른 담장에는 제14영의 "원규투류"(垣竅透流, 담장 밑을 통해 흐르는 물) 시제가 씌어 있다. 이 계류는 담장 밖 북쪽 고암동(鼓岩洞)에서 흘러내리는 냇물을 담장 밑에 뚫어 놓은 2개의 수구(水口)로 받아들여 소쇄원 계곡으로 흘러들게 하고 있다. 이 2개의 방형 수구가 있는 담장 옆에는 오곡문이라 일컫는 일각대문이 있었으나 지금은 없다.

오곡문 앞 남쪽 언덕에는 여러 단의 화계가 조성되었는데, 이곳에는 큰 바다거북처럼 생긴 바위를 말하는 오암(鼇岩)과 괴석(塊石, 없음), 난(蘭), 매대(梅臺), 그리고 매대 남쪽으로 천간(千竿)과, 정면 3간 측면 1간의 단층 팔작집인 제월당(霽月堂)이 있다. 오암은 제4영 "부산오암"(負山鼇岩, 산을 지고 앉은 자라 바위)의 시제에, 매대는 제12영 "매대요월"(梅臺邀月) 시제에 해당된다. 즉 매대에 올라 달맞이 하는 곳이다. 천간은 제10영 "천간풍향"(千竿風響, 대숲에 부는 바람소리) 시제와 관계된 것으로 매대와 제월당 모두와 서로 관계된 것이다.

제월당은 다락을 둔 온돌방 1간과 마루 2간으로 구성되었다. 마루의 뒷면은 판장벽과 판문으로 차단되어 있으나, 북쪽 측면과 동쪽 전면 2간은 개방되어 있다. 마루에 앉아 매대와, 계류, 계류 건너의 대봉대, 애양단 일대를 조망하기 가장 좋은 곳이다.

제월당의 남쪽에는 언덕에서 동쪽인 계류 쪽으로 내려오는 담장이 서 있고, 그 안쪽에 파초(芭蕉)가 그려져 있으나, 지금은 없다. 이는 제43영의 "적우파초"(滴雨芭蕉, 빗방울이 파초 잎을 두드림) 시제와 짝을 이루는 곳이다.

담장은 동쪽으로 내려와 낮은 단에서 북쪽으로 꺾이고, 담장의 끝자락 사이에 담장 너머의 고암정사(鼓岩精舍)와 부훤당(負暄堂) 영역으로 들어서는 일각문이 서 있다. 이곳은 소쇄원의 생활공간인데, 지금은 없다.

일각문 북쪽으로 선 담장의 끝에서, 다시 ㄱ자로 꺾이어 아래단으로 내려갔다가 다시 남쪽으로 뻗어 나간다. 이곳 단에는 제36영 "도오춘수"(桃塢春睡, 복숭아밭에 봄이 찾아드니) 시제에 해당되는 복숭아〔桃塢〕가 서 있다.

도오가 서 있는 단 아래에는 정면 3간 측면 1간 전후 퇴의 단층 팔작집채인 광풍각(光風閣)이 자리 잡고 있다. 중앙 1간이 온돌방이고, 좌우 측면 1간은 마루이며, 전후에 반 간 폭의 개방된 퇴가 있다. 중앙의 1간 온돌방은 남쪽 후면에 함실 아궁이가 있고, 전면인 북쪽 면에는 들어열개 삼분합인데, 분합을 들쇠에 매달면, 방 안에서 방 밖 삼면이 트인 1간 마루를 통하여 소쇄원 계곡으로 흘러드는 계류와 계류 주변의 경관을 즐길 수 있다.

광풍각의 북쪽, 매대의 동쪽 아래 계류 가에는 광석(廣石)이 있고, 상암(床岩)과 석가산(石假山)이 자리 잡고 있었으나, 지금은 찾아볼 수 없다. 광석은 제13영 "광석와월"(廣石臥月, 너럭바위에 누워 달을 바라보니) 시제와, 상암은 제22영 "상암대기"(床巖對棋, 평상바위에서 바둑을 두니), 석가산(石假山)은 제16영의 "가산초수"(假山草樹, 가산의 풀과 나무) 시제에 해당되는 것들이다. 이들 동쪽 아래로는 계류가 흘러 남쪽으로 나아가고, 이 계류의 중간에 조담(槽潭)과 폭(瀑)이 있다.

광풍각의 동남쪽으로는 제39영 "유정영객"(柳汀迎客, 버드나무 개울가에서 손님을 맞으니) 시제의 '유정'(柳汀)이 있고, 그 남쪽으로 계류를 건너가는 "투죽위교"(透竹危橋)가 있다. 투축위교의 남쪽으로는 창암촌(蒼岩忖)이 자리 잡고 있다.

5 영양 서석지(瑞石池)[323]

경상북도 영양군 입암면 연당동에 있는 광해(光海)에서 인조(仁祖) 연간에 은거하던 석문(石

門) 정영방〔鄭榮邦, 1577(선조 10)-1650(효종 1)〕의 별서(別墅)로, 석문이 36세 때인 광해군 5년(1613)에 꾸몄다(도면70, 사진77).

자양산(紫陽山)을 배산으로 한 남록(南麓) 완만한 경사지에 못을 파고, 못의 북쪽에 못과 나란하게 동남향한 경정(敬亭)을, 동쪽에 서남향한 주일재(主一齋)를 세웠다. 경정과 주일재를 둘러싼 담장 밖 북쪽에 수직사(守直舍) 2동을 두었다.

경정은 정면 4간 측면 2간 반으로 중앙에 정면 2간 측면 2간 되는 대청을 두고 좌우로 1간 크기의 온돌방을 두었다. 못가를 축대로 쌓아 기단으로 하고, 다듬은 원뿔형의 초석을 놓고 두리기둥을 세워 익공으로 결구한 오량가구의 홑처마 팔작기와집이다. 온돌방과 대청 전면에는 1간 반 폭의 개방된 툇마루이고, 계자난간을 둘러 못〔池塘〕을 완상하도록 하였다.

주일재는 정면 3간 측면 1간으로 평면의 북쪽 1간이 마루이고 나머지 2간은 온돌방이며, 전면에 반간 폭이 채 안 되는 개방된 툇마루를 둔 단층 홑처마 맞배기와집이다.

못은 장방형이나, 주일재 앞으로 송(松), 죽(竹), 매(梅), 국(菊), 사우(四友)를 심은 사우

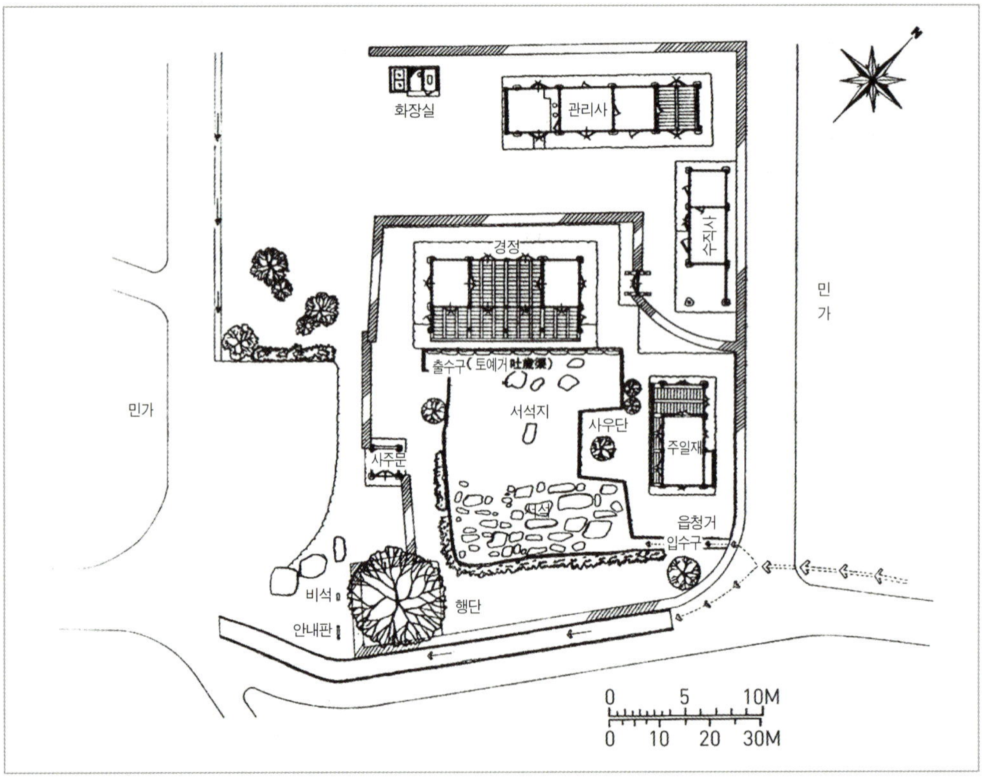

영양 서석지 도면 70

323 주남철, 《한국건축사》 개정판(고려대학교출판부, 2006), pp.485-487.

경정과 서석지

경정에서

서석지

서석

영양 서석지 사진 77

단(四友壇)을 돌출시켰기 때문에 전체적인 모양은 요〔凹〕형이다. 동북 모서리에 입수 도랑인 읍청거(挹淸渠)를 내고, 대각선의 맞은편 되는 남쪽 모퉁이에 출수 무너미 도랑인 토예거(吐穢渠)를 만들어 못에 물을 끌어들이고 또 내보낸다.

못의 이름을 '서석지'(瑞石池)라 한 것은 못 속에 여러 개의 서석(瑞石)들을 주로 동쪽 못가인 영귀제(咏歸提) 앞에 배치하였기 때문이다. 이들 서석들은 모두 19종이다. 경정 아래의 열석들이 '옥성대'(玉成臺), 그 북쪽 3석이 '상경석'(尙絅石), 그 동쪽 아래의 것이 '낙성석'(落星石), 사우단(四友壇) 앞의 것이 '조천촉'〔調(照)天燭〕이다. 영귀제 앞에 무리를 지어 있는 서석들은 '수륜석'(水綸石), '어상석'(魚狀石), '관란석'(觀瀾石), '화예석'(花蘂石), '상운석'(祥雲石), '봉운석'(封雲石), '난가암'(爛可岩), '통진교'(通眞橋), '분수석'(分水石), '와룡석'(臥龍石), '탁영석'(濯纓石), '기평석'(碁坪石), '선유석'(僊遊石), '쇄설강희접'(灑雪矼戲蝶)이다.[324]

324 孟仁在, 〈英陽 瑞石池〉, 《文化財大觀－重要民俗資料篇(上)》(문화재관리국, 1985), p.146.

못 남쪽 모서리 옆의 향단(香壇)에는 수령 400여 년의 은행나무가 있다. 석문 정영방의 〈경정잡영십이절〉(敬亭雜詠十二絶)과 〈임천잡영십육절〉(臨川雜詠十六絶)이 전한다.

6 보길도 윤고산 별서유적(尹孤山別墅遺蹟)

고산(孤山) 윤선도〔尹善道, 1587(선조 20)-1671(헌종 12)〕가 해남(海南)에서 지내던 중에 병자호란이 일어났다. 왕자를 보위하고자 강화도로 갔으나, 이미 함락되어 제주도로 가던 중, 인조 15년(1637) 2월 이곳 전라남도 완도군 노화면 부용리 보길도에 도착하여, 보길도 경치에 매료되어 정착하였다. 부용동(芙蓉洞)이라 이름하고 별서를 마련하였다.

윤고산은 섬의 둘레가 60여 리 되는 보길도에 세연정(洗然亭), 동천석실(洞天石室), 낙서재(樂書齋), 곡수당(曲水堂)을 짓고, 주변 자연물에다 이름을 지어 조원(造苑)하였다. 이들의 본래 모습은 윤위(尹瑋)가 영조 24년(1748), 보길도를 답사한 기록인 《보길도지》(甫吉島識)[325]에 따라 알 수 있다(도면 71, 사진 78).

6.1 세연정(洗然亭)과 세연지(洗然池) 유적

섬 동북쪽에 자리한, 섬의 입구인 황원포에서 남서쪽으로 들어온 곳에 세연정 터와 세연지, 나머지 유적들이 있다. 남동쪽에서 흘러드는 계류의 물을 판석으로 만든 제방으로 가두어 자연스러운 못을 만들었는데, 이 못이 바로 세연지(洗然池)이고, 주변에 여러 유적들이 있다.

세연정은 1간 4퇴로서 판장문〔板戶〕을 아래, 위 지도리〔木樞〕에 달았는데, 위의 것은 처마에 걸리고, 아랫것은 땅에 드리우게 된다. 또 닫으면 판옥(板屋)이 되어 비바람을 막는 데 쓰인다. 정자의 높이는 1장(丈)이고 섬돌의 높이 또한 1장이다. 못의 중앙에 위치하였는데, 물은 동쪽에서 구불구불 흘러온다. 여러 물과 합쳐 이곳에 이르러 방지(方池)를 이룬다. 그 넓이는 동서가 6, 7간이고 남북은 그 배가 된다. 잡석으로 굴곡을 따라 호안을 쌓았고, 혹 바위를 의지하여 대(臺)를 만들고, 혹 흙을 쌓아 제방을 만들기도 하였다. 이렇듯 돌아가며 짧은 제방을 두르고, 산다(山茶)와 영산홍(暎山紅)을 심었다. 봄이면 꽃잎이 어지럽게 떨어지고, 푸른 이끼 비단첩을 만들었다.

325 尹瑋의 《보길도지》(甫吉島識)의 번역본은 鄭在鑂, 《한국전통의 원》(조경사, 1996), pp.285-294의 문화재 전문위원 李廷燮 국문번역본을 부분적으로 고쳐 재인용함. 정재훈, 《보길도 부용동 원림》(열화당, 1990).

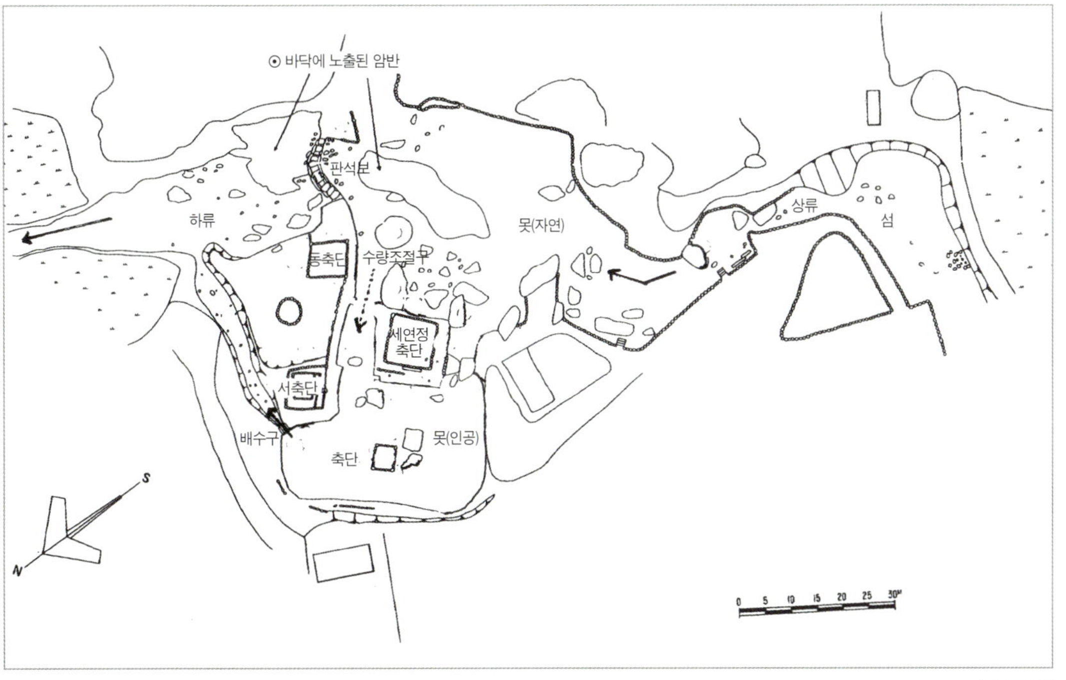

보길도 윤고산 별서유적 도면 71

세연정지

보길도 윤고산 별서유적 사진 78

부용동에서 장송(長松)이 우거진 좁은 길을 따라 다소 넓은 제방에 이른다. 정자의 서쪽, 제방의 동쪽에는 1간 정도의 물이 고여 있고, 가운데 거북이 모양의 암석이 있다. 거북이 등에 횡으로 다리를 놓았는데, 비홍교(飛虹橋)이다. 다리로 누(樓)에 오른다. 못에는 "혹약재연"(或躍在淵) 등의 7개 바위가 있어 정자의 편액을 "칠암"(七岩)이라 하였다. 가운데가 "세연"(洗然), 남쪽이 "악기"(樂飢), 서쪽이 "동하"(同何), 동쪽이 "호광"(呼光)이다. 암석은 모두 정결하고 말쑥하다. 더러는 제방을 지고 물을 마시고 더러는 흙을 깔아 소나무를 심기도 하였다.

수원(水源)을 따라 올라가면 굽이굽이 보이는 경관들이 천연스러워 인공을 가하지 않은 것을 알 수 있다. 장송(長松)은 수면을 스치고 단풍과 삼나무는 가리고 있다. 또 두어 자 깊은 물은 푸른빛을 띠고 있다. 못 속의 바위들은 모두 깨끗한 것이 모나거나 둥글다. 물이 바위 위로 넘쳐흐르는 것도 환히 들여다보인다. 못의 남쪽 가운데에는 돌들이 모여 작은 섬을 이루고 있는데, 그 위에 대나무와 소나무가 자라고 있다. 못의 북쪽에도 크기가 비슷한 바위들이 모여 섬을 이루고 있다. 못의 동쪽 좌우에는 각 3층 되는 대(臺)를 쌓았는데, 이 대를 각각 동대(東臺)와 서대(西臺)라 한다.

남쪽 봉우리에도 옥소대(玉蕭臺)라는 석대(石臺)가 있는데 못 속으로 그림자가 거꾸로 비친다. 정자에 오르면 서쪽 처마 밑으로 미전(薇田)과 석애(石厓)를 볼 수 있고, 동쪽으로는 장재도를 대하고 있고, 앞과 뒤, 좌우로는 푸른 산이 훤하게 펼쳐져 있다. 황원포(黃原浦)는 완연히 평담(平潭)을 이루고, 앉으면 소나무 숲에 가려져, 고깃배 돛대만이 장재도 사이로 은은히 보일 뿐이다. 하늘모양 바다 빛이 천태만상으로 변하기에, 정자 동쪽에 면하여 1간 작은 누를 지어 호광(呼光)이라 하고, 공(公)은 매양 난간을 의지하여 멀리 바라보기만 하였다고 한다.

공은 늘 무민당(無悶堂)에 거처하면서 첫닭이 울면 일어나 경옥주(瓊玉酒) 한 잔을 들고 세수하고 단정하게 앉아 자제들에게 각기 배운 글을 읽고 토론케 하였다. 아침을 들고 나면 사륜거(四輪車)에 사죽[絲竹, 관현(管絃)]을 싣고 곡수(曲水)에서 놀기도 하고 혹 석실(石室)에 오르기도 하였다. 맑은 날이면 반드시 세연정(洗然亭)으로 향하되, 곡수 뒷산 기슭을 거쳐 정성암(靜成庵)에서 쉬곤 하였다. 학관(學官, 고산의 서자)의 어머니는 오찬을 갖추어 소거(小車)를 타고 그 뒤를 따랐다. 정자에 도달하면 자제들이 시립하고 무릇 기희(妓姬)들이 열 지어 선 가운데, 못 가운데 작은 배를 띄우고, 채색 옷을 입은 남자 아이들이 배를 돌게 하고, 공이 지은 〈어부수조〉(漁父水調) 등의 가사로 완만한 음절로 부르게 하였다. 당 위에서는 사죽을 연주케 하고 동, 서대에서 여러 명이 춤을 추게 하였다. 이렇게 너울너울 춤을 추는 것은 음절에도 맞거니와 그 춤사위를 못 속에 비추어진 그림자를 통해서도 볼 수 있었다. 혹 칠암(七庵)에서 낚싯줄을 드리우기도 하고, 동서도(東西島)에서 연밥을 따기도 하다가 해가 지고서야 무민당(無悶堂)으로 돌아왔다. 그 후에는 촛불을 밝히고 밤놀이를 하였다. 이런 일과는 우환이 없으면 거른 적이 없었다. 이는 "하루도 음악이 없으면 성정(性情)을 수양하며 세간의 걱정을 잊을 수 없다는 것"이다.

6.2 낙서재(樂書齋)와 무민당(無悶堂) 유적

세연정에서 섬의 남서쪽 골짜기를 따라 안으로 들어가면 해발 431미터의 격자봉에서 북쪽으로 세 번 꺾어 내려오면서 4, 5인이 앉을 만한, 두어 길 높이 바위인 소은병(小隱屛)이 있고, 아래에 낙서재와 무민당 유적지가 있다.

낙서재는 고산(孤山)이 생활하던 집터로서, 처음에 초옥(草屋)을 짓고 살다가 그 후 잡목으로 거실(居室)을 만들었는데, 3간 집으로 사방에 퇴를 달았었다. 남쪽으로 외침(外寢)을 짓고, "무민"(無悶)이란 편액을 달았다. 이곳이 바로 무민당(無悶堂)이다. 간살은 크고, 방에는 속칭 반자(攀子)라고 하는 조정(藻井)을 달았다. 또 낙서재와 무민당 사이에 1간 크기, 사방으로 퇴를 단 동와(東窩)와 서와(西窩)를 지었다.

이곳에서 골짜기를 내려다 보면 아름다운 봉우리를 모두 볼 수 있다. 본래 뜰 아래 섬돌과 떨어진 거리에 작은 못이 있었는데, 고산이 세상을 떠난 후, 그의 서자인 학관(學官)이 옮겨다가 난간 아래에 자리 잡게 되었다. 못 좌우에는 화계(花階)를 쌓아 온갖 화초들을 줄지어 심고, 그 사이사이에 기암괴석(奇巖怪石)으로 꾸며 놓았고, 뜰 아래에는 화가(花架)를 마련하였다. 섬돌과 디딤돌은 잡석을 사용하여 쌓아 거북 무늬와도 같다. 또 천연석처럼 조각한 흔적이 없으며, 지금도 틈이 없다. 소은병 아래에 있는 낙서재는 뒤가 낮고 앞이 높은 것은 지형을 따랐기 때문이다. 소은병이 바로 뒤 처마를 누르고, 좌우 난간 가에는 괴석들이 늘어서 있고, 앞뜰 가운데에는 거북이 모양의 바위가 있어, 이를 '귀암'(龜岩)이라 한다. 학관의 아들 이관(爾寬)이 내침(內寢)이 협소하다 하여 뜯어내고 다시 지을 때, 뒤편을 편편하게 고르기 위해 모든 바위들을 쪼아 내버리고 소나무를 베어 사치스럽게 오량각(五梁閣)을 지었다. 그때 기초를 전보다 낮추고, 앞 기둥이 바로 귀암을 누르게 하였다. 귀암도 반은 흙에 매몰되었고, 난간 가의 괴석은 찾아볼 수 없게 되었다. 물대롱〔水筒〕은 옛날에는 후원에서 물을 끌어와 지붕마루를 넘겨 뜰 가운데로 떨어지게 하고 커다란 물통에 받아 사용하였는데 지금은 서와〔西窩〕 뒤쪽으로 옮겨져 있다.

낙서재의 아래, 하한대의 서쪽, 두 언덕의 중간 지점에 곡수당(曲水堂) 터가 있다. 원래 정자가 없었던 곳이나, 학관이 1간 사방퇴를 둔 세연정보다 작은 집이었으나, 섬돌과 주춧돌을 놓은 곳은 보다 정교하였다. 남쪽에는 "취적"(取適), 서쪽에는 "익청"(益淸)이란 편액을 확관의 글씨로 달았다. 초당 뒤에는 평대(平臺)를 만들고, 대의 삼면으로 담장을 둘러쌓고, 좌우로 작은 문을 세우고, 그 사이에 꽃과 과일나무를 심었다. 담의 서쪽 끝에는 물이 흐르고, 섬돌은 삼층으로 지형에 따라 높낮이를 정하였기 때문에 높낮이가 일정치 않다. 담 밑으로 흐르는 물은 낙서재 오른쪽 골짜기에서 흘러 정자의 십여 보 아래에 이르러서는 작은 곡수(曲水)를 이루고, 이곳에 '일삼교'(日三橋)가 놓였었다. 학관이 하루 세 번 이 다리를 건너 서재에서 당에 있는 고산을 문안하였다.

일삼교에서 두어 걸음 돌아가면 '유의교'(有意橋)가 있다. 언덕의 복숭아나무와 오얏나무의 "떨어지는 꽃이 뜻이 있는 것 같다"는 의미를 취하여 이름지은 것이다. 다리 밑에서 곡수가 되었다가 당 앞에 이르러서는 평지(平池)가 되었는데, 물이 반석 위에 퍼져 깊지도 넓지도 않다. 그 아래에 월하탄(月下灘)을 만들었다.

옛날에는 월하탄 가에 담을 에운 죽림이 있었는데, 초당 뒤편이 더 무성했다고 한다. 지금은 남김없이 다 비워 그 밑에 불차문(不差門)을 세웠다. 못 서쪽 언덕 위에는 두어 층의 돌을 쌓아 익청헌(益淸軒) 아래로 이어지는 무지개 다리를 가로질러 놓았다. 언덕 위에는 연못이 있고 못 동쪽에는 작은 대를 쌓았다. 대 위에 석정(石亭)을 축조하고 그 밑에 반석을 깔았다. 돌을 포개 쌓아 기둥을 만들고 보를 걸쳐 돌을 덮었는데, 대체로 단단하고 예스러웠다. 취적헌(取適軒) 아래의 유의교의 위에 못을 팠는데, 넓이는 대와 비슷하고 깊이는 두어 간이며 꽤 높이 석축을 쌓았다. 후면에는 두어 층의 작은 계단을 만들어 꽃과 괴석을 심었으며, 동남쪽 모서리에 높은 방대(方臺)를 쌓고, 방대 위에 첩첩이 돌을 쌓아 가산(假山)을 만들었다. 높이가 한 길쯤 된다. 다만 정갈한 멋을 취했을 뿐 기교를 부리지 않았다. 허리 부분에 구멍을 뚫어 구멍 속으로 돌대롱[石筒]을 끼워 넣고, 뒤에서 숨겨진 대롱[隱筒]으로 물을 끌어들여 못으로 떨어지게 하고, 이를 '비래폭'(飛來瀑)이라 불렀다. 못에 물이 차면, 가산(假山) 뒤로 옮겨 작은 언덕[短阜]에 댄다. 언덕에는 단풍, 산다(山茶), 소나무 들이 서 있다[초당의 서남쪽 모서리에는 백산다(白山茶) 한 그루가 있는데, 높이는 처마를 웃돌고 눈빛의 꽃이 못에 비친다. 즉 눈빛의 꽃은 동백(冬栢)이라 한다].

6.3 혁희대(赫羲臺)와 낭음계(朗吟溪) 유적

세연지에서 남서쪽으로 골짜기를 따라 들어오면, 남쪽 제일 높은 봉우리인 격자봉(格紫峰) 아래 낙서재, 곡수당 터가 있고 이 아래에 혁희대가 자리하고, 혁희대에서 서북쪽으로 낭음계가 있다. 혁희대는 하한대(夏寒臺)보다 조금 높은데 안으로는 마을이 내려다보이고 밖으로는 황원포(黃原浦)를 대하고 있다. 이는 격자봉 아래에서 가장 높은 봉우리라 정북을 향해 멀리 바라볼 수 있기 때문에 "높은 곳에 올라 고향을 바라본다"는 뜻을 취하여 이름 짓고 궁궐(宮闕)을 연모하는 마음에서 붙인 것이다.

낭음계는 격자봉 서쪽 세 번째 골짜기로서 심원(深遠)하게 돌고 돌았는데, 수석(水石)이 더욱 기절(奇絶)하다. 옛날에는 술잔을 흘려보내며 시를 짓던 곡수(曲水)와 목욕반(沐浴磐)이 있었고, 소나무, 삼나무가 울창하고 암벽(岩壁)이 깨끗하다. 공은 한가할 때마다 대나무 지팡이를 짚고 소요(逍遙)하고 영가(詠歌)하면서 돌아왔다.

6.4 동천석실(洞天石室) 유적

낙서재 터에서 북쪽으로 바라다보이는 안산 아래에 동천석실 유적이 있다. 낙서재 터를 잡던 처음에 안산 봉우리를 한참 마주하고 앉았다가 남여를 타고 석실(石室)로 가 황무지(荒蕪地)를 개척하였다. 석문(石門), 석제(石梯), 석란(石欄), 석정(石井), 석천(石泉), 석교(石橋), 석담(石潭) 들은 모두 기교(奇巧)하고 고괴(古怪)한 것이, 천연 그대로인 것으로 인공을 가하지 않은 것이다. 그 본래 모양을 따라 이름을 지은 것이다. 석함(石函) 가운데 1간 실(室)을 짓고, 동천석실이라 하였다.

대체로 안산 중간 지점에서 수십 보(步) 올라가면, 돌길이 구불구불 나 있고, 중간 산허리에 이르면, 홀연히 석제가 있는데, 층계가 분명한 것이 마치 사람이 자연스럽게 축조한 것과 같다. 석제를 따라 올라가면 석문이 있다. 양쪽에 석주(石柱)가 서 있고, 그 밑에는 깎은 듯한 괴석이 문지방과 같은 모양을 하고 있는데, 이 같은 모양이 겹겹이 있다. 그 가운데 여러 간 되는 반석(盤石)이 있다. 가운데는 오목하고 겉은 반듯하게 재단한 것 같고, 가운데는 동이〔盆〕 모양의 돌이 놓여 있다. 공은 이곳을 몹시 사랑하여 부용(芙蓉) 제일의 승경(勝景)이라 하고, 그 위에 집을 짓고 수시로 찾아와 놀았다. 이곳에 앉으면 온 골짜기가 내려다보이고, 격자봉(格紫峰)과는 평평하게 마주하게 되고, 낙서재(樂書齋)가 환하게 눈앞에 펼쳐진다. 대체로 사건이 있으면 기(旗)를 들어 무민당(無悶堂)과 서로 응대하였다. 때로 암석을 들고 산행하기도 했는데, 걸음이 빠른 것이 젊은 건각(健脚)들도 따라가기 힘들었다.

석실 오른쪽에는 석대(石臺)가 있다. 높이가 한 길 되고, 여러 사람이 앉을 만하였다. 대 아래에는 석문과 석제가 있다. 석문 밖으로 석폭(石瀑)이 있는데, 매우 위험하다. 등넝쿨을 잡고 내려오면 청결한 비천(飛泉)은 아름다운 음악을 들려주고 단풍과 솔 그늘이 덮여 있는 밑에는 검푸른 이끼가 끼어 있고, 석담으로 물이 떨어져, 천연으로 만든 함과 같았다. 석담 가에는 석정(石井)이 있다. 전해 오는 말로는 죄를 지은 장노(匠奴)가 속죄하기 위해 이 우물을 팠다고 한다. 한 간쯤 되는 석정에는 티 없이 맑은 물이 넘쳐흐른다. 그 밑에는 석교가 있으니, 이것이 곧 문집에서 말하는 '의황교'(義皇橋)이다.

7 담양 명옥헌(鳴玉軒)

전라남도 담양군 고서면 산덕리 후산마을에 있다. 명곡(明谷) 오희도〔吳希道, 1588(선조 21)-1623(인조 1)〕의 아들 장계(藏溪) 오이정〔吳以井, 1619(광해 11)-1655(효종 6)〕이 벼슬할 뜻을 버리고 은거(隱居)하면서 지은 별서이다(도면 72, 사진 79).

원래 오희도가 어머니를 따라 외가인 순천 박씨의 마을에 정착하면서 망재(忘齋)라는 소재(小齋)를 짓고 살다가, 모친을 여읜 지 10여 년이 지나 인조반정 후에 알성과에 급제하고 기옹(畸翁) 정홍명(鄭弘溟)을 따라 한림(翰林)이 되었다. 그의 사자(四子) 오이정이 부친의 뒤를 이어 이곳에 은둔하면서 자연경관이 좋은 도장곡(道藏谷)에 헌(軒)을 짓고 명옥헌이라 하였다. 오이정은 호를 장계(藏溪)라 한바, 때문에 정자에는 "장계정"(藏溪亭)이란 편액도 걸리고, 지명에 따라 "도장정"(道藏亭)이란 편액도 걸게 되었다. 100여 년 후 정자가 퇴락하여 후손 현감 오대경(吳大徑)이 중수하였다.[326]

명옥헌 별서는 명옥헌과 상지(上池)와 하지(下池)로 이루어졌다. 마을 입구의 서쪽에서 동쪽으로 접어들면, 타원형에 가까운 사다리꼴의 하지에 이른다. 못은 장축(동남-서북) 43미터, 단축(동북-남서) 18.5미터이다. 못의 가장자리 두둑〔塘〕은 막돌 바른층쌓기 하였고, 못 가운데 둥근 섬(지름 6미터)이 있다. 못의 북쪽 두둑 옆으로는 동북방에서 서남방으로 계류가 흘러내리고 있다. 못의 동북방 두둑 위에는 여러 개의 바위들이 있다. 못가 언덕에는 배롱나무 22주와 소나무 6주가 식재되어 있다. 이 못은 빼어난 영지(影池)이다. 못가의 두둑길을 따라 명옥헌에 오를 때나, 명옥헌에서 못을 바라볼 때 모두 못과 못에 비친 아름다운 산, 나무, 하늘 등의 영상(影像)을 완상할 수 있다.

하지의 위, 언덕에 자리 잡은 명옥헌은 정면 3간 측면 2간 홑처마 팔작집으로, 사방 둘레기둥들은 두리기둥이고, 추녀에는 활주를 받쳤다. 평면 중앙에 사방 1간 되는 온돌방을 들였고, 좌우에는 개방된 1간 크기의 우물마루를 두었다. 온돌방과 마루의 앞, 뒤로 반 간 폭의 개방된 툇

326 전남대학교 호남문화연구소, 《湖南文化研究》, 제14집(1985. 8), p.344.

명옥헌에서

하지

하지

상지

명옥헌

명옥헌 별서 사진 79

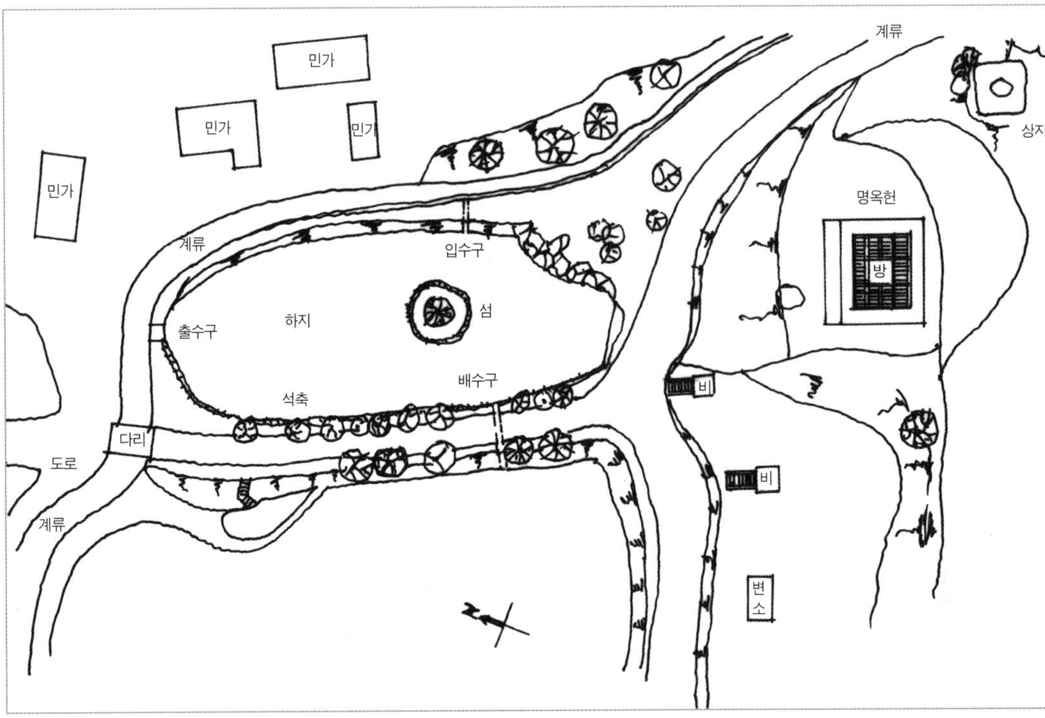

명옥헌 별서 도면 72

마루를 두었다. 이곳 온돌방에서 앞쪽으로는 하지와 못 주위의 경관을 한눈에 조망할 수 있고, 계류의 흘러내리는 물소리가 마치 구슬이 구르고 깨지는 소리와 같이 들려 당호(堂號)를 명옥헌이라 한 것이다.

명옥헌의 동북쪽 계류 가에 장방형의 상지가 있다. 남북 15미터, 동서 11미터인데 못 가운데 둥근 섬의 크기는 지름 4.7미터, 높이 1.3미터로 못의 두둑은 흙으로 경사지게 쌓았다. 섬 위에는 바위가 있다. 못 아래 언덕과 서쪽 언덕에는 배롱나무 10여 주가 식재되어 있다. 또 상지 위쪽 계류가의 "명옥헌계축"(鳴玉軒癸丑)이라는 각자는 우암(尤菴) 송시열〔宋時烈, 1607(선조 40)-1689(숙종 15)〕의 글씨라고 한다.

8 봉화 청암정(靑巖亭)[327]

경상북도 봉화군 봉화읍 유곡(酉谷, 닭실)에 자리 잡고 있는 충재(冲齋) 권발〔權撥, 1478(성

327 주남철, 〈奉化 靑巖亭〉, 《韓國建築美》(일지사, 1995), pp.442-444.

종 9)-1548(명종 3)〕이 조원한 곳이다(도면73, 사진80).

닭실은 동쪽 옥적봉(玉笛峰)을 수탉으로, 서쪽 백운령(百雲嶺)을 암탉으로 생각하는 풍수지리에 연유된 이름이다. 때문에 마을이 닭이 알을 품고 있는 모습〔金鷄抱卵形〕이라 하여 마을에는 샘을 파지 않았다고 한다.

마을 앞, 동에서 서로 흐르는 작은 시내인 신탄(新灘)이 있고, 그 건너에 안산(案山)이 있다. 안산 서쪽을 남으로 휘몰아치는 곳에 석천정(石泉亭)과 삼계서원(三鷄書院)이 있다.

신탄의 북쪽에 있는 거북바위〔龜巖〕 주위에 못을 파고, 신탄으로부터 물길을 내어, 냇물을 끌어들여 못에 물을 채웠다. 못의 크기는 장축 약 35미터, 단축 27미터이고, 못 가장자리는 막돌 허튼층쌓기 하였다.

못 중앙에 있는 천연의 넓은 거북바위 위에 정자 청암정을 세우고 못가 뭍에 서재인 충재(沖齋)를 세웠다. 청암정이 서 있는 거북 바위 암반과 별당 앞 못가에는 돌다리를 놓아 건너다닌다.

청암정은 중종 21년(1526)에 건립하였는데 평면은 丁자형으로 동쪽 정면 3간 측면 2간의 대청 누마루와 정면 1간 측면 2간의 마루방과 연속되어 있다. 기단 없이 암반 위에 초석을 놓고 네모기둥을 세워 몰익공으로 결구하고, 동쪽은 팔작지붕, 서쪽은 맞배지붕에 풍판을 달았다. 가구는 오량이다. 정자 안에는 "청암수석"(靑岩水石) 넉 자의 미수체(眉叟體) 편액이 걸려 있다.

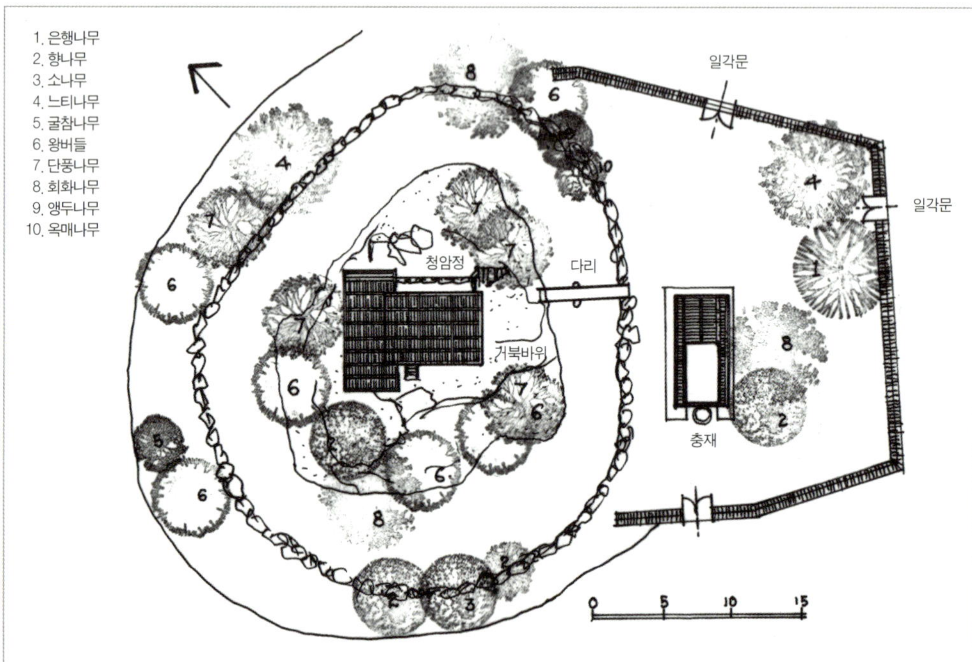

봉화 청암정 도면 73

전경

청암정과 다리

청암정과 다리

청암정 대청

충재

다리, 못, 충재

다리 앞, 못가에 자리 잡고 있는 충재(沖齋)는 정면 3간 측면 1간의 단층 홑처마 맞배집이다. 2간의 온돌방과 1간의 삼면이 개방된 대청으로 구성된 소박한 서재이다.

못 주위, 둘러친 담장 안쪽 두둑에는 청암정, 서북쪽으로는 참나무, 버드나무, 느티나무, 매화나무 등을 심고, 동쪽 담장 안마당에는 전나무, 은행나무, 매화나무를 심었다.

동쪽 담장 밖으로는 충재의 자손들이 살고 있는 제택(第宅, 1945년 신축)이 있는데, 안채, 사랑채, 사당채, 제청으로 구성되어 있다.

9 함안 무기 국담(菊潭)

경상남도 함안군 칠곡면 무기리 966에 있다. 이인좌(李麟佐)의 난(1728) 때 의병을 일으켜 큰 공을 세운 주재성〔周宰成, 1681(숙종 7)–1743(영조19)〕을 기리기 위하여, 난 평정에 참여하였던 관군들이 마을 입구에 '창의사적비'(倡義事跡碑)를 세우고, 그의 생가 앞터에 지당(池塘)과 지당 가운데 섬을 쌓았다. 지당을 국담(菊潭), 섬을 양심대(養心臺)라 이름하고, 지당

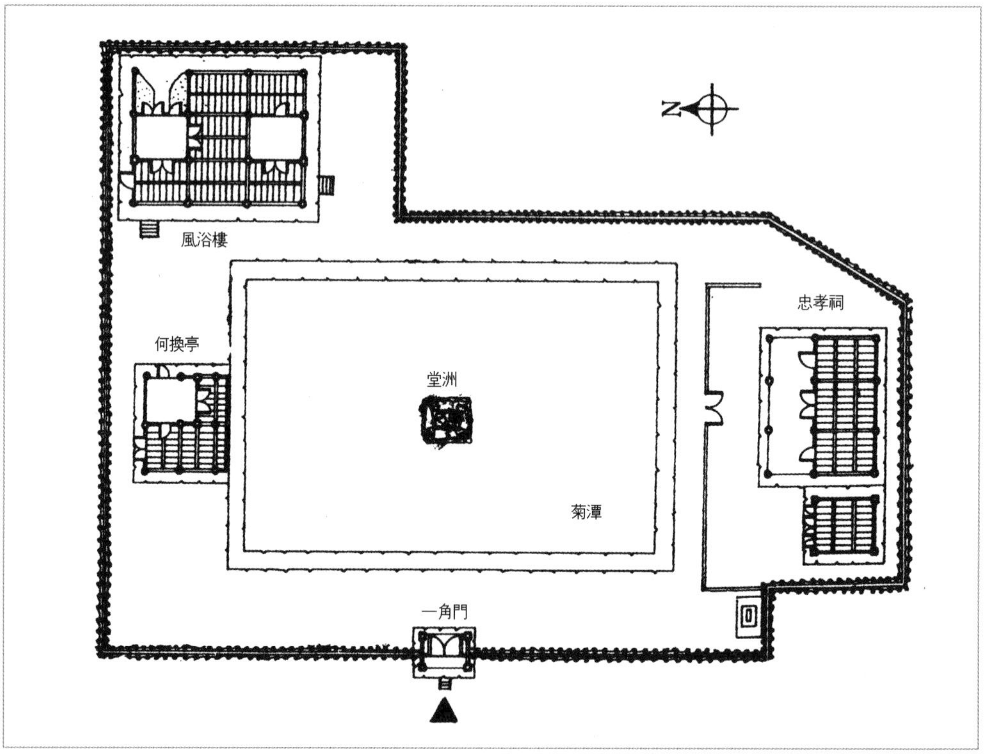

함안 무기 국담 **도면 74**

둘레에 담장을 쌓고 세운 사주문을 영귀문(詠龜門)이 라 하였다(도면 74, 사진 81).

장방형 지당인 국담은 가로 20.2미터, 세로 13.8미터, 물 깊이 70센티미터이다. 섬은 정방형의 방도(方島)로 산돌〔山石〕로 쌓아 봉래산(蓬萊山)을 상징하였고, "양심대"(養心臺), "백세청풍"(百世淸風)이라 각자한 괴석이 서 있다.

국담의 방죽은 막돌 허튼층쌓기 하였는데, 네 가장자리에 폭 90센티미터 정도 되는 턱을 두고, 턱 바깥에서 다시 방죽을 쌓아, 남쪽과 북쪽에 설치한 계단으로 아래턱에 내려와 물가를 돌아다닐 수 있다. 북쪽 못가에 하환정(何換亭)이, 동쪽 못가 위에 풍욕루(風浴樓)가 서 있다. 하환정은 정면 2간 측면 2간으로 1간의 온돌방과 1간 반의 대청 전면에 계자난간을 두른 반 간 폭의 퇴가 달린 홑처마 팔작집이다. 풍욕루는 정면 3간 측면 3간으로, 오른쪽으로 정면 1간 측면 2간의 온돌방이, 왼쪽으로 1간의 온돌방이 자리 잡고, 나머지 바닥은 모두 대청이다. 홑처마 팔작집이다.

국담은 영지(影池)의 몫도 가지고 있다. 하환정을 비롯한 어느 곳에서도 못에 비친 아름다운 영상(影像)을 완상할 수 있다.

최근에 하환정과 마주한 국담 남쪽으로 정면 3간 측면 1간 반의 충효사(忠孝祠)와 1간의 영정각(影幀閣)을 세웠다. 전하여 오는 〈하환정도〉(何換亭圖)에는, 하환정과 풍욕루가 자리 잡고, 섬 속에, "봉황석"(鳳凰石), "귀두석"(龜頭石), "석가산"(石假山)이, 섬의 동쪽 못 속에, "탁영석"(濯纓石), "행단"(杏壇)이라 이름 한 바위들이 있다. 국담의 동쪽 모서리에는 〈하환정도〉에서처럼 향나무가 있고, 동쪽 못가에 노송이 서 있으며, 동백, 목련 등이 자라고 있다. 국담의 서쪽으로는 주재성의 생가가 있다. 따라서 '국담'은 엄밀하게 말하면 별서라 말할 수 없다.

함안 무기 국담 사진 81

10 임대정(臨對亭)[328]

전라남도 화순군 사평리에 있는 임대정은 사애(沙厓) 민주현〔閔胄顯, 1808(순조 8)-1883(고종 20)〕의 별서이다. 본래 이곳은 고반(考槃) 남언기(南彦紀)가 사평촌(沙坪村) 언덕 위에 정자를 세우고 수륜대(垂綸臺)라 이름하여 강론하고 즐겼던 곳이었다.[329] 임대정은 철종 13년(1862)에 세워졌다. 1930년대에 후손 대호(大鎬), 긍호(肯鎬) 등이 중건하였다(도면 75, 사진 82).[330]

해발 411.3미터의 봉정산(鳳頂山) 산록에 있다. 지형에 따라 대상부(臺上部)와 대하부(臺下部)로 나뉘는데, 대상부는 임대정을 중심으로, 그 북쪽으로 작은 방지(方池)와 대나무 숲이 우거져 있고, 대하부 남쪽으로 상지(上池), 서쪽으로 하지(下池)가 자리 잡고 있다.

임대정은 정면 3간 측면 2간의 단층 팔작집이다. 토단 위 초석을 놓고 두리기둥을 세워 보아지로 들보를 받친 민도리 소로수장집이다. 평면의 중앙에 정면 1간 측면 1.3간 되는 온돌방을 들이고, 전후로 정면 2간 측면 1간의 개방된 우물마루 대청을 두었다. 온돌방의 삼면에는 창호를, 서면에는 1.3간 폭의 퇴를 두었다.

임대정의 북쪽으로 바라보이는 방지는 장변 7미터, 단변 6미터로, 못 가운데 막돌로 가장자리를 둘러쌓은 둥근 섬이 있다. 오죽(烏竹)이 심겨 있고, "세심"(洗心)이라 각자된 돌이 서 있다. 남쪽 못가에는 가로 세로 50센티미터, 두께 30센티미터의 석상(石床)이 자리 잡고 있다. 석상의 남면에는 "발임석"(跋臨石), 동면에는 "파향지"(坡香池), 서면에는 "파청당"(把淸塘)이라 각자되어 있다. 석상 옆으로는 방형 석련지와 물확이 1기씩 놓여 있다. 방지의 수원은 임대정 동북쪽에 있는 샘이다. 샘에서 물길을 따라 나무홈통을 통하여 폭포를 이루면서 못에 떨어지고, 못의 넘치는 물은 서북쪽 모서리에서 ㄱ자형으로 꺾이어 대하부의 하지에 폭포로 떨어지게 하였다.

임대정 주변에는 은행나무, 느티나무, 단풍나무, 갈참나무, 푸조나무, 붉나무 등이 식재되어 있다. 동남쪽 입구에는 삼나무, 전나무, 푸조나무, 측백나무, 닥나무, 산수유, 산사나무 들이 심겨 있고, 북서쪽으로는 잡목들이 수풀을 이루고 있다. 임대정의 대하부 남쪽의 상지와 서쪽의 하지는 고저 차가 1미터 남짓하다. 상지는 지형을 따라 조성되었는데, 길이 50미터, 폭 14미터 내외로 전체적으로 반달형이다. 못 속에는 동, 서로 2개의 둥근 섬〔圓島〕이 있는데, 직경이 6미터, 4미터이다. 섬에는 배롱나무가 자라고 연못에는 백련(白蓮)이 핀다. 입수구(入水口)

328 朱南哲, 《韓國建築美》(일지사, 1983), pp.446-447.

329 鄭朣旿, 《全南의 造景文化》(전라남도, 1988), pp.238-239.

330 全南大學校 湖南文化硏究所, 《湖南文化硏究》, 제15집(1985), p.393.

임대정

대하부 상지

대하부 하지섬

대상부 방지

섬과 세심석

각자 바위-파청당

각자 바위-파향지

각자 바위-발임석

각자 바위

물확과 석지

임대정 별서 **사진 82**

임대정 별서(출처 : 유병림 · 황기원 · 박종화, 《朝鮮朝庭園의 原型에 관한 硏究》) **도면 75**

는 동남쪽 모서리에 있다.

상지와 둑으로 연결되는 하지는 동서 30미터, 남북 40미터 정도 되는 방지에 가깝다. 상지로부터 통나무 위 반쪽의 안을 파내고, 그 끝부분만을 막히게 한 나무홈통으로 물을 끌어들여 현폭(懸瀑)으로 하지에 떨어지게 하였다. 지름 6미터의 둥근 섬에는 경석(景石)과 3주의 배롱나무가 서 있고, 또 참나리가 무리를 지어 군식(群植)되어 있다. 못 속에는 홍련(紅蓮)이 자란다.

8. 정(亭), 당(堂), 헌(軒), 각(閣), 누(樓), 대(臺), 사(榭)

1 풍산 체화정〔棣華亭, 棣禾亭〕[331]

경상북도 안동군 풍산읍 상리동 447번지에 있다. 조선 중기에 죽사(竹四) 이민적〔李敏迪, 1625(인조 3)-1673(현종 14)〕 형제가 형제간의 우애를 기리기 위하여 지어 학문을 닦던 곳이며, 순조 때에는 효자로 정려된 눌재(訥齋) 이한오(李漢伍)가 노모를 모시고 효를 다하던 곳이다(사진 83).

막돌 허튼층쌓기의 기단 위에 막돌 초석을 놓고 두리기둥을 세워, 몰익공 공포를 놓은, 정면 3간 측면 2간의 누 형식의 정자이다. 기단 위에 세운 누하주는 2척 정도로 높지 않고, 살림채가 있는 쪽 측간 1간에 여러 단의 석계를 놓아 우물마루로 마감된 정자에 오른다. 정자의 전면은 개방된 툇마루 형식이고, 그 안쪽 어간에 온돌방을 들이고, 좌우에 우물마루로 마감된 마루방을 들였다. 온돌방의 정면에는 들어열개의 3짝의 창호를 달았는데, 가운데 문짝에는 보다 작은 2개의 띠살창호(호령창, 누꿉)를 달고, 좌우 문짝들은 빗살 8각 불발기로 하여, 문짝 모두를 닫았을 때, 출입과 채광에 편의를 꾀하고 있다. 좌우의 마루방에는 들어열개의 네 짝 띠살창호

331 朱南哲, 《韓國建築美》 개정판(일지사, 1995), pp.426-429.

를 달았다. 지붕은 겹처마 팔작지붕이다. 정자 앞에는 넓은 연못이 있고, 삼신선산(三神仙山)을 상징하는 세 개의 섬이 있다. 정자의 뒤, 야산은 배롱나무, 참나무 등이 자라고 있는 수풀이 우거져 있고, 연못가에는 버들이 자라고 있다.

정자와 못, 삼도

창호를 열고

불발기와 누꼽

체화정 사진 83

2 식영정(息影亭)[332]

전라남도 담양군 남면 지곡리 75-1에 있는 정자로, 본래 김성원〔金成遠, 1525(중종 20)-1597(선조 30)〕이 36세 때인 명종 15년(1560)에 지은 주택의 서편 산 언덕 위에, 장인 석천(石川) 임억령〔林億齡, 1496(연산군 2)-1568(선조 1)〕을 위해 지어 놓은 정자이다. 지금은 식영정만이 남아 있다(사진 84).

〈성산계유탁숙도〉(星山溪柳濯熱圖, 1590)에 의하면 식영정 뒤편에 석천의 거처인 듯한 기와집 한 채가 그려져 있고, 그 북동쪽 낮은 지대 안쪽에 3동의 기와집채가 있는데, 여기에 "서하당"(棲霞堂)이라 씌어 있다.[333] 서하당은 송강(松江) 정철〔鄭澈, 1536(중종 31)-1593(선조 26)〕의 처외당숙(妻外堂叔)이었던 연고로 송강은 일찍이 이곳 식영정과 고서면 원강리(古西面院江里)의 송강정(松江亭), 광주시 충효동의 환벽당(環碧堂) 등 성산 일대에 머물면서 아름다운 자연경관을 벗 삼아 〈성산별곡〉(星山別曲) 이외에도, 〈식영정이십영〉(息影亭二十影)을 비롯한 수많은 한시와 가사, 단가 등을 지었다고 한다.

현재 앞에 큰길을 둔, 높은 언덕 위에 자리 잡고 있다. 정면 2간 측면 2간의 홑처마 팔작집으

332 朱南哲,《韓國建築美》(일지사, 1983), pp.444-446.

333 鄭瞳旿,《東洋造景文化史》(전남대학교출판부, 1990), pp.198-199.

식영정 사진 84

로, 막돌 허튼층쌓기 기단 위의, 막돌 초석 위에 두리 기둥을 세워 굴도리로 결구한 오량집이다. 정면 1간 측면 2간은 우물마루 대청인데, 후면에만 외짝 판장문을 달고, 전면과 측면은 개방하였다. 정면 1간 측면 1.3간은 온돌방인데, 온돌방 전면 0.2간 폭은 개방된 툇마루이다.

《식영정기》(息影亭記)에, "시내 위 푸른 솔밭 아래 언덕을 하나 차지하여 조그만 정자를 세웠는데, 네 귀에 기둥을 세우고 복판을 비웠으며, 지붕은 띠풀로 덮고 대발로 날개처럼 차양을 달았다. 바라보면 포장친 화방(畵舫)같이"라고 한 것으로 보아 중수 때(1663) 방을 들이거나 초가를 기와지붕으로 고친 것이라 판단된다.[334] 주변에는 노수(老樹) 몇 그루가 남아 있다.

3 삼구정(三龜亭)[335]

경상북도 안동군 풍산읍 소산동 76번지에 있다. 영천(永川) 군수를 지냈던 김영전(金永詮)의 정자로 연산군 1년(1495)에 건립하였으나, 임진왜란으로 소실되어 선조 38년(1605)에 중건하였으나 훼손되어, 1947년 본래의 모습으로 복원하였다고 한다(사진 85).[336]

낙동강 상류의 둑 언덕 위에 자리 잡고 있다. 본래 정자의 남쪽으로 커다란 못이 있었고, 동쪽으로는 낙동강 상류의 물길이 감싸고 흐르며, 물속에는 커다란 반석(盤石)이 있었으나, 이들 모두가 뭍으로 변하여 본래의 주변 경관을 잃게 되었다.

334 千得琰, 《한국의 명원 소쇄원》(도서출판 발언, 1999), pp.216-217.

335 朱南哲, 《韓國建築美》(일지사, 1983), pp.424-426.

정자는 사방을 둘러쌓은 막돌 담장 속에 계좌정향(癸坐丁向)으로 자리 잡고 있다. 본래 담장은 없었다 한다. 정면 3간 측면 2간의 단층 팔작집으로 높이 3척 정도의 막돌 허튼층쌓기 기단 위에 다듬은 방형 초석을 놓았다. 초석의 상면에는 연잎을 조각하여 화려하다. 민흘림 두리기둥 위에 사면(斜面)으로 끊긴 주두를 놓고 앙서로 된 익공 하나를 놓아 초익공집으로 꾸몄다. 오량가구로 파련대공을 놓아 종도리를 받치고 있다. 사방으로 창호 없이 개방하였고, 우물마루 바닥에, 연등 천장이다.

정자의 서쪽 기단 아래에는 3개의 거북이 모양의 반석(盤石)이 있어, 정자의 이름을 '삼구정'이라 하였고, 서예가 김충현의 엄친 되는 고 김수동(故金洙東)의 친필 편액 "삼구정"(三龜亭)이 중도리에 걸쳐 있다. 삼구정 둘레담 주위로는 몇 그루의 소나무와 느티나무가 식재되어 있다.

삼구정 사진 85

4 초간정(草澗亭)

경상북도 예천군 용문면에 있다. 선조 때의 사간 권문해(權文海)를 추모하여 후손들이 광해군 때 세웠다고 한다. 편액에 "초간정사"(草間精舍)라 하였고, 문중이 이곳에 모여 학문을 논하고 휴식을 취하던 곳이다(사진 86).[337]

용문산 줄기를 이은 계곡에서 흘러내리는 계류가, 이곳 초간정이 자리 잡고 있는 우람한 바위 앞을 돌아 정자의 남동쪽으로 돌아 흘러간다.

바위 위의 정자는 정면 3간 측면 2간으로, 정자의 안쪽으로 2간의 온돌방을 들이고, 그 앞 2간과 측면 2간은 우물마루의 대청이고, 온돌방 후면과 대청 주위 사면에 반 간 폭의 계자난간을 두른 툇마루를 놓았다. 온돌방 사면에는 창호를 설치하였으나, 대청은 두 측면에만 판장문을 달

336 안동군, 《내고장 전통가꾸기》(1985), p.331.

337 김동욱, 〈초간정〉, 《韓國傳統建築》, 제3집(대한건축사협회, 1996), p.172.

앉다. 막돌 허튼층쌓기 기단 위에 막돌 초석을 놓고 네모 기둥을 세워 납도리로 결구한 소로수장집이다.

정자의 옆에는 살림집이 있어, 좁은 일각문으로 살림집에서 정자로 나온다.

계류의 상부에 신작로가 나, 본래의 주변 경관이 많이 손상되었다고는 하나, 정자 앞 계류 건너에 있는 솔밭과 참나무 수풀이 힘차게 흐르는 계류와 함께 한눈에 들어오고, 또한 계류 건너 물가에서 바라보이는 초간정과 계류에 비치는 그 그림자가 일품이다.

전경

전경

마루에서

초간정 사진 86

5 경주 서출지 이요당(書出池二樂堂)

경주시 남산동 973에 있다. 《삼국유사》(三國遺事), 기이(奇異) 제2 사금갑(射琴匣) 전설에 나오는 자연적인 못으로 본래의 이름은 양기못〔壤避池〕이었는데, 전설 전래 후에 서출지로 바뀌었다.[338] 현종5년(1664) 임적(任勣)이 못가에 이요당을 세웠다(도면 76, 사진 87).

신라 21대 비처왕〔毗處王, 소지왕(炤智王)〕 즉위 10년(488) 한 노인이 못에서 나와 준 편지를 전해 받은 임금이 편지 내용에 따라 거문고집을 화살로 쏘아, 그 속에서 간통하던 중과 공주를 처형하고, 못 이름을 서출지라 하였다.

못의 모양은 타원형으로 장축 86미터, 단축 50미터로 전체 면적은 2,124평이다. 못 속에는 섬〔島〕이 없고, 못가에는 배롱나무 30여 주, 소나무 20여 주, 향나무, 은행나무 등이 식재되어 수풀을 이루고 있다.

못가에 석축을 쌓고 세운 이요당은 ㄱ자형 평면의 정면 4간 측면 2간의 민도리, 홑처마, 팔작

338 윤국병, 〈서출지〉, 《한국민족문화대백과사전》 12(한국정신문화연구원, 1990), pp.59-60.

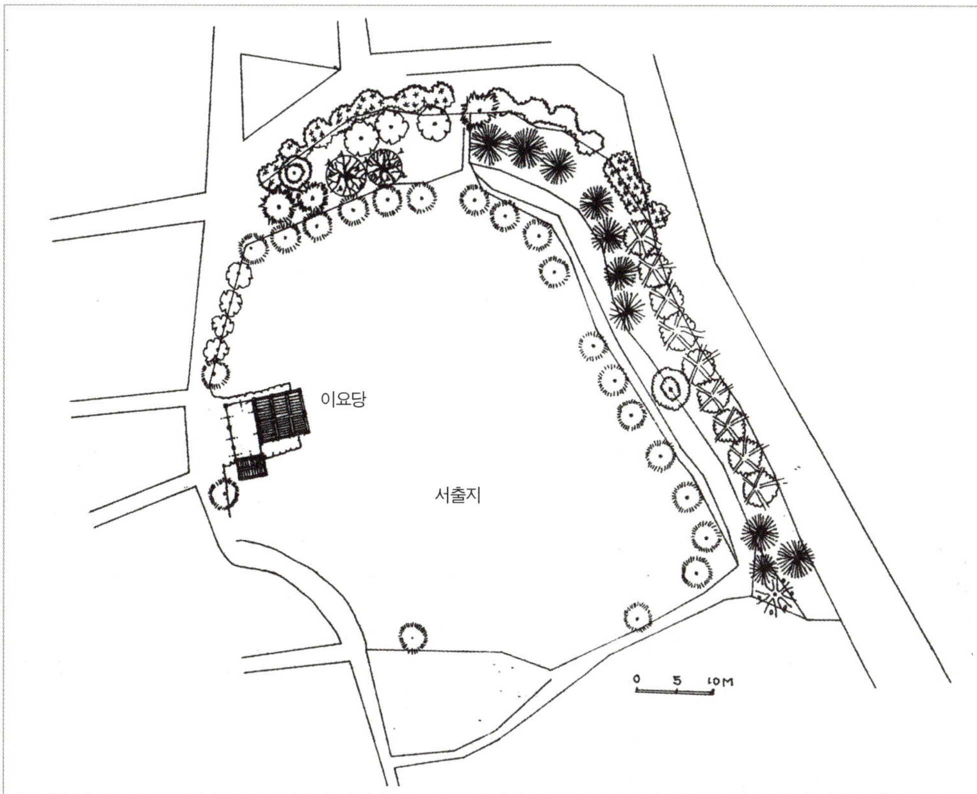

서출지 이요당 도면 76

집이다. 정면 3간 측면 1간의 온돌방 앞으로 정면 2간 측면 2간의 대청과, 정면 1간 측면 1간의 누마루가 붙어 있다. 주위로 막돌담을 쌓았다.

6 삼척 죽서루(竹西樓)[339]

강원도 삼척시 성내동 9번지에 있는 죽서루는 태백산으로부터 오십 구비를 돌아 흐른다는 오십천(五十川)의 동쪽 층암 절벽 위에 우뚝 서 있다. 고려 충렬왕 1년(1275)에 이승휴(李承休)가 건립하였고, 조선시대에 들어와 건물이 없어진 그 자리에 태종 3년(1403) 김효손(金孝孫)이 중건하여 여러 차례의 중수를 거쳐 오늘에 이른다. 누의 남쪽에는 별관인 '연근당'(燕謹

339 朱南哲, 〈누정건축과 삼척 죽서루〉, 《삼척 죽서루》(삼척시, 1999), pp.65-78. 주남철, 《한국건축사》 개정판(고려대학교출판부, 2006), pp.481-483.

서출지 이요당 사진 87

堂)이 있었고, 동쪽에는 '죽장사'(竹藏寺)라는 절과 '죽죽선녀(竹竹仙女)의 집'이 있었다고 하나 지금은 없다. 이들 죽장사와 죽죽선녀의 집 서쪽에 있는 누라 하여 '죽서루'(竹西樓)라 이름 지은 것이라 한다(사진 88).

정면 7간 측면 남쪽은 3간 북쪽은 2간의 장방형 평면을 이루고 있다. 본래에는 정면 5간이었으나, 후일 좌우 1간씩 증축된 것이다. 기단을 축조하지 않고 천연의 암반을 기단으로 하여, 필요한 곳에만 초석을 놓고 누하주(樓下柱)를 세우고, 나머지 누하주는 초석 없이 암반 위에 직접 세웠다.

중앙 5간의 공포는 첨차가 교두형으로 된 주심포식 공포이고, 좌우 끝단 1간의 공포는 익공식 공포로 서로 다르다. 또 5간의 공포는 2출목으로 보뺄목이 이 이출목 위에 놓여 외목도리를 직접 받치고 있다. 이러한 모습은 모두 본래 정면 5간이었던 죽서루가 좌우 1간씩 증축된 때문이라 판단된다. 대들보 위의 동자기둥이 공포로서 대신하여 종보를 받치고, 종보는 파련대공으로 받치고 있으며, 서까래를 노출한 연등천장을 이루고 있다.

지붕은 현재 겹처마 팔작지붕이지만 본래 5간일 때에는 맞배지붕이었다고 판단된다. 누마루의 밖은 계자난간을 둘렀는데, 두 측면 중앙은 난간을 없이 하여 사람들이 누에 오르내리게 하였다.

정면 중앙간에 "죽서루"(竹西樓)라는 현판이, 좌측 협간에 숙종 37년(1711) 부사 이성조(李聖肇)가 쓴 "관동제일루"(關東第一樓)라는 현판이 걸려 있다. 죽서루 주변에는 풍치림으로 심은 회화나무가 자라고 있다.

죽서루 사진 88

7 강릉 경포대(鏡浦臺)[340]

경포대는 고려 충숙왕 13년(1326) 저동 8번지에 창건하여, 조선시대 중종 3년(1508)에 지금의 저동 94번지로 이건되었다. 그 후 영조 18년(1742), 순조 14년(1814), 고종 10년(1873), 여러 차례 중수하였다. 20세기에 들어와서 1934년, 1947년, 1962년, 3차에 걸쳐 중수하였는데, 중수와 더불어 1947년에는 대 앞의 돌층계를 설치하였고, 1962년에는 단청을 하였다(사진 89).

340 朱南哲, 《한국건축사》 개정판(고려대학교출판부, 2006), pp.489-491.

전경

누마루와 경포호

경포대 사진 89

앞에는 경포호가, 멀지 않은 곳에 동해바다가 펼쳐지며, 주변 멀지 않은 곳에 해운정, 오죽헌, 선교장 들이 있다.

《신증동국여지승람》(新增東國輿地勝覽)에, "부(府) 동북쪽 15리에 있다. 호수의 둘레가 20리이고, 물이 깨끗하여 거울 같다. 깊지도 얕지도 않아 겨우 사람의 어깨가 잠길 만하며, 사방과 복판이 꼭 같다. 서쪽 언덕에는 봉우리가 있고 봉우리 위에 누대가 있으며, 누대 가에 선약을 만들던 돌절구가 있다. 호수 동쪽의 입구에 판교(板橋)가 있는데 강문교(江門橋)라 한다. 다리 밖은 죽도(竹島)이며 북쪽에는 오 리나 되는 백사장이 있다. 백사장 밖은 창해(滄海) 만리인데 해돋이를 바라볼 수 있어 가장 기이한 경치이다. 경호(鏡湖)라고도 하며 정자가 있다. 일찍이 우리 태조(太祖)와 세조(世祖)께서 순행 중에 여기에 어가(御駕)를 멈추었다" 하였다. 대 안에는 이율곡이 10세 때 지은 "경포대부"(鏡浦臺賦)를 판각한 것, 숙종의 어제시(御製詩), 명사들의 기문 등을 판각한 편액들이 여러 개 걸려 있다.

평면은 정면 5간 측면 5간으로 정방형에 가까운 장방형을 이루고 있다. 양쪽 정면 1간 측면 4간은 비워 두고, 그 안쪽 정면 3간 측면 4간에는 우물마루를 깔고, 이 마루에 오르내리는 계단을 두 측면에 하나씩 두었다. 따라서 호수 쪽 정면의 정면 5간 측면 1간에는 바닥보다 한 단 높은 우물마루를 놓았다. 높은 마루에 올라앉아 바라보는 경포호와 주변 경관이 기둥과 창방 사이로 전개되어 한 폭의 동양화를 이룬다.

막돌로 쌓고 장대갑석을 놓아 마무리한 낮은 기단 위에 막돌 초석을 놓고 두리기둥을 세운 7량가구이다. 공포는 전형적인 조선시대 후기의 이익공 양식으로, 주두 위에 재주두가 있으며, 초익공은 앙서로 꽃을 조각하였고, 이익공은 수서이다. 지붕은 겹처마 팔작지붕으로 종마루와 합각마루, 추녀마루는 양성을 하였으나, 취두, 잡상과 같은 장식 기와는 없다. 주변에 소나무, 느티나무 등이 자라고 있다.

참고문헌

- 《高麗史》.
- 《高麗圖經》.
- 《東國與地勝覽》.
- 《東京雜記》.
- 《朝鮮王朝實錄》.
- 《宗廟儀軌續錄》, 규장각.
- 岡大路, 《中國庭園論》, 金永彬 옮김, 中文出版社, 1987.
- 강원대학교부설 산업기술연구소, 《청평사 실측조사보고서》, 춘성군, 1984.
- 姜希顔, 《養花小錄》 개정판, 이병훈 옮김, 을유문화사, 2000.
- 計成, 《園冶》, 金聖雨 · 安大會 옮김, 예경, 1993.
- 高敬命, 〈遊瑞石錄〉, 《歷史學研究 V》, 全南大學校史學會, 1974.
- 고구려연구재단, 《고구려안학궁조사보고서》, 2006.
- ______, 《평양일대 고구려유적》, 2005.
- 고려대학교박물관, 《조선시대 기록화의 세계》, 2001.
- 국립문화재연구소, 《北韓文化財解說集 III》, 2002.
- 國立民俗博物館, 《求禮雲鳥樓》, 1988.
- 金富軾, 《三國史記》.
- 김일성종합대학출판사, 《대성산성의 고구려유적》, 1973.
- 金昌翕, 《三淵集》, 彥娙書堂, 1732.

- 童寯,《江南園林志》, 金農梧 옮김, 명보문화사, 1994.
- 孟仁在,〈英陽瑞石池〉,《文化財大觀—重要民俗資料篇(上)》, 문화재관리국, 1985.
- 문화재관리국,《佛國寺復元工事報告》, 1978.
- ______,《亭子實測調査報告書》, 1993.
- 문화재청,《창덕궁 원유(苑囿)》, 1989.
- ______,《덕수궁 복원정비계획》, 2007.
- ______,《昌德宮 觀覽亭 實測調査 및 修理工事 報告書》, 2002.
- ______,《창덕궁 · 종묘 원유》, 2002.
- 閔庚玹,《韓國庭苑文化—始源과變遷論》, 예경산업사, 1991.
- 朴景子,《雁鴨池造營計劃研究》, 學研文化社, 2001.
- 박언곤,《한국의 누》, 대원사, 1991.
- ______,《한국의 정자》, 대원사, 1989.
- 박종철 · 김용기,〈朝鮮時代宮闕에 造成된 翠屛의 特性에 關한 研究〉,《韓國庭苑學會誌》, 19권 36호, 2001.
- 박진욱,《조선고고학전서(중세편 고구려)》, 과학백과사전종합출판사, 1991.
- 三星文化財團,《檀園 金弘道》, 탄신 250주년 기념 특별전, 1995.
- 杉村勇造,《中國の庭》, 求龍堂, 1996.
- 서울特別市史編纂委員會,《東國輿地備攷》, 1956.
- ______,《漢京識略》, 1956.
- 서울학연구소,《환구단 정비기본계획 보고서》, 서울특별시 중구청, 2007.
- 徐有榘,《산수간에 집을 짓고(林園經濟志)》, 안대회 엮어옮김, 돌베개, 2005.
- 손영식,《옛 다리》, 대원사, 1990.
- 宋憙暻,〈朝鮮 後期 雅會圖 研究〉, 이화여자대학교 박사학위논문, 2004.
- 沈愚京 · 康勳,〈韓國古代寺刹에 있어서 影池의 象徵的 意味와 修景的 價値〉,《韓國庭苑學會誌》, 2권 7호, 1988.
- 呂不韋,《여씨춘추》, 김근 옮김, 살림, 2005.
- 葉胜陶,《大漢文辭典》, 商務印書館, 1976.
- 莞島郡,《甫吉島 尹孤山 遺跡》, 調查報告書, 1981.
- 劉敦楨,《中國古代建築史》, 明文書局, 1943(中華民國 32年).
- 兪炳林 · 黃琪源 · 朴鍾和,《朝鮮朝 庭園의 原型에 관한 研究》, 서울대학교 환경대학원부

설 환경계획연구소, 1989.

- 尹國炳,《造景史》, 일조각, 1978.
- 윤주복,《나무 쉽게 찾기》, 진선출판사, 2004.
- 李奎報,《돌과의 문답》張德順 옮김, 범우사, 1976.
- ______,《李奎報詩文選》, 민족문화추진회 편, 솔, 1997.
- 李象靖,《大山集》, 1802.
- 李相海,《書院》, 열화당, 1998.
- ______,〈3·廟·壇·祠〉,《서울 建築史》, 서울특별시, 1998.
- 李殷昌,〈朝鮮時代 別墅研究—禹奎東의 小間亭을 中心으로〉,《曉大論文集》, 제27집, 曉星女子大學校, 1983.
- ______,〈朝鮮時代의 官衙園林研究—嶺湖南地方의 官衙園林遺蹟을 中心으로〉,《曉大論文集》, 제28집, 曉星女子大學校, 1984.
- 李仁老,《파한집》, 柳在泳 譯註, 일지사, 1978.
- 林語堂,《중국미술이론》, 최승규 옮김, 한명, 2002.
- 一然,《三國遺事》.
- 전남대학교 호남문화연구소,《湖南文化研究》, 第14, 15輯, 1985.
- 전영옥,〈조선 후기 苑囿의 營繕에 관한 연구〉, 서울대학교 박사학위논문, 1998.
- ______,《조선시대 도시조경론》, 일지사, 2003.
- 鄭曈旿,〈傳統的인 亭子園林의 立地特性 및 空間構成에 관한 研究〉, 전남대학교 농과대학 조경학과, 1985.
- ______,《한국의 정원》, 민음사, 1986.
- ______,《東洋造景文化史》, 전남대학교출판부, 1989.
- 정민,〈'花庵九曲'의 작가 柳璞(1730-1787)과 '花庵隨錄'〉,《韓國詩歌研究》第14輯, 漢陽大學校, 2003.
- 鄭在鑂,〈新羅 宮苑池인 雁鴨池에 對하여〉,《韓國造景學會誌》, 2호, 1975.
- ______,〈新羅東宮의 苑囿에 對한 考察〉,《考古美術》, 138, 139, 蕉雨 黃壽永 博士 華甲紀念 論文集, 한국미술사학회, 1978.
- ______,《보길도 부용동 원림》, 열화당, 1990.
- ______,《한국의 옛 조경》, 대원사, 1990.
- ______,《한국전통의 원(苑)》, 조경사, 1996.

• ______, 〈동궐도 꾸미기〉, 《동궐도읽기》, 문화재청 창덕궁관리소, 2005.
• 朱南哲, 〈한국의 窓戶에 관한 연구〉, 《韓國文化硏究院論叢》, 제19집, 이화여자대학교, 1972.
• ______, 〈한국의 담〔墻〕에 관한 연구〉, 《韓國文化硏究院論叢》, 제28집, 이화여자대학교, 1976.
• ______, 《한국건축의장》, 제3판, 일지사, 2005(1979).
• ______, 〈韓國庭苑의 石物에 關한 硏究〉, 《建築》, 대한건축학회, 1980.
• ______, 《韓國住宅建築》, 일지사, 1980.
• ______, 〈傳統古庭園의 復元에 關한 調査硏究〉, 《建築》, 대한건축학회, 1982.
• ______, 〈관아건축에 관한 연구〉, 《건축》, 28권 16호, 대한건축학회, 1984.
• ______, 〈객사건축에 관한 연구〉, 《대한건축학회논문집》, 2권 3호(통권 5호), 1986.
• ______, 《비원》, 대원사, 1990.
• ______, 《韓國建築美》, 개정판, 일지사, 1991(1983).
• ______, 《한국의 전통민가》, 아르케, 1999.
• ______, 《한국의 목조건축》, 서울대학교출판부, 1999.
• ______, 〈누정건축과 삼척죽서루〉, 《삼척죽서루》, 삼척시, 1999.
• ______, 《한국의 문과 창호》, 대원사, 2001.
• ______, 《연경당》, 일지사, 2003.
• ______, 《궁집》, 일지사, 2004.
• ______, 〈동궐도 세우기〉, 《동궐도읽기》, 문화재청 창덕궁관리소, 2005.
• ______, 《한국건축사》, 개정판, 고려대학교출판부, 2006(2000).
• 朱南哲 · 김동욱, 《韓國傳統建築—第三輯 樓亭建築》, 대한건축사협회, 1996.
• 《周禮》, 池載熙 · 李俊寧 해석, 자유문고, 2002.
• 智順任, 《산수화의 이해》, 일지사, 1999.
• 천득염, 《한국의 명원 소쇄원》, 발언, 1999.
• 최종현, 〈古典 속에 나타난 陶山書堂의 造營思想 연구〉, 《한국도시설계학회 논문집》, 제6권 제1호(통권 제18호), 2005.
• 최종현 · 최기수, 〈古典 속에 나타난 陶山書堂 園林과 樹種에 관한 연구〉, 《한국도시설계학회 논문집》, 제7권 제1호(통권 제22호), 2006.
• 한국문화재보호재단, 《德壽宮》, 2003.
• 海南郡, 《尹善道遺蹟 및 懸山古城—學術硏究報告書》, 1994.
• 洪萬選, 《山林經濟》.

찾아보기

ㄱ

ㄴ

ㄷ

ㅁ

ㅂ

ㅅ

ㅇ

ㅈ

ㅊ

ㅋ

ㅌ

ㅍ

ㅎ

한국의 정원

초판 발행 2009년 5월 20일
초판 5쇄 2023년 4월 20일

지은이 주남철
펴낸곳 고려대학교출판문화원
www.kupress.com
kupress@korea.ac.kr
(02841) 서울특별시 성북구 안암로 145
Tel 02-3290-4230, 4232
Fax 02-923-6311
찍은곳 (주)동화인쇄

ISBN 978-89-7641-678-0 93540

값 41,000원
※ 잘못 만들어진 책은 바꿔 드립니다.